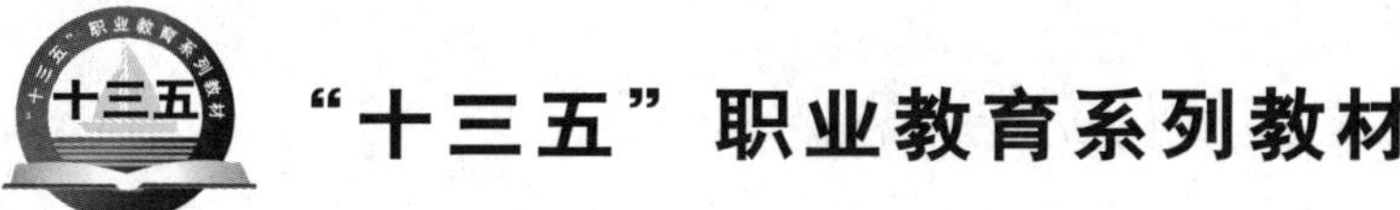

热工测量及仪表

（第四版）

主　编　张东风
副主编　片秀红
参　编　张晓娟　沈思雯
主　审　章小军

中国电力出版社
CHINA ELECTRIC POWER PRESS

内 容 提 要

本书共分四篇，按照测量的基础知识、热工测量、热工显示仪表及热工仪表的安装划分为十四章，详细地介绍了热工测量的基础知识，温度测量、压力测量、流量测量、液位测量、氧量测量、机械量测量、输煤量测量、开关量测量，热工显示仪表和热工仪表的安装等知识。书中内容以目前最先进、成熟的技术为主，以测量原理、基本结构、系统组成、误差分析、系统安装调试和故障排除为主线，重点讲解电厂中各种热工参数的测量原理和方法。本书在介绍传统测量仪表的基础上，加入了一些先进的智能型仪表，充分反映了热工测量中运用的新知识、新技术、新工艺、新方法。本书注重以能力为本，体现科学体系之长，灵活实用，符合教学规律。

本书可作为高职高专电厂热工自动化技术、火电厂集控运行及电厂热能动力装置专业热工测量及仪表课程的教材，也可作为发电厂有关生产人员职业技能培训教材，还可供有关工程技术人员学习参考。

图书在版编目（CIP）数据

热工测量及仪表/张东风主编．—4版．—北京：中国电力出版社，2019.11（2025.1重印）
“十三五”职业教育规划教材
ISBN 978-7-5198-3825-6

Ⅰ．①热…　Ⅱ．①张…　Ⅲ．①热工测量—高等职业教育—教材②热工仪表—高等职业教育—教材
Ⅳ．①TK31

中国版本图书馆CIP数据核字（2019）第276605号

出版发行：中国电力出版社
地　　址：北京市东城区北京站西街19号（邮政编码100005）
网　　址：http://www.cepp.sgcc.com.cn
责任编辑：吴玉贤（010—63412540）
责任校对：黄　蓓
装帧设计：赵姗姗
责任印制：吴　迪

印　　刷：北京雁林吉兆印刷有限公司
版　　次：2007年4月第一版　2019年11月第四版
印　　次：2025年1月北京第十八次印刷
开　　本：787毫米×1092毫米　16开本
印　　张：17
字　　数：413千字
定　　价：48.00元

前 言

为认真贯彻落实《国家职业教育改革实施方案》（职教 20 条）精神，着力推动职业教育“三教”（教师、教材、教法）改革，本书坚持突出职教特色、产教融合的原则，遵循技术技能人才成长规律，知识传授与技术技能培养并重，充分体现“精讲多练、够用、适用、能用、会用”的原则，主动服务于分类施教、因材施教的需要。

本书从工程实际出发，紧密联系生产实际，力求体现新技术、新工艺和新方法的应用，充分体现作业安全、工匠精神及团队合作能力的培养，不但适合于高等职业技术学院热能与发电工程类专业在校学生“1＋X 证书”学习需要，也可作为相关专业领域技能型培训学员的培训教材和自学用书。

随着热工检测技术的发展和高等职业教育人才培养的需要，为突出学校职业教育特色，深化应用以岗位工作任务为驱动的“教学做一体化”教学模式，突出实用性与先进性，满足高素质技术技能型人才培养的要求，在保持上一版原有内容、体系和风格的基础上，对热工检测系统和传感器等内容做了修订。同时，本次修订增加了完善的教学课件、二维动画、三维动画、微课等资源，请扫码获取。

书中章节标题及边题的左上角标注“＊”号的部分，是建议作为选讲的内容。略去这些内容不影响理论体系的完整性和内容的连贯性。

在本次的修订工作中，沈思雯修订了第一、二、十章，张东风修订了第三～第七章，片秀红修订了第八、九、十一章及附录，张晓娟修订了第十二～第十四章。全书由张东风主编并统稿，片秀红副主编。中国能源建设集团浙江火电建设有限公司的章小军高级工程师不辞辛劳地认真审阅了全部书稿，并提出了很多宝贵意见，使编者受益匪浅。

在本书编写过程中，得到了山东省电力建设第一工程公司、华电国际邹县发电厂、华能运河电厂、国电山东石横发电厂、国电菏泽发电厂及中国能源建设集团浙江火电建设有限公司等单位的大力支持，同时也得到了许多同事和朋友们的无私帮助，在此深表感谢。

由于编者水平所限，书中不足之处在所难免，恳请读者批评指正。

编 者

2019 年 10 月

第一版前言

随着我国火力发电机组日益向大容量、高参数的方向发展，热工测量的要求和热力系统自动控制的水平越来越高，特别是随着计算机技术的广泛应用，新的测量方法和新的检测仪表不断出现，热工测量领域的新技术有了很大的发展。本书除阐述热工测量及仪表的基本理论外，还介绍了热工测量的新技术。

本书删除了一些陈旧的或很少用的内容，增加了一些新颖的、使用较广的测量方法和新型的检测仪表，同时还增加了热工仪表的安装与检修、开关量测量仪表与计算机数据采集系统等内容。

书中章节标题及边题的左上角标注“*”号的内容，可根据学生的实际情况选讲。

本书由山东省电力学校张东风主编，并编写第一章至第九章，第十章和第十一章由山东省电力学校沈思雯编写，第十二章至第十四章由山东省电力学校张晓娟编写。全书由孙奎明主审。

在本书编写过程中，得到了山东省电建一公司、邹县电厂、运河电厂、济宁电厂、石横电厂、菏泽电厂等单位及山东省电力学校领导的大力支持，同时也得到了许多同事的无私帮助，在此深表感谢。

由于编写时间仓促，限于编者水平，书中难免有疏漏及不足之处，恳请广大读者赐教。

编　者

2007 年 4 月

第二版前言

本书的第一版自2007年4月出版以来，得到了很多同行的认同和广大读者的欢迎。同时，广大读者在使用过程中，对书中不完善的地方也提出了意见和建议，在此表示深深的谢意。

随着热工检测技术的发展，先进的仪表、设备不断出现，先进的技术不断发展，因此在第二版的编写中除进行必要的文字修改外，更重要的是增添了大型机组风量测量装置、内置式平衡容器、内置式电接点水位计、雷达式水位计、差压信号管路的敷设等知识，修订了热电偶、压力变送器、流量计、水位计、机械量测量、电子皮带秤及热工显示仪表等内容。

在本书第二版的编写过程中，遵循“理解概念、掌握基础，利于教学、注重实践，培养能力、提高素质”的原则，以实用为本、够用为度、应用为主，避免了偏多、偏深、偏难的缺点，更注重操作技能和岗位适应能力的培养，注重职业素质和创新能力的培养，更适应新的高等职业教育发展的需要。其主要特色如下：

（1）与实际生产联系紧密，突出内容的实用性。本书从实际生产的检测需求出发，全面具体地阐述各知识点，既符合教师的教学要求，也方便学生的理论实践一体化目标。特别是书中图示将理论知识和实际生产紧密结合在一起，起到了画龙点睛的作用。

（2）内容涉及面适度，达到够用的目的。书中对电厂所用的各热力参数的检测分别从测量方法、仪表的选择、仪表的工作原理、仪表的检修与维护、测量结果的处理等方面做了详细介绍，始终坚持必需、够用的原则，深入浅出，通俗易懂。

（3）前瞻性强，内容新颖，以便将来灵活应用。本书充分吸收近几年从生产现场获取的有关热力参数检测的新技术、新方法、新工艺，力求反映生产中的最新检测技术，努力做到学有所用。另外，本书的第四篇热工仪表的安装也是本书的一大亮点，可谓高职高专教育的优秀拓展项目，为学生的就业奠定坚实的基础。

本书由山东电力高等专科学校组织编写，其中张东风编写绪论、第三～第七章，刘红蕾编写第一章和第二章，片秀红编写第八、第九、第十一章及附录，沈思雯编写第十章，张晓娟编写第十二～第十四章。全书由张东风主编并统稿，片秀红副主编，彭德振和李宏毅主审。

在本书编写过程中，得到了山东省电力建设第一工程公司、华电国际邹县发电厂、华能运河电厂、国电山东石横发电厂、国电菏泽发电厂及浙江省火电建设工程公司等单位的大力支持，同时也得到了许多同事和朋友们的无私帮助，在此深表感谢。

编　者

2013年7月

目　　录

第三篇　热工显示仪表

第四篇　热工仪表的安装

绪　　论

一、热工测量的意义

测量技术是研究测量原理、测量方法和测量工具的一门科学。测量是工业生产中不可缺少的一环，电力、冶金、化工等生产部门几乎都离不开测量工作。通过测量，可以了解生产过程是否符合工艺规程规定，是否达到了预定的质量、安全及技术经济指标，测量是监视生产过程的重要手段。

测量技术的内容很多，热工测量技术只是其中的一种。热工测量技术包括热工参数的测量方法和实现测量的仪表。热工测量原则上是指对压力、温度等热力状态参数的检测，但在伴有热力过程的各类生产中，热工部门负责的测量工作还常包括流量、物位、成分、位移、振动和转速等参数的测量。用来测量热工参数的仪表称为热工仪表。

火力发电厂是实现能量转换的工厂，它通过锅炉、汽轮机、发电机及一系列辅助设备，把燃料的化学能顺序转变为热能、机械能，最后转变为电能，通过电网供给用户。发电厂的连续、安全、经济生产和产品质量，都是靠自动控制来保证的。热工测量是控制系统的重要组成部分，是控制系统的感觉环节，它的输出信号是自动调节、程序控制、热工信号和连锁保护的依据。热工测量也提供事故分析、经济核算和运行改进等技术管理工作所需要的原始资料。测量工作的水平直接关系到控制质量的提高、劳动条件的改善、设备寿命的延长和劳动生产率的提高。

生产中需要监视和控制的参数很多，当某些参数偏离正常值时，热工仪表还能发出声光报警信息，以提醒运行人员注意，这就是热工报警信号。如果热工参数继续偏离至极限值，为保护设备和人身安全，它还能发出保护信息，使有关设备退出运行，这就是热工保护。这一切都离不开热工测量所提供的信息，因此，热工测量在生产中无处不在。图 0-1 所示为一台 300MW 机组的除氧器及 5、6 号低压加热器系统的热工检测系统。

二、测量技术的发展概况

早期的机械式仪表包括机械式检测元件和机械式指示记录部分，两者是结合在一起的。20 世纪 50 年代以后，由于电子技术的发展，检测传感部分大都采用机电结构，对机械式检测元件感受的信息进行二次变换，采用力或力矩平衡的反馈测量系统，配上相应的放大处理电路，并与显示调节部分相结合，发展成系列化的显示调节仪表。20 世纪 70 年代，随着微电子技术的发展，采用集成电路工艺研制出许多固体敏感元件，它与放大处理电路结合起来形成了新型的传感器。20 世纪 80 年代时，传感器开始向集成化、智能化方向发展。测量技术的发展过程如图 0-2 所示。

热工测量技术随着生产的发展而不断进步，一些测量仪表已不断发展并趋于成熟，如弹性压力表，热电偶、热电阻测温仪表已广泛应用于各生产领域，成为常见的压力、温度测量仪表，并仍在不断发展。此外，显示方式已由模拟显示发展到数字显示、图形显示、集中巡测等。目前，以计算机为基础的数据采集系统在生产中得到了广泛应用，它不仅能进行一般的监测及报警，而且能提供参数变化率、机组运行效率等数据，能定期打印制表，并在事故

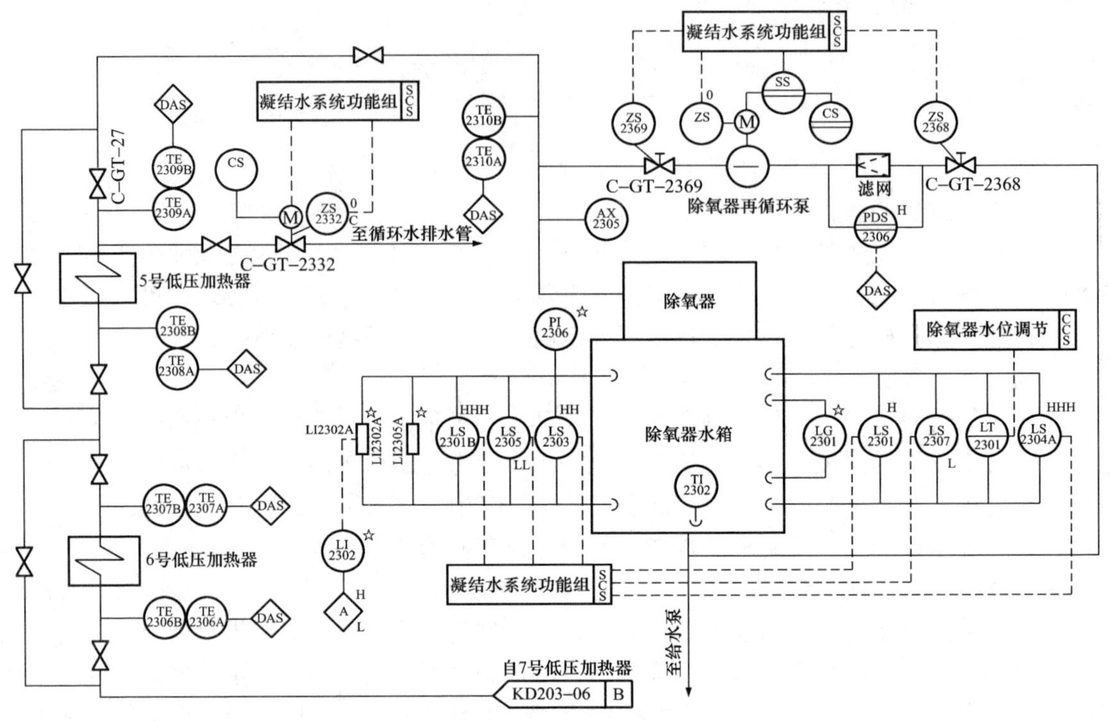

图 0-1　某 300MW 机组除氧器及 5、6 号低压加热器系统的热工检测系统

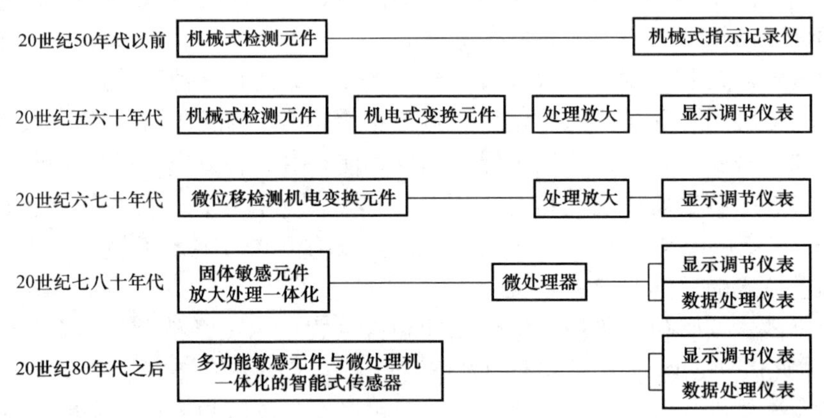

图 0-2　测量技术的发展

情况下追忆打印事故前后被控设备各部分的参数，以供运行分析及资料累积。

随着发电厂单元机组容量及参数的提高，对热工测量的要求也日益提高，特别是感受件（传感器）方面有进一步改进、完善的必要。就目前情况来看，热工测量技术仍赶不上自动化技术发展的要求。在一定程度上，它已成为自动化技术进一步发展的阻力，因此摆在自动化技术人员面前的任务，是如何改进现有热工测量的方法和仪表，创造出更新的测量手段，进一步提高热工测量的准确性、快速性以及长期使用的稳定性，以适应自动化技术的需要。

三、测量技术的发展趋势

测量技术的发展趋势表现在采用有关学科的新技术、新材料以及组合化和智能化四方面。

（1）在研究各种物理化学效应的应用技术以及信号处理技术的基础上研制新型传感器，其中激光、超声波、微波和仿生技术的应用尤其受到人们的重视。

（2）在采用新材料、新工艺的基础上开发新型传感器。改变材料的组成、结构、添加物或采用各种工艺技术，利用材料形态变化如薄膜化、微小化、纤维化、气孔化、复合化、无孔化等，提高材料对电、磁、光、热、声、力、吸附、分离、输送载流子、化学、生物等的敏感功能。

（3）研究传感器组合技术，提高传感器测量精度。对于有限的敏感元件，根据不同使用条件来运用各种测量技术和控制技术，如温度补偿技术、抗电磁干扰技术、高频响应技术、信号处理技术等，实现不同的组合，以构成各类传感器。

（4）敏感元件的小型化、集成化、固体化、多功能化。研制新型场效应敏感元件、厚薄膜和超细微粒子敏感元件、色敏元件、光纤元件等，发展数字式传感器和智能型传感器，通过集成工艺实现检测、转换和信息处理一体化，最终实现传感器的单片智能化。

四、传感器简介

传感器品种繁多、原理各异，它们是根据不同需要和不同测量对象研制出来的。传感器的分类方法很多。根据传感器输出信号能量的主要来源不同，可分为能量转换型（也称为发生器型或有源型，如热电偶）和能量控制型（也称为参数型或无源型，如热电阻）两类；根据现象所属领域不同，可分为物理传感器、化学传感器和生物传感器等；根据所用敏感元件的材料来分，有半导体传感器、陶瓷传感器、有机高分子传感器、光纤传感器等；根据功能来分，有单功能传感器、多功能传感器、智能传感器、仿生传感器等。比较常用的是按照被检测的参数进行分类，如温度传感器、压力传感器、流量传感器、位移传感器及振动传感器等。

传感器根据构成原理不同可分为结构型传感器、物性型传感器和智能型传感器三种。

1. 结构型传感器

结构型传感器是利用物理学中场（例如电场、磁场、力场等）的定律构成的传感器，它的基本原理是以部分结构的位置变化和场的变化来反映被测非电量的大小及其变化的。结构型传感器大都采用机电结构和间接信号变换方式。所谓间接变换就是信号经过两次变换，先将被测信号经过机械式检出元件转换成中间信号，然后再经过敏感元件转换成电信号输出。例如应变电阻式压力传感器就是通过弹性膜片把被测压力检测出来并转换为应变值，再用应变电阻元件把应变值转换为便于处理的电信号输出，如图 0-3 所示。

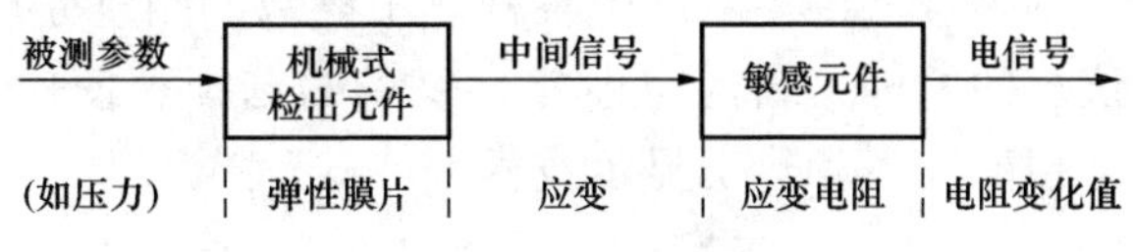

图 0-3　结构型传感器的原理框图

结构型传感器应用最广，主要采用电磁检测、光电检测、超声波检测、核辐射检测以及电化学、核磁共振等原理制成。结构型传感器中直接感受被测非电量的敏感元件是机械式元件和电磁式元件，其中弹性敏感元件应用最广。弹性敏感元件把各种形式的非电量转换为应变量或位移量。如果弹性敏感元件的输出是应变，则可以制成各种形式的应变传感器；如果弹性敏感元件的输出量是位移（线位移或角位移），则可以制成电感式、电容式、电涡流式或电阻式传感器。

2. 物性型传感器

物性型传感器是利用物质特性（包括各种物理、化学、生物的效应和现象）构成的传感器，它的基本特征与构成传感器敏感材料的特性密切相关。物性型传感器采用直接信号变换方式，就是用一种敏感元件将被测信号直接转变为电信号输出，这是发展最快和最引人注目的新型传感器。利用物质的化学特性构成的传感器称为化学传感器，利用生物学特性构成的传感器称为生物传感器。这两种传感器都属于物性型传感器，它们研制困难但性能优越，发展潜力很大。

固体敏感元件是物性型传感器的关键组成部分。对各种具有敏感功能的材料的研究，即如何利用它们的物理、化学、生物学的特性和效应来构成固体敏感元件，已经形成一门新技术。根据不同应用目的，固体敏感元件通常按照检测参数和元件功能不同进行分类。

3. 智能型传感器

智能型传感器是物性传感器进一步发展的产物。智能型是指除具有检测功能外，还具有自补偿、自校正、自调整、自诊断和逻辑操作、程序控制、自动实现计量和检测最优化等功能。这些功能往往是多功能敏感元件与微处理机或单片微型计算机相结合的结果。美国霍尼韦尔公司研制的 DSTJ-3000 型差压变送器是典型的智能型传感器。它将测量差压、压力、温度的多功能敏感元件（硅膜片）与 CMOS 微处理机通过集成工艺技术有机地结合起来，其原理和数字处理系统如图 0-4 所示。其中，微处理机能在不同的温度、压力条件下作差压的补偿运算。在制造时，需对每台传感器进行编码，并将编码存放到存储器中，以便微处理机进行运算。其准确度可达 0.1 级，量程比达 400∶1，输出经数模转换器（D/A）可变为 4～20mA 的直流模拟信号，它还能把数字信号叠加到模拟传输信号中。它还具有双向通信功能，并能在信号传输线的任意位置上远距离校准零位、调整阻尼、变更测量范围、选择输出（线性的或平方根的）和读出传感器本身的自诊断结果。

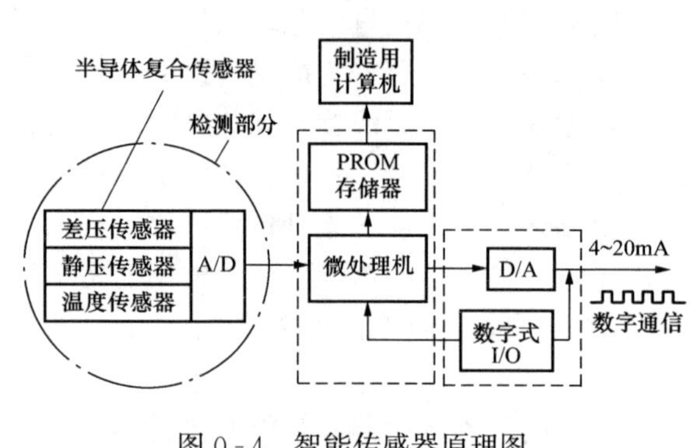

图 0-4 智能传感器原理图

本书重点讲述电厂中各种热工参数的测量原理与方法，各种常用的传感器、变送器及显示仪表的原理、结构与性能，仪表的选择、使用、检修、校验及安装，并介绍新型测量仪表、智能仪表和热工显示技术。

第一篇 测量的基础知识

热工测量是指热力生产过程中对各种热工参数（如温度、压力、流量等）的测量。本篇主要介绍测量的定义与测量单位、测量方法、测量误差、仪表的组成及仪表的质量指标等计量学的基础知识。

第一章 测量及测量误差

要准确地测量热工参数，就要选用合适的测量仪表，采用科学的测量方法及测量技术，同时还必须正确地分析与处理测量结果。

本章主要介绍测量的基本概念、测量误差的基本知识及数据处理的方法。

第一节 测量的定义及方法

一、测量概述

1. 测量的定义

测量就是以确定量值为目的的一组操作，或者说，测量就是利用测量工具，通过实验方法将被测量与同性质的标准量（测量单位）进行比较，以确定被测量是标准量多少倍数的过程，其所得倍数就是测量值，即

$$x = \frac{a}{b} \tag{1-1}$$

式中 a ——被测量；

b ——标准量；

x ——测量值。

可见，被测量由测量值和测量单位两部分组成。

测量单位是为定量表示同种量的大小而约定的定义和采用的特定量，表示测量单位的约定符号称为单位符号。

2. 国际单位制（SI）

1960年，第11届国际计量大会通过了“国际单位制”，代号为SI（它是法文Le Systeme Intèrnational d’Unites的缩写）。它规定了7个基本单位，同时给出了词头、导出单位和辅助单位的规则以及其他一些规定，由此建立了比较完整的国际计量单位制。

国际单位制是在米制基础上发展起来的，它的7个基本单位均有严格的定义，其导出单位通过选定的方程式用基本单位来定义，从而使量的单位之间有直接内在的物理联系，使科学技术、工业生产、国内外贸易以及日常生活各方面使用的计量单位都能统一。国际单位制的构成如下：

- 国际单位制（SI）
  - SI 单位
    - SI 基本单位（共 7 个，它是国际单位制的基础，见附表 7）
    - SI 辅助单位（共 2 个，见附表 8）
    - SI 导出单位
      - 具有专有名称的 SI 导出单位（共 19 个，见附表 9）
      - 组合形式的 SI 导出单位
  - SI 单位的分数与倍数单位
    - SI 单位的十进倍数单位
    - SI 单位的分数单位

由这 7 个基本单位可以导出其他的物理量单位，称为导出单位。有些导出单位具有专有名称，如力的单位牛顿（N）；还有一些是组合形式的导出单位，即用基本单位和辅助单位以代数式的乘、除数学运算所表示的单位，如速度的 SI 单位为米/秒（m/s）。

SI 单位是国际单位制中构成一贯制的那些单位，SI 单位只包括基本单位、辅助单位和导出单位。

SI 单位的倍数单位（十进倍数单位和分数单位）是由 SI 单位加 SI 词头构成的。

SI 词头不能单独使用。词头符号（如词头名称为千、毫的词头符号分别为 k，m）与所紧接的单位符号应作为一个整体对待，它们共同组成一个新单位，并具有相同的幂次，如 $1\mathrm{mm}^3=(10^{-3}\mathrm{m})^3=10^{-9}\mathrm{m}^3$。倍数单位可与其他单位构成组合单位。

*3. 量纲

在量制中，以基本量的幂的乘积表示该量制中一个量的表达式，这个表达式就是该量的量纲。基本量的量纲是其本身。

国际单位制中的 7 个基本量的量纲见附表 10。

量纲因素一律用正体大写字母表示。如力 F 的定义为 $F=ma$，力的量纲为 LMT^{-2}；体积流量的定义为 $q_V=V/t$，体积流量的量纲为 $\mathrm{L}^3\mathrm{T}^{-1}$。

*4. 法定计量单位

1984 年 2 月 27 日，国务院颁布了关于在我国统一实行法定计量单位的命令（国发〔1984〕28 号），其中规定我国的计量单位一律采用《中华人民共和国法定计量单位》。

我国法定计量单位包括：①国际单位制的基本单位；②国际单位制的辅助单位；③国际单位制中具有专有名称的导出单位；④国家选定的非国际单位制单位；⑤由以上单位构成的组合形式的单位；⑥由词头和以上单位构成的十进倍数和分数单位。

二、测量方法

测量是一种技术工作，为获取准确、可靠的测量数据，必须根据测量对象的具体特点选择合理的测量方法。

1. 根据获得测量结果的方式（程序）不同进行分类

（1）直接测量。被测量直接与标准量进行比较从而得到被测量值的方法。例如用直尺测量物体长度。

（2）间接测量。通过直接测量与被测量有确定函数关系的有关物理量，然后由已知的函数关系式计算出被测量值的方法。例如要确定长方形面积，则需分别直接测量其长度、宽度，再按面积公式计算即可得到。

（3）组合测量。组合测量是在测出几组具有一定函数关系的量值基础上，通过解联立方程组求取被测量的方法。例如，在一定温度范围内铂电阻与温度关系为

$$R_t=R_0(1+At+Bt^2)$$

为了求出 A、B，可分别直接测出 0、t_1、t_2 这三个不同温度值及相应温度下的电阻值 R_0、R_{t1}、R_{t2}，然后解联立方程组

$$\begin{cases} R_{t1}=R_0(1+At_1+Bt_1^2) \\ R_{t2}=R_0(1+At_2+Bt_2^2) \end{cases}$$

求得 A、B 的数值，此种方法称为组合测量。

2. 根据检测仪表工作原理不同进行分类

（1）偏位测量法。在被测量作用下，仪表的工作参数发生变化，稳态时仪表工作参数的大小可模拟被测量的量值。由于仪表工作参数所模拟的被测量值可在刻度标尺上直接读出，因此该测量方法也称为直读法。例如用玻璃液体温度计测量温度，用弹簧管压力表测量压力等都属于偏位测量法。

（2）零值法（又称平衡法）。就是将被测量与一个已知标准量进行比较，当两者平衡时，检测平衡的仪表指零，这时被测量等于已知的标准量。例如用天平称量物体的质量，用电位差计测量温度等都属于零值法。

（3）微差法。当被测量 x 尚未完全与已知标准量 b 相平衡时，读取它们之间的差值 Δ，由已知标准量 b 和差值 Δ 就可求出被测量值（$x=b+\Delta$）。这种方法称为微差法，它是一种不彻底的零值法，例如用不平衡电桥测量电阻就属于微差法。

在以上三种方法中，零值法和微差法对减少测量误差有利，故其测量准确度较高，应用较广。

第二节　测　量　误　差

在测量过程中，总是存在着各种各样的影响因素，使得测量结果与被测参数的真实值不相符，即存在测量误差。

一、误差的表示方法

1. 绝对误差

绝对误差是测量值与被测参数的真实值之差，即

$$\delta=x-x_0 \tag{1-2}$$

绝对误差不能确切反映测量的准确度。

2. 相对误差

相对误差是测量的绝对误差与约定值之比，常用百分数表示。根据约定值的不同，相对误差可分为三种。

（1）实际相对误差。测量的绝对误差与被测参数的真实值之比，即

$$\gamma=\frac{\delta}{x_0}\times 100\%=\frac{x-x_0}{x_0}\times 100\% \tag{1-3}$$

（2）标称相对误差。测量的绝对误差与仪表示值之比，即

$$\gamma'=\frac{\delta}{x}\times 100\%=\frac{x-x_0}{x}\times 100\% \tag{1-4}$$

用相对误差能确切地反映测量结果的好坏。

（3）引用相对误差（或称为折合误差）。测量的绝对误差与仪表量程之比，即

$$\gamma_0=\frac{\delta}{x_{max}-x_{min}}\times 100\% \tag{1-5}$$

上述4式中 δ——绝对误差，可正可负（分别表示示值偏大或偏小）；

x——测量值；

x_0——被测量的真实值，表示一个量在测量时所具有的真实大小，是一个理论值或定义值，在测量中常用约定真值（比测量仪表更准确的标准表的测量值或修正过的算数平均值）代替；

$x_{max}-x_{min}$——测量仪表的量程，x_{max}、x_{min} 分别代表测量仪表的上、下限值；

γ、γ'——示值的实际相对误差和标称相对误差，用于表征测量的准确度的高低；

γ_0——折合误差，一般用于表征测量仪表质量的优劣。

【例1-1】 有一支体温表和一支炉温表，它们的测温范围分别为32～42℃和0～1000℃，如果绝对误差均为±1℃，则折合误差分别是多少？

解： 体温表的折合误差为 $\gamma_0=\dfrac{\delta}{x_{max}-x_{min}}\times 100\%=\dfrac{\pm 1}{42-32}\times 100\%=\pm 10\%$

炉温表的折合误差为 $\gamma_0=\dfrac{\delta}{x_{max}-x_{min}}\times 100\%=\dfrac{\pm 1}{1000}\times 100\%=\pm 0.1\%$

可见两支温度表的绝对误差虽然相同，但准确程度大不相同，前者应当报废，后者却很难达到如此高的准确程度。

二、误差的分类

测量误差可从不同的角度区分。按测量误差的来源不同，可将其分为装置误差、环境误差、方法误差、人员误差等；按对测量误差的掌握程度不同，可将其分为已知误差和未知误差；按照误差的性质不同，可将其分为系统误差、随机误差和粗大误差等。下面分别介绍系统误差、随机误差和粗大误差。

（一）*系统误差*

在相同条件下多次重复测量同一被测量时，如果每次测量值的误差恒定不变（绝对值和符号均保持不变）或按某种确定的规律变化，这种误差称为系统误差。

系统误差产生的原因如下：

（1）测量仪器或测量系统本身不够完善，如仪表本身刻度不准、测量原理不完善等。

（2）仪表使用不规范，如仪表零位调整不准确、安装不符合要求等。

（3）测量时外界环境条件发生变化，如被测量随环境温度、湿度和大气压力按一定规律变化所产生的误差等。

由于系统误差通常具有一定的规律性，测量时应尽可能地设法消除此类误差或对测量结果加以修正，以提高测量的准确度。

系统误差的数学描述：在重复性条件下，对同一被测量进行无限多次测量所得结果的平均值（即数学期望值）与被测量的真实值之差，即

$$\delta_\varepsilon=x_a-x_0 \tag{1-6}$$

式中 δ_ε——系统误差；

x_a——数学期望值；

x_0——被测量的真实值。

可见，假定测量系统或测量条件不变，即使增加重复测量的次数也不能减少系统误差。一般来说，系统误差的大小反映了测量结果的正确度（即数学期望值与被测量真实值的接近程度）。

（二）随机误差

随机误差是指在相同条件下对同一量的多次测量过程中产生的绝对值和符号以不可预定的方式变化的误差，又称为偶然误差。

随机误差的数学描述是：测量结果与数学期望值之差，即

$$\delta_i = x_i - x_a \tag{1-7}$$

式中 δ_i ——第 i 次测量产生的随机误差；

x_i ——第 i 次测量值；

x_a ——数学期望值。

*1. 随机误差的分布

大多数随机误差服从正态分布规律，在此只讨论服从正态分布规律的随机误差，误差正态分布曲线如图 1-1、图 1-2 所示。

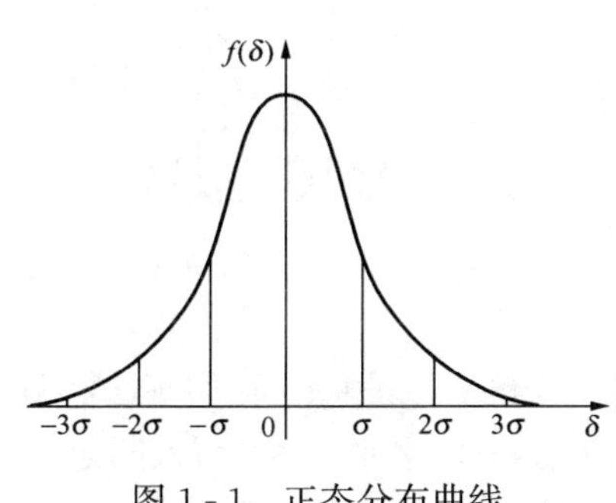

图 1-1 正态分布曲线

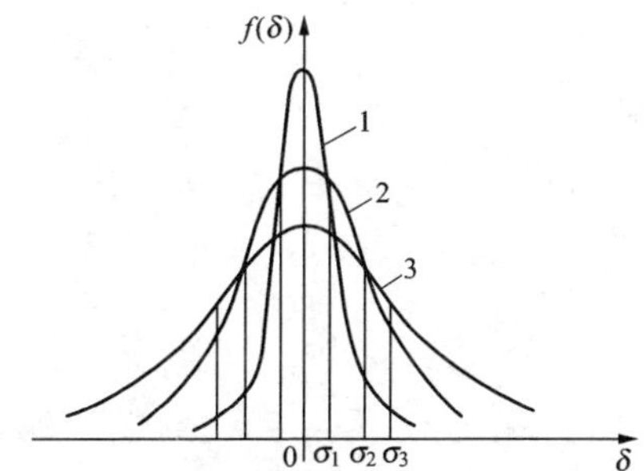

图 1-2 不同 σ 值下的 3 组正态分布曲线

在误差理论中，称 σ 为标准偏差或均方根误差，它表征同一物理量的多次测量结果的离散程度。在正态分布曲线上 σ 为曲线拐点的横坐标，它描述了曲线的陡峭程度。标准偏差的定义式为

$$\sigma = \lim_{n\to\infty}\sqrt{\frac{1}{n}\sum_{i=1}^{n}(x_i - x_a)^2} \tag{1-8}$$

式中 n ——测量次数。

由统计规律可知，随机误差落在 $\pm\sigma$ 范围内的概率为 68.3%，落在 $\pm 2\sigma$ 范围内的概率为 95.4%，落在 $\pm 3\sigma$ 范围内的概率为 99.7%。

因此一般可认为，在进行测量时，其随机误差的最大值不会超过 $\pm 3\sigma$，于是把 $\pm 3\sigma$ 定义为极限误差或最大误差。

服从正态分布的随机误差具有如下特点：

（1）单峰性。绝对值小的随机误差出现的概率大于绝对值大的随机误差出现的概率。

（2）有界性。绝对值很大的随机误差出现的概率趋近于零，即在实际测量过程中随机误差的绝对值一般不会超出一定的界限。

（3）对称性。绝对值相等、符号相反的随机误差出现的概率相等，所以随机误差具有相互抵消的统计规律，即当测量次数足够多时，随机误差的代数和趋于零。

（4）抵偿性。当测量次数 n 逐渐增加而趋于无穷时，全部随机误差 δ_i 的平均值趋于零，即

$$\lim_{n\to\infty}\frac{1}{n}\sum_{i=1}^{n}\delta_i = \lim_{n\to\infty}\frac{1}{n}\sum_{i=1}^{n}(x_i - x_a) = 0 \tag{1-9}$$

此时测量的平均值等于被测量的数学期望值。因此，通过多次测量求算术平均值的方法可以减小随机误差。

随机误差是测量过程中众多微小因素综合作用的结果，通常这些因素是人们所不知或因其变化过分微小而无法加以严格控制的。

根据随机误差的正态分布性质，通过一定的概率运算可估算随机误差 δ 的数值范围，或者求取误差出现于某个区间内的概率。由于随机误差具有对称性，常用对称区间 $[-b, b]$ 表示。随机误差 δ 出现在 $[-b, b]$ 中的概率可通过概率积分来计算：

$$P\{-b \leqslant \delta \leqslant b\} = P\{|\delta| \leqslant b\} = 2\int_0^b \frac{1}{\sigma\sqrt{2\pi}} \exp\left(-\frac{\delta^2}{2\sigma^2}\right) d\delta \tag{1-10}$$

因为 σ 反映了测量的精密度（离散程度），故常以 σ 的若干倍来描述对称区间，即令

$$b = Z\sigma \tag{1-11}$$

式中 Z——置信系数（置信因数）。

将式（1-11）代入式（1-10），得

$$\begin{aligned} P\{|\delta| \leqslant b\} &= P\{|\delta| \leqslant Z\sigma\} = P\left\{\left|\frac{\delta}{\sigma}\right| \leqslant Z\right\} = \frac{2}{\sqrt{2\pi}}\int_0^z \exp\left(-\frac{z^2}{2}\right) dZ \\ &= \varphi[Z] \end{aligned} \tag{1-12}$$

式中 $\varphi[Z]$——误差函数，其部分数值见附表 11。

$[-b, b]$ 或 $[-Z\sigma, Z\sigma]$ 称为置信区间；置信区间的上、下限称为置信限；$P\{|\delta| \leqslant b\} = 1-\alpha$ 称为置信概率或置信水平；α 称为显著性水平，表示随机误差落在置信区间以外的概率。通常用置信区间和置信概率共同说明测量结果的可靠性。如标称值为 10Ω 的标准电阻器的校验证书上给出该电阻在 23℃时的电阻值为 R_S（23℃）＝（10.00074±0.00013）Ω，置信概率 P＝99%。

*2. 由样本估计真值和标准偏差

（1）直方图。直方图是随机变量按频率分布的一种图形。

把重复测量值在直角坐标上画成直方图，有助于估计样本可能来自什么样分布的总体，即用样本推测总体。这必须是大样本才有一定的可靠性。

画图步骤为：①以测量值为横坐标，按一定的等间距把测量值划分为若干区间；②确定各区间的边界值，为避免数据落在边界上，可把边界值加上末位数的一半作边界值；③以测量值出现的频率（指在区间上测量值出现的次数）为纵坐标作直方图。

（2）算术平均值。真值 x_0 的最佳估计值就是各测量值 x_i 的算术平均值 $\overline{x}$，即

$$\overline{x} = \frac{1}{n}\sum_{i=1}^{n} x_i \tag{1-13}$$

算术平均值也是一个随机变量，当 $n \to \infty$ 时，算术平均值收敛于期望值 x_a。

（3）标准偏差的估计。在有限测量数据时，期望值 x_a 未知，随机误差 $\delta = x - x_a$ 也不能求得，此时可用残差来估计标准偏差。

残差（也称剩余误差）是指测量值与算术平均值之差。残差用 v_i 表示，即

$$v_i = x_i - \overline{x} \tag{1-14}$$

残差具有如下性质：

1）残差的代数和为零，据此可以检查 $\overline{x}$ 的计算是否正确。

2）残差的平方和最小。

对有限次等精度测量，标准偏差可按贝塞尔公式估计：

$$S=\sqrt{\frac{1}{n-1}\sum_{i=1}^{n}v_i^2}=\sqrt{\frac{1}{n-1}\sum_{i=1}^{n}(x_i-\overline{x})^2}=\sqrt{\frac{1}{n-1}\left[\sum_{i=1}^{n}x_i^2-\frac{1}{n}\left(\sum_{i=1}^{n}x_i\right)^2\right]} \tag{1-15}$$

（4）算术平均值的标准偏差。算术平均值也是随机变量，其标准偏差及标准偏差的估计如下：

1）算术平均值的标准偏差　$\sigma_{\overline{x}}=\dfrac{\sigma_{x_i}}{\sqrt{n}}$

2）算术平均值标准偏差的估计　$S_{\overline{x}}=\dfrac{S}{\sqrt{n}}=\sqrt{\dfrac{1}{n(n-1)}\sum_{i=1}^{n}(x_i-\overline{x})^2}$

可见，算术平均值的标准偏差是测量值的标准偏差的 $1/\sqrt{n}$ 倍。因此，增加测量次数能提高平均值的精密度，但在 20～30 次以后，再增加测量次数改善的效果就不明显了。

（5）置信区间。这里考虑双侧置信区间，若 $-zS$ 和 zS 是测量值的两个函数（置信限），被测量 x_0 是待估计的总体参数，希望置信水平即 P（$-zS\leqslant x_0\leqslant zS$）等于 $(1-\alpha)$，则 $[-zS, zS]$ 为 x_0 的双侧 $(1-\alpha)$ 置信区间。由随机样本所得置信区间包含 x_0 这个事件发生的概率约等于 $(1-\alpha)$。

1）测量值的置信区间为 $x_0=x_i\pm zS$，置信水平 $(1-\alpha)$。

2）均值的置信区间为 $x_0=\overline{x}\pm zS_{\overline{x}}=\overline{x}\pm z\dfrac{S}{\sqrt{n}}$，置信水平 $(1-\alpha)$。

（6）小样本的处理。实际测量时测量次数不可能很多，常在 3～30 次之间，这样就很难判断样本是否抽自正态总体，也很难进行均匀性检验和判断是否存在系统误差。这时为了估计测量结果的可靠性，利用 $\sqrt{n}(\overline{x}-x_0)/S=t$ 来求 x_0 的置信区间，此时统计量 t 不再服从正态分布，而是服从自由度为 $v=(n-1)$ 的 t 分布。t 分布的概率积分（即置信水平）为

$$P\{|\overline{x}-x_0|\leqslant tS_{\overline{x}}\}=\int_{-t}^{t}p(t, v)\mathrm{d}t=1-\alpha$$

按照 t 分布处理测量结果，置信区间可表述如下：

1）对于单次测量：$x=x_i\pm tS_x$，自由度 v；置信水平 $(1-\alpha)$。

2）对算术平均值：$x=\overline{x}\pm tS_{\overline{x}}$，自由度 v；置信水平 $(1-\alpha)$。

（三）粗大误差

粗大误差是指超出规定条件下的预期值的误差，也称为疏失误差。粗大误差一般是由操作人员的疏忽大意、仪表故障及环境条件的反常突变等因素引起的。

粗大误差通常表现为数值较大且无任何规律可言，含粗大误差的测量值称为坏值，应当剔除。为避免测量结果出现粗大误差，要求操作人员在测量过程中应有高度的责任感并掌握熟练的操作技能。

从以上分析可以看出，系统误差决定了测量的正确度，而随机误差决定了测量的精密度。对于一个好的测量结果，应该既精密又正确，一般用精确度或准确度表示。设计科学合理的测量系统，提高测量人员的操作水平和正确处理测量数据等可以提高测量结果的精确度。

精密度表示测量结果中随机误差的大小，常用随机不确定度来表示。正确度表示测量结

果中系统误差的大小。准确度表示测量结果与真值的一致程度，是测量结果中系统误差和随机误差的综合，也称为精确度。

如图 1-3 所示，以射击靶纸为例，示意出正确度、精密度及准确度三者的意义。图 1-3（a）正确度高而精密度低；图 1-3（b）精密度高而正确度低；只有图 1-3（c）才是准确度高。

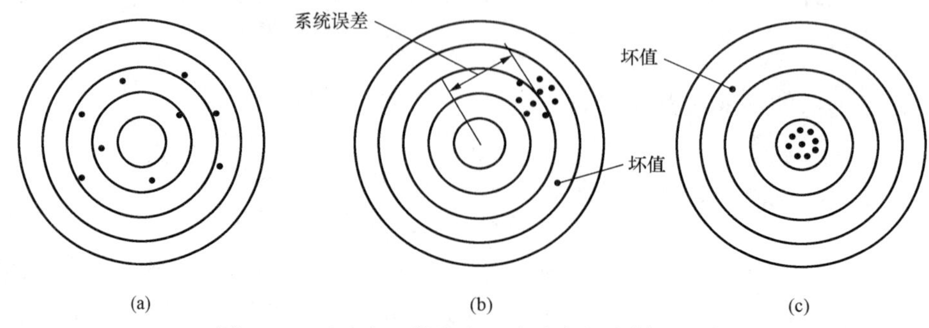

图 1-3 正确度、精密度、准确度概念说明示意

系统误差与随机误差的界限并非绝对，随着人们对误差来源及其规律认识的深入，有可能将以往认为是随机误差的某项误差明确为系统误差。

三、误差的合成

测量的不确定度是表示用测量值代表被测量真实值的不肯定程度。它是对被测量的真实值以多大的可能性处于以测量值为中心的某个量值范围之内的一个估计。不确定度是测量准确度的定量表示。不确定度越小的测量结果，其准确度就越高。在评定测量结果的不确定度时，应先行剔除坏值并对测量值尽可能地进行修正。

按照误差的性质，把随机误差引起的不确定度称为随机不确定度，由未定系统误差引起的不确定度称为系统不确定度。在测量过程中，经常会同时存在多个随机误差和系统误差，为判断测量结果的准确度，需要对全部误差进行综合，即误差的合成。

1. 系统误差的合成

若测量结果含有 m 个未定系统误差，其系统不确定度分别为 e_1，e_2，…，e_m，则其总的系统不确定度 e 为

$$e=\sum_{i=1}^{m}e_i \tag{1-16}$$

2. 随机误差的合成

若测量结果中含有 k 个彼此独立的随机误差，它们的标准误差分别为 σ_1，σ_2，…，σ_k，则它们的综合标准误差 σ 为

$$\sigma=\sqrt{\sum_{i=1}^{k}\sigma_i^2} \tag{1-17}$$

若它们的随机不确定度为 δ_1，δ_2，…，δ_k，置信概率都为 P，则综合随机不确定度 δ 为

$$\delta=\sqrt{\sum_{i=1}^{k}\delta_i^2} \tag{1-18}$$

综合随机不确定度的置信概率也为 P。

3. 测量结果的表示

对某一测量列，在对其已知的恒值系统误差和变值系统误差进行修正、剔除粗大误差、进行随机不确定度和系统不确定度估计和综合后，测量结果的准确度可用随机不确定度和系统不确定度来表示，表示方法有多种，如：

（1）随机不确定度和系统不确定度在结果中分别标明，最后结果可表示为

$$M(\pm\delta,\ \pm e) \tag{1-19}$$

式中 M 为测量值或测量列的算术平均值，e 及 δ 分别为相应的随机不确定度和系统不确定度。

（2）用随机不确定度和系统不确定度的综合值表示，最后结果表示为

$$M \pm g \tag{1-20}$$

式中 g——随机不确定度和系统不确定度的综合值。

根据综合方法不同，g 值分别为

$$g = \delta + e \quad \text{（线性相加法）} \tag{1-21}$$

$$g = \sqrt{\delta^2 + e^2} \quad \text{（方和根法）} \tag{1-22}$$

$$g = K_g\sqrt{\sigma^2 + \left(\frac{e}{K}\right)^2} \quad \text{（广义方和根法）} \tag{1-23}$$

式中 K_g——综合置信系数；

σ——随机误差部分的标准误差；

K——系统误差估计时的估计置信系数。

四、消除和减小测量误差的方法

1. 系统误差的消除

可以通过改进测量技术来减小系统误差。通常处理系统误差有以下几种方法。

（1）消除系统误差产生的根源。测量时使环境条件尽量符合仪表规定的使用条件，熟悉仪表性能，正确安装、调整仪表等可使系统误差减小。

（2）在测量结果中加修正值。在测量前用标准仪表确定出测量仪表的修正值；对各种外界影响（如温度、气压、重力加速度等）要力求确定出修正公式、修正曲线或修正值表格，以便修正测量结果。

（3）采取补偿措施。在测量系统中采用补偿设备，以便在测量过程中自动消除系统误差。如在热电偶测温时，采用冷端温度补偿器消除热电偶冷端温度变化所产生的系统误差。

（4）采用消除系统误差的典型测量技术。如零值法、微差法及对称观测法等。

1）零值法。是将被测量与已知标准量比较平衡的过程，只要判断平衡的仪表灵敏度足够高，被测量的误差就主要取决于标准量的误差而与其他因素无关，而标准量的准确度一般都较高，故测量结果的误差必然较小。

2）微差法。这是一种不彻底的零值法。若测出被测量 x 与已知标准量 b 的微小差值为 Δ，即 $\Delta = x - b$，则

$$x = b + \Delta \tag{1-24}$$

因此

$$\frac{dx}{x} = \frac{db}{x} + \frac{d\Delta}{x} = \frac{db}{b+\Delta} + \frac{\Delta}{x}\frac{d\Delta}{\Delta} \tag{1-25}$$

当 $b \gg \Delta$ 、$x \gg \Delta$ 时，可得

$$\frac{dx}{x}=\frac{db}{b} \tag{1-26}$$

可见测量误差基本上只与标准量误差有关，而与差值测量仪表的误差关系甚微。

3）对称观测法。图 1-4 所示是用电位差计测量电阻的电路及工作电流随时间的变化曲线。

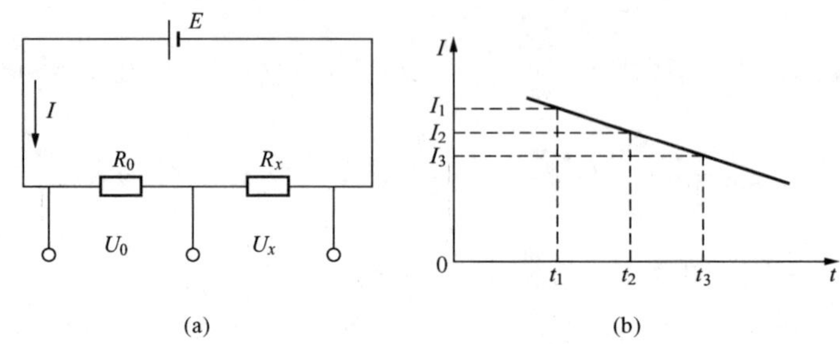

图 1-4 用电位差计测量电阻的测量电路及工作电流随时间的变化曲线

（a）测量电路；（b）工作电流随时间的变化曲线

工作电流 I 由电源 E 供给，并通过标准电阻 R_0 及被测电阻 R_x 。一般测量方法是用电位差计先测量出 I 在 R_x 上的电压降 U_x ，再测出 I 在 R_0 上的电压降 U_0。假定 I 不变，则

$$I=\frac{U_x}{R_x}=\frac{U_0}{R_0} \tag{1-27}$$

$$R_x=\frac{U_x}{U_0}R_0 \tag{1-28}$$

但实际上电流是随时间变化的，而测量 U_x 和 U_0 又不能同时进行。设电流随时间线性下降，并在相等的时间间隔内分别测得，则

$$\overline{U}_x=\frac{I_1+I_3}{2}R_x=I_2R_x=\frac{U_{02}}{R_0}R_x \tag{1-29}$$

于是

$$R_x=\frac{\overline{U}_x}{U_{02}}R_0 \tag{1-30}$$

可见 R_x 值不受电流变化的影响，从而消除了电流线性变化所引起的系统误差。

2. 随机误差的消除

一般随机误差可以通过统计规律予以处理，如通过多次重复测量求出其算术平均值作为测量结果；通过求取标准偏差可以估计出单次测量值的最大误差。

*3. 粗大误差的剔除

重复测得的一组测量值中，若有个别测量值的数值明显偏离样本中的其余测量值，则称该个别值为异常值或离群值。如果剔除的异常值并非坏值，则将使测量结果有虚假的较高准确度；如果保留的异常值确是坏值，则降低了测量结果的准确度。

现在主要用显著性检验法来处理异常值。检验时先指定一个检出异常值的统计检验的显著性水平 α，称检出水平，α 表示把非坏值剔除的概率的最大值（即冒Ⅰ类风险可能的最大值是 α）；用这个检出水平 α 和样本容量 n 在临界值表中查出相应的临界值；用被检验的异常值代入所构造的统计量，算出一个数值；若该数值大于临界值，则此异常值为坏值；余下的测量值重新检验，直到没有坏值为止。

至今已提出多种检验法来判别异常值，下面介绍几种。

(1) 拉依达准则。拉依达准则又称为 3σ 准则，是一种最常用、最简单的准则。一般情况下，对于一组样本数据，如果样本数据中存在随机误差，则根据随机误差的正态分布规律，其偏差落在 $\pm 3\sigma$ 以内的概率为 99.7%。所以在有限的样本中若发现有偏差大于 3σ 的数值，则可以认为它是异常数据而予以剔除，以得到比较符合实际情况的测量结果，这种剔除原则称为“拉依达准则”。拉依达准则是判断粗大误差的方法之一，该准则表达式为

$$|v_i| = |x_i - \overline{x}| > 3\sigma \tag{1-31}$$

式中　$\overline{x}$ ——包括坏值在内的全部测量值的算术平均值；

x_i ——应剔除的测量值，也称坏值；

v_i ——坏值的残差；

3σ ——拉依达准则鉴别值，实际计算时 σ 可用其估计值 S 代替。

满足上式的测量值应予以剔除，然后重新计算 $\overline{x}$ 及 3σ，再用准则表达式检查是否有坏值，直至无坏值为止（拉依达准则一次只能剔除一个坏值）。

用 3σ 准则判断粗大误差的存在，虽然方法简单，但它是依据正态分布得出的。当子样容量不很大时，由于所取界限太宽，坏值不能剔除的可能性较大。特别是当子样容量 $n<10$ 时尤其严重，所以目前都推荐使用以 t 分布为基础的格拉布斯准则。

(2) 格拉布斯准则。将重复测量值按大小顺序重新排列，$x_1 \leqslant x_2 \leqslant x_3 \leqslant \cdots \leqslant x_n$，用下式计算首、尾测量值的格拉布斯准则数 T_i：

$$T_i = \frac{|v_i|}{S} = \frac{|x_i - \overline{x}|}{S} \qquad (i \text{ 为 } 1 \text{ 或 } n) \tag{1-32}$$

式中　T_i——首、尾测量值的格拉布斯准则数；

S——母体标准偏差的估计值；

v_i——首、尾测量值的残差。$T(n, \alpha)$ 为格拉布斯准则的临界值，根据子样容量 n 和所选取的判断显著性水平 α，从附表 12 中查取（显著性水平 α 一般可取 0.05 或 0.01，其含义是按该临界值判定为坏值而其实为非坏值的概率，即判断失误的可能性）。

若 $T_i > T(n, \alpha)$，则 x_i 为坏值，应剔除，每次只能剔除一个测量值。

若 T_1 和 T_n 都大于 $T(n, \alpha)$，则应先剔除 T_i 大者，重新计算 $\overline{x}$ 和 S，这时子样容量只有 $(n-1)$，再进行判断，直至余下的测量值中再未发现坏值。

思考题与习题

1. 什么是测量？测量分哪几类？
2. 什么是直接测量？什么是间接测量？
3. 国际单位制中 7 个基本单位的名称和符号分别是什么？
4. 什么是测量误差？误差分哪几类？怎样消除误差？

*5. 有一重复测量值（℃）：39.44，39.27，39.94，39.44，38.91，39.69，39.48，40.56，39.78，39.35，39.68，39.71，39.46，40.12，39.39，39.76。试分别用拉依达准则和格拉布斯准则（取 $\alpha=0.05$）检验粗大误差并剔除坏值。

第二章　热 工 仪 表 概 述

用来测量温度、压力、流量等热工参数的仪表称为热工仪表。本章主要介绍热工仪表的组成、分类、质量指标及仪表的使用等知识。

第一节　热工仪表的组成及分类

一、热工仪表的组成

热工仪表的种类很多，虽然各种仪表的工作原理、结构外形、所测参数等不尽相同，但从其各部分的功能和作用上看，主要包括三个组成部分，如图 2-1 所示。

图 2-1　热工仪表的组成

1. 感受件

感受件是仪表中直接与被测对象发生关系的部件，它能感知被测参数的变化并将其转换成一种便于测量的信号输出。感受件通常也称作敏感元件、一次件或一次仪表，例如玻璃液体温度计的温包。

感受件的性能好坏直接影响着测量仪表能否快速、准确地反映被测参数的变化，因此，感受件的性能应符合以下要求：

（1）选择性。感受件的输出信号应不受被测对象的非被测量（影响量）作用的影响，或此影响可以忽略。设计感受件时应使所利用的物理效应对被测量的响应很灵敏，而对影响量却不作反应，否则要采取补偿措施。

（2）复现性。感受件的输出信号与输入被测量之间应有稳定的单值函数关系，最好是线性关系，该函数关系在不同的测量条件下应能在规定的准确度内一致。

（3）稳定性。在规定工作条件下，感受件保持其计量性能恒定的能力称为稳定性。

（4）超然性。在测量过程中，感受件或多或少都要消耗被测对象的能量，或者在接触对象时改变对象的原状态。常把仪器不影响被测量的能力称为超然性。

感受件要完全满足上述条件一般是比较困难的，因此通常在仪表内采取一些措施加以弥补。如设置中间放大环节以弥补感受件灵敏度的不足；设置补偿环节以克服非被测量的影响；设置线性化环节以克服非线性的影响。

2. 中间件

中间件是用来接受感受件的输出信号并将其送到显示件的部件。中间件的主要作用如下：

（1）单纯起传输作用。如仪表管、电缆、光纤等。

（2）起信号放大作用。将感受件输出的微弱信号进行放大，以满足远距离传输以及驱动指示、记录装置的需要，如放大器。

（3）起变送作用。将感受件的输出信号变换为所需的其他量，以便于远距离传送或适于二次仪表的显示，如变送器。

3. 显示件

显示件用来接受中间件送来的信号，并将其转变为测量人员可以识别的信号，它是与测量人员直接联系的部件。

(1) 根据仪表的显示方式不同，显示件可分为三种。

1) 模拟显示：由指针、光标、色带等反映被测参数的连续变化。

2) 数字显示：直接用数字显示被测参数的大小或高低。

3) 屏幕显示：用计算机和电视屏幕等显示测量结果。它既能作模拟显示，也能作数字式显示，或者同时按两种方式进行显示，还可以给出要求的数据表格、曲线等。

(2) 根据仪表的显示特点不同，显示件可分为三种。

1) 瞬时量显示：显示被测参数的瞬时值。

2) 累计量显示：显示被测参数在一段时间内的累计值。

3) 越限与极限显示：具有信号报警功能。

二、热工仪表的分类

根据仪表用途、原理等不同，热工仪表可分为多种类型。

(1) 按被测参数不同，可分为温度、压力、流量、物位、成分分析仪表等。

(2) 按用途不同，可分为标准用、实验室用、工程用仪表。

(3) 按显示特点不同，可分为指示式、积算式、记录式、数字式、屏幕式。

(4) 按工作原理不同，可分为机械式、电气式、电子式、化学式。

(5) 按装置地点不同，可分为就地安装仪表、盘用仪表。

(6) 按使用方式不同，可分为固定式、携带式。

(7) 按使用能源不同，可分为电动式仪表、气动式仪表、液动式仪表。

第二节 热工仪表的质量指标

为了正确地选择和使用仪表，必须了解仪表的一系列质量指标，热工仪表的质量指标主要有基本误差、准确度等级、变差、灵敏度、不灵敏区、时滞等。这些质量指标是鉴别仪表的性能是否符合技术规定的标准和判定仪表是否合格的依据。

一、基本误差

在规定的使用条件下仪表所具有的最大误差称为仪表的基本误差。基本误差是仪表本身的固有属性，也称为固有误差，它可以用绝对误差的形式 δ_j 表示，也可以用折合误差的形式 γ_j 表示：

$$\gamma_j = \frac{\delta_j}{x_{max} - x_{min}} \times 100\% \tag{2-1}$$

二、准确度等级

仪表的准确度等级是根据允许误差定义的。

根据各类仪表的设计、制造质量不同，国家对每种仪表均规定了基本误差的最大允许值，即允许误差。它可以用绝对误差的形式 δ_y 来表示，也可以用折合误差的形式 γ_y 表示：

$$\gamma_y = \frac{\delta_y}{x_{max} - x_{min}} \times 100\% \tag{2-2}$$

仪表的准确度等级在数值上等于允许误差去掉百分号后的绝对值。国家为了便于对仪表进行管理，规定了仪表的准确度等级系列。仪表厂家在生产仪表时，规定的准确度等级（或允许误差）必须与准确度等级系列一致。

国家规定的准确度等级系列有0.005，0.01，0.04，0.05，0.1，0.2，0.5，1.0，1.5，2.5，4.0，5.0等级别。数值越小，准确度等级就越高。通常准确度等级用小圆圈内的阿拉伯数字标志在仪表的刻度盘上。

由于仪表都有一定的准确度等级，因此其刻度盘的分格值不应小于仪表的允许误差的绝对值 $|\delta_y|$，否则没有意义。

【例2-1】 有一支测量范围为0～1000℃，准确度等级为0.5级的温度计，问该表在规定使用条件下的最大测量绝对误差为多少？仪表分格值应为多少？

解： 一块合格的仪表，在规定条件下使用时，其测量的最大误差 δ_{max} 不应超过允许误差，即

$$\left|\frac{\delta_{max}}{x_{max}-x_{min}}\times 100\%\right|\leqslant 0.5\%$$

故 $|\delta_{max}|\leqslant|\gamma_y|(x_{max}-x_{min})=|\pm 0.5\%|\times(1000-0)=5(℃)$

因此，该表在规定条件下使用时，其最大测量误差为±5℃。仪表分格值应不小于5℃，即最多可分1000℃÷5℃=200（格）。

【例2-2】 若需测量某100℃左右的温度对象，要求测量误差不大于±5℃。现有两支温度计可供选择，一支测量范围为0～1000℃、准确度等级为0.5级；另一支测量范围为0～200℃、准确度等级为1.0级，问选用哪一支合适。

解： 0～1000℃、0.5级仪表的最大测量误差在例2-1中已求出，0～200℃、1.0级仪表的最大测量误差为

$$|\delta_{max}|\leqslant|\gamma_y|(x_{max}-x_{min})=|\pm 1.0\%|\times(200-0)=2(℃)$$

因为该表与0～1000℃、0.5的级仪表相比较，准确度等级低、量程小，造价较低，而且测量误差较小，故应选用0～200℃、1.0级的温度计。

可见，在选择仪表时应根据测量要求，综合考虑准确度等级及量程，以使仪表得到合理的应用。

三、变差

仪表在规定的使用条件下，从正、反行程两个方向测量同一参数，两次测量值之差的绝对值称为该示值点上的变差，即 $\Delta=|x_z-x_f|$。在仪表测量范围内，各示值点上变差的最大值称为仪表的变差，即 $\Delta_{max}=|x_z-x_f|_{max}$。变差也可以用折合误差的形式 γ_Δ 表示：

$$\gamma_\Delta=\frac{\Delta_{max}}{x_{max}-x_{min}}\times 100\%=\frac{|x_z-x_f|_{max}}{x_{max}-x_{min}}\times 100\% \tag{2-3}$$

式中 x_z、x_f——在测量同一参数时，仪表正、反行程的示值。

一块合格的仪表的基本误差和变差均不应超过允许误差。

四、灵敏度

灵敏度是指仪表输出信号的变化量 ΔL 与引起该变化的被测信号的变化量 ΔX 之比。灵敏度用 S 表示，即

$$S=\frac{\Delta L}{\Delta X} \tag{2-4}$$

若仪表各示值点上灵敏度都相同，则仪表输出与输入呈线性关系，否则为非线性。对于呈线性关系的仪表刻度方便、均匀、准确，易读数。

【例 2-3】 一支温度计测量范围是 0～1000℃，准确度等级为 0.5 级，测量范围内指针的最大转角为 270°。对此温度计检定后得到的数据，见表 2-1。

表 2-1 **某温度计检定数据** ℃

标准表读数	0	99	202	304	398	502	604	704	797	895	1000
被检表读数	0	100	200	300	400	500	600	700	800	900	1000

求：(1) 此表的基本误差；(2) 此表的灵敏度；(3) 判断此表是否合格。

解： (1) 基本误差 $\gamma_j=\frac{\delta_j}{x_{max}-x_{min}}\times 100\%=\frac{5}{1000-0}\times 100\%=0.5\%$

(2) 灵敏度 $S=\frac{\Delta L}{\Delta X}=\frac{270}{1000}=0.27°/℃$

(3) 允许误差 $=\pm 0.5\%$

因为基本误差不大于允许误差，所以此表合格。

五、不灵敏区

不能引起仪表输出变化的输入信号的最大变化范围称为仪表的不灵敏区或死区。

为了确定仪表的不灵敏区，可在仪表的某一点上逐渐增加或减小输入信号，分别记下使显示机构开始动作的增、减两个方向的输入值，它们的差值即为仪表在该点的不灵敏区。如某温度计稳定在 100℃，当被测温度上升到 100.1℃时，指针开始正向移动；当被测温度下降到 99.8℃时，指针开始负向移动，则该温度计在 100℃示值点的不灵敏区为 100.1℃－99.8℃＝0.3℃。

有时也把能引起仪表响应的输入信号的最小变化量称为仪表的灵敏度限或分辨率。一般分辨率数值应不大于仪表允许误差的一半。

六、时滞

从测量开始到仪表正确显示出被测量的这一段时间称为仪表的时滞或响应时间。用仪表对被测参数进行测量时，由于仪表有惯性，其指示值总要经过一段时间之后才能正确地显示出被测参数，即指示值的变化总要落后于被测参数的变化。如果仪表响应时间过长，则不适合测量变化频繁的参数。在被测参数快速变化时，常会由于感受件输出信号跟不上被测参数的变化而产生动态误差。

除上述指标外，还有如下一些指标：

(1) 修正值。为了获得被测参数的真实值而加到测量值上的部分叫修正值，用“c”表示。

仪表使用时，为了提高仪表的准确度，得到被测参数的真实值，应对仪表各点的指示值进行修正，即将仪表指示值加上一个修正值，表达式为

$$x_0=x+c \tag{2-5}$$

式中 c——修正值，数值上等于仪表在该点绝对误差的相反数。

一般标准仪表常随仪表附一修正值表或修正值曲线，以备测量时修正测量结果之用。

（2）线性度（或非线性误差）。对于理论上具有线性“输入－输出”特性曲线的仪表，由于各种因素的影响，实际特性曲线往往偏离线性关系，它们之间的最大偏差与仪表量程之比的百分数称为线性度。

（3）重复性。同一工作条件下，多次按同一方向输入信号作全量程范围的变化时，对应于同一输入值，仪表输出值的一致性称为重复性。重复性大小是以全量程上，对应于同一输入值输出的最大值和最小值的差与量程之比的百分数表示。

（4）漂移。在工作环境和输入信号保持不变的条件下，经过规定的较长一段时间后仪表输出的变化叫漂移。它以仪表量程各点上输出的最大变化量与量程之比的百分数表示。漂移通常是由于电子元件的老化、弹性元件的时效、节流元件的磨损、热电偶和热电阻元件的污染变质等原因引起。

第三节 热工仪表的使用

一、热工仪表的选用

在选择仪表时应根据测量的实际需求、被测介质的性质、现场环境条件等，综合考虑仪表的准确度等级、量程以及使用安全等因素，合理选用。由于被测量越是靠近刻度标尺的上限，测量的准确度就越高，故仪表量程不能选择的太大。一般测量仪表的经常工作点应出现在仪表测量范围的2/3～3/4处，而不宜出现在测量范围的1/3以下。对于压力表应有较大的安全系数，以保证弹性元件能在弹性变形的安全范围内可靠地工作，通常，在被测压力较稳定的情况下，应使仪表工作在测量范围的2/3处；在被测压力波动较大时，应使仪表工作在测量范围的1/2处。至于准确度等级，只要能满足实际测量要求就行，不可过分要求。

二、热工仪表的安装

热工仪表应避免安装在可能产生剧烈振动的位置，其环境温度一般不得高于45℃。露天安装的热工仪表应有防雨防冻设施。现场仪表管路的防冻措施除使用保温材料保温外，主要是采取蒸汽伴热或电伴热。另外，在冬季机组停运时，还应及时将管路和仪表中的水放净，以防冻结。

三、热工仪表的检定

仪表在运输、保管、安装及使用过程中可能引起仪表性能的改变，进而影响测量的准确度。为保证测量的可靠性，一般在仪表安装之前及使用一段时间后都要进行检定。

仪表的检定（又称校验）是指将被校仪表示值与规定的标准量值（即约定真值）进行比较，以评定仪表的计量性能是否合格的工作。按照产生标准量值的方法不同，检定可分为示值比较法和标准物质法两类。

1. 示值比较法

示值比较法就是用标准仪表与被校仪表同时测量同一被测量，比较两者示值以确定被校仪表是否合格。使用此法检定仪表时，必须注意以下两个问题：

（1）必须造成一个均匀的、相同的环境和使用条件，即要求有一个稳定的被测量场。为此，应精心设计和制作产生被测量的设备，且在检定时应严格按照设备的技术要求正确使用，否则将影响检定结果的可靠性。

(2) 当把标准仪表的示值作为被测量的真值时，所使用的标准仪表的允许误差必须比被校表允许误差小 1/10～1/3（一般按 1/3 来选择），并且标准仪表的测量范围应等于或稍大于被校仪表的测量范围。

2. 标准物质法

标准物质是指能提供某种量的标准量值（即约定真值）的参考物质，它们是计量特性良好并经过检定的物质。一种标准物质一般只提供一个量值（固定点），而不像仪器标尺那样有一系列数值。例如，以相变点作为固定温度点的各种纯金属就是标准物质，又如标准成分的气样、标准浓度的溶液等也是标准物质的例子。

利用标准物质的标准量值来检定仪表的方法称为标准物质法。例如，利用含氧量一定的标准气体来校验氧量计就属于标准物质法。

标准物质法在检定中也称为定点法，其突出的优点是准确度高，缺点是灵活性差。使用时还应注意储存的环境和储存过程对标准物质的影响。

思考题与习题

1. 热工仪表主要由哪几部分组成？各组成部分的作用分别是什么？

2. 热工仪表的质量指标主要有哪些？各指标的定义分别是什么？

3. 一支温度计测量范围是 0～1000℃，准确度等级为 0.5 级，测量范围内的指针转角为 270°，示值的最大误差为 4℃。求：(1) 此表的基本误差。(2) 此表的灵敏度。(3) 判断该表是否合格。

4. 一支测量范围为－320～＋320mm、准确度为 1.0 级的水位指示仪表。当水位上升至零水位时，指示为－5mm；当水位下降至零水位时，指示为＋5mm。该水位表是否合格？为什么？

5. 一块合格的工业用压力表的准确度等级为 2.5 级，其允许误差、基本误差、变差各为多少？

6. 有一块准确度等级为 1.0 级，测量范围为 0～5MPa 的压力表，在标准表示值为 1、2、3、4、5 各点处，其正行程时的指示值分别为 0.95、1.98、2.95、3.92、4.98MPa，反行程时的指示值分别为 1.05、2.02、3.06、4.01、5.0MPa。求：(1) 此表的基本误差。(2) 此表的变差。(3) 判断该表是否合格。

*7. 一支压力表测量上限为 6MPa，准确度等级为 1.5 级，试确定检定此表用的标准压力表的测量上限和准确度等级。

*8. 有一支测量范围为 0～1000kPa 的 1.5 级工业用压力表，其检定记录见表 2-2，试把该表填写完整。

表 2-2　　**习题 8 用表**

<table>
<tr><td colspan="3">被检分度线（kPa）</td><td colspan="2" rowspan="2">标准表示值
（MPa）</td><td colspan="2" rowspan="2">基本误差
（MPa）</td><td rowspan="2">变差
（MPa）</td></tr>
<tr><td rowspan="2">示值</td><td>正向</td><td>反向</td></tr>
<tr><td>轻敲后</td><td>轻敲后</td><td>正向</td><td>反向</td><td>正向</td><td>反向</td><td></td></tr>
<tr><td>0</td><td>0</td><td>0</td><td>0.00</td><td>0.00</td><td></td><td></td><td></td></tr>
<tr><td>200</td><td>200</td><td>200</td><td>0.20</td><td>0.20</td><td></td><td></td><td></td></tr>
<tr><td>400</td><td>395</td><td>397</td><td>0.40</td><td>0.40</td><td></td><td></td><td></td></tr>
<tr><td>600</td><td>595</td><td>599</td><td>0.60</td><td>0.60</td><td></td><td></td><td></td></tr>
<tr><td>800</td><td>795</td><td>799</td><td>0.80</td><td>0.80</td><td></td><td></td><td></td></tr>
<tr><td>1000</td><td>990</td><td>995</td><td>1.00</td><td>1.00</td><td></td><td></td><td></td></tr>
</table>

基本误差：　　允许值：　　最大值：

变　　差：　　允许值：　　最大值：

检验结论：　　校验日期：　　校验员：　　复 核 者：

第二篇 热 工 测 量

本篇主要介绍温度、压力、流量、液位、氧量、机械量、输煤量、开关量等热工参数的测量原理、仪表的使用方法、测量误差分析、仪表常见故障及检修、校验等知识。

第三章 温 度 测 量

温度是一个很重要的物理量，是国际单位制中7个基本量之一。温度检测仪表是热工自动化仪表五大类型中最普遍、最重要的一种。研究温度测量的学科称为温度计量学，或称测温学。

本章主要介绍热电偶温度计、热电阻温度计、双金属温度计、压力式温度计等测温仪表的工作原理、使用方法、误差分析、常见故障及校验维修等知识。

第一节 温 度 测 量 概 述

一、温度计量学简介

温度计量学起源于欧洲，它是随着热力学和统计力学的发展而逐渐形成的。它的发展与温度计的出现、改进及温标的演变密切相关。

1592年，意大利科学家伽利略（Galileo Galilei，1564—1642年）在一个玻璃球上接一根玻璃管，组成了最简单的空气温度计。这种温度计是开口式的，将它倒置在有颜色的水中，可以利用空气的热胀冷缩现象粗略地观察周围大气温度的变化。

1641年，意大利的一位科学家首创了一种封口式的玻璃酒精温度计，这是第一支与大气压力无直接关系的温度计。它的出现标志着人类在冷热现象的探索中迈出了重要的一步。

1714年，德国的华伦海脱（Daniel Gabriel Fahrenheit，1686—1736年）第一个制造了性能可靠的水银温度计。1724年他研制并公布了华氏温标，规定了水的冰点（32 ℉）和沸点（212 ℉）温度。

1730年，法国的列奥弥尔创设了列氏温标，他将水的冰点（0°R）和沸点（80°R）之间划分80等份。这是因为他注意到标准浓度的酒精在水的冰点和沸点之间体积从1000单位膨胀到1080单位。他的温标每度所代表的温升相当于酒精原始体积平均膨胀了千分之一。

1742年，瑞典学者摄休斯建立了百度温标（摄氏温标），规定水冰点为100℃、水沸点为0℃，中间等分100等份。摄休斯去世后，他的助手斯托玛把两个固定点对换，即水冰点为0℃，水沸点为100℃，这样就符合了人们的习惯。

1848年，英国物理学家威廉·汤姆逊（后因诸多科学成就而被封为开尔文勋爵，故又名开尔文）根据热力学第二定律和卡诺定律，提出了绝对热力学温标（简称绝对温标，又称开氏温标，以K表示）。绝对温标与测温物质的性质无关，因而它是一种基本的、科学的温标。

1871 年，西门子制造出第一支铂热电阻温度计。1887 年，卡伦德尔发现了卡伦德尔公式，并改进了铂热电阻温度计的制造工艺，同时研制了测温电桥。

1887 年，国际权度委员会（CIPM）将氢温度计的百度温标作为标准温标，这就是最初的国际统一温标。但这个温标存在严重的缺陷，并且仅仅是为了长度、质量这两个基本量的需要。从温度这个基本量的要求来说，应该建立一个既与热力学温标接近，又能方便、准确复现的国际公认温标。

1927 年，第 7 次国际权度大会上通过了第一个国际温标，并正式定名为国际温标（ITS—1927）。1937 年成立了温度咨询委员会（CCT）。1954 年第 10 次国际权度大会上，确定了水的三相点为热力学温标的唯一固定点。

经过第 6 次（1962 年）、第 7 次（1964 年）和第 8 次（1967 年）CCT 会议的讨论，1968 年通过了国际实用温标（IPTS—1968）。

1989 年通过了 90 温标（ITS—1990）。90 温标也是我国现行温标。

目前，华氏温标在欧美使用非常普遍，摄氏温标在亚洲使用较多，列氏温标仅在法国和德国的部分场合使用，而在科学研究中多使用热力学温标（绝对温标）。

二、温度与温标

1. 温度

温度是表征物体冷热程度的物理量。从微观来看，温度是描述系统不同自由度之间能量分布状况的基本物理量。它标志着物体内部分子无规则运动的剧烈程度，是大量分子热运动的宏观表现。

温度虽然是一个基本物理量，但它不是“广延量”。它与其他物理量如长度、质量不同，人们能确切知道物体的长度、质量相加后的结果，却无法想象温度如何直接相加。因此，应该说温度是一个重要的但又极其特殊的物理量。

2. 温标

用来量度物体温度高低的标尺叫做温度标尺，简称温标。

温标的建立是一个复杂的过程，下面简单介绍温标建立的条件及几种常用温标。

（1）温标建立的条件。

1）固定点。物质不同相之间可复现的平衡温度称为固定点温度，简称固定点。要确定一个温标，首先要选定固定点，一般都是采用纯物质的相平衡温度作为温标的固定点。在选定固定点之后，要规定固定点的温度值，其他温度才能与之比较，以确定数值。

2）测温仪器（温度计）。选定固定点后，要选定一种测温物质制成的测温仪器，即温度计，作为实现温标的仪器。

3）内插公式。在固定点的温度值确定之后，用来确定任意点温度值的数学关系式称为内插公式。如线性内插公式：

$$t = t_1 + \frac{y - y_1}{y_2 - y_1}(t_2 - t_1) \tag{3-1}$$

式中 t ——任一点温度；

y ——测温变量；

y_1、y_2 ——固定点对应的测温变量；

t_1、t_2 ——固定点温度。

（2）常用温标。

1）经验温标。借助于某物质的物理参量与温度变化的关系，用实验方法或经验公式构成的温标。经验温标有多种，如华氏温标、摄氏温标、列氏温标等。

摄氏温标
- 固定点
  - 一个大气压下纯水的沸点规定为 100 摄氏度（℃）
  - 一个大气压下纯水的冰点规定为 0 摄氏度（℃）
- 测温仪器：水银温度计
- 分度方法：将 0～100 划分为 100 等份，每一份叫 1 摄氏度（℃）

华氏温标
- 固定点
  - 一个大气压下纯水的沸点规定为 212 华氏度（℉）
  - 一个大气压下纯水的冰点规定为 32 华氏度（℉）
- 测温仪器：水银温度计
- 分度方法：将 32～212 划分为 180 等份，每一份叫 1 华氏度（℉）

列氏温标
- 固定点
  - 一个大气压下纯水的沸点规定为 80 列氏度（°R）
  - 一个大气压下纯水的冰点规定为 0 列氏度（°R）
- 测温仪器：水银温度计
- 分度方法：将 0～80 划分为 80 等份，每一份叫 1 列氏度（°R）

2）热力学温标。1848 年开尔文建立了一种理论温标。根据卡诺定理，一切工作于两个给定热源之间的可逆热机的效率均相等，且仅与这两个热源的温度有关，而与工作物质无关。由此可引入一个与测温物质及其测温属性无关的温标，用来标示热源的温度。两个热源温度的比值等于可逆热机与这两个热源之间传递的热量之比，即 $Q_2/Q_1=T_2/T_1$。当传递给低温热源的热量趋于零时，低温热源的温度也趋于一个极限值，即绝对零度。这个温标叫热力学温标，符号为 T，单位是开尔文，简称开（K）。只要再规定一个固定点和分度方法，它的定义就完整了。1960 年，国际计量大会决定采用水的三相点为固定点，规定其值为 273.16K。在这种规定下，间隔 1K 等于 1℃。热力学温标的定义式为

$$T=\frac{Q}{Q_1}273.16 \tag{3-2}$$

3）国际温标。随着热力学温标的提出，各国科学家致力于研究用实用温度计传递热力学温标的可能。其成果表现为 1927 年拟定的“1927 年国际温标（ITS—1927）”，其特点是：通过一系列固定点和固定点间的内插、外推仪器及插值公式，保证本身的复现准确度；能随着技术进步不断改善各种规定，以当时技术能达到的最高准确度逼近热力学温标。

由于定义简单、易于实现、复现性强，国际温标很快被众多国家接受。经过 1948 年修订（ITS—1948）、1968 年修订（IPTS—1968）、1975 年修订，国际实用温标在测温范围的延伸和逼近热力学温标等方面都在不断完善。直至 1989 年第 27 届国际计量委员会（CIPM）通过“1990 国际温标（ITS—1990）”，从 1990 年 1 月 1 日开始实施。

1990 国际温标的特点：①国际温标同时使用国际开尔文温度（T_{90}）和国际摄氏温度（t_{90}），它们的单位分别为开尔文（K）和摄氏度（℃）。②国际温标以一些物质的可复现的平衡态的指定温度值（定义固定点），以及在这些温度值上分度的标准仪器和相应的内插公式（或插值表）为基础。③ITS—1990 温标的下限延伸到 0.65K，上限延伸到用普朗克辐射定律和单色辐射方法实际可测量的最高温度。④13.8033～273.16K，0～961.78℃用铂热电阻温度计插值；961.78℃以上用基于普朗克定律的高温辐射温度计插值。

三、测温仪表分类

常用测温仪表的种类及优缺点见表 3-1。

表 3-1 常用测温仪表的种类及优缺点

测温方式	温度计种类		常用测温范围（℃）	测温原理	优点	缺点
接触式测温仪表	膨胀式	玻璃液体	−50～600	利用液体体积随温度变化的性质	结构简单，使用方便，测量准确，价格低廉	测量上限和准确度受玻璃质量的限制，易碎，不能记录和远传
		双金属	−80～600	利用固体热膨胀变形量随温度变化的性质	结构紧凑，牢固可靠	准确度低，量程和使用范围有限
	压力式	液体	−30～600	利用定容气体或液体压力随温度变化的性质	耐振，坚固，防爆，价格低廉	准确度低，测温距离短，时滞大
		气体	−20～350			
		蒸汽	0～250			
	热电偶	铂铑-铂	0～1600	利用金属导体的热电效应	测温范围宽，准确度高，便于远距离、多点、集中测量和自动控制	需冷端温度补偿，在低温段测量准确度较低
		镍铬-镍硅	0～1200			
		镍铬-考铜	0～600			
	热电阻	铂热电阻	−200～500	利用金属导体或半导体的热敏效应	测温准确度高，便于远距离、多点、集中测量和自动控制	不能测高温，须注意环境温度的影响
		铜热电阻	−50～150			
		热敏电阻	−50～300			
非接触式测温仪表	辐射式	辐射式	400～2000	利用物体全辐射能量随温度变化的性质	测温时，不破坏被测温度场	低温段测量不准，环境条件会影响测温准确度
		光学式	700～3200			
		比色式	900～1700			
	红外线	热敏探测	−50～3200	利用传感器转换进行测温	测温时，不破坏被测温度场，响应快，测温范围大	易受外界干扰，标定困难
		光电探测	0～3500			
		热电探测	200～2000			

第二节 热电偶温度计

热电偶是根据热电效应的原理工作的。热电效应理论最先是由伏达（A. Volta）开始研究的，后来又经过许多科学家多年工作才建立起来的。其中贡献比较显著的是塞贝克（T. J. Seebeck）、珀尔帖（J. C. A. Peltier）、汤姆逊（W. Thomson）和开尔文（L. Kelvin）。

热电偶属于接触型测量仪表，它体积小、结构简单、容易制造、使用方便、性能稳定、测量准确度高、动态特性好、便于远距离传送和显示，可用于快速测量、点温测量和表面温度测量等。

热电偶种类很多，有金属热电偶和非金属热电偶。热电偶温度计的测温范围宽，从－270～3500℃，一般在－200～1800℃范围内使用较多。它通过与显示仪表配合使用，可以实现远距离测量、自动记录、自动控制等。

一、热电偶的测温原理

1821年，塞贝克发现一对异质金属A、B组成的闭合回路中，如果对接点a加热，使得接点a、b的温度不同，那么回路中就有电流产生，这一现象称为温差电效应，也叫热电效应或塞贝克效应，如图3-1所示。

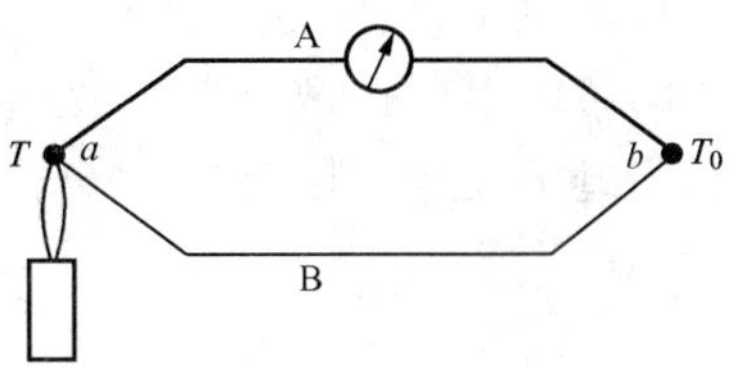

图3-1 塞贝克效应示意

回路中A、B称为热电极，回路中产生的电动势称为热电动势或塞贝克电动势，用$E_{AB}(T, T_0)$表示：

$$E_{AB}(T, T_0)=\int_{T_0}^{T} S_{AB}\mathrm{d}T = E_{AB}(T)-E_{AB}(T_0) \tag{3-3}$$

式中 S_{AB}——塞贝克系数，该系数与热电极的材料和两接点的温度有关。

接点a常用焊接的方法连接在一起，置于被测温度场中，称为测量端、工作端或热端；接点b称为参考端、自由端或冷端。

若T_0为常数，则

$$E_{AB}(T, T_0)=E_{AB}(T)-C \tag{3-4}$$

式中 C——常数，与热电极的材料及冷端温度T_0有关。

可见，在热电偶的冷端温度保持不变的条件下，热电偶产生的热电动势与热端温度有单值函数关系，这就是热电偶的测温原理。

注：冷端温度为0℃时，热电偶的热电特性称为热电偶分度，为了方便起见，把常用热电偶的分度关系列成了表格的形式，称为热电偶的分度表。热电偶分度表的参考端温度都是0℃，配热电偶用的显示仪表均是按分度表的热电特性刻度的。

进一步分析可知，热电偶回路中产生的电动势包括接触电动势和温差电动势两部分。

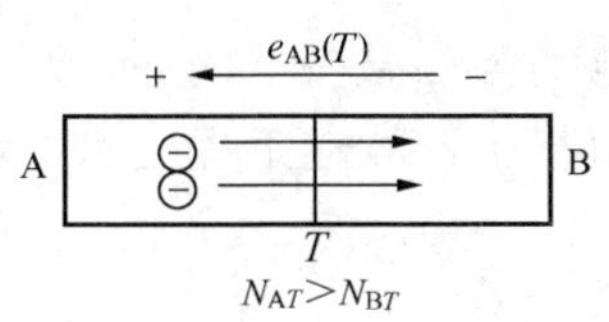

图3-2 接触电动势原理

(1) 接触电动势。两种均质导体A和B接触时，由于导体A和导体B中的自由电子密度不同（假设自由电子密度$N_{AT}>N_{BT}$），导体A中的自由电子将通过接点向导体B进行扩散，于是A失电子带正电，B得电子带负电，从而使接点两侧产生静电场，如图3-2所示。静电场的存在将阻止自由电子继续扩散。当扩散力和电场力的作用平衡时，电子的扩散达到动态平衡，最终在接点两侧之间产生电动势，此电动势称为接触电动势，该电动势是由珀尔帖发现的，因此也称为珀尔帖电动势，用符号$e_{AB}(t)$或$e_{AB}(T)$表示，其中t(或T)为接点处的温度。接触电动势的大小与接点温度和两种导体的性质有关，方向如图3-2所示。接触电动势的大小可表示为

$$e_{AB}(T)=\frac{KT}{e}\ln\frac{N_{AT}}{N_{BT}} \tag{3-5}$$

式中 K——玻尔兹曼常量，$K=1.38\times10^{-23}$，J/K；

T——接点处的热力学温度，K；

e——一个电子的电荷量，$e=1.602\times10^{-19}$，C；

N_{AT}、N_{BT}——导体A与导体B在温度为T时的自由电子密度（N_{AT}、N_{BT}实质是导体A、B在温度为T时的自由电子的逸出功）。

（2）温差电动势。导体的自由电子密度会随温度升高而增大，当同一导体两端温度不同时，自由电子会从温度高的一端向温度低的一端扩散，在两端之间也会出现与接触电动势中相似的自由电子扩散过程，最终在导体的两端间产生电动势，这种电动势被称为温差电动势或汤姆逊电动势，用符号$e_A(t, t_0)$或$e_A(T, T_0)$表示，方向如图3-3所示。温差电动势的大小可表示为

$$e_A(T, T_0)=\int_{T_0}^{T}\sigma_A \mathrm{d}T \tag{3-6}$$

式中　σ_A——汤姆逊系数，表示单一导体两端温差为1℃时所产生的温差电动势。

（3）回路总电动势。在热电偶回路中，设回路总电动势的正方向为顺时针方向，如图3-4所示。则总电动势为

$$\begin{aligned}E_{AB}(T, T_0)&=e_{AB}(T)-e_A(T, T_0)+e_B(T, T_0)-e_{AB}(T_0)\\&=e_{AB}(T)-\int_{T_0}^{T}\sigma_A \mathrm{d}T+\int_{T_0}^{T}\sigma_B \mathrm{d}T-e_{AB}(T_0)\\&=\left[\frac{KT}{e}\ln\frac{N_{AT}}{N_{BT}}-\int_{0}^{T}(\sigma_A-\sigma_B)\mathrm{d}T\right]-\left[\frac{KT_0}{e}\ln\frac{N_{AT_0}}{N_{BT_0}}-\int_{0}^{T_0}(\sigma_A-\sigma_B)\mathrm{d}T\right]\\&=E_{AB}(T)-E_{AB}(T_0)\end{aligned} \tag{3-7}$$

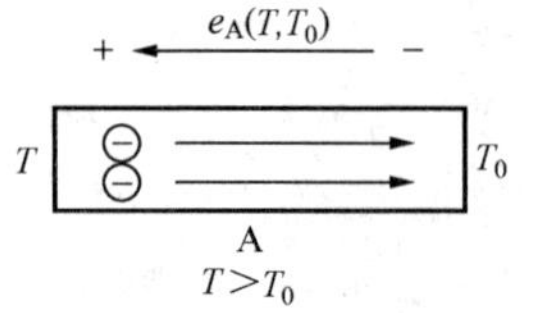

图3-3　温差电动势原理

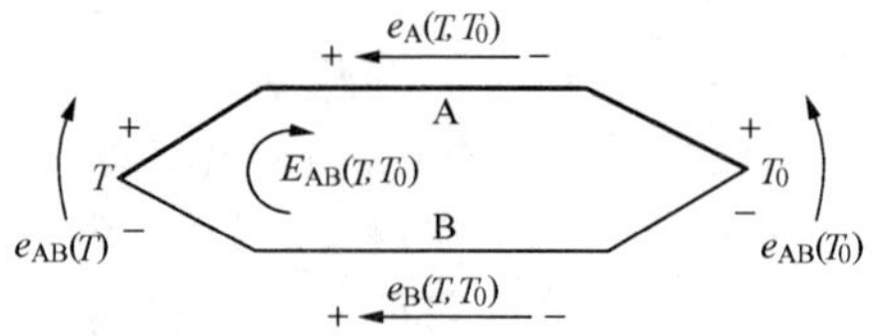

图3-4　热电偶回路

应该指出，在实际测量中不可能，也没有必要单独测量接触电动势和温差电动势，而只需测出总电动势即可。由于温差电动势与接触电动势相比较，其值甚小，故在工程技术中认为总热电动势近似等于接触电动势的代数和，即

$$E_{AB}(T, T_0)\approx e_{AB}(T)-e_{AB}(T_0) \tag{3-8}$$

二、热电偶的基本定律

1. 均质导体定律

由一种均质导体组成的闭合回路，不论导体的截面积如何、长度如何以及各处的温度分布如何，都不会产生热电动势，即

$$\int_{T_0}^{T}E\mathrm{d}T=0 \tag{3-9}$$

均质导体定律常用于检验材料的均匀性。

2. 中间导体定律

在热电偶回路中，可以接入第3、第4或者更多种均质导体，只要接入的导体两端温度相等，则它们对回路的总电动势没有影响。

根据这一定律可用任意导线连接热电偶、可在热电偶回路中接入仪表、可用开路热电偶

（见图 3-5）测量温度、可用任意材料焊接热电偶。

3. 中间温度定律

接点温度为 t_1、t_3 的热电偶产生的热电动势，等于该热电偶在接点温度分别为 t_1、t_2 和 t_2、t_3 时产生的热电动势之和。用公式表示为

$$E_{AB}(t_1, t_3)=E_{AB}(t_1, t_2)+E_{AB}(t_2, t_3) \tag{3-10}$$

式中 t_1——热端温度；

t_2——中间温度；

t_3——冷端温度。

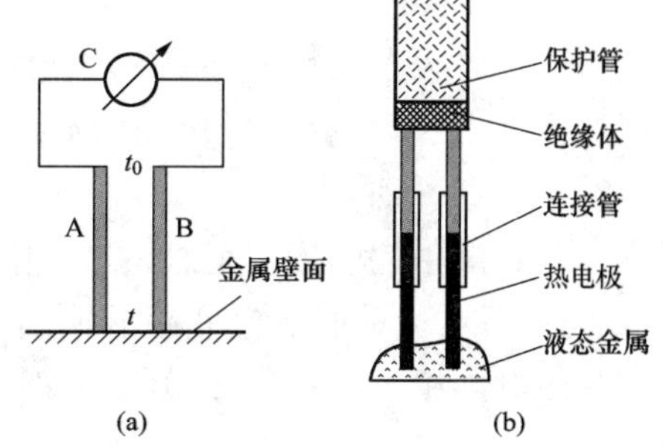

图 3-5 开路热电偶的使用

（a）测壁面温度；（b）测液体温度

中间温度定律是工业中使用补偿导线的理论基础，应用中间温度定律可对热电偶冷端温度误差进行修正，同时它还扩展了分度表的应用范围。

4. 参考电极定律

如果将电极 C（一般为纯铂丝）作为参考电极，并已知参考电极与各种热电极配对时的热电动势，那么在相同接点温度下，任意两热电极配对时的热电动势可按式（3-11）求得，即

$$E_{AB}(t, t_0)=E_{AC}(t, t_0)-E_{BC}(t, t_0) \tag{3-11}$$

因此，已知两导体分别与参考电极组成的热电动势，就可以根据参考电极定律计算出新组合的热电偶的热电动势。任意材料与参考电极产生的电动势称为单极电动势。

此定律在温标制定和热电偶分度中应用较多。

三、热电偶的串联、并联及差接

为了满足一些特殊的测温要求，有时需将多支热电偶进行串联、并联及差接，如图 3-6 所示。

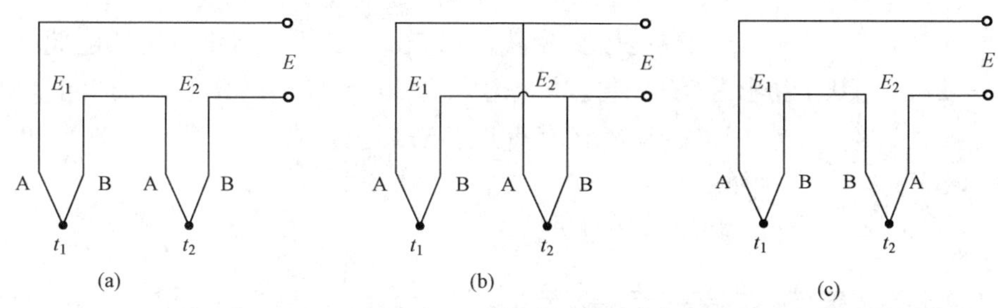

图 3-6 热电偶的连接形式

（a）热电偶的串联；（b）热电偶的并联；（c）热电偶的差接

1. 热电偶的串联

为了提高热电偶测温的灵敏度，可以把 n 支相同类型的热电偶串联起来。串联热电偶组的热电动势为单支热电偶热电动势的 n 倍，因此，应以总电动势的 $1/n$ 在热电偶分度表上查取对应的温度值。

串联热电偶有 n 个热端和 n 个冷端，n 个热端必须同时放在被测介质中，n 个冷端必须具有相同的冷端温度。如果 n 个热端的温度不完全相同，则所测得的温度将是各个测点的

平均温度。

为了获得较大的热电动势，可把串联热电偶的热端集中在一起，形成热电堆。热电堆的排列形状有十字形、星形和梳形等，图 3-7 所示为由 8 支热电偶构成的星形热电堆。

2. 热电偶的并联

为了测量平均温度，可把几支相同类型的热电偶并联起来，构成并联热电偶组，如图 3-6（b）所示。并联热电偶组的输出电动势是被并联的 n 支热电偶热电动势的平均值。使用并联热电偶组时，各支热电偶回路的电阻值应相等。

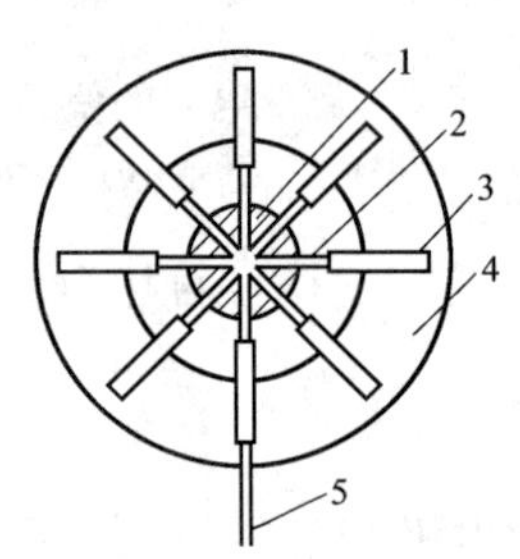

图 3-7 星形热电堆

1—镍片（热端）；2—热电极；3—金属箔（冷端）；4—云母环；5—引出线

3. 差接热电偶

在测量小温差时，为了提高测量的准确度，常采用热电偶差接的方式。把两支同类型的热电偶反向串接起来，就构成了差接热电偶或称微差热电偶，如图 3-6（c）所示。如果两个测点的温度 t_1、t_2 相同，则两个电动势 E_1、E_2 大小相等、方向相反，差接热电偶无输出。当两个测点的温度不同时，两个热电偶的电动势也不相同，若 $t_1 > t_2$，则 $E_1 > E_2$，差接热电偶的输出 E 为 $E_1 - E_2$，方向和 E_1 相同；当 $t_1 < t_2$ 时，$E_1 < E_2$，差接热电偶的输出 E 为 $E_2 - E_1$，方向和 E_2 相同。

四、热电偶的结构与类型

根据热电偶的用途、安装方法和结构形式不同，大体上有以下几种类型。

（一）普通型热电偶

1. 结构

热电偶一般由热电极、绝缘管、保护套管和接线盒组成，如图 3-8 所示。

（1）热电极。热电极直径大小主要从价格、测温范围及机械强度等方面考虑。一般贵金属热电偶（如铂铑 10—铂等）的热电极直径常在 0.5mm 以下，廉价金属热电偶的热电极直径为 0.3～3.2mm。热电极长度有多种规格，通常为 300～1500mm，可根据测量要求选用。热电偶热端采用焊接方式连接，接头形状有点焊、对焊及绞接点焊等，如图 3-9 所示，焊接方法有气焊法及电焊法两种。

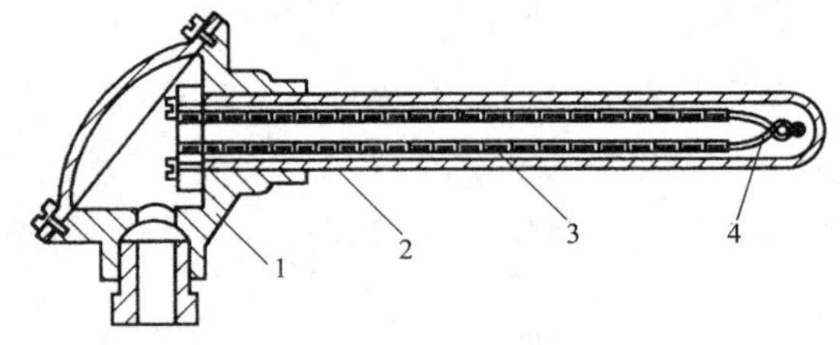

图 3-8 普通型热电偶的结构

1—接线盒；2—保护套管；3—绝缘管；4—热电极

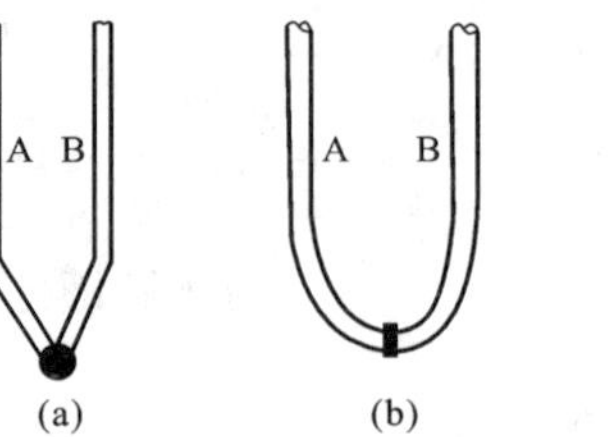

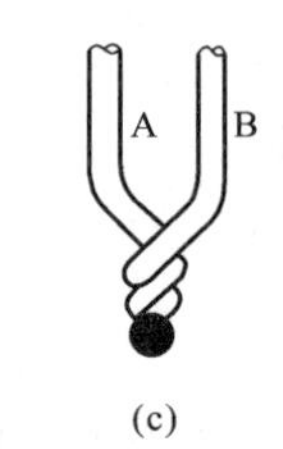

图 3-9 热电偶热端焊接形式

（a）点焊；（b）对焊；（c）绞接点焊

对热电极的要求：①物理、化学性能稳定，高温下不产生再结晶或蒸发现象，抗氧化还原性能好；②测温范围宽，选熔点高、饱和蒸气压低的金属或合金；③热电特性好，热电动势与温度关系简单，最好为线性，可提高准确度；稳定性好，长期使用热电动势不变化；

④微分热电动势大；⑤复制性好，便于批量生产，利于互换；⑥电阻温度系数小，热电偶本身阻值随温度的变化小，以减小附加误差，低温热电偶还要求有较小的导热系数，以减小热传导误差；⑦有良好的机械加工性能，价格便宜，并尽量少用稀有贵金属。

目前所用的热电极材料，不论纯金属、合金、还是非金属，都难以满足全部要求，所以在不同的测温条件下要选用不同的热电极材料。

（2）绝缘管。用于热电极之间和热电极与保护套管之间的绝缘，绝缘管外形如图 3-10 所示。常用的绝缘管材料见表 3-2。

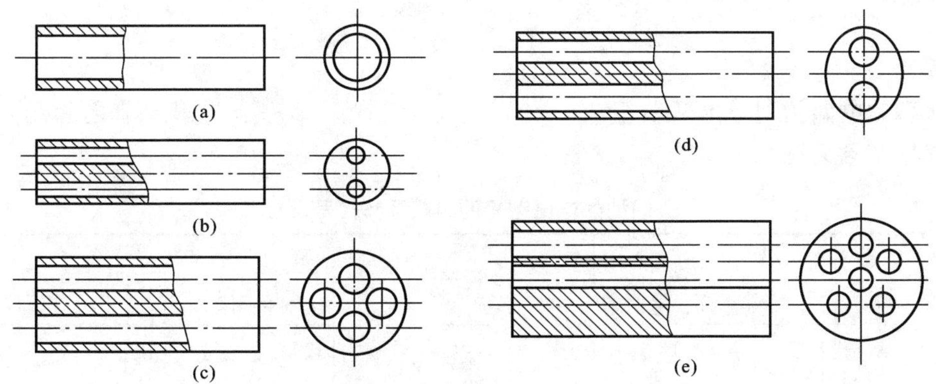

图 3-10 绝缘管外形

(a) 单孔管；(b) 双孔管；(c) 四孔管；(d) 双孔椭圆管；(e) 多孔管

表 3-2 **绝 缘 管 材 料**

材 料	长期使用的温度上限（℃）	材 料	长期使用的温度上限（℃）
天然橡胶	60～80	石 英	1100
聚乙烯	80	陶 瓷	1200
聚四氟乙烯	250	氧化铝	1600
玻璃和玻璃纤维	400	氧化镁	2000

（3）保护套管。为了防止热电极受到有害介质的化学腐蚀和避免机械损伤，应加装保护套管。对保护套管材料的要求是：①不渗透气体；②在高温下能承受温度剧变；③不与氧化性及还原性气体起作用；④耐酸和碱的化学腐蚀性强；⑤导热系数大，热惯性小；⑥机械强度高；⑦高温下不产生对热电极有害的气体。常用的保护套管材料见表 3-3。

表 3-3 **热电偶保护套管的材料**

材 料 名 称	耐 温（℃）	材 料 名 称	耐 温（℃）
铜	350	石 英	1100
20 号碳钢	600	高温陶瓷	1300
1Cr18Ni9Ti 不锈钢	870	高纯氧化铝	1700
镍铬合金	1150	氮 化 硼	3000（还原性气氛）

（4）接线盒。为了便于接线和保护热电极，热电偶配置了接线盒，如图 3-11 所示。

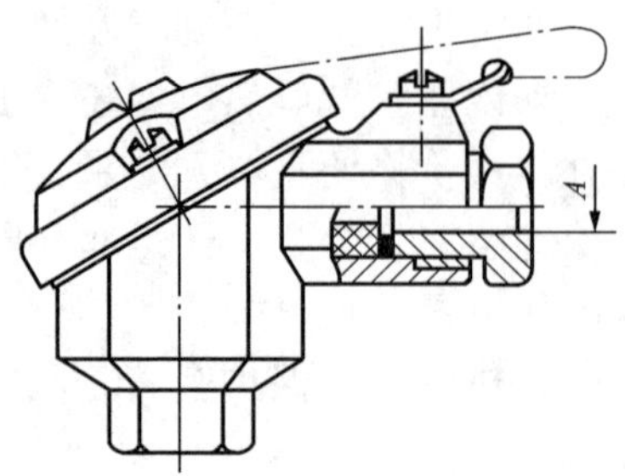

图3-11　热电偶接线盒

2. 型号

普通型热电偶的型号由两节组成，每节一般为三位，第一节与第二节之间用一短线隔开，其代号及含义见表3-4。

表3-4　　普通型热电偶型号的组成及其代号含义

第一节						第二节					
第一位		第二位		第三位		第一位		第二位		第三位	
代号	含义	代号	含义	代号	含义	代号	含义	代号	含义	代号	含义
W	温	R	热		热电偶分度号及材料		安装固定装置		接线盒形式		设计序号或保护套管
	度		电	R	B（铂铑30-铂铑6）	1	无固定装置	1	普通接线盒		分度号B和S：
	仪		偶	P	S（铂铑10-铂）	2	固定螺纹	2	防溅接线盒	0	ϕ16瓷保护套管
	表			N	K（镍铬-镍硅）	3	活动法兰	3	防水接线盒	1	ϕ25瓷保护套管
				E	E（镍铬-康铜）	4	固定法兰	4	防爆接线盒		分度号K和E：
				F	J（铁-铜镍）	5	角形活动法兰			0	ϕ16钢保护套管
				C	T（铜-康铜）	6	锥形固定螺纹或焊接			1	ϕ20钢保护套管
				M	N（镍铬硅-镍硅）		固定锥形保护套管			2	ϕ16瓷保护套管
										3	ϕ20瓷保护套管

注　1. 在型号的第一节字母后，下角注有“2”的为双支热电偶，即一个温度计套管内装有两支热电偶；

2. 各生产厂设计序号的含义不一。例如，上海自动化仪表三厂为区别锥形保护套管的不同产品，用0和1（改进型）分别代表端部焊接和深盲孔技术的固定螺纹锥形保护套管，用4和5（改进型）分别代表接壳式和绝缘式焊接固定锥形保护套管。

3. 技术参数

热电偶的类型、分度号、温度范围和允许误差等技术参数见表3-5。各种热电偶的分度表见附表1～附表4。

表3-5　　热电偶的技术参数

热电偶分度号	热电极材料	热电极直径（mm）	最高使用温度（℃）		允许误差（参比端处于0℃）			20℃时热电极材料的电阻率（Ω·mm²/m）	
			长期	短期	允许误差等级	允许误差值适用温度范围（℃）	允许误差值（±）（℃）	正　极	负　极
S	铂铑10-铂	0.5±0.020	1300	1600	Ⅰ	0～1600	1或(0.003t－2.3)	电阻值1Ω/m	电阻值0.5Ω/m
					Ⅱ	0～1600	1.5或0.0025t		

续表

热电偶分度号	热电极材料	热电极直径(mm)	最高使用温度(℃)		允许误差(参比端处于0℃)			20℃时热电极材料的电阻率(Ω·mm²/m)	
			长期	短期	允许误差等级	允许误差值适用温度范围(℃)	允许误差值(±)(℃)	正 极	负 极
B	铂铑30-铂铑6	0.5±0.015	1600	1800	Ⅱ	600～1700	1.5或0.0025t	电阻值1Ω/m	电阻值0.9Ω/m
					Ⅲ	600～1700	4或0.005t		
K	镍铬-镍硅	0.3 0.5 0.8，1.0 1.2，1.6 2.0，2.5 3.2	700 800 900 1000 1100 1200	800 900 1000 1100 1200 1300	Ⅰ	−40～1000	1.5或0.004t	0.70±0.05	0.23±0.05
					Ⅱ	−40～1200	2.5或0.0075t		
					Ⅲ	−200～40	2.5或0.015t		
T	铜-康铜	0.2 0.3，0.5 1.0 1.6	150 200 250 350	200 250 300 400	Ⅰ	−40～350	0.5或0.004t	0.17±0.01	0.49±0.01
					Ⅱ	−40～350	1或0.0075t		
					Ⅲ	−200～40	1或0.015t		
E	镍铬-康铜	0.3，0.5 0.8，1.0，1.2 1.6，2.0 2.5 3.2	350 450 550 650 750	450 550 650 750 900	Ⅰ	−40～800	1.5或0.004t	0.70±0.05	0.49±0.01
					Ⅱ	−40～900	2.5或0.0075t		
					Ⅲ	−200～40	2.5或0.015t		

注 t为被测温度(℃)，在同一栏内给出的两种允差值中取绝对值较大者。

4. 绝缘电阻

热电偶在常温时的绝缘电阻值(用500V绝缘电阻表测量)：①对于长度等于或不足1m的，应不小于100MΩ；②对于长度超过1m的，它的常温绝缘电阻与其长度的乘积应不小于100MΩ·m。

(二) 铠装热电偶

铠装热电偶是将热电极、绝缘材料和金属套管三者组合装配后，经拉伸加工而成的坚实组合体，如图3-12所示。它采用的绝缘材料一般是氧化镁或氧化铝粉，套管材料多为不锈钢。

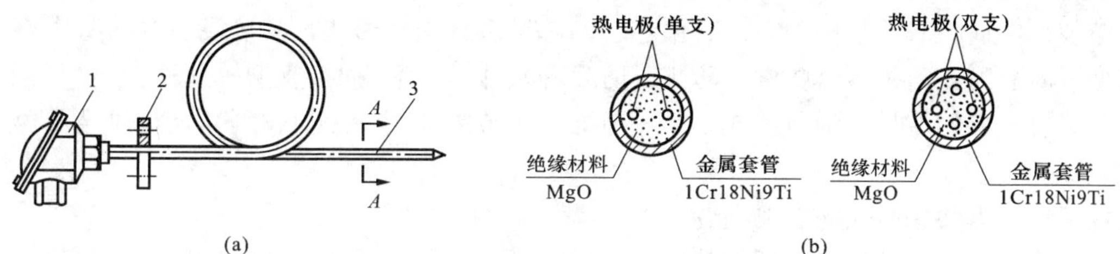

图3-12 铠装热电偶

(a) 铠装热电偶的外形；(b) $A-A$剖面

1—接线盒；2—安装法兰；3—金属套管

铠装热电偶的优点：①测量端热容量小，热惯性小，测温响应快；②挠性好，可弯曲，可以安装在狭窄或结构复杂的测量场合；③铠装热电偶的外径一般为 0.5～8mm，最细可达 0.25mm，长度可以根据需要截取，最长可达 100m，最短可为 100mm 以下；④易于制成特殊用途的形式；⑤耐压、抗振、抗冲击，寿命长。

铠装热电偶测量端的结构形式多样，如图 3-13 所示。

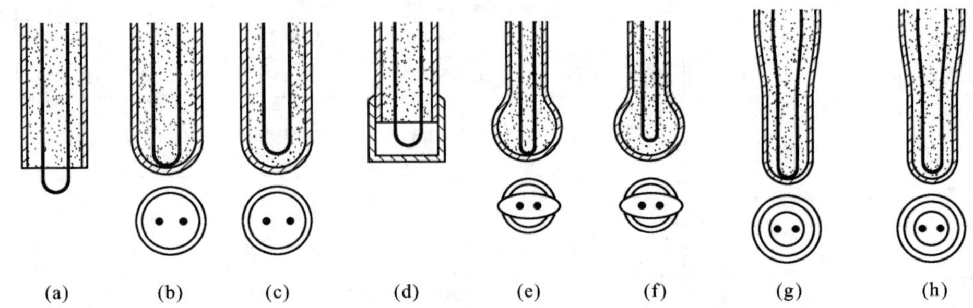

图 3-13 铠装热电偶测量端的结构形式

(a) 露头型；(b) 碰底型；(c) 绝缘型；(d) 帽型；(e) 扩径碰底型；(f) 扩径绝缘型；(g) 减径碰底型；(h) 减径绝缘型

(1) 露头型。露头型是指偶丝直接与被测介质接触，如图 3-13 (a) 所示。该类型热电偶用于温度不高、气氛良好的场合。特点是温度响应迅速，不耐压、易损坏、寿命短，MgO 外露易吸潮，制造简单。

(2) 碰底型。碰底型又称为接壳型，它将偶丝的感温部分与金属套管接触并焊接在一起，如图 3-13 (b) 所示。它是常用形式，用于温度较高、气氛稍坏的场合。特点是耐压高（可达 70MPa），寿命长。

(3) 绝缘型。绝缘型又称不碰底型，该类型热电偶热电极与套管是绝缘的，如图 3-13 (c) 所示。它主要用于电磁场干扰较大和要求热电极与套管绝缘的场合，如计算机等设备上。特点是耐压高（可达 300MPa），寿命长，响应速度慢，制造困难，价格较贵。

(4) 帽型。该类型热电偶把露头形的热接点套上一个用套管材料做成的保护帽，用银焊密封起来，如图 3-13 (d) 所示。

(5) 减径测量端（包括碰底型和绝缘型）。如图 3-13 (g)、(h) 所示，将感温部分金属套管的直径缩小，以便达到既能快速响应，又有相当的机械强度、刚度和使用寿命的目的。

也可以根据使用要求加工成其他尺寸和形状，如图 3-13 (e)、(f) 所示。

铠装热电偶除双芯结构外，还有单芯、四芯等多种结构形式，其接线装置的型式有无接线盒型、简易型、防护型（防淋、防溅、防喷等）、隔爆型、插接座型等几种。

铠装热电偶的型号由两节组成，第一节与第二节之间用一短横线隔开，其代号及含义见表 3-6。

铠装热电偶使用时应注意的问题：

(1) 绝缘电阻。铠装热电偶的热电极与外壳间的绝缘电阻一般在 500MΩ 以上，但在使用、存放中如果受潮，则其阻值迅速下降，难以满足使用要求。此时应把铠装热电偶盘成圈，放入电烘箱中烘烤数小时，其绝缘电阻就可上升，取出即可使用。

(2) 电极回路电阻。铠装热电偶由于电极细、长度较长，所以一般电极回路电阻都超过

15Ω。当该电阻超过15Ω时，不应再选用XC系列动圈仪表作为二次仪表，而应选用XF系列仪表或选用电子电位差计、数字温度表等。

表 3-6　　铠装热电偶型号组成及其代号含义

第一节								第二节					
第一位		第二位		第三位		第四位		第一位		第二位		第三位	
代号	含义	代号	含义	代号	含义	代号	含义	代号	含义	代号	含义	代号	含义
W	温度仪表	R	热电偶		热电偶分度号及材料	K	铠装式		安装固定装置		接线盒形式		测量端形式
				N	K（镍铬-镍硅）			1	无固定装置	0或1	简易式	1	绝缘式
				E	E（镍铬-康铜）			2	固定卡套螺纹	2	防溅式	2	接壳式
				F	J（铁-铜镍）			3	可动卡套螺纹	3	防水式	3	露端式
				C	T（铜-康铜）			4	固定卡套法兰	6	插接式		
				M	N（镍铬硅-镍硅）			5	可动卡套法兰	8	手柄式		

注　在型号第一节字母后，下脚注有“2”的为双支铠装热电偶。

*（三）薄膜热电偶

薄膜热电偶是由两种金属薄膜连接而成的一种特殊结构的热电偶，可用于微小面积的温度测量和瞬间温度测量。下面介绍薄膜热电偶的一些基本知识。

1. 薄膜热电偶的制造方法

薄膜热电偶的制造方法大致有以下几种：

（1）真空蒸镀法。将蒸镀母材料置于高真空（真空度通常应高于 1.3×10^{-2}Pa）中加热蒸发，使蒸发了的分子凝结于低温的基板表面，形成薄膜。

（2）阴极溅镀法。通过惰性气体中的辉光放电使飞散的阴极物质形成薄膜，这种方法特别适用于制造高熔点物质的薄膜。

（3）涂覆法。将弥散于溶剂中的金属粉用专用刷子涂于基板上，然后升温至约600℃进行烧结。金属粉适宜采用铂和银。

（4）黏结法。将已压成的薄金属箔黏结在基板上，目前可获得最薄达1μm的薄金属箔。

（5）化学法。化学法是电镀和热分解法的总称，此种方法用得较少。

2. 薄膜热电偶的结构

薄膜热电偶的结构有三种：

（1）片状热电偶。片状结构的低温薄膜热电偶常用的有铁-康铜、铁-镍、铜-康铜和镍铬-镍铝等几种，其外形与应变片相似（铁-镍薄膜热电偶如图3-14所示），其长、宽、厚分别为60、6、0.2mm。用云母或浸渍酚醛塑料片作绝缘材料和保护层。

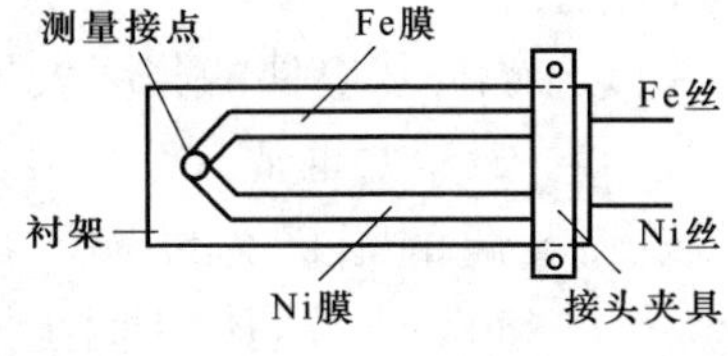

图 3-14　片状薄膜热电偶的结构

（2）针状热电偶。针状热电偶的结构特点是选取一种热电极材料做成针状，将另一种热电极材料用蒸镀方法覆盖在针状热电极表面，在两热电极材料之间用涂层绝缘，仅在针尖处连接成测量端。这种针状热电偶摆脱了黏结剂和衬架的影响，其时间常数约为百分之几秒。

（3）热电极材料直接蒸镀在被测表面的热电偶。这种热电偶不用衬架和保护管，因此响应极快，其时间常数可达微秒级。

此外，还有多点式、表面式、浸入式及测量气流温度的热电偶等。

五、常用热电偶

我国对常用热电偶陆续制定并颁布了国家标准，规定了分度号，制定了分度表，这些热电偶通常称为标准化热电偶，下面简单介绍标准化热电偶的主要特性。

1. 铂铑 10 - 铂热电偶（分度号 S，旧分度号 LB-3）

铂铑 10 - 铂热电偶正极为铂铑合金（含铂 90%，铑 10%），负极为纯铂。长期使用时测温上限为 1300℃，短期使用时可达 1600℃。

由于铂、铑材料易于提纯，因此该热电偶的测量准确度较高，并易于复制。其物理化学性质稳定，抗氧化性好，适合在氧化性及中性介质中使用。

该热电偶的缺点是价格昂贵，热电动势率小，热电特性线性较差。此外该热电偶不宜在还原性介质（如 H_2、CO 等）、CO_2、S、C 及金属蒸气中使用，否则易受污染变质，使热电特性变化。在真空中只宜短期使用。

铂铑 10 - 铂热电偶的分度表见附表 1。各种标准化热电偶的旧分度值与新分度值有所差别，使用时应予以注意。

2. 铂铑 30 - 铂铑 6 热电偶（分度号 B，旧分度号 LL-2）

该热电偶的正极为含铑 30%的铂铑合金，负极为含铑 6%的铂铑合金，长期使用时测温上限为 1600℃，短期使用时可达 1800℃。

该热电偶的特性与铂铑 10 - 铂热电偶相似，其稳定性更好，测温上限更高，冷端温度在 0～100℃变化时，可不用冷端补偿。

该热电偶的灵敏度低，也只宜在氧化性及中性介质中使用。

3. 镍铬 - 镍硅热电偶（分度号 K，旧分度号 EU-2）

该热电偶正极为镍铬合金，负极为镍硅合金。长期使用时测温上限可达 1200℃，短期使用时可达 1300℃。

该热电偶正负极都含镍，故抗氧化性和耐腐蚀性好，500℃以下可用于氧化性及还原性介质中，500℃以上只宜在氧化性及中性介质中使用。此外，该热电偶的热电动势率高，一般为 34～43μV/℃，是铂铑 10 - 铂热电偶的 3～4 倍，热电特性好，价格便宜，应用广泛。

镍铬 - 镍硅热电偶的准确度不如铂铑 10 - 铂热电偶高，500℃以上易受还原性介质及碳、硫等侵蚀。

镍铬 - 镍硅热电偶的分度表见附表 2。

4. 铜 - 康铜热电偶（分度号 T，旧分度号 CK）

该热电偶的正极为纯铜，负极为康铜（含镍 40%的铜镍合金），测温范围一般为 −200～+350℃，短期使用时上限可达 400℃。

该热电偶测温准确度高、稳定性好、价格低廉，低温测量时灵敏度高。但由于铜在高温时易氧化，故测温上限较低。

铜 - 康铜热电偶的分度表见附表 3。

5. 镍铬 - 康铜热电偶（分度号 E）

该热电偶的正极为镍铬合金，负极为康铜。测温范围为 −200～+900℃，但在 750℃以上只宜短期使用。

该热电偶稳定性好，可在氧化及弱还原性介质中使用。其热电动势率高，价格低廉，并可用于低温测量。

还有一种镍铬 - 考铜热电偶，分度号为 EA-2，其正极为镍铬合金，负极为考铜（含镍 44%的铜镍合金）。测温范围为 −200～+600℃，短期使用时上限可达 800℃。该热电偶的热电特性与镍铬 - 康铜相似，现已被镍铬 - 康铜热电偶取代。

镍铬 - 康铜热电偶的分度表见附表 4。

除此之外，还有铁 - 康铜热电偶（分度号 J）、镍铬 - 金铁热电偶（分度号 NiCr-AuFe0.07）、铜 - 金铁热电偶（分度号 Cu-AuFe0.07）、铂铑 13 - 铂热电偶（分度号 R）等，也已列入国家标准。

六、热电偶的测温误差及修正方法

（一）热电偶热电特性不稳定引起的误差及处理方法

1. 沾污与应力引起的误差

沾污与应力主要影响塞贝克系数，从而引起测量误差。处理方法是清洗与退火。清洗时可用酸洗，一般用纯盐酸或稀硝酸（稀硝酸适用于铂铑 - 铂热电偶）或四硼酸钠溶液清洗；退火方法有通电退火和退火炉退火两种。

2. 热电极材料不均匀引起的误差

若材料不均匀，将引起不均匀电动势。应对热电极进行测试，不合格的降级或报废。

（二）冷端温度不符合要求引起的误差及补偿方法

热电偶及其显示仪表是在冷端温度为 0℃时分度和刻度的，若热电偶工作时冷端温度不为 0℃，则显示仪表的示值会出现误差。减小或消除由于热电偶冷端温度变化而产生的测温误差的措施，称为热电偶的冷端温度补偿。它是保证热电偶测温准确性的重要措施，通常采用的冷端温度补偿方法有以下几种。

1. 计算法

（1）热电动势修正法。设热电偶工作端温度为 t℃，冷端温度为 t_0℃，根据中间温度定律得

$$E(t, 0)=E(t, t_0)+E(t_0, 0) \tag{3-12}$$

式中 $E(t, 0)$——热电动势的真实值；

$E(t, t_0)$——热电动势的测量值；

$E(t_0, 0)$——热电动势的修正值。

根据 $E(t, 0)$ 查分度表，即可得到修正后的被测温度。

（2）温度修正法。计算公式为

$$t=t'+Kt_0 \tag{3-13}$$

式中 t——真实温度；

t'——仪表指示温度；

t_0——冷端温度；

K——热电偶在 $0\sim t_0$ 段与 $t_0\sim t'_0$ 段的平均热电动势率的比值，称为热电偶 K 值，常用热电偶的近似 K 值见表 3-7。

2. 补偿导线法

补偿导线是指在 0～100℃范围内，其热电特性与热电偶的热电特性相近的廉价金属导体。利用补偿导线可将热电偶的冷端位置移动到温度低且较稳定的地方。

表 3-7 **常用热电偶的近似 *K* 值**

热电偶类型	铂铑-铂	镍铬-镍硅	镍铬-考铜	铜-康铜
常用温度（℃）	1000～1600	0～1000	500～800	300～600
近似 K 值	0.5	1	0.8	0.7

补偿导线根据材料是否与热电极相同可分为延伸型与补偿型两类。延伸型补偿导线的名义化学成分及热电动势标称值与配用热电偶相同，它用字母“X”附加在热电偶分度号之后表示。补偿型补偿导线的名义化学成分与配用热电偶不同，但其热电动势值在 0～100℃范围内与配用热电偶的热电动势标称值相同（或相近），它用字母“C”附加在热电偶分度号之后表示，对于不同的补偿导线可用附加字母（A 或 B）予以区别。

补偿导线按热电特性的允许误差等级不同分为精密级（符号 S）和普通级（不标符号）两种，按使用温度范围不同分为一般用（符号 G）和耐热用（符号 H）两类。

补偿导线的型号及其材料见表 3-8。

表 3-8 **部分补偿导线的型号及其材料**

配用热电偶		补偿导线型号	补偿导线材料			
			正极		负极	
名称	分度号		名称	代号	名称	代号
铂铑 10-铂	S	SC	铜	SPC	铜镍 0.6	SNC
镍铬-镍硅	K	KCA	铁	KPCA	铜镍 22	KNCA
		KCB	铜	KPCB	铜镍 40	KNCB
		KX	镍铬 10	KPX	镍硅 3	KNX
镍铬-康铜	E	EX	镍铬 10	EPX	铜镍 45	ENX

3. 仪表机械零点调整法

仪表的机械零点是指无输入信号时，仪表指针所指示的数值。对于具有零位调整的显示仪表，若热电偶冷端温度 t_0 较为恒定，可将显示仪表的机械零点调至 t_0 处，这相当于在输入热电偶的热电动势 $E_{AB}(t, t_0)$ 之前就给显示仪表输入了修正值 $E_{AB}(t_0, 0)$。因此，通过调整仪表的机械零点可以实现热电偶的冷端温度补偿。

使用时可用补偿导线将热电偶冷端引入温度较恒定的地方，再接显示仪表。仪表机械零点调整法如图 3-15 所示。

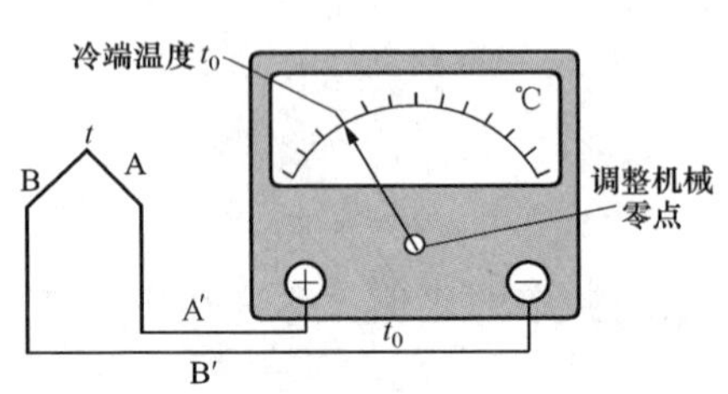

图 3-15 仪表机械零点调整法示意

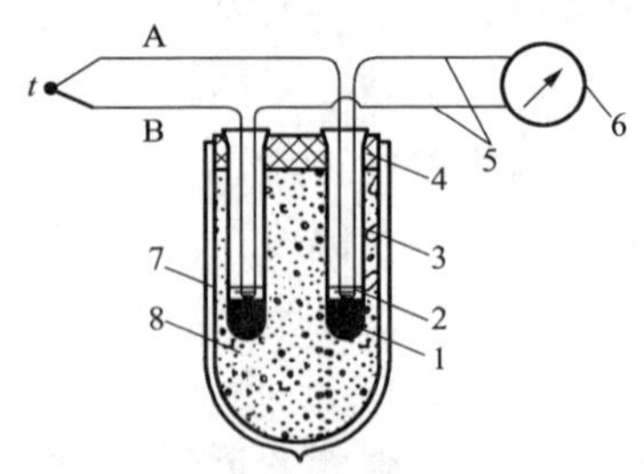

图 3-16 冰点槽冷端恒温法

1—水银；2—变压器油；3—试管；4—盖；5—铜导线；6—显示仪表；7—保温瓶；8—冰水混合物

4. 冷端恒温法

(1) 冰点槽法。将热电偶冷端置于冰点槽内，使其保持在 0℃，一般用于实验室，如图 3-16 所示。

(2) 恒温炉法。该方法是将热电偶冷端置于恒温炉中，生产中一般采用 50℃恒温炉，图 3-17 所示是一个简单的恒温控制电路。

5. 补偿电桥法（冷端温度补偿器）

冷端温度补偿器是根据不平衡电桥原理设计的，其工作原理见图 3-18。R_1、R_2、R_3 均为电阻温度系数很小的锰铜电阻，作为该电桥的固定桥臂。R_4 为铜电阻，其阻值随环境温度的变化而变化。冷端温度补偿器由 4V 直流电源供电，电阻 R 为串联在电源回路里的降压电阻，是配用不同分度号的热电偶时作为调整补偿电动势的电阻。

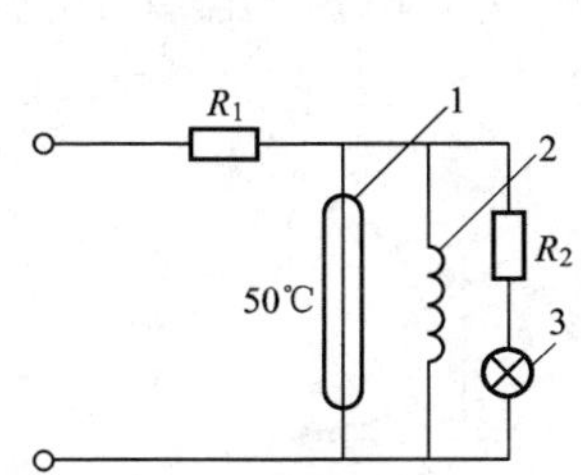

图 3-17 冷端恒温炉原理电路图

1—电接点水银温度计；2—电炉丝；3—指示灯；R_1、R_2—分压电阻

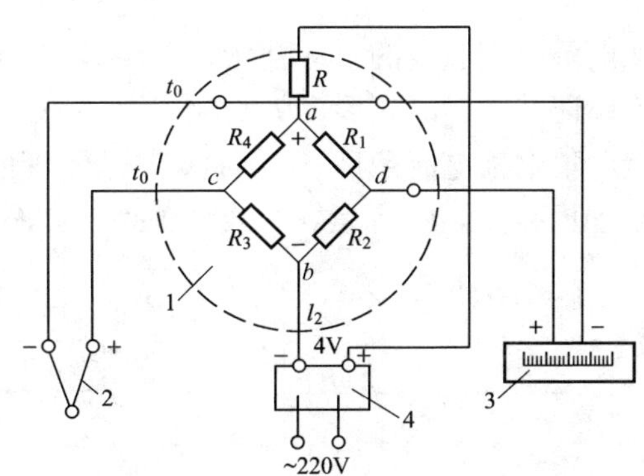

图 3-18 冷端温度补偿器工作原理

1—冷端温度补偿器；2—热电偶；3—显示仪表；4—整流电源

当冷端温度为制造厂规定值（一般为 0℃）时，该桥路处于平衡状态，即 4 个桥臂电阻值相等，因此 c、d 两端没有电位差产生。随着冷端温度的升高或降低，在测量端温度不变的情况下，热电偶的热电动势将减小或增大。同时，R_4 的阻值也将因冷端温度的变化而增大或减小，使电桥处于不平衡状态。c 点电位低于或高于 d 点，c、d 两点之间产生电位差，此电位差的大小和正负视该型号热电偶冷端温度偏离规定值的大小和方向而异（其大小与所需补偿的热电动势值相等，冷端温度较规定值高时为正，低时为负），因而使热电偶冷端温度变化所产生的热电动势误差能自动地得到补偿，显示仪表指示值不受热电偶冷端温度变化的影响。为了使补偿器正常工作，应把它安装在环境温度为 0～40℃的地方。

冷端温度补偿器在热电偶线路上的附加电阻值（即桥路内阻）约为 1Ω。

6. 补偿热电偶法

该方法的理论依据是中间温度定律，它是用补偿热电偶产生的热电动势来补偿测温热电偶因冷端温度变化所产生的误差。

为了节约显示仪表、补偿导线和补偿热电偶，可把几支甚至几十支同一分度号的测温热电偶的冷端和补偿热电偶的热端引到一个接线端子盒里，如图 3-19 所示。补偿热电偶和测温热电偶通过切换开关和显示仪表串接起来，使冷端温度变化所引起的测温误差得到补偿。

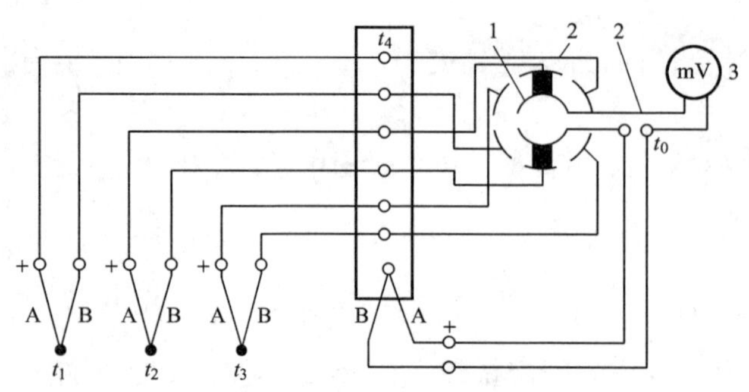

图 3-19 多点冷端温度用补偿热电偶法连接线路

1—切换开关；2—铜导线；3—动圈表

此时动圈表的机械零点应调整到补偿热电偶较为恒定的冷端温度 t_0 处。

补偿热电偶可以是一支测温热电偶，也可以是用测温热电偶的补偿导线制成的热电偶。

7. 晶体管 PN 结温度补偿法

近年来还有采用温敏二极管或温敏晶体管对热电偶进行冷端温度补偿的。该方法对温度补偿的灵敏度和准确度都很高。测温时，只要把相应PN结上的电压引入热电偶回路即可实现热电偶冷端温度的自动补偿，如图 3-20 所示。

实验证明，当冷端温度为－50～＋150℃时，若发射结正偏，不管集电结反偏还是零偏，在一定的集电极电流条件下，NPN 硅晶体管的基极－发射极正向电压 $U_{BE}(t_0)$ 随冷端温度 t_0 的增加而减小，并有良好的线性关系，如图 3-21 所示。

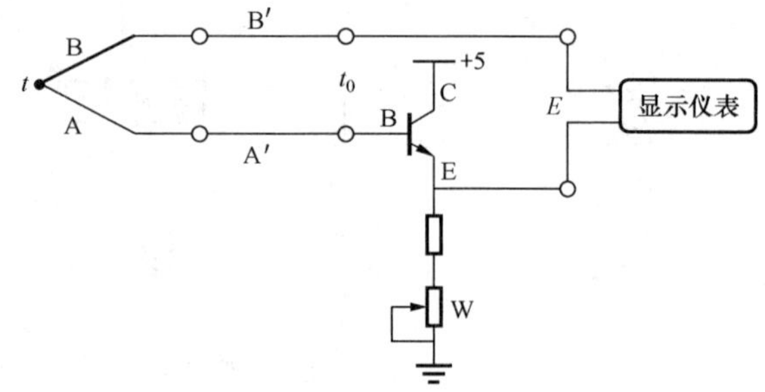

图 3-20 PN 结温度补偿原理

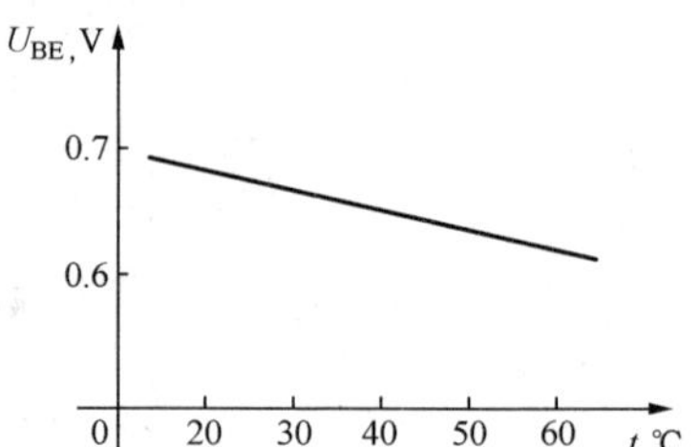

图 3-21 PN 结的温度特性曲线

通过调整电位器 W，可使 $U_{BE}(t_0)$ 与相应的热电偶配套，即

$$U_{BE}(t_0) = -E_{AB}(t_0, 0) \tag{3-14}$$

因此可用电压 $U_{BE}(t_0)$ 来补偿因热电偶冷端温度变化所产生的误差，即

$$E = E_{AB}(t, t_0) - U_{BE}(t_0) = E_{AB}(t, t_0) + E_{AB}(t_0, 0) = E_{AB}(t, 0) \tag{3-15}$$

式中 E——补偿后的电动势。

8. 计算机对冷端温度的自动补偿法

随着计算机分散控制系统的广泛应用，出现了用软件对热电偶冷端温度进行自动补偿的方法，如图 3-22 所示。

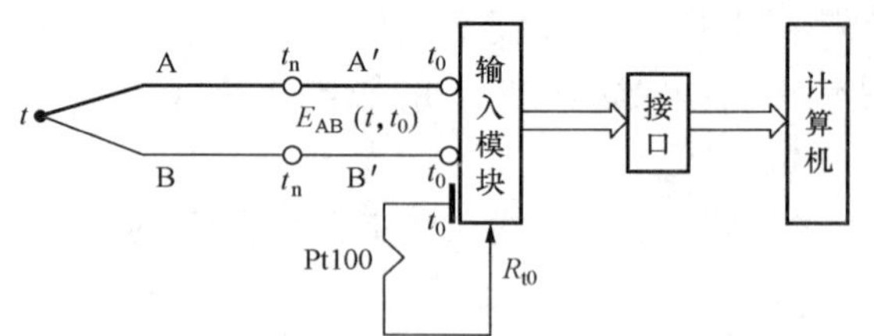

图 3-22 计算机冷端温度补偿示意

A、B—热电极；A′、B′—补偿导线；

t_n—热电偶原冷端温度；t_0—热电偶新冷端温度

热电偶产生的热电动势 $E_{AB}(t, t_0)$ 经补偿导线送入相应的输入模块，该输入模块还接受由其他温度传感器（一般用 Pt100）测得的热电偶冷端温度 t_0 信号（一般为 R_{t0}）。$E_{AB}(t, t_0)$ 和 R_{t0} 在输入模块中进行处理并转换成数字信号后，经接口送入计算机，计算机则按预先设计的程序自动计算出真实温度。

为了减少冷端温度信号所占用的输入通道数量，可用补偿导线把所有热电偶的冷端引至同一温度 t_0 处，这样只使用一个冷端温度传感器和一个修正 t_0 的输入通道即可。

此外，当中间导体两端温度不同时，还会引入中间导体的误差。

（三）传热的影响

当热电偶插入被测介质（如气体）时，它要从被测介质吸收热量，使自身温度升高；同时它又以辐射和热传导的方式向温度较低的地方散发热量。由于传热的存在，使得被测介质的温度与热电偶温度不同，存在传热温差，最终导致热电偶测温误差。

1. 热辐射引起的误差

热辐射引起的测温误差（ΔT_r）可由传热学的知识求得

$$\Delta T_r = T_t - T_W = -\frac{C}{\alpha}\left[\left(\frac{T_t}{100}\right)^4 - \left(\frac{T_W}{100}\right)^4\right] \tag{3-16}$$

式中 C ——辐射系数；

α ——流体对流换热表面传热系数；

T_t ——热电偶测温管温度；

T_W ——冷壁面温度。

由式（3-16）可知，减小辐射误差的办法有两个：一是加剧对流换热，二是削弱辐射换热。

具体措施如下：

（1）尽量减少器壁与测量端的温差。

（2）在热电偶工作端加屏蔽罩。

（3）增大流体表面传热系数。其方法有：①增加流经测量端的流速；②热电偶测量端采用对焊，使热电极垂直于气流的流向（跨流），如图 3-23（a）所示，跨流时的表面传热系数大约是与气流流向平行时的表面传热系数的 3 倍；③适当减小热电偶直径；④在屏蔽罩进口设置旋流片及改变流通截面等方法，以增加测量端处气流的紊流度。

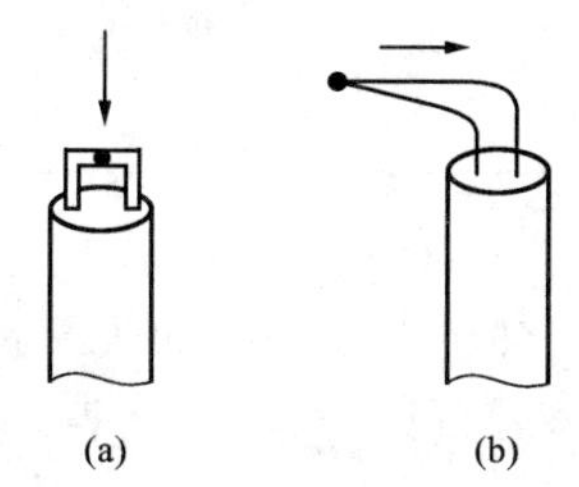

图 3-23 热电偶与气流方向
（a）垂直；（b）平行

（4）可以在求得误差后对测量值进行修正，从而获得气流的温度。

2. 导热引起的误差

导热引起的测温误差也可由传热学的知识求得，在此不再详细介绍。一般减小导热引起的误差的措施主要有增加对流，减小温差，选用导热系数小的材料，削弱传热。为此从安装、使用、制造等方面，都应采取措施。

（四）测量系统漏电的影响

由于绝缘材料的绝缘电阻随温度的升高而下降，当用热电偶测量电炉等高温电气设备的温度时，不可避免地会引起漏电干扰，此时应采取屏蔽措施。

此外，由于热电偶及其显示仪表都采用统一分度表，而实际热电偶的特性很难与分度表的特性完全一致，因此，用热电偶测温时还存在分度误差。

七、热电偶的检修

（一）热电偶的检查

（1）外观检查。检查热电偶接线盒处是否良好，保护管是否弯曲或烧漏；轻轻摇动热电偶，听管内是否有异常声音。

(2) 拆开检查。检查接线端子处是否潮湿、太脏、螺丝松动，将热电极从保护管中拉出，观察绝缘管是否潮湿、热电极是否有横向裂纹（对于劣质热电偶）或表面是否有刀砍似的小深痕（对于高级热电偶）；观察热电偶热接点颜色是否正常。

热电偶变质程度见表 3-9 和表 3-10。

表 3-9　　镍铬-镍硅或镍铬-康铜热电偶的变质程度

热接点上的颜色	热电偶变质程度
1. 有白色泡沫	轻度
2. 有黄色泡沫	中度
3. 有绿色泡沫	较严重
4. 金属碳化变成炭渣、放出金属颗粒星光	严重

表 3-10　　铂铑-铂热电偶的变质程度

热电极变化现象	热电偶变质程度
1. 灰白色、有少量光泽	轻度
2. 乳白色、没有光泽	中度
3. 黄色、硬化	较严重
4. 黄色、表面不平、脆、一碰即断	严重

（二）热电偶常见故障分析

热电偶使用中的故障有输出电动势比实际值低或高、热电动势时有时无或变化不灵敏。具体分析见表 3-11～表 3-14。

表 3-11　　热电动势比实际值高（仪表指示偏高）时的故障分析表

故障原因	排除方法
1. 热电偶与仪表分度不一致	更换热电偶，使其与仪表分度一致
2. 热电偶与补偿导线不符	更换成与热电偶一致的补偿导线
3. 热电偶安装位置不当	选取适当的安装位置
4. 测量回路接地、串入附加的地电动势	检查接地点，并加以处理

表 3-12　　热电动势时有时无（仪表指示波动）时的故障分析

故障原因	排除方法
1. 接线端子处固定螺丝松动	拧紧螺丝
2. 测量回路中存在断续短路、接地、似断非断现象，或固定螺丝松动	检查热电偶、补偿导线，排除接地点，焊接补偿导线、热电极，拧紧固定螺丝
3. 热电偶因安装不牢而发生摆动	将热电偶安装牢固

表 3-13　热电动势比实际值低（仪表指示偏低）时的故障分析

故障原因	排除方法
1. 热电极变质或工作端霉坏	把变质部分剪去、重新焊接或更换成新热电极
2. 热电偶内部潮湿漏电	把热电极、绝缘管烘干，并检查保护套管渗漏情况，不合格者应补焊或更换成新保护套管
3. 接线盒内灰尘太多或铁屑短路	用刷子清除灰尘、铁屑，将接线盒密封好
4. 热电偶回路中连接螺丝锈蚀、回路电阻值太大	用砂纸除锈或更换螺丝，用万用表测试回路电阻，应符合 15Ω 或规定的要求
5. 补偿导线潮湿短路	将补偿导线与保护套管间水分清除干净，消除短路点，更换成新补偿导线，采取防水、防短路措施
6. 补偿导线与热电偶配置不当	更换成与热电偶匹配的补偿导线
7. 补偿导线与热电偶极性接反	重新接线
8. 热电偶安装位置不当、插入深度浅	选取适当的安装位置、调整插入深度
9. 热电偶与仪表分度不一致	换成与仪表分度一致的热电偶
10. 热电偶冷端温度太高	用补偿导线将冷端移至温度较低且恒定的场合，或准确进行冷端温度修正

表 3-14　热电动势变化不灵敏时的故障分析

故障原因	排除方法
1. 热电极变质	剪断重新焊接或更换成新热电极
2. 热电偶安装位置不当	改变安装位置
3. 热电偶保护套管外表面灰尘太多	清除保护套管外表面灰尘

八、热电偶的示值检定

1. 热电偶的检定方法

在热电偶的检定中常采用比较法，比较法就是用高一级标准热电偶与被检热电偶直接比较的方法进行检定。操作时将被检热电偶和标准热电偶捆扎成束（贵金属被检热电偶不超过 5 支，廉金属被检热电偶不超过 6 支），装入检定炉内，热电偶的测量端置于炉中心高温处。有时为了改善径向温度场，在电炉中心放一镍块（或不锈钢块）。电炉温度恒定在整百度点或锌、锑、铜 3 个检定点上。这种检定方法设备简单，操作方便，并且一次能检定多支热电偶，是最常用的检定方法。

2. 热电偶的常规检定

热电偶在安装前和使用一段时间以后都要进行检定，以确定是否仍符合准确度等级要求。

示值检定前一般先进行外观检查，热电偶热端焊点应牢固光滑，无气孔和斑点等缺陷；热电极不应变脆和有裂纹；贵金属热电偶热电极无变色等现象。外观检查无异常方可进行示值检定。

工业热电偶示值检定通常采用示值比较法，即比较标准热电偶与被校热电偶在同一温度点的热电动势值。根据国家规定，各种热电偶应按表 3-15 所示规定点校验。实际校验时，校验点的温度误差应控制在±10℃之内。

表 3-15 热电偶校验温度点

热电偶名称	校验温度点（℃）			
铂铑 10-铂	600	800	1000	1200
镍铬-镍硅	400	600	800	1000
镍铬-康铜	300	400 或 500		600

对于镍铬-镍硅及镍铬-康铜热电偶，若在 300℃以下使用，则应增设 100℃校验点。对准确度要求很高的铂铑 10-铂热电偶，还可以利用锌凝固点（419.50℃）、锑凝固点（630.74℃）及铜凝固点（1084.5℃）等辅助平衡点进行标准状态法校验。

一般高于 300℃使用的热电偶，其示值比较法校验装置如图 3-24 所示。其主要设备有标准热电偶、管式电炉、冰点槽及电位差计等。校验用标准热电偶应符合表 3-16 规定。

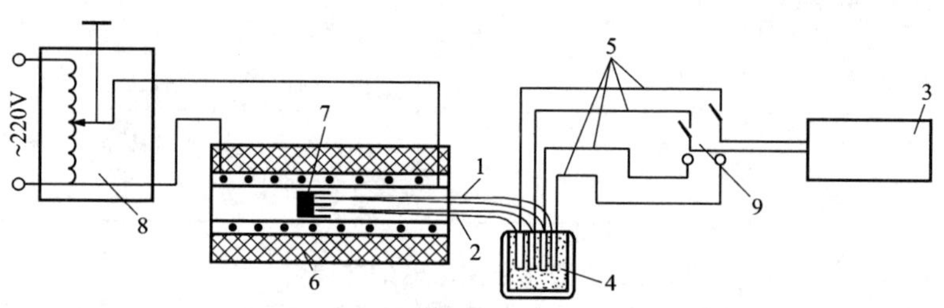

图 3-24 热电偶校验装置

1—被校热电偶；2—标准热电偶；3—电位差计；4—冰点槽；5—铜导线；6—电炉；7—镍块；8—调压器；9—切换开关

表 3-16 校验用标准热电偶等级

校验温度范围（℃）	被校热电偶	标准热电偶名称及等级
0～300	各类	二等标准水银温度计
300～1300	贵金属热电偶	二等标准铂铑 10-铂热电偶
300～1300	非贵金属热电偶	三等标准铂铑 10-铂热电偶 标准镍铬-镍硅热电偶（只用于校验镍铬-镍硅热电偶）

管式电炉长一般为 600mm，中间应有 100mm 恒温区，电炉通过调压器或自动控温装置调节温度。被校热电偶与标准热电偶的热端应插入电炉中心的恒温区。有时为了使被校热电偶与标准热电偶温度更为一致，还可以在炉中心放入一钻有孔的镍块，并将热电偶热端置于镍块孔中。热电偶冷端置于冰点槽内。调节炉温使温度达到校验点±10℃范围内，当温度变化速率小于 0.2℃/min 时，即可通过切换开关用电位差计测量被校热电偶与标准热电偶的热电动势值。校验读数顺序为（设有 3 支被校热电偶）：

标准→被校 1→被校 2→被校 3→被校 3→被校 2→被校 1→标准。

按以上顺序重复 2 次读数，取 4 次读数的平均值作为各热电偶在该温度点的测量值。然后再调节电炉温度，校验其他点。

低于 300℃的校验装置，加温设备通常采用恒温油槽。

得到各校验点上被校热电偶测量值 E_n 及标准热电偶测量值 E_B 后，可分别由分度表查出相应的温度 t_n 、t_B ，则误差 Δt 为

$$\Delta t = t_n - t_B \tag{3-17}$$

若误差 Δt 值不超过表 3 - 17 允许误差的范围，则认为被校热电偶合格。

表 3 - 17　　热电偶允许误差

热电偶（分度号）	热电极性质		使用温度（℃）		允许误差（℃）		
	极 性	识 别	长期	短期			
铂铑 10 - 铂（S）	＋	较 硬	1300	1600	Ⅰ	0～1100	±1
						1100～1600	±(0.003t－2.3)
	－	柔 软			Ⅱ	0～600	±1.5
						600～1600	±0.25%t
铂铑 30 - 铂铑 6（B）	＋	较 硬	1600	1800	Ⅱ	600～1700	±0.25%t
	－	稍 软			Ⅲ	600～800	±4
						800～1700	±0.5%t
镍铬 - 镍硅（K）	＋	不亲磁	≤1200	≤1300	Ⅰ	0～400	±1.6
						400～1100	±0.4%t
	－	稍亲磁			Ⅱ	0～400	±3
						400～1300	±0.75%t
铜 - 康铜（T）	＋	红 色	≤350	≤400	Ⅰ	－40～350	±0.5 或±0.4%t
	－	银白色			Ⅱ	－40～350	±1 或±0.75%t
					Ⅲ	－200～40	±1 或±0.75%t
镍铬 - 康铜（E）	＋	色较暗	≤750	≤900	Ⅰ	－40～800	±0.5 或±0.4%t
					Ⅱ	－40～900	±2.5 或±0.75%t
	－	银白色			Ⅲ	－200～40	±2.5 或±1.5%t

若标准热电偶出厂检定证书的分度值与统一分度表不同，则应将标准热电偶测量值加上修正值后作为热电动势标准值。

3. 热电偶的自动检定

热电偶的自动检定是指在热电偶检定时，对炉温进行自动控制、热电动势自动记录和检定点的自动定点。手动操作检定热电偶时，效率低、重复工作多、劳动时间长、能源消耗大，而且容易出现粗大误差。为了提高工作效率和检定质量，可采用热电偶的自动检定装置。

目前国内已有一些热电偶自动检定装置在使用，按它们的自动化水平不同来区分，大致有以下四种情况：

（1）检定炉为恒温自动控制，升温则人工给定，热电动势的测量和记录也是人工进行。

（2）检定炉的升温、恒温均为自动控制，热电动势的测量和记录也是人工进行。

（3）检定炉的升温和恒温为自动控制，并可自动切换和记录热电动势，但仍需由人工计算和确定测量误差。

（4）检定炉升温、恒温为自动控制，并且自动记录和处理测量结果。

上述前三种情况都是半自动的，只有第 4 种情况才是全自动检定。下面简单介绍全自动检定。

全自动检定可按两种方法进行，一种是微差法，即标准热电偶和被检热电偶是同型号的，这种检定装置的方框图如图 3-25（a）所示。标准热电偶和被检热电偶同时测量检定炉内同一点的温度 t，输出热电动势分别为 E_n 和 E_t，然后在减法器内进行比较，得出两个热电动势的差值 $\Delta E = E_t - E_n$，并输入记录仪，进行自动记录。

另一种是比较法，即用标准热电偶和被检热电偶直接进行比较，得出一个差值。但两种热电偶型号不相同，所以同一温度产生的热电动势不一样，它们的差值不能直接比较。必须增加一个函数发生器，将标准热电偶的热电动势 E'_n 转换成 E_n 后，再输入减法器与 E_t 进行比较，其框图如图 3-25（b）所示。

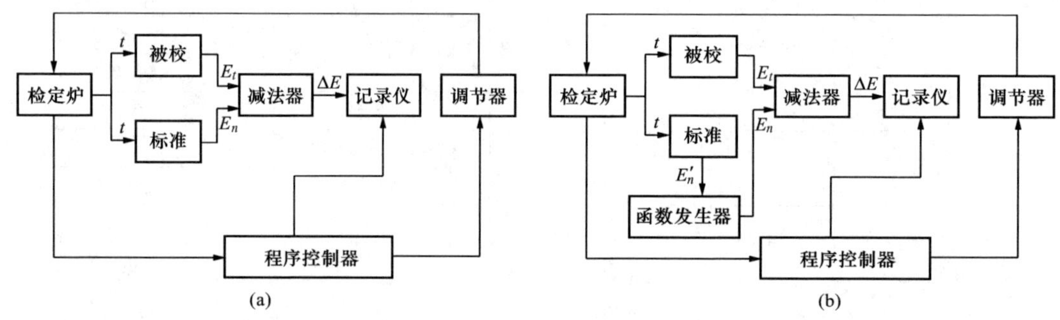

图 3-25 热电偶全自动检定装置框图
（a）微差法；（b）比较法

检定时，根据被检对象要求接好系统连线，然后按类型选择键（对应于热电偶型号）确定定标方式（用定标键选择整百度或温标定义的固定点），再通过键盘输入必要的参数。按下运行键，装置即开始自动检定。

在检定过程中，程序控制器的作用是使整个检定过程按预定的程序自动进行，它包括升温指示器、恒温时间控制器和记录控制器三部分。升温指示器用来控制检定炉的升温过程。当炉温达到检定点温度时，升温指示器发出信号，使恒温时间控制器工作。恒温时间可预先给定，当恒温达到规定时间时，发出信号使记录控制器工作。记录控制器使记录仪表进行记录，记录时间也是预先给定的。记录时间达到给定值时，记录控制器发出信号，一方面使温度调节器给出新的恒温给定值，另一方面使升温指示器又开始工作。这样依次循环，直到最后一个检定点结束，这时记录控制器发出信号，自动切断检定炉的电源。

检定装置首先打印出输入的参数，供检定人员核对，然后自动控制升温到第一个预定的检定点。待温度场稳定后，按第 1～第 5 点及第 5～第 1 点的顺序巡回采样、计算并打印出该点的检定结果，然后自动升温到第 2 个检定点，再进行检定打印，直至最后一个检定点检定打印完毕。这时检定装置的显示器显示出“END”，同时发出音响报警，经过一定时间后将自动切断检定炉电源。

九、热电偶的安装注意事项

（1）仪表选择。根据测量的范围和对象，选择适当的热电偶、保护套管、冷端温度补偿器、补偿导线和二次仪表，其分度号必须一致。

(2) 安装位置。热电偶的安装位置应尽可能靠近测温对象，安装地点应选择在无剧烈振动、远离强磁场和强电场、不妨碍其他设备拆装且冷端温度不超过100℃的地方。

(3) 安装方向。热电偶应尽量竖直安装，以防保护套管在高温下产生变形。测量流体温度时，热电偶应迎着被测介质的流向插入，至少应与被测介质流向呈正交。

(4) 插入深度。一般要求热电偶工作端超过管道中心线5～10mm，且不小于本身保护套管外径的8～10倍。

(5) 接线盒安装。热电偶的接线盒不可与被测介质容器壁相接触，接线盒盖应朝上，出线孔应朝下，以防因密封不良而使水、汽、灰尘或脏物进入接线盒中。

(6) 补偿导线。补偿导线应加以屏蔽，接线时要注意极性。禁止将热电偶信号线与动力电缆共同敷设在同一桥架中。

(7) 测表面温度时，应使表面清洁、干净，一定要使热电偶工作端与测温表面接触良好并保温。

(8) 热电偶安装在有压容器上时，必须严格保证其密封性能。带瓷保护套管的热电偶应避免骤冷或骤热，以防瓷管爆裂。

(9) 热电偶要定期进行检定，检定合格后方能使用。

第三节　热电阻温度计

热电阻温度计是一种常用的测温仪器，具有测温准确度高、性能稳定、灵敏度高、可远距离测温、能实现温度自动控制和记录等许多优点。因此在工业生产和科学实验中得到了广泛的应用。

一、热电阻的测温原理

热电阻温度计是利用导体的电阻值随温度变化而变化的特性来测量温度的元件或仪器。电阻与温度的关系一般用下述经验公式表示：

$$R_t = R_0(1 + At + Bt^2 + Ct^3 + \cdots) \tag{3-18}$$

式中　R_t——热电阻在温度 t 时的电阻值，Ω；

t——被测介质温度，℃；

R_0——热电阻在0℃时的电阻值，Ω；

A、B、C——分度常数（不同热电阻，在不同的温度范围内有不同的取值）。

说明：经验公式随热电阻的材料和温度范围的不同而有所不同。对于铂热电阻，在－200～0℃时，其电阻温度关系可表示为

$$R_t = R_0[1 + At + Bt^2 + C(t - 100)t^3] \tag{3-19}$$

而在0～850℃时，其电阻温度关系可表示为

$$R_t = R_0(1 + At + Bt^2) \tag{3-20}$$

以上两式中，$A=3.96847\times10^{-3}℃^{-1}$，$B=-5.847\times10^{-7}℃^{-2}$，$C=-4.22\times10^{-12}℃^{-4}$。

对于铜热电阻，在－50～＋150℃时，其电阻温度关系可表示为

$$R_t = R_0(1 + At) \tag{3-21}$$

式中　$A=4.28\times10^{-3}℃^{-1}$。

二、热电阻的结构

热电阻主要由热电阻体、绝缘管、保护套管和接线盒等部分组成，如图 3-26（a）所示。其中绝缘管、保护套管和接线盒与热电偶的基本相同。热电阻体是由热电阻丝绕在骨架上构成的。为了消除在使用中由于电流变化引起的自感现象，通常采用双线并绕（也称无感绕制），如图 3-26（b）所示。热电阻丝绕完之后应经退火处理，以消除内应力对电阻温度特性的影响。热电阻体主要包括热电阻丝、骨架和引线三部分。

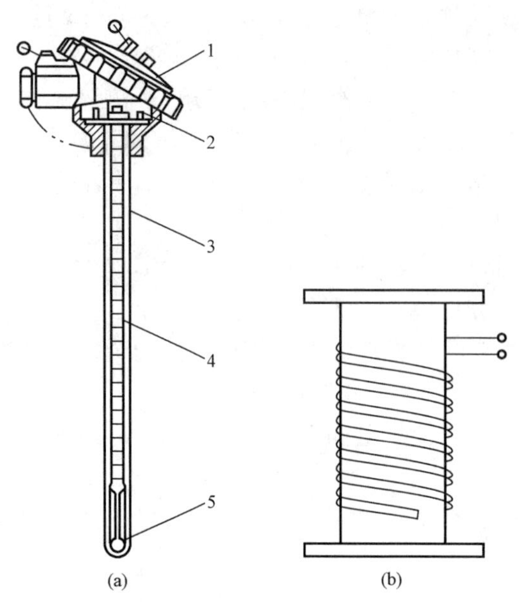

图 3-26　热电阻的结构
（a）结构图；（b）双线绕制示意图
1—接线盒；2—接线端子；3—保护套管；4—绝缘管；5—热电阻体（感温元件）

1. 热电阻丝

并不是所有的材料都能制成热电阻丝，对热电阻丝的材料有如下要求：①有较大的电阻温度系数。电阻温度系数越大，灵敏度就越高。②有较大的电阻率。电阻率越大，则热电阻体的体积越小，热容量和热惯性越小，反应越迅速、准确度就越高。③“电阻-温度”特性好。要求该特性是一条光滑曲线，最好呈线性关系，且电阻与温度必须为单值函数，这样可以便于分度、读数和减小内插误差。④同一材料的复现性好、复制性强，容易得到纯净的物质。⑤物理、化学性能稳定，不易氧化，不与周围介质发生作用，容易提纯。⑥价格便宜。

常用的制作热电阻的材料主要有铂和铜两类。此外，还有铁、镍、钨，低温时多用锗、铟、碳和铁铑合金等。

2. 热电阻的骨架

对绕制热电阻体的骨架的要求如下：

（1）体膨胀系数小。热电阻丝是紧绕于骨架上的，在测温过程中，应使骨架的体膨胀系数等于或接近于热电阻丝的体膨胀系数。这样在温度变化时，热电阻丝就不会因为骨架的收缩或膨胀而产生应力。

（2）有良好的绝缘性能和足够的机械强度。绝缘不好容易引起漏电，产生误差；机械强度要求能承受一定的振动和冲击。

（3）无腐蚀性且能耐受高温。高温下无挥发，对热电阻丝无腐蚀和污染，且在高温下不变形。

骨架的形状主要有十字形、平板形、圆柱形和螺旋形四种，如图 3-27 所示。工业热电阻多采用平板形和圆柱形，标准热电阻一般采用螺旋形。骨架的材料主要有云母、玻璃、陶瓷、塑料等。

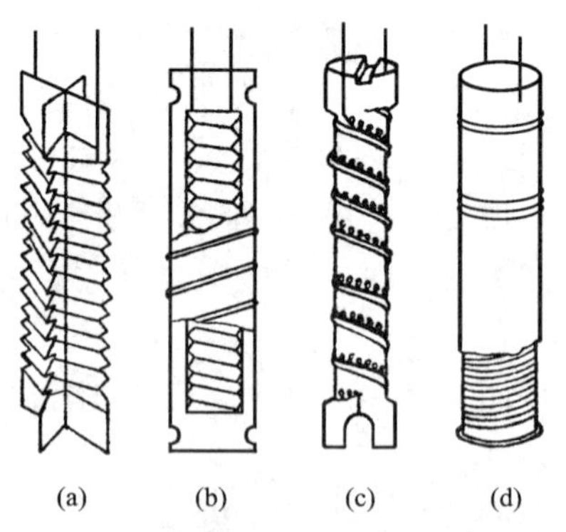

图 3-27　热电阻体的骨架形状
（a）十字形；（b）平板形；（c）螺旋形；（d）圆柱形

3. 热电阻的引线

为减小附加电阻的影响，提高测量的准确度，对热电阻的引线有如下要求：

(1) 电阻率小。引线长度是由插入深度决定的。插入越深，则引线越长，附加电阻就越大。为减小附加电阻的影响，引线的电阻率要小，同时引线的直径要比热电阻丝的直径大得多。

(2) 有较小的电阻温度系数。以减小由于温度影响而产生的误差。

(3) 化学性能稳定。不发生氧化和产生有害物质，以免影响热电阻的技术性能。

(4) 热电动势小。引线在与热电阻丝或外接导线连接时，不应由于它们之间材料的不同而产生很大的寄生热电动势。

一般标准铂热电阻用直径为 0.3mm 的金线作引线，工业铂热电阻用直径为 1mm 的银线作引线，低温下用直径为 1mm 的镀银铜线作引线，铜热电阻用直径为 1mm 的铜线作引线。工业热电阻的引线方式一般为三线制。如果热电阻的引线为两根，为减小测量误差，使用时应接成三线制。标准热电阻引线均为四线制。热电阻的引线方式如图 3-28 所示。

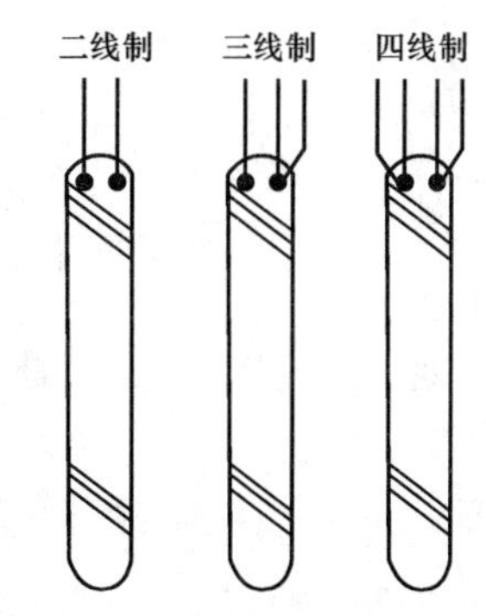

图 3-28 热电阻的引线方式

三、热电阻的接线方式

热电阻属于无源型敏感元件，测量时需先施加一激励电流才能通过测量其两端的电压，得到电阻值。然后再通过显示仪表把电阻值转换成温度值，从而实现温度测量。热电阻和显示仪表之间有三种连接方式，如图 3-29 所示。

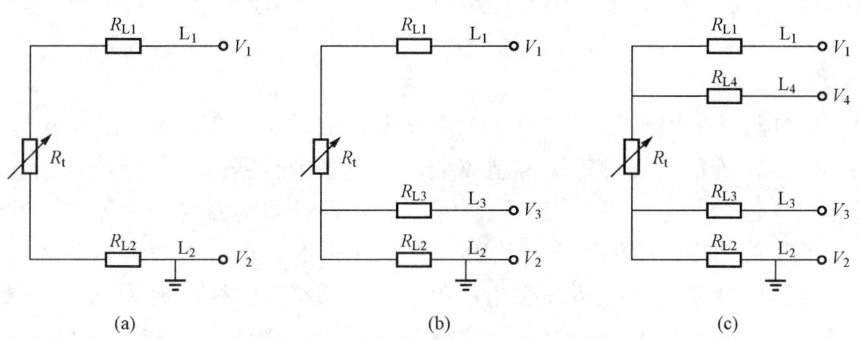

图 3-29 热电阻的接线方式

(a) 二线制；(b) 三线制；(c) 四线制

1. 二线制

如图 3-29 (a) 所示，显示仪表通过导线 L_1、L_2 给热电阻施加激励电流 I，测得电动势 V_1、V_2。于是

$$R_t = \frac{V_1 - V_2}{I} - R_{L1} - R_{L2} \tag{3-22}$$

由于连接导线的电阻 R_{L1}、R_{L2} 被计入热电阻的电阻值中，使测量结果产生附加误差。

2. 三线制

三线制是实际应用中最常用的接法，如图 3-29（b）所示。导线 L_3 用以补偿连接导线的电阻引起的测量误差。三线制要求三根导线的材质、线径、长度一致且工作温度相同，以使三根导线的电阻值相同，即 $R_{L1}=R_{L2}=R_{L3}$。通过导线 L_1、L_2 给热电阻施加激励电流 I，测得电动势 V_1、V_2、V_3。导线 L_3 接入高输入阻抗电路，$I_{L3}\approx 0$。于是

$$\frac{V_1-V_2}{I}=R_t+R_{L1}+R_{L2} \tag{3-23}$$

$$\frac{V_3-V_2}{I}=R_{L2} \tag{3-24}$$

$$R_t=\frac{V_1-V_2}{I}-2R_{L2}=\frac{V_1+V_2-2V_3}{I} \tag{3-25}$$

因此，三线制接法可补偿连接导线的电阻引起的测量误差。

3. 四线制

四线制是热电阻测温最理想的接线方式，如图 3-29（c）所示。通过导线 L_1、L_2 给热电阻施加激励电流 I，测得电动势 V_3、V_4。导线 L_3、L_4 接入高输入阻抗电路，$I_{L3}\approx 0$，$I_{L4}\approx 0$，因此 V_4-V_3 等于热电阻两端电压。即

$$R_t=\frac{V_4-V_3}{I} \tag{3-26}$$

由此可得，四线制测量方式不受连接导线电阻的影响。四线制由于连接导线较多，一般在实验室使用。

四、常用热电阻

热电阻的种类很多，生产中常用的是铂热电阻和铜热电阻，它们都有统一的分度号和分度表。

1. 铂热电阻

工业用铂热电阻常采用云母、玻璃和陶瓷作为骨架，如图 3-30 所示。云母骨架的铂热电阻如图 3-30（a）所示。云母骨架常制成细长的边缘带有锯齿的云母片，铂丝绕在云母片两侧的锯齿槽内以防止滑动短路。铂丝绕制完成后，在骨架两面再盖上无锯齿的云母片，以保证绝缘。为了改善铂热电阻的动态特性和增加机械强度，在云母片两侧还装有金属薄片制成的夹持件，与其铆合（或用银绑带捆扎）在一起。铂丝的直径一般为 0.03～0.07mm，两端与引线相焊接。引线要穿于瓷套管中加以绝缘和保护，铂热电阻常采用直径为 1mm 的银丝作引线。

玻璃骨架的铂热电阻如图 3-30（b）所示。它是用耐高温的硬质玻璃制成表面带有螺纹槽的小圆柱体（直径一般为 3.5～6mm），绕上铂丝，外面再套以硬质玻璃管，最后熔成一体的一种热电阻元件。

陶瓷骨架的铂热电阻如图 3-30（c）所示。它是将直径为 0.04～0.05mm 的铂丝，绕在刻有螺纹槽的陶瓷棒上，表面涂釉烧结而成。其外形与玻璃骨架感温元件相似。

铂热电阻也可采用无应力结构，如图 3-30（d）所示。该结构铂丝的热胀冷缩不受骨架的约束，测量时不会因产生应力而改变电阻温度特性，常用于标准热电阻。

在铂热电阻的外部均套有保护套管，以避免腐蚀性气体的侵害或机械损伤。

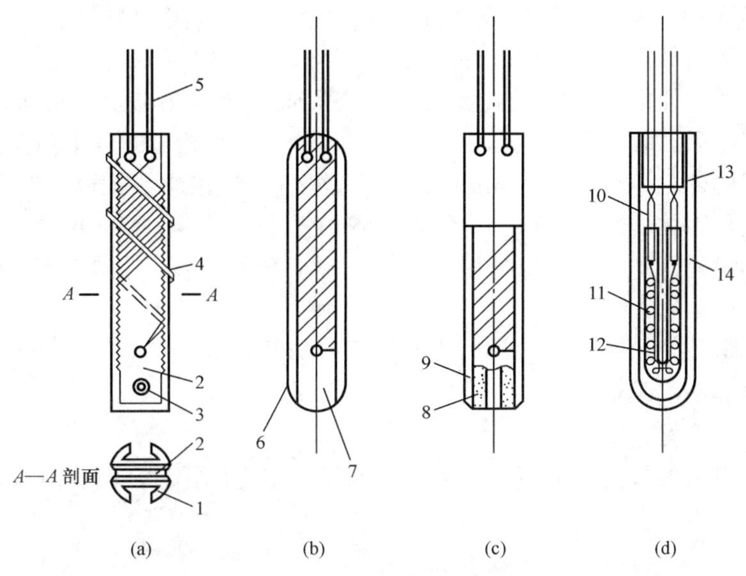

图 3-30 铂热电阻结构

(a) 云母骨架；(b) 玻璃骨架；(c) 陶瓷骨架；(d) 无应力骨架

1—弹性铜片（夹持件）；2—云母片骨架；3—铆钉；4—银绑带；5—引线；6—玻璃外套；7—玻璃骨架；8—保护釉层；9—陶瓷骨架；10—铂丝；11—铂螺旋丝；12—玻璃U形管；13—石英管；14—玻璃套管

按目前国内的统一设计标准，工业用铂热电阻的标称电阻值 R_0（在 0℃时的电阻值）有 50.00Ω 和 100.00Ω 两种规格，其分度号分别为 Pt50 和 Pt100。Pt100 的分度表见附表 5。

铂热电阻的测温范围为－200～＋850℃，其优点是准确度高、稳定性好、性能可靠；缺点是高温下铂丝易被还原性气体污染而降低测量的准确度。

2. 铜热电阻

铂虽然是理想的热电阻材料，但其价格十分昂贵，一般适用于测量准确度要求较高的场合。对于一些测量准确度要求不高的工业测量，在一定的温度范围内，使用廉价的铜热电阻也能满足测量要求。

铜热电阻是由直径为 0.13mm 的漆包铜丝绕在圆柱形塑料骨架上构成的，其引线采用直径为 1mm 的铜线，如图 3-31 所示。由于铜的电阻率较小，绕制热电阻使用的绝缘铜丝较长，往往采用多层绕制。为了防止铜丝松散以及提高其导热性和机械强度，整个元件要经过酚醛树脂的浸渍处理。

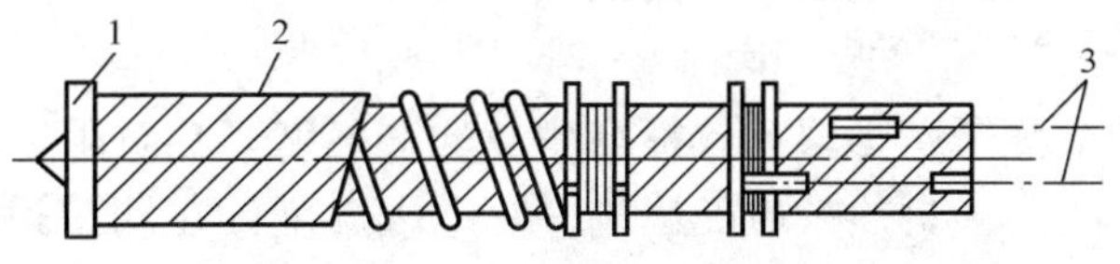

图 3-31 铜热电阻结构

1—塑料骨架；2—漆包铜丝；3—引线

按目前国内统一的设计标准，铜热电阻的标称电阻值 R_0（在 0℃时的电阻值）有 50.00Ω 和 100.00Ω 两种规格，其分度号分别为 Cu50 和 Cu100。Cu100 的分度表见附表 6。

铜热电阻的测温范围为－50～＋150℃。与铂热电阻相比，其优点是线性度好，灵敏度高；缺点是测温准确度低，热惯性大，且在100℃以上的环境中易被空气氧化而变质，因此，铜热电阻仅能在低温和无腐蚀性的环境中使用。

目前，在工业中使用的热电阻大多数为铠装形式。铠装热电阻是将感温元件（热电阻体）与引线焊接好后，装入金属小套管，再充填以绝缘材料粉末并焊上封头密封而成的坚实体。铠装热电阻的外径一般为2～8mm，热电阻丝一般为铂丝或铜丝。与普通型热电阻相比，它的优点是：①体积小，内部无空气隙，热惯性小，时滞小；②机械性能好，耐振、抗冲击；③除了感温元件外，其他部分可以弯曲，便于安装；④不易被有害介质腐蚀，使用寿命长。

除上述热电阻外，还有其他材料的测温电阻，如碳电阻、镍电阻、铟电阻、锰电阻、铂钴电阻及半导体热敏电阻等。

五、热电阻的型号

工业用热电阻的型号由两节组成，第一节与第二节之间用“-”线隔开，具体含义如图3-32所示。

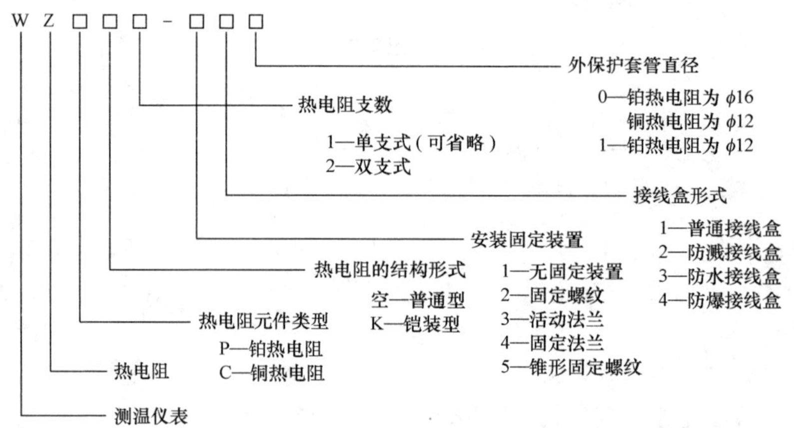

图3-32 工业用热电阻的型号

例如WZPK2-110，表示工业测温用无固定装置的双支铠装铂热电阻，它采用普通接线盒，外保护套管直径为16mm。

六、热电阻的使用注意事项

1. 使用时注意的几个问题

为了减小误差，提高测量的准确度，热电阻在使用时应注意以下问题：

（1）自热效应的影响。热电阻温度计在测量过程中，必然有电流流过热电阻感温元件，在热电阻体和引线上产生焦耳热，使其温度升高，导致阻值的增加，带来测量误差。

对标准铂热电阻温度计，规定工作电流为1mA，此项误差已修正，可不考虑。

对工业热电阻温度计，为了避免和或减小自热效应引起的误差，规定在使用中其工作电流不超过6～8mA，在检定中不超过1mA。

（2）时滞的影响。热电阻温度计感温元件的热容量比热电偶大，故其时滞也比热电偶长，因此在使用时一定要注意到热惯性的存在。温度计插入介质后，要给予充分的时间进行热交换，待温度计与介质完全达到热平衡后，才能正确显示测量结果，以免引起测量误差。

（3）寄生热电动势的影响。产生寄生热电动势的原因是不同金属的连接点上有温差存在。为了减少寄生热电动势，制作电桥电阻的材料一般都选用温度系数很小的锰铜或镍铜合金，并且在测量回路中配备热电动势补偿器，以抵消寄生热电动势的影响。

（4）连接导线电阻的影响。不论何种材料制成的连接导线，当周围环境温度变化时，导线电阻都会发生变化。为了消除连接导线电阻变化的影响，必须采用三线制或四线制接法。

如果在测量回路中采用二线制的接线方法，则需对外接导线的电阻值进行补偿。

此外，与热电偶相似，还应考虑传热的影响。

2. 工业热电阻安装注意事项

热电阻安装前应根据被测对象和测量范围选择热电阻、保护套管、接线盒和二次仪表，分度号必须一致。此外在安装时还必须注意以下几点：

（1）在管道上安装时，热电阻的感温元件应与被测介质形成逆流，至少应与被测介质流束方向成 90°角；同时应将感温元件总长的 1/2 放在最高流束的位置上。

（2）热电阻的插入深度一般不得小于保护套管外径的 8～10 倍。

（3）为了避免液体、灰尘等渗入热电阻的接线盒内，接线盒盖应朝上，出线孔螺栓应朝下，尤其是在有雨水溅洒的场所应特别注意。

*七、热电阻的检修

1. 热电阻的检查

检查热电阻接线盒处是否良好，保护套管是否弯曲或烧漏，轻轻摇动热电阻，听套管内是否有异常声音。

检查接线盒内端子处是否潮湿、太脏，螺丝是否松动；将热电阻从保护套管内拉出，观察热电阻是否变色、潮湿、锈蚀、损坏；用万用表或电桥测量阻值，看是否符合当时室温下的数值，不符合者应予修理或更换。检查完确认无问题后，可进行示值检定。

2. 故障分析

热电阻测温时的常见故障分析见表 3-18。

表 3-18　热电阻测温时的故障分析

故障现象	故障原因	排除方法
仪表指示偏低	1. 保护套管内潮湿或有水 2. 接线盒内端子板处有灰尘或潮湿 3. 热电阻之间、线路之间短路或接地	1. 将保护套管擦干、将热电阻烘干 2. 清除端子处灰尘 3. 查找故障点并进行修理
仪表指示无限大	热电阻回路断线（包括热电阻、导线）	用万用表逐步检查、测量，将断路处修复
仪表指示无限小	1. 热电阻短路、线路短路 2. 至显示仪表接线短路	1. 用万用表检查短路部位并修复 2. 重新连接导线

*八、工业热电阻的纯度检定

工业热电阻的检定包括外观检定和示值检定，示值检定分为分度检定和纯度检定两种。分度检定是计算温度误差，而纯度检定是计算电阻比 R_{100}/R_0。JJG 229—2010《工业铂、铜热电阻检定规程》规定，工作用热电阻只进行纯度检定。下面介绍工业热电阻纯度检定的数据处理方法。

为了描述的方便，设：

(1) 冰点槽内的温度为 t_i（准 0℃），对应工业热电阻测量值为 R_i，标准热电阻测量值为 R_i^*。

(2) 油槽中的温度为 t_b（准 100℃），对应工业热电阻测量值为 R_b，标准热电阻测量值为 R_b^*。

(3) 0℃时对应的工业热电阻电阻值为 R_0，对应的标准热电阻电阻值为 R_0^*。

(4) 100℃对应的工业热电阻电阻值为 R_{100}，对应的标准热电阻电阻值为 R_{100}^*。

（一）被检工业热电阻 0℃时电阻 R_0 的计算

$$R_0 = R_i - \Delta R_0 = R_i - \left(\frac{dR}{dt}\right)_{t=0} \Delta t_0 \tag{3-27}$$

式中 Δt_0——冰点槽内的温度与 0℃的差值，$\Delta t_0 = t_i = \dfrac{R_i^* - R_0^*}{\left(\dfrac{dR}{dt}\right)_{t=0}^*}$；

R_0^*——标准热电阻在 0℃的电阻值，$R_0^* = \dfrac{R_{tp}}{1.0000398}$；

$\left(\dfrac{dR}{dt}\right)_{t=0}$——被检热电阻在 0℃的斜率：铂热电阻 $\left(\dfrac{dR}{dt}\right)_{t=0} = 0.00391R'_0$，铜热电阻 $\left(\dfrac{dR}{dt}\right)_{t=0} = 0.00428R'_0$；

R'_0——被检热电阻在 0℃的标称电阻值；

$\left(\dfrac{dR}{dt}\right)_{t=0}^*$——标准热电阻在 0℃的斜率，$\left(\dfrac{dR}{dt}\right)_{t=0}^* = 0.00398R_0^*$；

R_{tp}——标准热电阻在水三相点温度时的电阻值，此数值由标准热电阻的检定证书上给出。

（二）被检工业热电阻 100℃时电阻 R_{100} 的计算

$$R_{100} = R_b + \Delta R_{100} = R_b + \left(\frac{dR}{dt}\right)_{t=100} \Delta t_{100} \tag{3-28}$$

式中 Δt_{100}——油槽内的温度与 100℃的差值，$\Delta t_{100} = 100 - t_b = \dfrac{R_{100}^* - R_b^*}{\left(\dfrac{dR}{dt}\right)_{t=100}^*}$；

R_{100}^*——标准热电阻在 100℃的电阻值，$R_{100}^* = W_{100}^* R_{tp}$；

W_{100}^*——标准热电阻的纯度，查标准热电阻检定证书；

$\left(\dfrac{dR}{dt}\right)_{t=100}$——被检热电阻在 100℃的斜率：铂热电阻 $\left(\dfrac{dR}{dt}\right)_{t=100} = 0.00379R'_0$，铜热电阻 $\left(\dfrac{dR}{dt}\right)_{t=100} = 0.00428R'_0$；

$\left(\dfrac{dR}{dt}\right)_{t=100}^*$——标准热电阻在 100℃的斜率，$\left(\dfrac{dR}{dt}\right)_{t=100}^* = 0.00387R_0^*$。

（三）被检热电阻电阻比的计算

$$W_{100} = \frac{R_{100}}{R_0} \tag{3-29}$$

将所得数值对照表 3-19（或计量检定规程 JJG—229），判断被检热电阻是否合格。

表 3-19　　热电阻的技术特性

<table>
<tr><th>名称</th><th>分度号</th><th>R_0 (Ω)</th><th>R_{100}/R_0</th><th>准确度等级</th><th>R_0 的允许误差（%）</th><th>最大允许误差（℃）</th></tr>
<tr><td rowspan="4">铂热电阻</td><td rowspan="2">Pt100</td><td rowspan="2">100.00</td><td>1.391±0.0007</td><td>Ⅰ</td><td>±0.05</td><td rowspan="4">Ⅰ级：
−200～0℃，$\pm(0.15+4.5\times10^{-3}\mid t\mid)$
0～500℃，$\pm(0.15+3.0\times10^{-3}\mid t\mid)$
Ⅱ级：
−200～0℃，$\pm(0.3+6.0\times10^{-3}\mid t\mid)$
0～500℃，$\pm(0.3+4.5\times10^{-3}\mid t\mid)$</td></tr>
<tr><td>1.391±0.001</td><td>Ⅱ</td><td>±0.1</td></tr>
<tr><td rowspan="2">Pt50</td><td rowspan="2">50.00</td><td>1.391±0.0007</td><td>Ⅰ</td><td>±0.05</td></tr>
<tr><td>1.391±0.001</td><td>Ⅱ</td><td>±0.1</td></tr>
<tr><td rowspan="4">铜热电阻</td><td rowspan="2">Cu100</td><td rowspan="2">100.00</td><td>1.425±0.001</td><td>Ⅱ</td><td rowspan="2">±0.1</td><td rowspan="2">Ⅱ级：$\pm(0.3+3.5\times10^{-3}\mid t\mid)$</td></tr>
<tr><td>1.425±0.002</td><td>Ⅲ</td></tr>
<tr><td rowspan="2">Cu50</td><td rowspan="2">50.00</td><td>1.425±0.001</td><td>Ⅱ</td><td rowspan="2">±0.1</td><td rowspan="2">Ⅲ级：$\pm(0.3+6.0\times10^{-3}\mid t\mid)$</td></tr>
<tr><td>1.425±0.002</td><td>Ⅲ</td></tr>
</table>

*九、电站测温专用热电偶和热电阻

下面简单介绍适用于各种发电机组及辅机测温用的热电偶和热电阻。

1. 热套式热电偶

在电厂中测量主蒸汽温度时，由于高温高压汽流的冲刷，伸至管道中心处的热电偶容易发生振动断裂事故。为了防止断裂，应减小热电偶插入管道中的深度。插入深度的减小必将导致测温误差增大，为了减小测温误差采用了热套式热电偶。如图 3-33 所示。热电偶保护套管焊接在水平主蒸汽管道上部的一根垂直套管上，蒸汽通过热电偶保护套管与主蒸汽管道壁之间的空隙进入垂直套管内部（热套），对热电偶保护套管进行加热。因此，虽然热电偶插入主蒸汽管道中的深度减小了，但受蒸汽加热的保护套管长度反而增加了，这样既保证了测温的准确性，又避免了热电偶易断裂的问题。

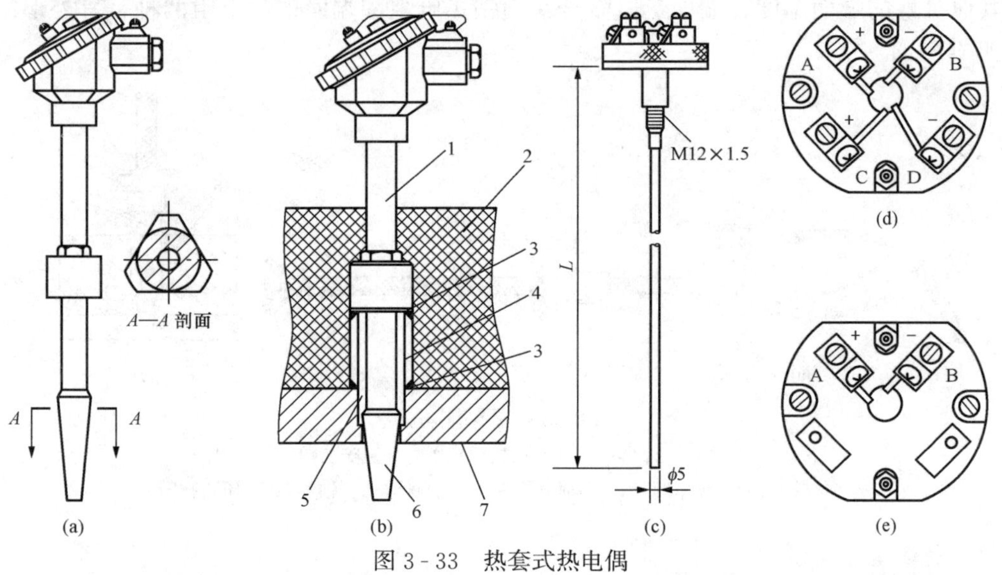

图 3-33　热套式热电偶

（a）结构；（b）安装示意图；（c）铠装热电偶；（d）双支热电偶接线端子；（e）单支热电偶接线端子

1—热套式热电偶；2—保温层；3—电焊接口；4—热套管；5—充满蒸汽的热套；6—热电偶保护套管；7—主蒸汽管道壁

热套式热电偶采用热套管与热电偶可分离的结构，在火电厂的主蒸汽温度测量中得到广泛应用。使用时可先将热套管焊接在主蒸汽管道上，然后再安装热电偶。热套式热电偶的感温元件一般采用铠装热电偶，如图 3-33（c）所示。

2. 锅炉炉壁热电偶

锅炉炉壁热电偶如图 3-34 所示，它采用铠装热电偶作感温元件，测量端紧固在带有曲面的导热板上，适合于锅炉炉壁、管壁及其他圆柱体表面温度测量。它的安装方式为三点焊接（A、B、C 为焊接点）或用 M8 螺栓固定，其分度号有 K 和 E 两种。

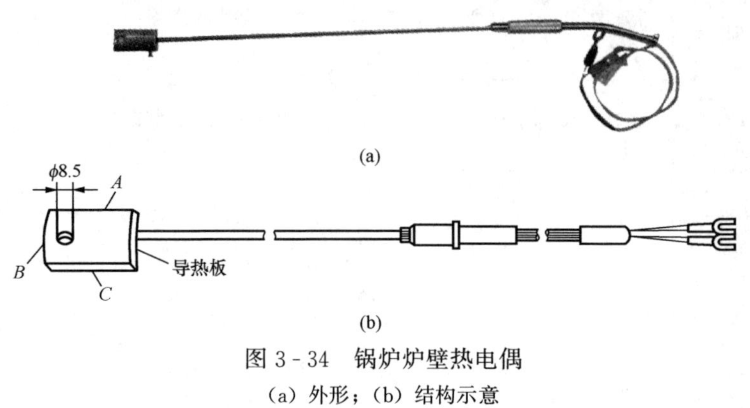

图 3-34 锅炉炉壁热电偶

（a）外形；（b）结构示意

3. 电机绕组铜热电阻

电机绕组铜热电阻主要用于测量电机绕组、定子等的温度，其感温元件压制在非金属绝缘材料的保护片中。它除具有热电阻的一般特性外，还具有抗振、耐压、绝缘等优点，其分度号为 Cu50，测温范围为 0～120℃。

4. 电机铁芯热电偶

电机铁芯热电偶主要用于测量电机的定子铁芯温度，其特点与电机绕组铜热电阻相同。其分度号为 T，测温范围为 0～150℃。

5. 端面热电阻

端面热电阻感温元件由特殊处理的热电阻丝绕制而成，紧贴在温度计端面。它与一般轴向热电阻相比，能更正确和快速地反映被测端面的实际温度，适用于测量汽轮机和电机轴瓦以及其他机件的端面温度。端面热电阻分端面铂热电阻和端面铜热电阻两种，其外形结构及安装如图 3-35 所示。

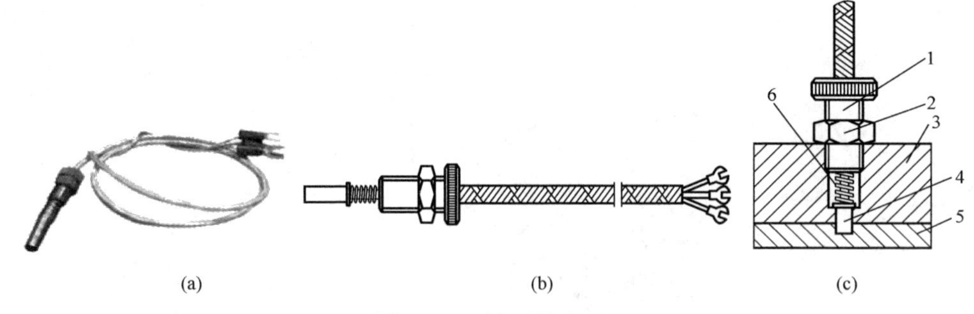

图 3-35 端面热电阻

（a）外形图；（b）结构示意图；（c）安装图

1—螺栓；2—锁紧螺母；3—轴衬；4—热电阻体；5—轴瓦；6—压紧弹簧

*6. 隔爆型热电阻

隔爆型热电阻通过特殊结构的接线盒，把其外壳内部爆炸性混合气体因受到火花或电弧等影响而发生的爆炸局限在接线盒内，使生产现场不会引起爆炸。隔爆型热电阻可用于具有爆炸性危险场所的温度测量。

第四节 其 他 温 度 计

除热电偶温度计和热电阻温度计外，在生产中常用的还有膨胀式温度计和压力式温度计。膨胀式温度计是根据物质的热膨胀性质与温度的固有关系来制造的温度计。按工作物质状态的不同，可分为液体膨胀式温度计和固体膨胀式温度计。压力式温度计根据感温系统所充介质的不同，可分为充液压力式温度计、充气压力式温度计和蒸汽压力式温度计三类。

一、液体膨胀式温度计

液体膨胀式温度计中最常见的是玻璃液体温度计，其中应用最广泛的是玻璃水银温度计。

（一）玻璃液体温度计概述

1. 测温原理

利用感温液体随温度变化而体积发生变化与玻璃随温度变化而体积发生变化之差来测量温度。温度计示值即液体体积与玻璃体积变化的差值。

物质大多具有热胀冷缩的性质。通常，把温度每变化1℃所引起的物体体积的变化与它在0℃时的体积之比称为平均体膨胀系数，用β表示。当温度由t_1变化到t_2时，有

$$\beta=\frac{V_{t_2}-V_{t_1}}{(t_2-t_1)V_0} \tag{3-30}$$

式中 V_{t_1}、V_{t_2}——温度为t_1和t_2时工作物质的体积；

V_0——工作物质在0℃的体积。

若$t_1=0$℃时，则式（3-30）可写为

$$\beta=\frac{V_t-V_0}{V_0 t} \tag{3-31}$$

而体积则为

$$V_t=V_0(1+\beta t) \tag{3-32}$$

由于温度计的示值实际为液体体积与玻璃体积变化之差，若用β_1表示液体的平均体膨胀系数，β_2表示玻璃的平均体膨胀系数，用k表示视膨胀系数，则

$$k=\beta_1-\beta_2 \tag{3-33}$$

在一般情况下，液体的体膨胀系数远远大于玻璃的体膨胀系数，因此，通过观察液体体积的变化即可知道温度的变化。

2. 构造

玻璃液体温度计主要由感温泡、感温液体、毛细管、标尺、安全泡及中间泡等组成，如图3-36所示。当然，用途不同的温度计其结构也不完全相同。

3. 分类

玻璃液体温度计的分类方法很多，主要有以下几类：

（1）按结构分。

1）棒式温度计。棒式温度计具有厚壁毛细管，刻度直接在毛细管上。其测温准确度高，多用于实验室或作标准传递用，其结构如图3-36（a）所示，是一种带有中间泡及零位线辅助标尺的温度计。

2）内标式温度计。内标式温度计毛细管贴靠在标尺板上，两者均封装在玻璃管中。内标式温度计多用作生产过程的温度测量，也可制成二等标准温度计，如图 3-36（b）所示。

3）外标式温度计。外标式温度计毛细管贴靠在标尺板上，但不封装于玻璃保护管中。这类温度计的标尺板一般用塑料、金属、木板等材料制成，它的准确度较低，多用于生产和生活中的温度测量，如寒暑表（见图 3-37）。

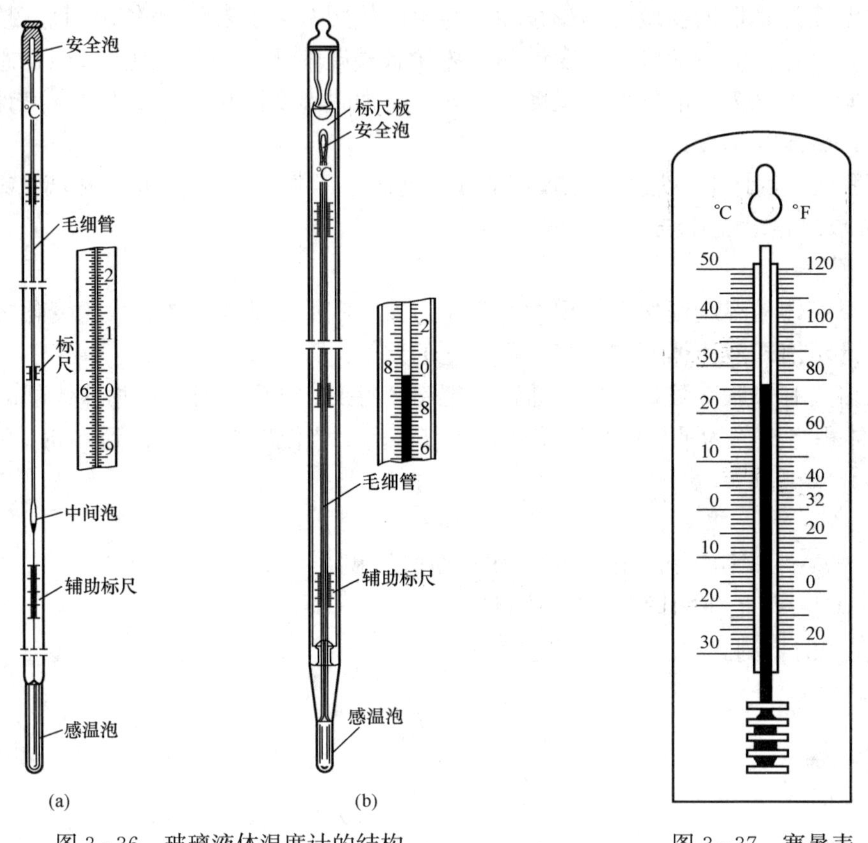

图 3-36 玻璃液体温度计的结构

（a）棒式玻璃液体温度计；

（b）内标式玻璃液体温度计

图 3-37 寒暑表

（2）按浸没方式分。按浸没的方式不同可分为全浸式和局浸式两大类。其中全浸式测量准确度较高。

（3）按使用要求分。按使用要求不同可分为标准玻璃液体温度计和工作用玻璃液体温度计两大类，其中标准玻璃液体温度计又可分为两类。

1）一等标准水银温度计。通常由 9 支组成，必须制成透明棒式的，毛细管背后不允许有任何颜色。100℃以上的温度计其毛细管中要充入惰性气体；100℃以下的温度计的毛细管须抽成真空。

2）二等标准水银温度计。通常由 7 支组成，可以是棒式的，也可以是内标式的。棒式的二等标准水银温度计在毛细管后面熔有一条乳白色的釉带。

4. 玻璃液体温度计的灵敏度

玻璃液体温度计的灵敏度主要取决于毛细管的直径和感温泡容积的大小，其灵敏度为

$$S = \frac{V_0}{D}\beta_0^{100} \tag{3-34}$$

式中　S——玻璃液体温度计的灵敏度，即温度每变化1℃所引起的液柱长度的变化量；

V_0——感温泡0℃的容积；

β_0^{100}——水银在0～100℃范围内的平均体膨胀系数；

D——毛细管的直径。

可见，V_0增大，S增大，但V_0过大会增加热惯性；D减小，则S增大，但D过小会增加液体运动时的摩擦，造成液柱上升和下降时的跳跃现象。

（二）工作用玻璃液体温度计

1. 实验室用玻璃液体温度计

实验室用玻璃液体温度计属于精密温度计，可以是棒式的，也可以是内标式的，分度值一般为0.1、0.2℃或0.5℃。

准确度最高的实验室用温度计是量热式温度计和贝克曼温度计（用于测量温差），其分度值可达0.01℃或0.02℃。

2. 工业用玻璃液体温度计

（1）特殊外形温度计。这是一种根据需要制成的特殊外形和结构的温度计，常见的有金属套管温度计和有尾式温度计，如图3-38和图3-39所示。

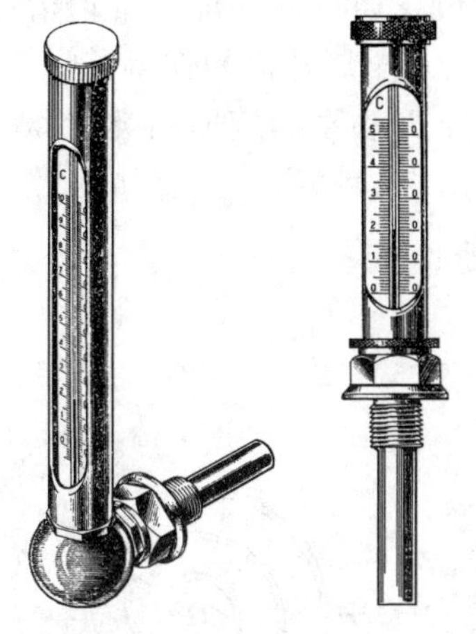

图3-38　金属套管温度计

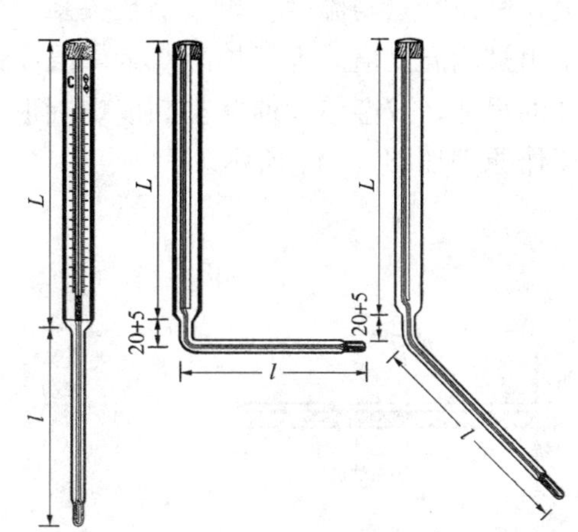

图3-39　有尾式温度计

（2）电接点温度计。这是以水银上升、下降作通断的温度计，属于内标式，用于控温或报警，分固定接点和可调接点两类。

（3）最高温度计。这是一种能始终保持最高温度的玻璃液体温度计，也就是说，在测量过程中该类温度计的指示值只能升高而不能下降。这种温度计有一个特殊的缩口，当被测温度上升时，水银能克服缩口的阻力而上升，而当被测温度下降时，缩口的阻力会使水银柱从缩口处断开，阻止了缩口上部水银柱的下降，从而使指示值保持在最高温度，如体温计。

（4）最低温度计。这是一种能始终保持最低温度的玻璃液体温度计。最低温度计用于测量在一段时间间隔内的最低温度，在气象观测和海水温度的测量中经常使用。此种温度计用酒精作感温液体。在毛细管中，有一个可移动的深色玻璃指示杆，酒精的表面张力能迫使指示杆随同酒精液面一同下降；而温度上升时，酒精则从指示杆与毛细管内壁的狭缝中通过，使指示杆不发生位移。因此，指示杆始终指示在最低温度。

（三）贝克曼温度计

它属于移液式内标温度计，主要用于测量小温差，而不是用来测量某个温度值。我国目前生产的贝克曼温度计所使用的温度范围为－20～＋125℃。

（四）使用注意事项

正确使用玻璃液体温度计，对于保证温度测量的准确度是非常重要的。玻璃液体温度计在运输和使用过程中应避免强烈碰撞或振动，以防液柱断裂。另外，玻璃液体温度计也不能倒置，以防液体倒流。

玻璃液体温度计测量误差的主要来源有零点位移、标尺位移、液柱断裂、温度计惰性、露出液柱的影响和读数误差等。

二、双金属温度计

双金属温度计的感温元件是由两种热膨胀系数不同的金属薄片用压延或叠焊的方法贴合在一起构成的双金属片。双金属片一端固定，另一端可以自由膨胀。当感温元件置于被测对象中时，膨胀系数较大的金属薄片（主动层）伸长较多，必然会向膨胀系数较小的金属薄片（被动层）的一面弯曲变形，使自由端产生位移，如图 3 - 40 所示。温度越高，自由端的位移就越大，其位移量与温度呈单值函数关系。将自由端的位移通过传动部件带动指针偏转，就可指示出被测温度值。为了提高双金属温度计的灵敏度，双金属片需制作得长些，为了减小温度计的尺寸，双金属片通常都制成螺旋形（分为直螺旋形和平螺旋形两类）。双金属温度计的工作原理如图 3 - 41 所示。

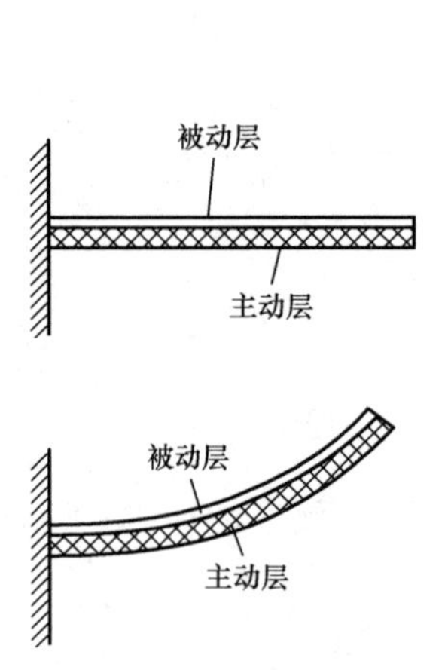

图 3 - 40　双金属片受热变形原理

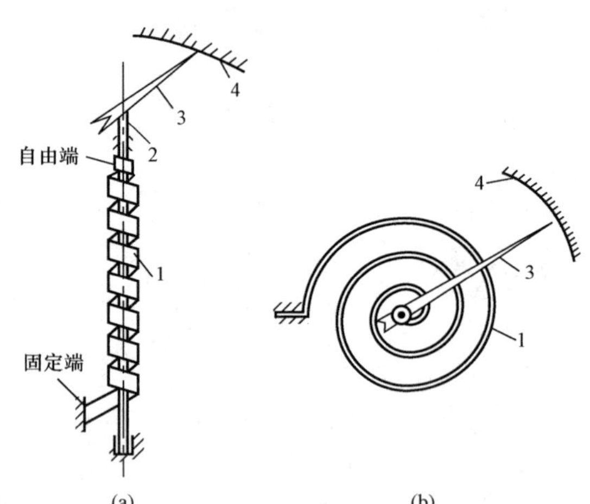

图 3 - 41　双金属温度计的工作原理

（a）直螺旋形；（b）平螺旋形

1—双金属片；2—指针轴；3—指针；4—刻度盘

直螺旋形感温元件一般用于杆形双金属温度计，如图 3 - 42（a）、（b）所示；平螺旋形感温元件一般用于盒形双金属温度计，如图 3 - 42（c）所示。

杆形双金属温度计按照刻度盘平面与保护套管的连接角度可分为轴向杆形（刻度盘平面

与保护套管垂直)、径向杆形(刻度盘平面与保护套管平行)和135°角杆形(刻度盘平面与保护套管成135°角连接)。图3-42(a)、(b)所示分别为轴向杆形和径向杆形双金属温度计。

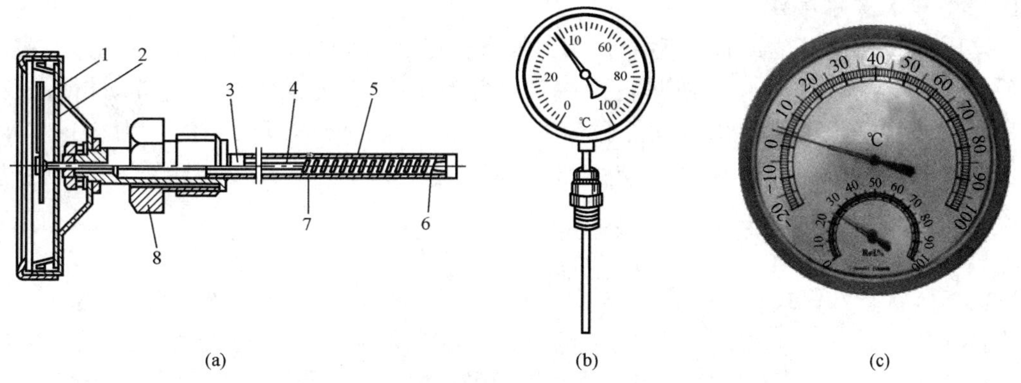

图3-42 双金属温度计结构

(a)轴向杆形;(b)径向杆形;(c)盒形

1—指针;2—刻度盘;3—保护套管;4—指针轴;5—感温元件;6—固定端;7—自由端;8—紧固装置

双金属温度计的感温元件在测温时必须全部浸没。双金属温度计还可根据需要制成电接点型、防水型等。

三、压力式温度计

压力式温度计是利用充灌式感温系统测量温度的仪表,主要由温包、毛细管和显示仪表组成,如图3-43所示。

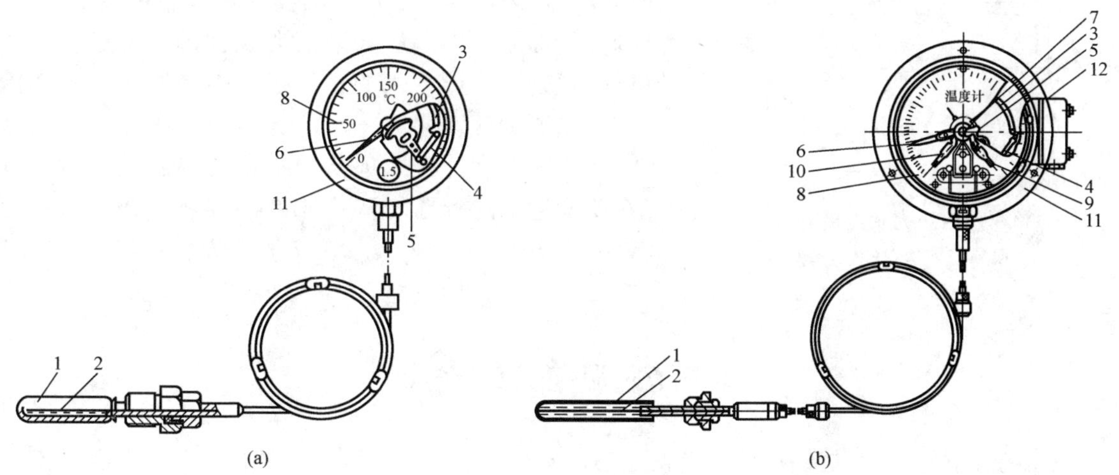

图3-43 压力式温度计的结构

(a) WT_{Q}^{Z}—280型;(b) WT_{Q}^{Z}—288型

1—温包;2—毛细管;3—弹簧管;4—拉杆;5—齿轮传动机构;6—指针;7—转轴;8—刻度盘;9—上限接点指示针;10—下限接点指示针;11—表壳;12—接线盒

压力式温度计的温包一般用黄铜或不锈钢制成;毛细管是用铜冷拉成的无缝圆管,外层有铜丝编成的包皮;弹簧管是压力敏感元件,弹簧管压力表在此作为压力式温度计的显示仪表。

压力式温度计根据感温系统所充介质的不同，可分为液体压力式温度计、气体压力式温度计和蒸汽压力式温度计三类。

1. 液体压力式温度计

液体压力式温度计的温包、毛细管和弹簧管内都充满液体，液体受热后压力升高，压力经毛细管传递给弹簧管，并使其自由端产生位移，该位移经放大机构带动指针发生偏转，从而在温度标尺上指示出温度的数值。在测量下限时液体以较高的压力（1～5MPa）充入仪表的封闭系统内，这样可以减小温包和压力表不在同一高度时由液柱高度差所引起的误差。

2. 气体压力式温度计

理想气体状态方程式 $pV=mRT$ 表明，对一定质量 m 的气体，如果它的体积 V 一定，则它的温度 T 与压力 p 成正比，因此在密封容器内充以气体，就构成气体压力式温度计。在温度不太低而压力不太高时，一般气体都能较准确的遵守气体状态方程式。气体压力式温度计在测温过程中虽然其温包、毛细管和弹簧管的体积会有变化，但和气体的热膨胀相比，此变化非常小，可以忽略不计。压力式温度计中通常充氮气，此时测量的最高温度可达500～550℃；在低温下则充氢气，此时测温下限可达－120℃。

3. 蒸汽压力式温度计

蒸汽压力式温度计是根据道尔顿饱和蒸汽压定律（液体的饱和蒸汽压只与气液分界面的温度有关）制作的，如图 3-44 所示。金属温包的一部分容积内盛放着低沸点的液体，其余空间以及毛细管、弹簧管内充满这种液体的饱和蒸汽。由于气液分界面在温包内，因而这种温度计的读数仅和温包温度有关。这种温度计的压力温度关系是非线性的，不过可用变刚度弹簧管或在压力表的连杆机构中采取一些补偿措施，使温度刻度线性化。

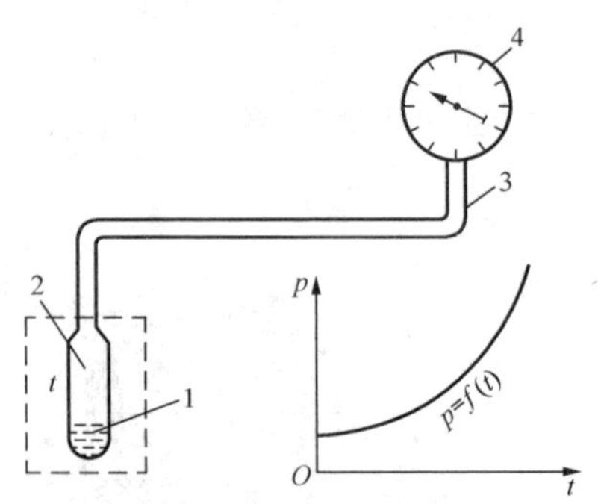

图 3-44 蒸汽压力式温度计及其特性
1—低沸点液体；2—饱和蒸汽；3—毛细管；4—压力表

压力式温度计可以远传（根据毛细管的长度，可以在所能达到的范围内显示温度），结构简单，价格便宜，读数方便、清晰，适用于要求防爆的环境；缺点是准确度不高，热惯性大。

第五节 温 度 变 送 器

温度变送器实质上是一种信号变换仪表，属于仪表的中间件。它的作用是与各种标准测温元件（热电偶、热电阻）配合使用，连续地将被测温度线性地转换成 4～20mA 直流电流或 1～5V 直流电压统一信号输送到指示、记录仪表或控制系统，以实现生产过程的自动检测或自动控制。

一、ITE 型温度变送器

ITE 型温度变送器有热电偶温度变送器和热电阻温度变送器两类。它能将热电偶的输出信号连续地转换为与被测温度成正比的统一信号（4～20mA 直流电流或 1～5V 直流电压）输出。

(一) ITE 型热电偶温度变送器

1. 电路的组成

主要由线性化输入回路和放大输出回路组成，如图 3-45（a）所示。

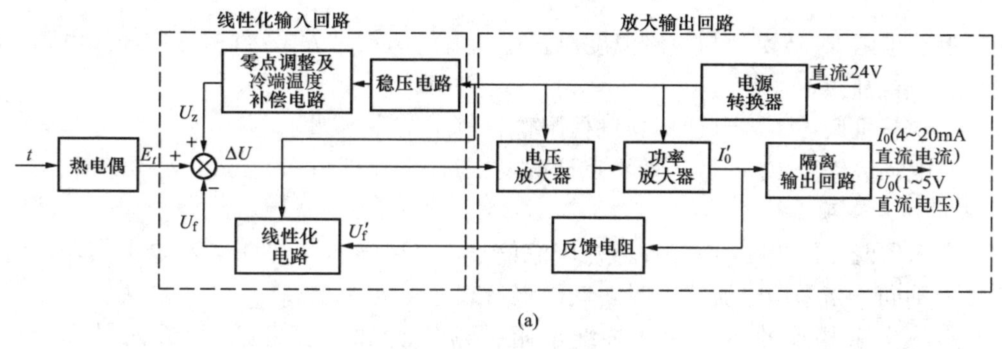

(a)

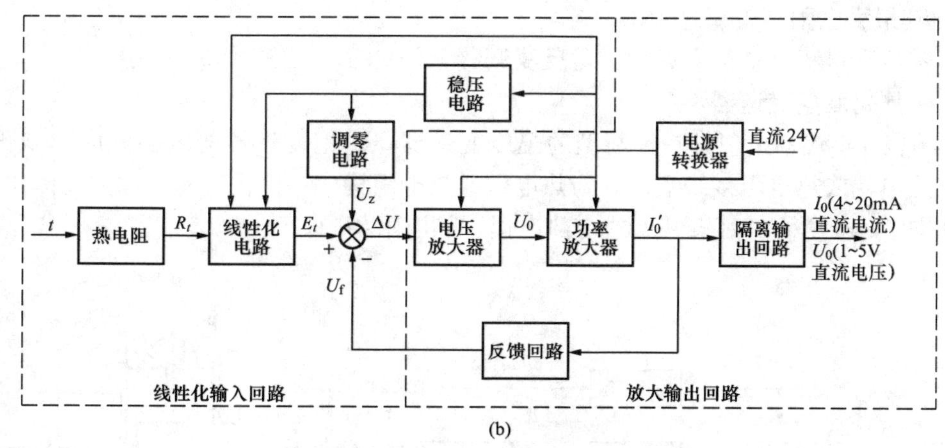

(b)

图 3-45 ITE 型温度变送器原理框图

（a）热电偶变送器原理框图；（b）热电阻变送器原理框图

（1）线性化输入回路的作用。

1）功率放大器输出的反馈电压信号转换成与热电偶的热电特性有相似非线性特性的电压信号。

2）实现热电偶冷端温度的自动补偿、整机调零、零点迁移和量程调整。

3）对反馈电压、冷端温度补偿电压、零点迁移电压以及输入热电动势进行综合运算。

（2）放大输出回路。

1）将线性化输入回路输出的综合信号放大转换成 4～20mA 直流电流或 1～5V 直流电压的统一信号输出给负载。

2）向内部的线性化电路输出 0.2～1.0V 的反馈电压信号。

3）通过电流互感器实现输入回路与输出回路的电隔离，以增强仪表的抗干扰能力。

2. 使用注意事项

（1）变送器既可输出 4～20mA 直流电流信号，又可输出 1～5V 直流电压信号，但两者的输出端子不同。当采用电流输出时，其外接负载电阻为 100Ω。

（2）零位和量程调整互有影响，需反复调整。

（二）ITE型热电阻温度变送器

1. 电路的组成

主要由线性化输入回路和放大输出回路组成，如图3-45（b）所示。该电路的主要作用如下：

（1）将热电阻R_t转换为与被测温度成正比的电动势信号E_t，并对连接导线电阻所引起的测量误差进行补偿。

（2）实现整机调零、零点迁移和量程调整。

（3）对电动势信号E_t、调零及零点迁移电压U_z和反馈电压U_f进行综合运算。

2. 使用注意事项

（1）变送器既可输出4～20mA直流电流信号，又可输出1～5V直流电压信号，但两者的输出端子不同。当采用电流输出时，其外接负载电阻为100Ω。

（2）与热电阻相连的每根输入导线电阻r应符合如下规定：$r\leqslant$输入量程（℃）×0.1Ω，但其最大电阻不得超过10Ω。

（3）零位和量程调整互有影响，需反复调整。

二、一体化温度变送器

20世纪80年代初出现了一种新型的温度变送器，它把变送器的电路做成小型化模块，直接装在热电偶或热电阻接线盒内，与热电偶或热电阻构成一体化结构，称为一体化温度变送器，如图3-46所示，其安装方式与热电偶、热电阻相同。

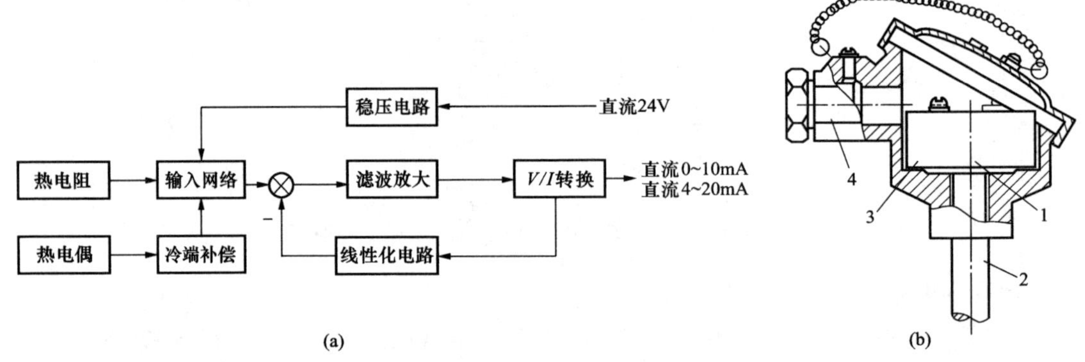

图3-46 一体化温度变送器

（a）方框图；（b）结构图

1—穿线孔；2—温度计护套；3—变送器模块；4—进线孔

一体化温度变送器的敏感元件感受温度后所产生的微小电压（或电阻），经电路模块放大、转换、线性校正等一系列处理后，变成恒定电流输出信号，其特点如下：

（1）变送器小型化，可以直接放入通用的热电偶或热电阻接线盒内。

（2）二线制变送器直接输出4～20mA直流信号（一般电源的额定工作电压为直流24V）。

（3）对于热电偶，省去了昂贵的补偿导线（模块自身有冷端温度补偿）；对于热电阻，减少了引线电阻引起的误差。

（4）输出阻抗高，输出信号大，抗干扰能力强。由于是恒流输出，具有较强的远传能力。

（5）变送器部件准确度高、功耗低、工作稳定可靠。

三、智能温度变送器

智能温度变送器能与各种常用热电偶或热电阻配套使用，把温度信号转变为 4～20mA 直流电流。下面以美国贝利公司的 EQN 型温度变送器为例介绍智能变送器的工作原理。

EQN 型变送器电路组成如图 3-47 所示。热电偶、热电阻的输出信号送到电压-脉冲转换器，温度传感器提供的冷端温度补偿信号也送入电压-脉冲转换器。电压-脉冲转换器输出一个微处理机能接受的占空比（即输出脉冲宽度与脉冲周期之比）可变的脉冲。微处理机利用来自电压-脉冲转换器的信号计算出一个基于占空比可变的脉冲输入的数字脉冲输出。变送器提供了输入与输出的隔离。微处理机的输出经隔离后送入高阶有源低通滤波器，滤波器则输出一个与占空比可变的脉冲输入成正比的直流电压信号（用滤波器实现 D/A 转换）。由这个直流电压信号去控制晶体管输出的 4～20mA 直流信号。该变送器可以设置成现场总线方式，直接与 N-90 或 INFI-90 分散控制系统通信。

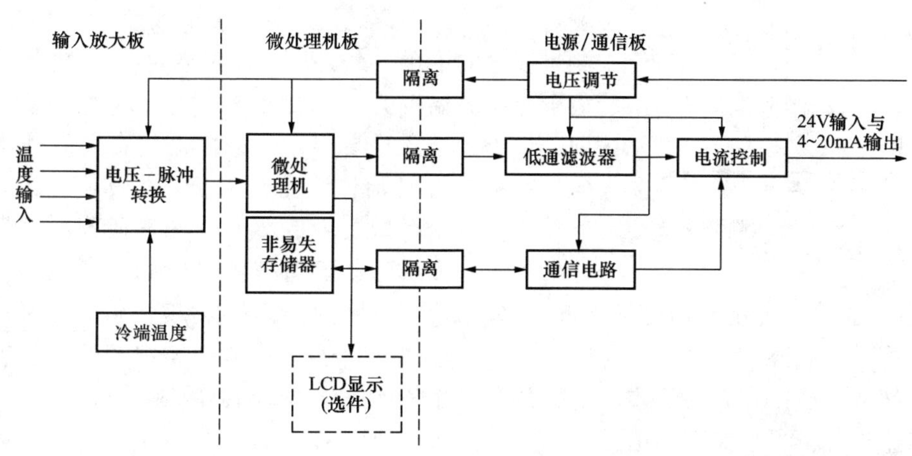

图 3-47　EQN 型变送器电路组成方框图

第六节　接触测温方法的讨论

从前面几节所讨论的测温方法和仪表可以看出，测温时仪表的测温元件必须和被测介质直接接触，所以把以上测温方法称为接触测温方法。用接触测温方法测温的仪表所指示的温度是测温元件本身的温度，一般这个温度和被测介质的温度是有差值的。研究这个差值的大小及其减小的方法就是本节所讨论的内容。

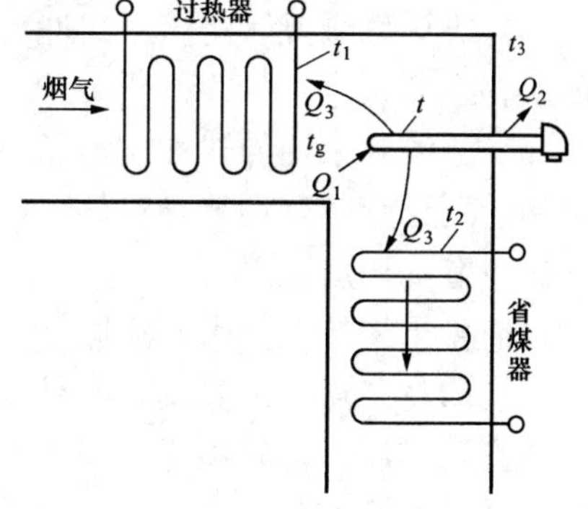

图 3-48　锅炉过热器后测量烟温的装置

例如用热电偶测量锅炉过热器后的烟气温度 t_g（见图 3-48），热电偶热端温度为 t，由于 $t_g > t$，所以烟气就以对流、辐射及传导方式将热量 Q_1 传给热电偶。热电偶冷端处于温度为 t_3 的环境中，t_3 远低于 t，因此就有热量 Q_2 沿着热电偶套管传给周围环境；过热器管壁温度为 t_1，省煤器管壁温度为 t_2，t_1、t_2 都低于 t，故热电偶又以辐射方式将热量 Q_3 传给过热器及省煤器。热电偶接受的热量为 Q_1，散失的热量为 Q_2+Q_3，达到热平衡时 $Q_1=Q_2+Q_3$，即补充的热量等于散失的热量。然而只有 $\Delta t=t_g-t>0$ 时才会有 Q_1，也就是说 t 永远不可能等于 t_g，Δt 就是测温误差。要减小 Δt 使感温件的温度接近被测介质的温度，就必须增大烟气对热电偶的传热并减小热电偶对外的传导散热和辐射散热。

当被测介质的温度有变动时（即在动态下），情况就更为复杂。除了在静态下可能出现的一系列误差外，还存在由于热电偶有热容量导致热电偶热端温度跟不上被测介质温度的变化所造成的误差，即动态误差。关于动态误差的问题，这里不再做详细介绍。

以下着重讨论火电厂中常见的管内流体温度测量、壁面温度测量及高温烟气温度测量几种情况下的误差来源及减小测量误差的方法。

一、管内流体温度测量

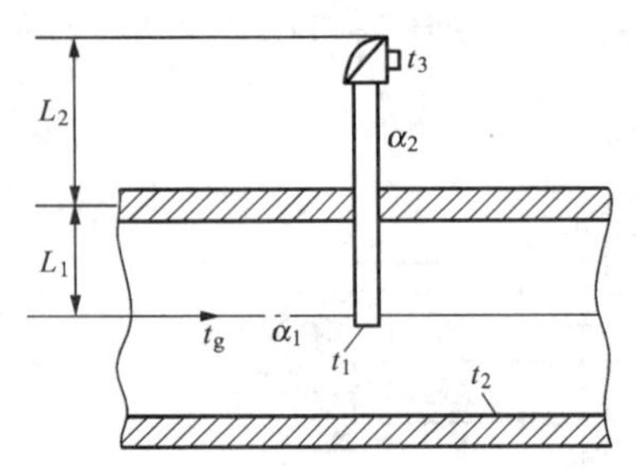

图 3-49　管内流体测温示意

管道中流体温度的测量是热工测量中经常遇到的问题，例如管道中蒸汽或水的温度的测量。图 3-49 所示为测量装置的示意，在管道中流过温度为 t_g 的流体，管道周围介质的温度为 t_3，如果 $t_3<t_g$，就有热量沿感受件向外导出，这就是导热损失。由于存在着导热损失，感受件的温度 t_1 比流体温度 t_g 要低些，即产生了导热误差 t_1-t_g（由于保护套管或测温管的直径不大，可假定感受件和其外面的保护套管或测温管的温度是一致的，都是 t_1）。如管道中流过的介质是气（汽）体，测温管附近无低温的冷壁，管道外又敷设了绝热层，即管道内壁温度较高，且介质温度 t_g 不太高时，测温管对管子内壁的辐射散热影响可忽略。如果管道中介质为液体，则测温管对管内壁就不会有辐射散热。

经传热学分析可得如下结论：

（1）在测温管向外散热的情况下，误差不可能等于零。

（2）管道中流体与管外介质的温度差 t_g-t_3 越大，测温误差越大。为了减小误差，应该把露在管道外的测温管用保温材料包起来，这样不仅使得露出部分温度提高，减小导热损失，而且也使露出部分和外面介质的热交换减少，因此可以减小测温误差。

（3）插到管道内介质部分的测温管长度增加，测温误差也减小。

（4）应该把感受件放在管道中流体速度最高、流束紊乱的地方，即管道中心轴线上。

（5）应该使测温管的壁厚、外径尽量减小，也就是应将测温管做成外形细长而壁厚很薄的形状。

（6）测温管采用导热性质不良的材料，如陶瓷、不锈钢等来制造（应该注意，采用这类材料制造测温管时会增加导热热阻，使动态测量误差增加）。

二、壁面温度测量

目前多采用热电偶来测量固体表面温度，这是由于热电偶有较宽的测温范围，较小的测量端，能测量“点”的温度，而且测温的准确度也较高。但是，用热电偶测量壁面温度和一切接触测温方法一样，由于被测表面沿热电偶有热量导出，破坏了被测表面的温度场，热电偶所测量的温度实际上是破坏温度场以后的表面温度，因此就产生了测温误差，下面来分析这些误差。

（一）热电偶导热误差

进行表面温度测量的热电偶与被测表面的接触形式有四种，如图 3 - 50 所示。图 3 - 50（a）为点接触，即热电偶的热端直接与被测表面相接触；图 3 - 50（b）为面接触，即先将热电偶的热端与导热性能良好的金属片（如铜片）焊在一起，然后使金属片与被测表面紧密接触；图 3 - 50（c）为等温线接触，热电偶的热端与被测表面直接接触，热电极从热端引出时沿表面等温敷设一段距离（约 50 倍热电极直径）后引出，热电极与表面之间用绝缘材料隔开（被测表面是非导体的除外）；图 3 - 50（d）为分立接触，两热电极分别与被测表面接触，通过被测表面（仅对导体而言）构成回路。

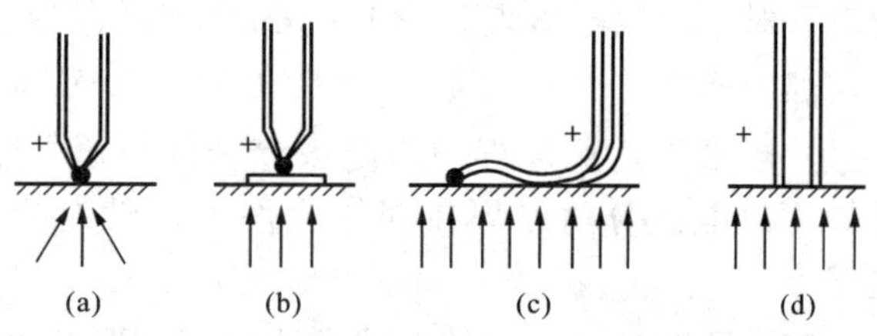

图 3 - 50　热电偶与被测表面的接触形式

（a）点接触；（b）面接触；（c）等温线接触；（d）分立接触

对于上述四种形式来说，通过两热电极向外散失的热量可以认为是一样的，只不过图 3 - 50（a）是将散热量集中在一“点”上；图 3 - 50（d）是将散热量分散在两“点”上；图 3 - 50（b）的散热量则由金属片所接触的那块表面共同分摊。因此，在相同的外界条件下，图 3 - 50（a）的导热误差最大，图 3 - 50（d）次之，图 3 - 50（b）较小。图 3 - 50（c）的两热电极的散热量虽然也集中在一个较小的区域，但由于热电极已与被测表面等温敷设一段距离后才引出，散热量主要是由等温敷设段供给的，热端的温度梯度比另三种形式的要小得多，所以图 3 - 50（c）的热端的散热量最小，测量准确度最高。

测量误差不仅与热电偶热端的接触形式有关，而且还与被测表面的导热能力有关。如被测固体壁面材料为玻璃、陶瓷等，它们的导热性能很差，这时如采用图 3 - 50（a）的接触形式，则误差很大，而采用图 3 - 50（b）的接触形式，误差就大大减小，这是因为金属片导热性能好。当金属片有较大的面积时，传递相同的热量所需要的温差会大大减小，热电偶热端温度就不会降低太多。

如果热电极的直径粗，则散失的热量多，热端温度改变就大；直径细，向外散失的热量少，热端温度改变就小。如果壁面上方气流的速度增大，则热电极散失的热量就多，热端的温度改变就大；反之，壁面上方气流速度小，则热电极散失的热量就少，热端的温度改变也就小些。当测量管壁表面温度时，若管壁厚度增加，则测温误差减小，这是由于热电极向外传递的热量很快由管壁的其他部分补偿了，因而测温误差就减小。

（二）热电偶的接点导热误差

通常用焊接方法使热电偶热端固定于被测表面，如图 3 - 51 所示为三种常用的焊接形式，下面从导热误差大小方面来分别讨论。

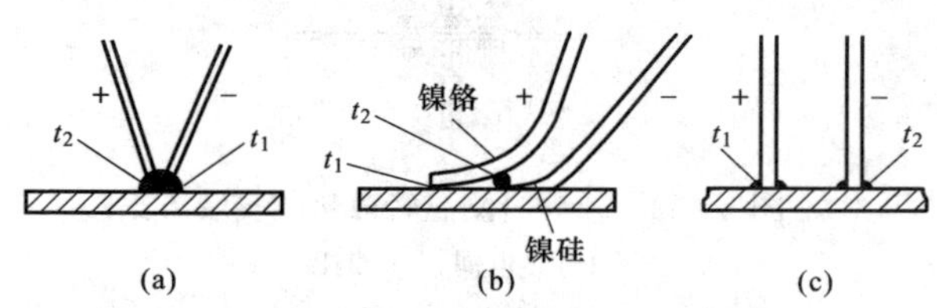

图 3 - 51　表面热电偶的焊接形式

（a）球形焊；（b）交叉焊；（c）平行焊

球形焊如图 3 - 51（a）所示。将热电偶的球形热端与被测表面焊在一起。球形热端的两热电极分叉处温度为指示温度 t_2，t_2 和表面实际温度 t_1 有个差值。为了减小这个差值，热电极应尽量细些，焊点也应尽量小些，必要时可将焊点压平。球形焊热电偶所测量的是被测表面的“点”温度，但在一个“点”上有两根热电极同时导热，所以这种方法有较大的导热误差。

交叉焊（重叠焊）如图3-51（b）所示。焊接时先将导热性能较好的热电极（如分度号为K的热电偶的镍硅极）与被测表面焊在一起，然后再将导热性能较差的热电极（如镍铬极）交叉地叠在焊点上面，再次进行焊接。交叉焊热电偶的指示温度是指两热电极交叉处的温度t_2，它与表面实际温度t_1有一个差值。如将导热性能较好的热电极紧靠在被测表面上，可使t_2比较接近于t_1。交叉焊形式的导热误差要比球形焊的小些。

平行焊如图3-51（c）所示。将两热电极分别焊在被测表面上，在两焊点之间保持一段距离（对于等温导体表面为1～5mm）。平行焊适用于等温导体表面温度测量。当被测表面存在温度梯度（$t_1 \neq t_2$）或被测表面材质不均匀时，不宜采用平行焊。

一般来说，交叉焊两热电极分叉处与壁面距离比球形焊小，所以接点导热误差小。平行焊两热电极分两点焊在固体表面上，没有交叉点离开壁面的问题，所以没有接点导热误差。

实验证明，三种焊接形式的测温相对误差以球形焊最大，交叉焊次之，平行焊最小。

三、高温气体温度测量

在测量锅炉烟道中烟气的温度时，往往在测温管安装地点附近有温度较低的受热面，因此测温管表面有辐射散热，从而造成测量误差。

要降低测量误差，首先应正确选择测温管的装设位置，其选择原则是要使烟气能扫过测温管装设在烟道内的整个部分（就是让烟气来提供沿测温管的散热），同时测温管装设地点的烟道内壁也要让烟气流过，以提高此处的壁温。另外，为了使沿测温管的散热量减小，应在测温管装设部位外壁敷以较厚的绝热层，如图3-52所示。图中挡板是为了控制烟气的流向。为减少沿测温管向外散热，还可采用如图3-53所示的方案。在采取了这些措施以后，可以认为由于沿测温管散热而造成的误差接近于零。这时测温管仅以热辐射方式散失部分热量给管壁，其温度t_1比流体温度t_g低，造成测量误差，称为热辐射误差。

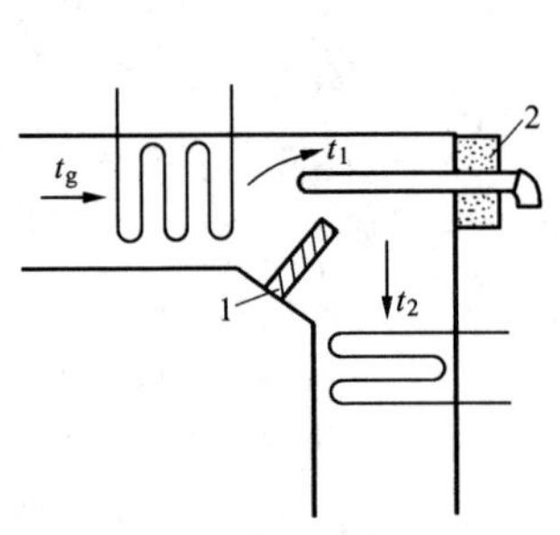

图3-52 测量烟气温度示意

1—挡板；2—绝热层

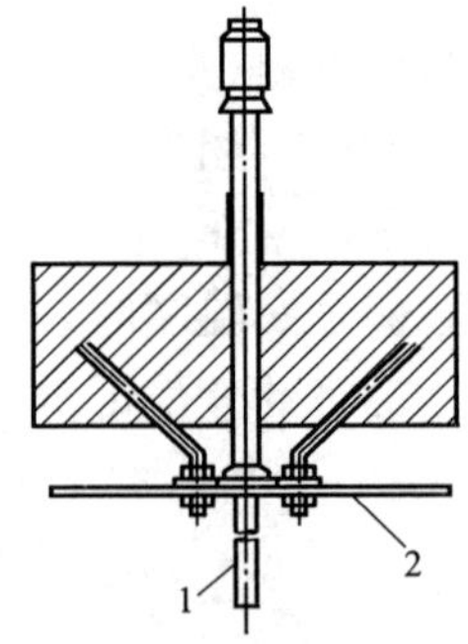

图3-53 减少沿测温管散热的安装方案

1—热电偶；2—钢板

应该指出，由于热辐射影响而产生的测量误差可能是很大的。被测介质温度越高，误差也越大。为了正确测定烟气温度，原则上可以采取以下措施：

（1）把测温管和冷的管壁隔离开来，使测温管不直接对冷管壁进行辐射。图3-54是用隔离罩把测温管和冷管壁面隔离开来的例子。由于烟气直接流过隔离罩的内外壁，加热了隔离罩，隔离罩的温度比管壁面温度要高得多，这时对冷壁面的辐射由隔离罩来负担。同时，隔离罩和测温管之间的温度差大大减小，测温管的辐射散热量大大减小，这就使得测温管表面温度较接近于烟气温度，从而减小了测量误差。

应该指出，装设隔离罩并不容易，因为在装设隔离罩后要保证气流能顺利地流过测温管。另外，隔离罩在使用中其表面会被烟气污染而增大粗糙度，因而使误差逐渐加大。

(2) 为了减小热辐射误差，必须减小辐射换热系数 C_1。C_1 的大小由测温管材料决定。一般耐热合金钢保护套管的 C_1 是比较小的，陶瓷保护套管的 C_1 比较大。由于高温下都用陶瓷保护管，所以误差较大。在条件许可的情况下，为了减小误差，在短时间测温时，可以不用陶瓷管而直接把铂铑-铂热电极裸露使用。

(3) 采用双热电偶测温时，可用计算方法消除热辐射误差。图 3-55 所示为一裸露双热端热电偶，由粗细不同的两支热电偶组成。测量后可利用两支热电偶示值通过计算修正指示温度，从而获得较为准确的气流温度。

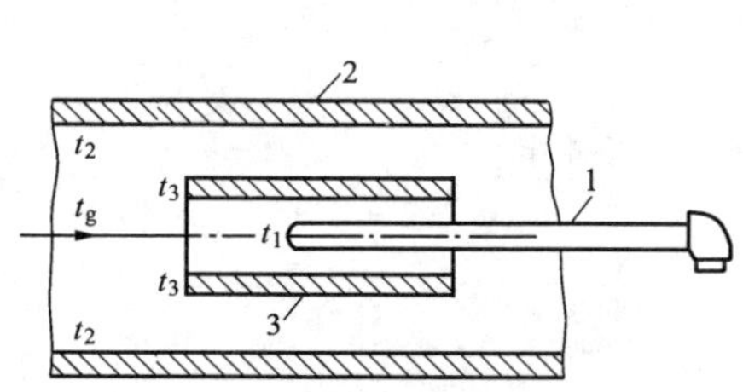

图 3-54 用防辐射隔离罩的测温示意

1—测温管；2—冷表面；3—隔离罩

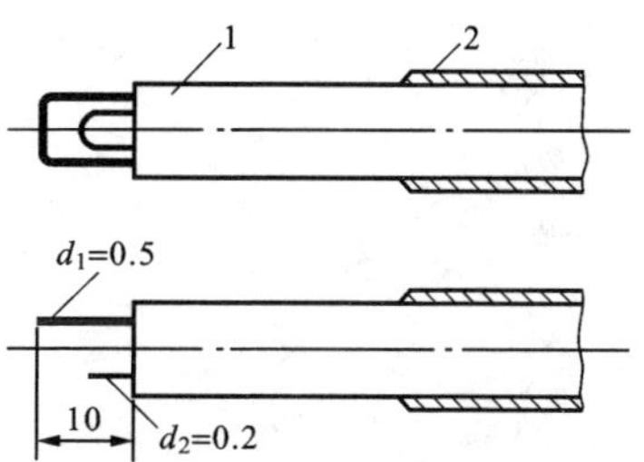

图 3-55 粗细双热端热电偶

1—四孔瓷管；2—耐热钢外套

(4) 为了减小热辐射误差的影响，必须增加气流和测温管之间的对流放热系数，必要时可采用抽气热电偶。

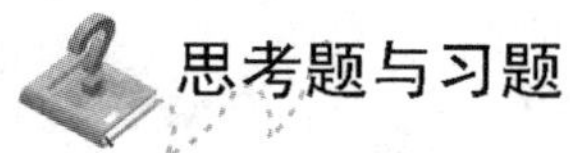

思考题与习题

1. 什么是温度？温度的国际单位是什么？
2. 常用的温度测量仪表有哪些？
3. 什么是温标？温标建立的条件是什么？
4. 什么是热电效应？
5. 热电偶的基本定律有哪些？各定律的内容及应用分别是什么？
6. 什么是接触电动势和温差电动势？
7. 常用的热电偶有哪些？它们的分度号分别是什么？
8. 什么是铠装热电偶？它有哪些优点？
9. 热电偶冷端温度的补偿方法主要有哪些？
10. 什么是补偿导线？使用补偿导线时应注意哪些问题？
11. 热电偶测温时产生误差的原因主要有哪些？
12. 热电偶测温时仪表指示偏低，试分析故障原因并阐述排除方法。
13. 热电阻的工作原理是什么？常用的热电阻有哪些？它们的分度号分别是什么？

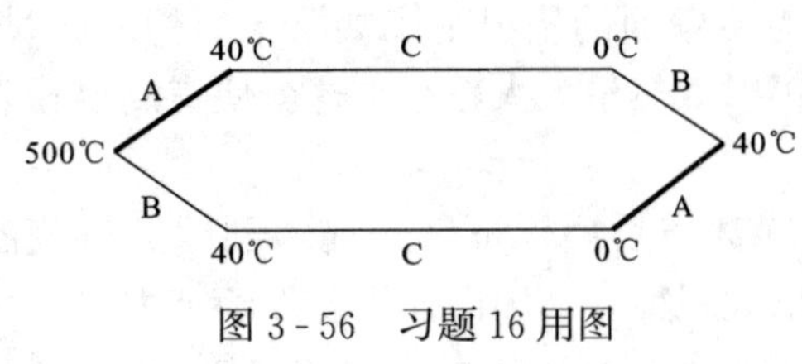

图 3-56　习题 16 用图

14. 热电阻测温时产生误差的原因主要有哪些?

15. 接触式测温产生误差的原因主要有哪些? 怎样减小这些误差?

16. 写出图 3-56 热电偶回路的总热电动势表达式。设 $N_{AT}>N_{BT}>N_{CT}$。

17. 已知 K 分度号热电偶的热电动势为：E（100，0）＝4.095mV，E（30，20）＝0.405mV，E（20，0）＝0.798mV。求：(1) E（100，30）＝?（2）E（100，20）＝?

18. 若被测温度不变，而 K 分度热电偶冷端温度从原来的 40℃降到 10℃，求热电动势改变了多少。

19. 由镍铬、镍硅、康铜 3 根热电极依次连接成一个三角形，3 个接点的温度分别为 200、50、10℃。试求回路热电动势的数值，并画出其电流方向。

第四章　压　力　测　量

压力和温度一样，也是表征工质状态的基本参数。通过压力测量，可以监视锅炉、除氧器、加热器以及管道等各种压力容器的承压情况，也可以监视汽轮机、水泵、风机等设备的润滑油压。此外，通过差压测量还可以了解各流道的阻力及泄漏情况。

第一节　压力测量概述

一、压力的定义

压力是指物体单位面积上所受到的垂直作用力。在国际单位制中，压力的计量单位是帕斯卡（Pascal），简称帕（Pa），其物理意义是1N的力垂直作用在$1m^2$的面积上所产生的压力。压力的常用单位及其换算关系见表4-1。

表4-1　压力单位换算关系

单　位	帕（Pa）	标准大气压（atm）	毫米汞柱（mmHg）	毫米水柱（mmH_2O）	工程大气压at（千克力/厘米^2）	巴（bar）	psi（磅/英寸^2）
帕斯卡（Pa）	1	$9.869\times10^{-6}\approx10^{-5}$	7.500×10^{-3}	$0.102\approx10^{-1}$	$1.02\times10^{-5}\approx10^{-5}$	10^{-5}	1.45×10^{-4}
标准大气压（atm）	1.01325×10^{5}	1	760	$1.033\times10^{4}\approx10^{4}$	$1.033\approx1$	$1.013\approx1$	14.706
毫米汞柱（mmHg）	1.33322×10^{2}	1.316×10^{-3}	1	13.6	1.36×10^{-3}	1.333×10^{-3}	1.933×10^{-2}
毫米水柱（mmH_2O）	$9.806375\approx10$	$0.968\times10^{-4}\approx10^{-4}$	7.36×10^{-2}	1	0.9997×10^{-4}	$9.80375\times10^{-5}\approx10^{-4}$	1.422×10^{-3}
工程大气压at（千克力/厘米^2）	$9.80665\times10^{4}\approx10^{5}$	$0.968\approx1$	736	10^{4}	1	$0.980375\approx1$	14.217
巴（bar）	10^{5}	$0.98665\approx1$	750	$1.02\times10^{4}\approx10^{4}$	$1.02\approx1$	1	14.5
psi（磅/英寸^2）	6.895×10^{3}	6.8×10^{-2}	51.517	7.039×10^{2}	7.031×10^{-2}	6.895×10^{-2}	1

二、绝对压力与表压力的关系

工程中应用压力计测得的压力是表压力，被测实际压力称为绝对压力。工程上习惯于将正的表压力称为压力或正压，负的表压力称为负压或真空。绝对压力与表压力的关系如图4-1所示。

三、压力表的分类

根据工作原理不同，测量压力的仪表主要有以下几类。

（1）液柱式压力计。它是利用管内一定高度液柱所产生的静压力与被测压力相平衡的原理制成的。应用这一原理测量压力的仪表总称为液柱式压力计。

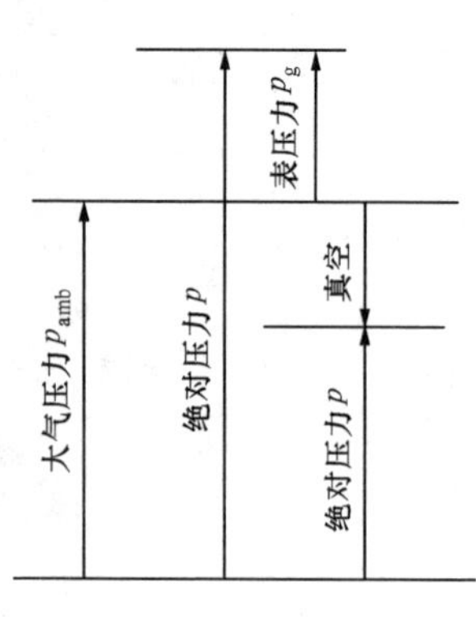

图 4-1 绝对压力与表压力

(2) 弹性压力计。它是利用弹性元件在压力的作用下产生弹性变形的原理工作的。根据虎克定律，弹性元件在弹性极限内，其弹性变形与所受外力呈一定关系，即受外力越大，弹性元件的弹性变形也就越大。利用这一原理实现压力测量的仪表总称为弹性压力计。

(3) 电气式压力计。它是利用一定的方法将被测压力转换为电信号来进行测量的。

(4) 活塞式压力计。它是利用活塞及标准质量重物（砝码）的重力在单位底面积上所产生的压力，通过密封液的传递与被测压力平衡的原理工作的。这种测压原理与上述液柱式压力计测压原理的不同之处是以固体重力代替液体重力。

第二节 液柱式压力计

液柱式压力计是用一定高度液柱产生的静压力来平衡被测压力的方法实现压力测量的。它一般用于 10^5Pa 以下的压力及真空测量，其特点是结构简单、使用方便、准确度高，但体积较大，不易实现指示值的远传及记录。

常用的液柱式压力计有 U 形管压力计、单管压力计、多管压力计及斜管微压计等。

一、U 形管压力计

U 形管液柱式压力计主要由 U 形玻璃管、封液及刻度尺组成，如图 4-2 所示，其内部封液可以用水、汞、四氯化碳或其他液体。一般使用时，U 形管一端用胶管与被测对象接通，另一端通大气。如果另一端不通大气而是用胶管与另一对象接通，就可以测量两对象的压差。

由静压力平衡方程可以列出压力计压差与封液垂直液柱高差的关系：

$$\Delta p = p_1 - p_2 = g(\rho_2 - \rho_1)(H - h_2) + g(\rho - \rho_1)(h_1 + h_2) \tag{4-1}$$

式中 ρ_1、ρ_2、ρ——两肘管内传压介质密度及封液密度；

H——压力计接管口至刻度标尺零点处的高度；

g——当地重力加速度。

若 $\rho_1 = \rho_2$，则上式可简化为

$$\Delta p = g(\rho - \rho_1)(h_1 + h_2) \tag{4-2}$$

若 $\rho_1 = \rho_2 \ll \rho$，则上式可简化为

$$\Delta p = g\rho(h_1 + h_2) \tag{4-3}$$

若 p_2 为大气压，则 Δp 即为表压力，用 p_g 表示

$$p_g = \Delta p = g\rho(h_1 + h_2) \tag{4-4}$$

即被测压力与一定种类封液的液柱高度成正比。

二、单管压力计

为避免 U 形管压力计要读两次数的麻烦，可将液柱式压力计做成单管压力计，单管压力计主要由测量管、大截面容器、刻度尺等组成，如图 4-3 所示。

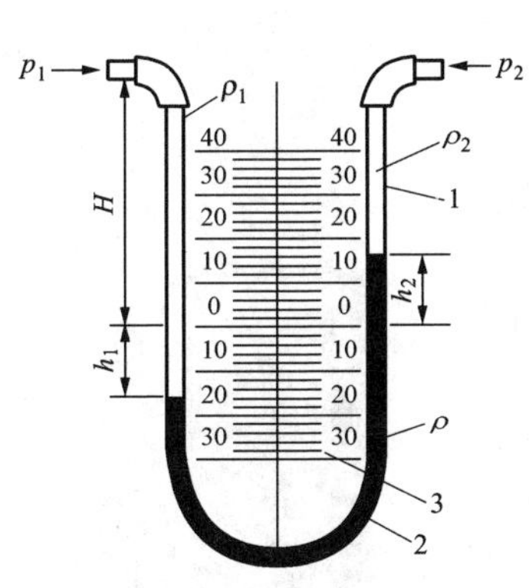

图 4-2　U 形管液柱式压力计

1—U 形玻璃管；2—封液；3—刻度尺

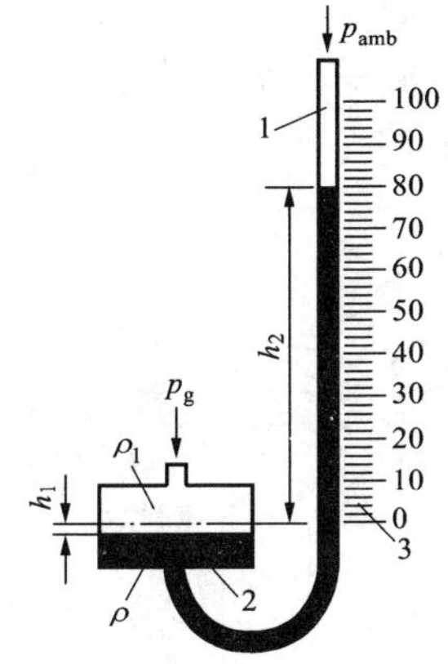

图 4-3　单管液柱式压力计

1—测量管；2—大截面容器；3—刻度尺

在压力 p_g 作用下，h_1 下降所减少的封液体积等于 h_2 上升所增加的封液体积，即

$$h_1A_1 = h_2A_2 \tag{4-5}$$

式中　A_1、A_2——大截面容器及测量管的横截面积。

于是

$$p_g = \rho g(h_1 + h_2) = \rho g\left(\frac{A_2}{A_1} + 1\right)h_2 \tag{4-6}$$

当 $A_1 \gg A_2$ 时，上式可近似为 $p_g = \rho g h_2$，即只需读 h_2 就可确定被测压力。其误差与 A_2/A_1 值有关，当 $A_2/A_1 \leqslant 0.01$ 时，因只读 h_2 而引起的测量误差小于 1%。

三、补偿型微压计

为了提高测量的准确度，消除单管压力计测量时因大截面容器内水位下降 h_1 所引起的误差，可向大截面容器内注水至恢复原水位（即消除 h_1）后再读数，这就是补偿型微压计的工作原理。实际使用中，为了提高测量的灵敏度，通常采用向上移动测量管的方法，为了缩短测量管的长度，在测量管的上部装有水匣。补偿型微压计主要由水匣、标尺、微调盘、观测筒和外壳构成，如图 4-4 所示。

使用时，调整水平调节螺钉，使仪表处于水平；将微调盘与示度块（固定在水匣上，用来指示水匣的位移）均调至 0 刻度线；旋下顶端密封螺钉，用胶管连接正压接嘴，灌入蒸馏水，当从反光镜上观察到水准头与液面近似相切时，停止加水；旋上顶端密封螺钉并旋紧，分别按顺时针和逆时针方向缓慢转动微调盘，使水匣上升、下降数次，以便排出连接管内的空气；再微调正压管调节螺母，使液面与水准头相切（要求经 3～5min 后能稳定不变）。

测量压力时，将被测压力用橡皮管连接至微压计的正压接嘴，拨动微调盘，使观测筒反光镜面上的水准头尖与其倒影影尖相接，此时在垂直标尺和微调盘上的读数之和即为微压计示值 h(mm)，于是被测压力为

$$p = \rho\left(1 - \frac{\rho'}{\rho}\right)gh \tag{4-7}$$

式中　p——被测压力，Pa；

　　h——补偿型微压计示值，mm；

ρ——工作温度下水的密度，kg/m^3；

ρ'——工作温度下空气的密度，kg/m^3；

g——当地重力加速度，m/s^2。

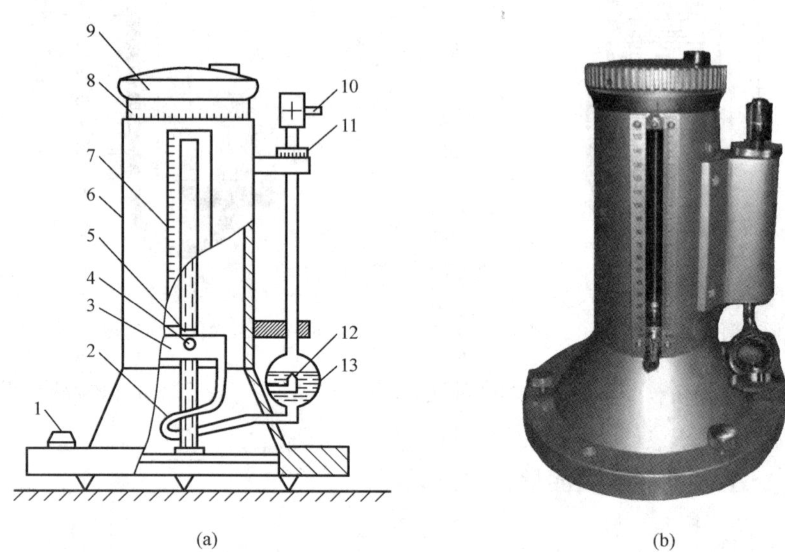

图 4-4 补偿型微压计

(a) 结构示意图；(b) 外形图

1—水平泡；2—连接胶管；3—水匣；4—水匣接嘴（负压接嘴）；5—示度块；6—外壳；7—垂直标尺；8—旋转标尺；9—微调盘；10—正压接嘴；11—调节螺母；12—水准头；13—观测筒

补偿型微压计常用来测量非腐蚀性气体的微小压力、负压及差压，也可作为标准仪表（二等标准）使用。

四、多管压力计

当有很多测量管与大截面容器相连时就构成多管压力计，如图 4-5 所示。

火电厂中可用它来测量锅炉各喷燃器一、二次风的风压及炉膛各处的负压，测负压时，大截面容器通大气，各肘管（测量管）与各被测对象相通。多管压力计显示很直观，便于运行人员监视、比较和操作。

五、斜管微压计

上述压力计在测量微小压力时，由于读数等因素引起的相对误差会较大，为提高测量准确度和灵敏度，可做成斜管式微压计，如图 4-6 所示。由于测量管的倾斜角为 α，故 $h_2 = l\sin\alpha$，因此表压力 p_g 为

$$p_g = g\rho(h_1 + h_2) = g\rho\left(\sin\alpha + \frac{A_2}{A_1}\right)l \tag{4-8}$$

式中 A_1、A_2——大截面容器和测量管的横截面积。

测量管倾斜角 α 越小，测量的灵敏度就越高。但 α 过小时，则因斜管内液面拉长，且易冲散，反而影响读数的准确性，因此 α 角一般不小于 15°。为了进一步提高斜管微压计的准确度，一般选用密度较小的酒精作为工作液体。

斜管微压计的测量范围一般为 100～2000Pa，准确度等级为 0.5～1.0 级。

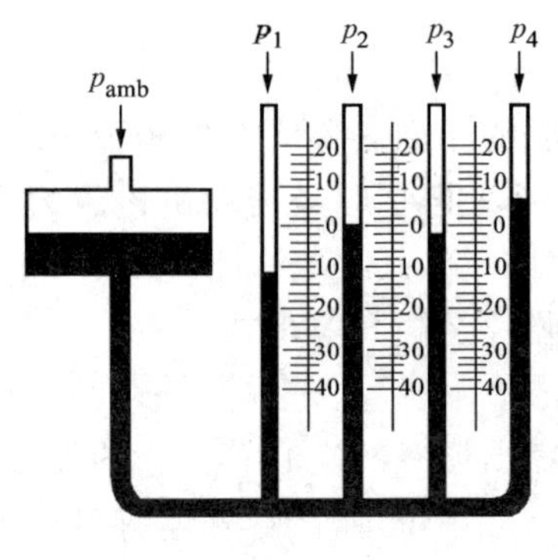

图 4-5 多管液柱式压力计

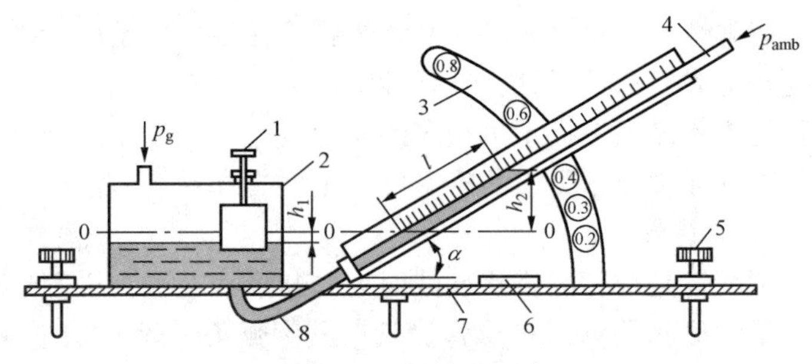

图 4-6 斜管微压计

1—调零装置；2—大容器；3—调斜管倾角支架；4—斜管；
5—底座水平调节螺钉；6—水平仪；7—底座；8—软管

六、液柱式压力计的误差

由液柱式压力计的表达式 $p_g=g\rho(h_1+h_2)$ 可知，压力值不仅与液柱高度有关，而且与封液密度及重力加速度有关。仪表使用时，若使用地点的温度、重力加速度与刻度条件不符，其指示值必然产生误差。此外，测量管的毛细管现象、仪表安装倾斜等都会对测量准确性产生影响。下面简单介绍几种主要的影响因素。

1. 毛细管现象的影响

由于毛细管现象的存在，将使液柱产生附加上升或下降，因而产生附加测量误差。对于单管压力计，若采用吸附性封液，如水、酒精等，会产生正误差；若采用非吸附性封液，如汞，会产生负误差。为减小该误差，通常要求液柱式压力计的测量管内径不小于 10mm。当测量管内径不小于 10mm 时，用水作封液的单管压力计，常温下由于毛细管现象引起的误差一般不超过 2mm；用汞作封液时，不超过 1mm。毛细管现象引起的误差不随液柱高度的改变而改变。

2. 环境温度变化的影响

环境温度变化时，封液的密度和标尺的长度都会随之改变，从而产生测量误差。通常，固体线膨胀系数比液体体膨胀系数小得多，故一般也可以不考虑标尺伸缩的影响。

3. 重力加速度的影响

仪表使用地点的纬度与海拔高度不同，其重力加速度也不同，因此测量时应对重力加速度进行修正，其修正关系为

$$h_1+h_2=\frac{g_\varphi}{g_B}(h'_1+h'_2) \tag{4-9}$$

式中 h_1+h_2——标准重力加速度（$g_B=9.80665\text{m/s}^2$）下的指示值；

$h'_1+h'_2$——使用地点（重力加速度为 g_φ）仪表的指示值。

第三节 弹 性 压 力 表

弹性压力表（或压力计）是基于弹性元件受力变形的性质来实现压力测量的。根据弹性元件的类型不同，压力表通常可分为弹簧管压力表、膜盒微压计、波纹管差压计及膜片压力

表（或差压计）等主要类型。

一、弹性压力表的工作原理

以弹性压力检出元件（又称为弹性元件）为敏感元件制成的压力表称为弹性压力表。当承受压力时，弹性元件在其弹性限度内产生一个可测量的变形，此变形经传动机构放大后，使指针在刻度盘上指示出相应的压力值。

弹性元件是压力表的感受件，主要有弹簧管、波纹管、膜片及膜盒等形式。

1. 弹簧管

弹簧管是一种圆弧状且截面为非圆形（一般为椭圆形或扁圆形）的空心管。它的外形多样，最常见的是单圈C形弹簧管，其圆弧角一般为270°左右。除单圈弹簧管外还有盘旋形、螺旋形及S形等多圈弹簧管，各种弹簧管及其断面形状如图4-7所示。

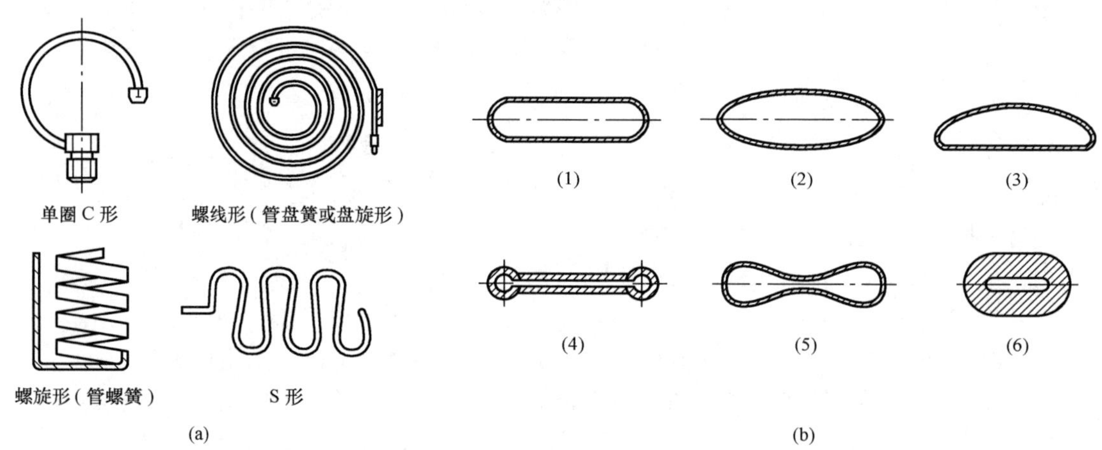

图4-7 弹簧管
（a）弹簧管外形；（b）弹簧管断面形状

弹簧管的开口端固定在仪表基座上，称为固定端；弹簧管另一端封闭，称为自由端。压力信号由开口端（表接头）引入弹簧管内。自由端将产生相应的位移，此位移通过与弹簧管铰链的连杆传递给仪表的放大指示机构，从而指示出压力的大小。

弹簧管的材料一般为黄铜、磷青铜、铍青铜及镍铬不锈钢等。

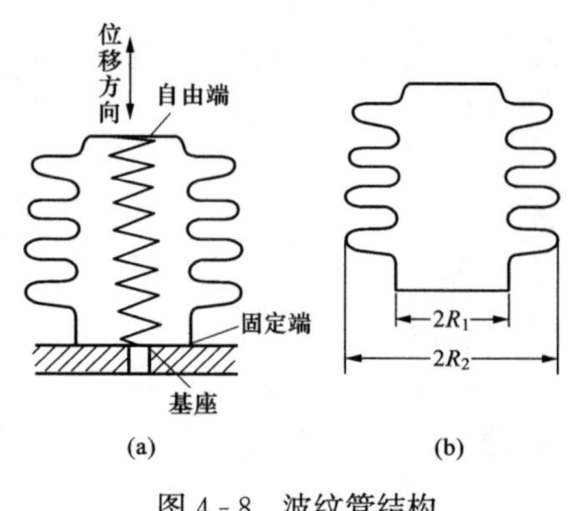

图4-8 波纹管结构
（a）有弹簧；（b）无弹簧

2. 波纹管

波纹管是一种带波纹的薄壁圆筒，一端开口并固定于仪表基座上，为固定端；另一端封闭，为自由端，如图4-8所示。使用时，压力信号引入筒内或筒外，前者使波纹管伸长，后者使波纹管收缩，因而都将使自由端产生轴向位移。

波纹管的直径通常为7～150mm，管壁厚度为0.08～0.3mm。由于波纹管本身刚度较小，通常与螺旋形弹簧组合使用。组合使用时，被测压力主要由弹簧的弹力平衡，波纹管只起隔离介质的作用。组合使用可以改善弹性元件的输出特性，如减小迟滞时间、增大线性区、扩大仪表量程等。

在波纹管的弹性极限范围内，波纹管自由端的轴向位移 ΔL 与被测压力呈线性关系，过大压力作用将使其刚度增大而呈现非线性。一般波纹管的工作行程 ΔL 应控制在 5～10mm 之内。

若将被测压力 p 对波纹管自由端的轴向作用等效为一合力 F，则有

$$F = pS \tag{4-10}$$

式中　S——波纹管的有效面积，即把均布力转化为等效集中力时假想的受力面积。

波纹管的有效面积与其结构的关系为

$$S = \frac{\pi}{4}(R_1 + R_2)^2 \tag{4-11}$$

式中　R_1、R_2——波纹管内外圆半径，参见图 4-8（b）。

波纹管的材料与弹簧管相同。波纹管刚度较小，一般用于测量 1MPa 以内的低压及真空。

3. 膜片

膜片是一种圆形弹性薄片，按剖面形状不同，可分为平膜片和波纹膜片两种。波纹膜片上压有一些环形波纹，其挠度（膜片中心位移量）比平膜片大 1～2 倍，所以目前大多采用波纹膜片。波纹膜片的波纹形状有梯形波形、锯齿波形及正弦波形三种，如图 4-9 所示。实验证明，波纹形状，特别是波纹高度 H 与膜片厚度 h 之比（H/h）对膜片输出特性有较大影响。H/h 大，则输出特性线性较好。

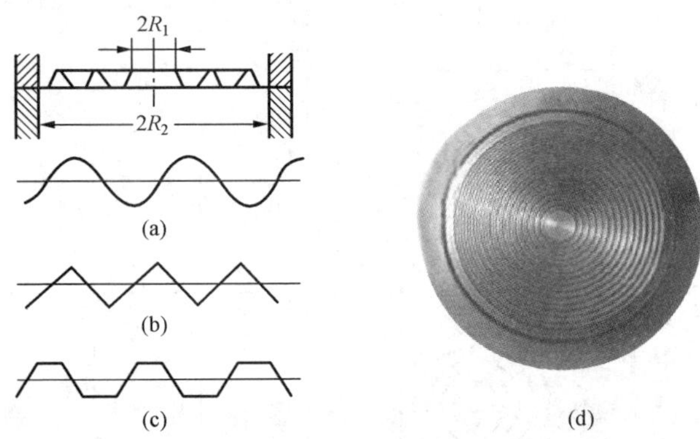

图 4-9　波纹膜片形状

（a）正弦波形；（b）锯齿波形；（c）梯形波形；（d）膜片外形

使用膜片时，膜片的周边被压力容室固紧（夹紧、焊接等），从而把膜片的两侧隔离成两个独立容室，被测压力由一侧容室引入，使膜片中心产生位移。

膜片一般由黄铜、铍青铜、磷青铜及镍铬不锈钢制造，称为金属膜片。也可以用橡胶或涂胶纤维织物制成，非金属膜片一般和弹簧组合使用，由弹簧承受压力，膜片仅起隔离介质的作用。

4. 膜盒

将两片膜片的圆周边缘对焊起来就构成膜盒，如图 4-10 所示。压力信号由一膜片的中心开孔引入，输出信号为另一膜片中心的位移。膜盒的中心位移量在相同压力情况下比膜片大，因此灵敏度较膜片高。

常见弹性元件的输出特性见表 4-2。

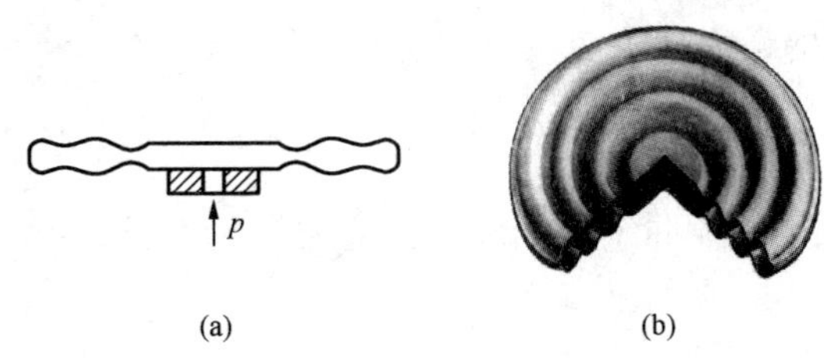

图 4-10　膜盒的形状

（a）截面图；（b）外形图

表 4-2 常见弹性元件的输出特性

类别	名称	示意图（p—压力，x—位移）	测量范围		输出特性（F—力）	动态特性	
			最大	最小		时间常数 s	自振频率 Hz
薄膜式	平薄膜		$0\sim10^{-2}$	$0\sim10^{2}$		$10^{-5}\sim10^{-2}$	$10\sim10^{4}$
	波纹膜		$0\sim10^{-6}$	$0\sim1$		$10^{-2}\sim10^{-1}$	$10\sim10^{2}$
	挠性膜		$0\sim10^{-8}$	$0\sim0.1$		$10^{-2}\sim1$	$1\sim10^{2}$
弹簧管式	单圈弹簧管		$0\sim10^{-4}$	$0\sim10^{3}$		—	$10^{2}\sim10^{3}$
	多圈弹簧管		$0\sim10^{-5}$	$0\sim10^{2}$		—	$10\sim10^{2}$
波纹管式	波纹管		$0\sim10^{6}$	$0\sim1$		$10^{-2}\sim10^{-1}$	$10\sim10^{2}$

二、弹性元件的特性

1. 不完全弹性特性

所加压力超过弹性极限后，元件会出现永久性变形，这一性质称为弹性元件的不完全弹性特性。为了避免永久性变形，弹性元件通入的最大压力应按下式选择，即

$$p_{max}=\frac{P_b}{K} \tag{4-12}$$

式中 P_b——弹性元件的弹性极限，即弹性元件特性曲线的线性段对应的最大负载值；

K——安全系数，一般取 1.5～2.5。

2. 弹性滞后及弹性后效

(1) 弹性滞后。弹性滞后是指给弹性元件加负荷和减负荷时，弹性特性曲线不重合的现象（表现为在增加到和减小到某一定负荷时，弹性元件的变形量不同）。如当负荷由小增大

到 p_x 时弹性元件变形至 x_1，由大减小到 p_x 时变形至 x_2，则将有一差值 $\Delta x = x_2 - x_1$，如图 4-11 所示，该差值的存在将使仪表产生变差。

(2) 弹性后效。当弹性元件所受压力升高或降低到某一值时，弹性变形不能同时达到相应值，而要经过一段时间之后才能达到应有的变形（表现为对弹性元件所加负载虽在弹性极限之内，但在很快去掉负载后，弹性元件不能马上恢复到原状，而是残余一个变形 Δx，这一变形要经过一段时间才能消失），这种现象称为弹性后效，如图 4-12 所示。

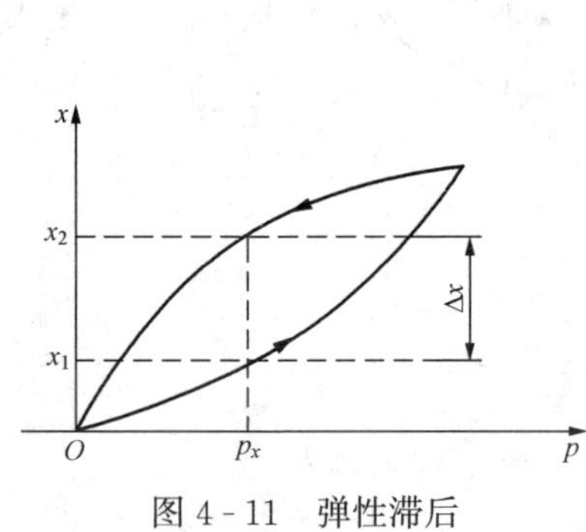

图 4-11 弹性滞后

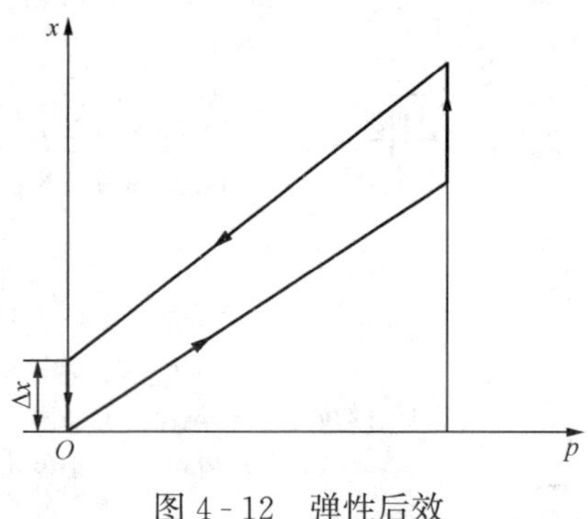

图 4-12 弹性后效

弹性后效现象的存在使得负载有瞬时变化时，仪表示值会产生一定的动态误差。

弹性后效及弹性滞后现象与弹性元件的材料及加工后的热处理有关，也与负载的最大值有关。

弹性后效及弹性滞后现象是同时产生的，它是引起仪表产生误差的主要原因。一般弹性测压仪表由于弹性后效和弹性滞后现象造成的误差可达 1%～1.5%，少数仪表的误差为 0.1%～0.2%。

3. 弹性模量受温度的影响

弹性模量随温度的变化而变化。一般当温度上升时弹性模量变小，从而使仪表呈现正的测量误差。

4. 刚度与灵敏度

弹性元件的刚度是使弹性元件产生单位变形所需要的负荷。弹性元件的灵敏度是指弹性元件在单位负荷作用下产生的变形。刚度大的弹性元件，其灵敏度小，适用于大量程测压仪表；刚度小的弹性元件，易于制成检测微小波动压力的仪表。对于有线性输出特性的弹性元件，其刚度和灵敏度均为常数。

三、常用的弹性压力表

弹性压力表有多种类型，下面根据弹性元件的不同，介绍几种常用的弹性压力表。

(一) 弹簧管压力表

在弹簧管压力表中单圈弹簧管压力表应用最为广泛，它常用于测量对铜合金无腐蚀作用的液体、气体和蒸汽的压力。

1. 工作原理

单圈弹簧管压力表的弹性元件是自由端封闭的特殊成型管。当管内和管外承受不同压力时，自由端产生相应位移，如图 4-13 (a) 所示，该位移通过连杆带动扇形齿轮进行角位移转换，再由小齿轮带动指针在刻度盘上指示出相应的压力值，如图 4-13 (b) 所示。该压力表指针的最大转角为270°，游丝的作用是用来消除齿轮间隙所引起的变差。

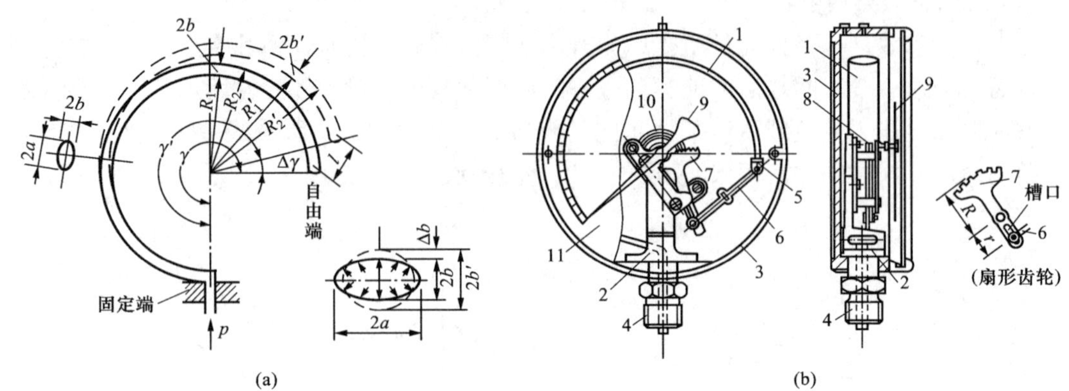

图4-13 弹簧管压力表

(a) 弹簧管原理；(b) 弹簧管压力表结构

1—弹簧管；2—基座；3—外壳；4—接头；5—带有铰轴的塞子；6—拉杆；7—扇形齿轮；8—小齿轮；9—指针；10—游丝；11—刻度盘

也有的弹簧管压力表采用杠杆传动机构，如图4-14所示，它的抗振性能较好，灵敏度较低，指针的最大转角一般为90°。常用压力表的外形如图4-15所示。

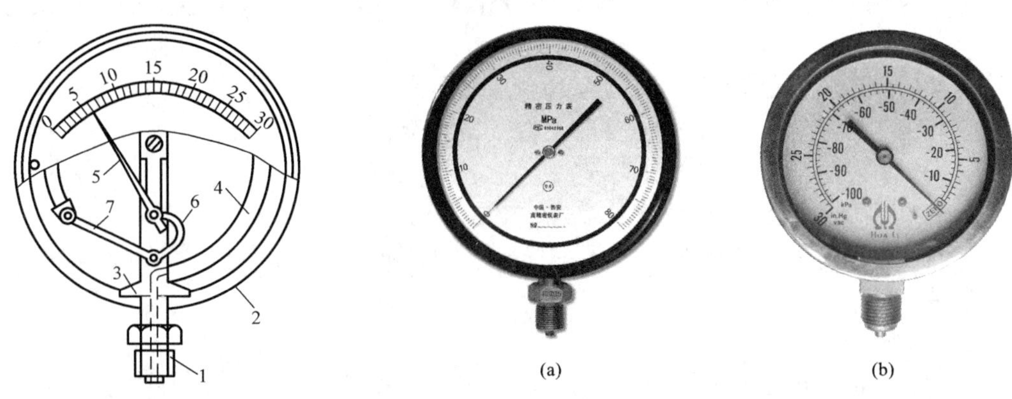

图4-14 弹簧管压力表杠杆传动机构

1—表接头；2—表壳；3—基座；4—弹簧管；5—指针；6—曲臂杠杆；7—拉杆

图4-15 常用压力表外形

(a) 压力表；(b) 真空表

2. 型号

单圈弹簧管压力表的型号由4部分组成：□ □—□ □

第一方格：Y—单圈弹簧管压力表；Z—单圈弹簧管真空表；YZ—单圈弹簧管压力、真空表。

第二方格：X—电接点；O—氧用、禁油；B—标准表；Q—氢用；A—氨用；C—耐酸。

第三方格：表示表壳直径，有40、60、100、120、150、160、200、250mm等几种。

第四方格：表示结构形式，空位—径向无边；T—径向有边；Z—轴向无边；ZT—轴向有边。

例如：YZ-60ZT，表示轴向有边的弹簧管压力、真空表。具体规格可查表。

注：适用于特殊介质用的压力表，如YA型氨用压力表、YO型氧气压力表、YQ型氢气压力表和耐酸压力表等，其承受压力的部件由相应的特殊材料制成。测量氧和测量氢压力的仪表，在标度盘上

的仪表名称下分别画一天蓝色或深绿色横线，测氧仪表还应标以红色禁油字样。

3. 压力表的色标颜色（见表 4-3）

表 4-3 压力表的色标颜色（JJG 52—1999）

测压介质	色标颜色	测压介质	色标颜色
氧	天蓝色	乙炔	白 色
氢	深绿色	其他可燃性气体	红 色
氨	黄 色	其他惰性气体或液体	黑 色
氯	褐 色		

4. 检定用工作介质

测量上限不超过 0.25MPa 的压力表，检定用工作介质为清洁的空气或无毒、无害和化学性能稳定的气体。

测量上限为 0.25～250MPa 的压力表，检定用工作介质为无腐蚀性的液体。

测量上限为 400～1000MPa 的压力表，检定用工作介质为药用甘油和乙二醇混合液或根据标准器的要求选择。

说明：标准器与压力表使用液体为工作介质时，它们的受压点应在同一水平面上，否则应考虑由液柱高度差所产生的压力误差。

（二）膜片压力表

膜片压力表的弹性元件是膜片，被测介质通过接头或法兰进入膜片室，由于压力的作用，膜片中心产生位移，此位移再通过传动部件使指针指出被测压力值（动作过程与弹簧管压力表相同）。常用的膜片压力表有普通型（YP）和耐腐蚀型（YPF）两类。前者适用于测量对铜合金无腐蚀作用的黏性介质压力，后者适用于测量腐蚀性较强、黏度较大的介质压力。表壳外径有 100mm 和 150mm 两种。图 4-16 所示为螺纹接头的膜片压力表。

图 4-16 膜片压力表

（三）膜盒压力表

膜盒压力表又称为膜盒微压计，其弹性元件为膜盒，适用于测量空气或其他无腐蚀性气体的微压或负压。被测介质一般由内径为 8mm 的橡皮软管插到压力表接头上引入，其原理结构如图 4-17 所示。膜盒压力表常用于测量火电厂锅炉风烟系统的压力及炉膛负压。

（四）隔膜压力表

隔膜压力表由膜片隔离器、连接管和普通压力表 3 部分组成，其内腔充以适当的工作液体（一般为硅油），如图 4-18 所示。被测介质的压力作用于隔膜片上，使之产生变形，压缩内部填充的工作液体，借助于工作液体的传导，由压力表显示出被测压力值。它适用于测量有腐蚀性、高黏度、易结晶、含有固体状颗粒、温度较高的液体介质的压力或负压。

螺纹接口的隔膜压力表的测量范围为 0～60MPa；法兰接口的隔膜压力表的测量范围为 0～25MPa。

（五）电接点压力表

电接点压力表主要由测量系统、指示装置、电接点装置、调整装置、外壳及接线盒组成，如图 4-19 所示。它以弹簧管为测量元件，在被测压力作用下，弹簧管自由端产生的位移，经拉杆、齿轮传动机构放大后，由固定在齿轮轴上的指示指针将被测压力在刻度盘上指示出来。与此同时，当压力达到设定值时，固定在指示指针上的触头便与设定指针上的触头（上限或下限）相碰（动断或动合），致使控制系统中的电路得以断开或接通，以达到自动控制和报警的目的。

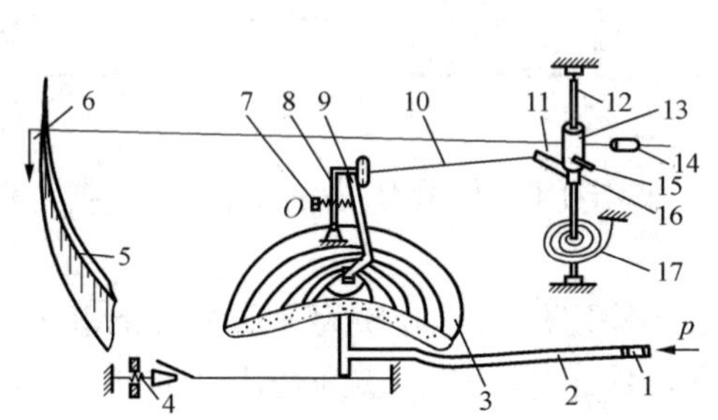

图 4 - 17 膜盒压力表原理结构

1—接头；2—导压管；3—金属膜盒；4—调零机构；5—标尺；6—指针；7—微调螺丝；8、9—杠杆；10—拉杆；11—曲柄；12—轴；13—外套筒；14—平衡锤；15—制动螺丝；16—内套筒；17—游丝

图 4 - 18 隔膜压力表

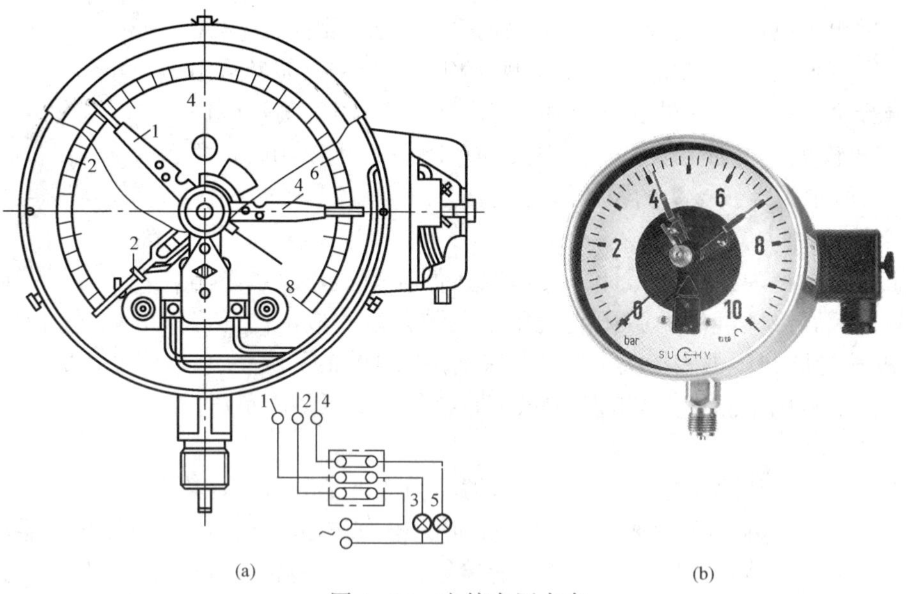

(a) (b)

图 4 - 19 电接点压力表

(a) 结构；(b) 外形

1—下限压力设定指针（静触点）；2—指针（动触点）；3—绿灯；4—上限压力设定指针（静触点）；5—红灯

电接点压力表具有指示压力及控制电气信号通断功能，有直接作用和磁助直接作用两种方式。磁助电接点压力表的设定指针上装有永久磁钢，可以增加接点吸力，提高接触速度，使触点接触可靠，消除电弧，能有效避免由于振动或介质压力脉动造成的仪表触点的频繁动

作。因此磁助电接点压力表具有动作可靠、使用寿命长、接点功率较大等优点。

电接点压力表的测量范围与单圈弹簧管压力表相同，表壳直径一般为 150mm。仪表接点功率为：直接作用式 10V·A（最高工作电压 380V、最大允许电流 0.7A）；磁助直接作用式 30V·A（最高工作电压 380V、最大允许电流 1A）。

第四节 压力（差压）变送器

压力（差压）变送器是一种将压力变量（包括正、负压力，差压和绝对压力）转换为可传送的统一输出信号的仪表，而且其输出信号与压力变量之间有一定的连续函数关系，通常为线性函数。

压力变送器有电动式和气动式两大类。电动式的统一输出信号为 0～10mA、4～20mA 或 1～5V 等直流电信号。气动式的统一输出信号为 20～100Pa 的气体压力。

压力变送器按不同的转换原理可分为力（力矩）平衡式、电容式、电感式、应变式和频率式等，下面简单介绍几种压力（差压）变送器的原理、结构、使用、检修和校验等知识。

一、电位器式压力变送器

电位器式压力变送器可分为环形滑线电位器式和条形滑线电位器式两种。环形滑线电位器式压力变送器如图 4-20 所示。变送器的感受件是弹性元件，弹性元件自由端的位移经过放大后，一方面带动电位器滑动臂移动或转动，从而输出相应的电阻信号；另一方面通过指针指示出被测压力的大小。因此，电位器式压力变送器也称为电阻远传压力表。

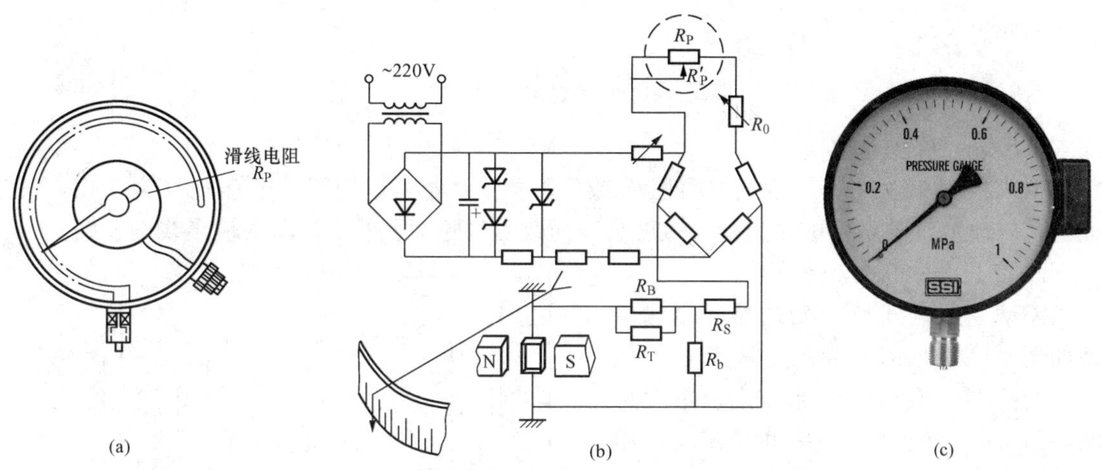

图 4-20 YTZ-150 型电阻式压力变送器及显示仪表接线

（a）变送器结构；（b）变送器与 XCZ-104 动圈表的接线；（c）外形

电位器式压力变送器的特点是结构简单、维修方便、输出信号大、抗电磁干扰及核辐射性能好。缺点是滑线电阻的滑臂有接触不良现象，不耐振动与冲击，准确度及动态特性较差。

二、电感式压力变送器

电感式压力变送器实质上是一种“压力-位移-电感”转换器，有气隙式、变压器式、电涡流式 3 种，它是一类发展较早的压力变送器。

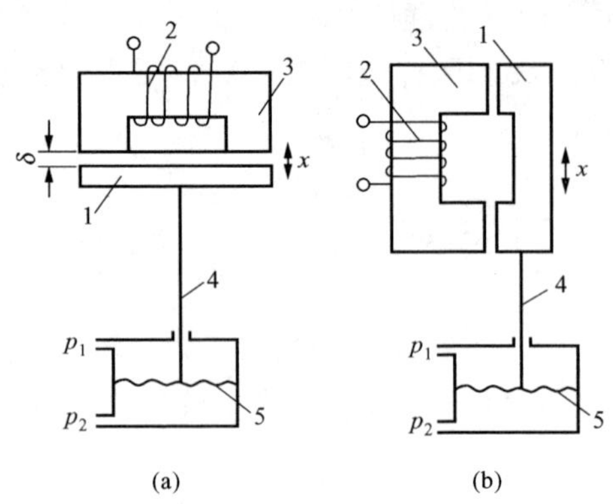

图 4-21 气隙式压力变送器

(a) 变气隙宽度式；(b) 变气隙面积式

1—衔铁；2—线圈；3—铁芯；4—连杆；5—膜片

1. 气隙式压力变送器

气隙式压力变送器原理如图 4-21 所示。衔铁通过非磁性杆与弹性膜片相连。在铁芯上绕一线圈，若给线圈通一稳定的交变电流，在铁芯及衔铁回路中便产生恒定的磁通。在压力或压差作用下，膜片中心产生位移，通过连杆带动衔铁，从而改变了衔铁与铁芯的气隙宽度或气隙面积，使线圈电感 L 产生变化。

由电工原理可知，线圈电感 L 可表示为

$$L = \frac{W^2}{R_M} \tag{4-13}$$

式中 W ——线圈匝数；

R_M ——磁路磁阻。

由于铁芯磁阻比气隙磁阻小得多，所以可认为 R_M 近似为气隙磁阻，即

$$R_M \approx \frac{2\delta}{\mu_0 A} \tag{4-14}$$

式中 δ ——气隙宽度；

A——气隙面积；

μ_0 ——真空磁导率。

因此可得

$$L \approx \frac{W^2 \mu_0 A}{2\delta} = K\frac{A}{\delta} \tag{4-15}$$

式中 K——比例系数。

由式 (4-15) 可知，变气隙面积 A 或气隙宽度 δ 都可以使线圈电感 L 产生变化，实验证明，以改变气隙宽度的变送器灵敏度高，而改变气隙面积的变送器的输出线性较好。

2. 变压器式压力变送器

差动变压器式压力变送器的结构原理如图 4-22 所示。

变压器二次绕组绕制成上、下对称的两组，两组绕组反向串联输出，即组成差动输出形式。变压器中间的活动铁芯通过连杆与弹性元件自由端相连接。当变压器初级绕组加上交变电压时，其二次绕组输出电压为

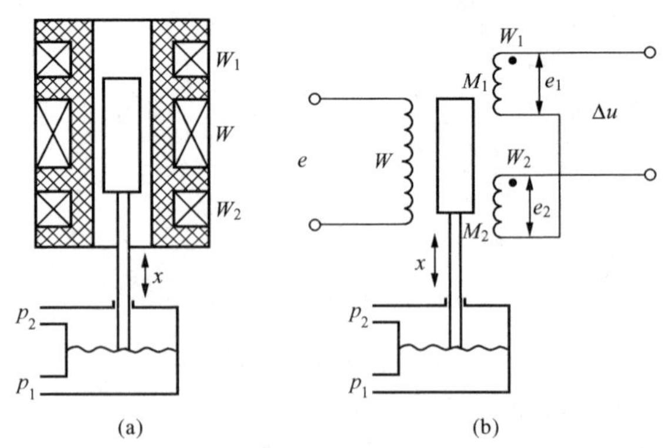

图 4-22 差动变压器式压力变送器

(a) 结构图；(b) 原理图

$$\Delta u = e_1 - e_2 = (M_2 - M_1)\frac{\mathrm{d}i}{\mathrm{d}t} \tag{4-16}$$

式中 M_1、M_2——一次绕组 W 与二次绕组 W_1、W_2 的互感系数。

当差动变压器结构及一次侧电压一定时，互感系数 M_1、M_2 仅与可动铁芯位置有关。差动变压器的输出特性及波形如图 4 - 23 所示。

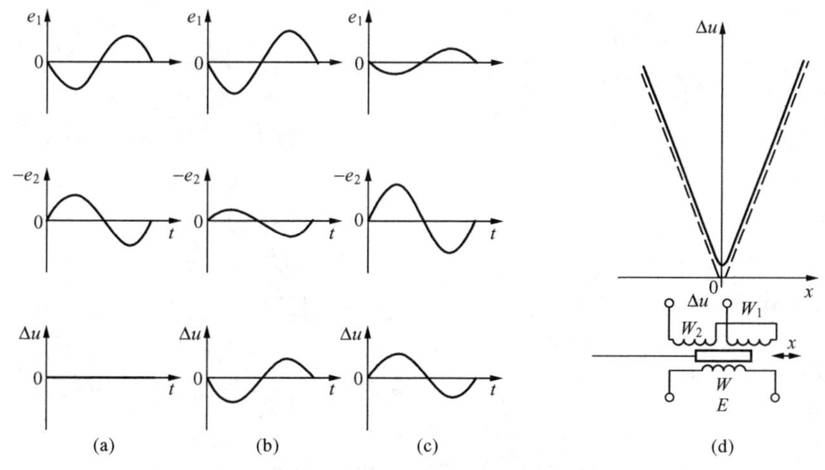

图 4 - 23 差动变压器的输出波形及特性

（a）铁芯在中间位置；（b）铁芯右移；（c）铁芯左移；（d）输出特性

由于二次绕组很难完全对称，两个二次绕组阻抗不同，感应电动势产生相位移，因此铁芯处于中部时仍有一残余电动势 Δu_0，一般要求残余电动势不超过最大输出电动势的 0.5%。

变压器式压力变送器常采用弹簧管作弹性元件，其外形和内部结构如图 4 - 24 所示。

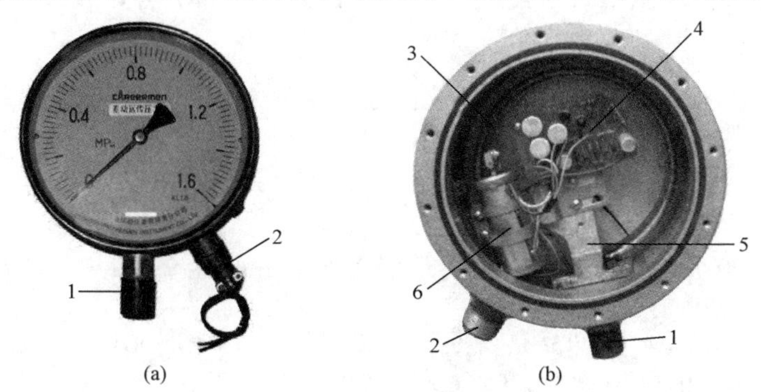

图 4 - 24 差动远传压力表

（a）外形；（b）内部结构

1—压力接口；2—电信号输出接口；3—弹簧管；4—电子线路板；5—表基座；6—差动变压器

差动变压器式压力变送器的显示仪表有两种，一种是动圈式显示仪表；另一种是电子差动仪。

3. 电涡流式压力变送器

电涡流式压力变送器的位移—电感转换部分主要由平面检测线圈、检测铝片、连杆等组成，其工作原理如图 4 - 25 所示。

平面检测线圈是用印刷电路板腐蚀而成的环形线圈，当平面线圈中通以高频电流 i 时，线圈磁通将部分穿过铝片（φ'），使铝片产生电涡流 i''。电涡流所产生的磁通又部分地穿过线圈（φ''），因而使平面线圈的有效磁通减少。线圈有效电感 L 与有效磁通 φ 的关系为

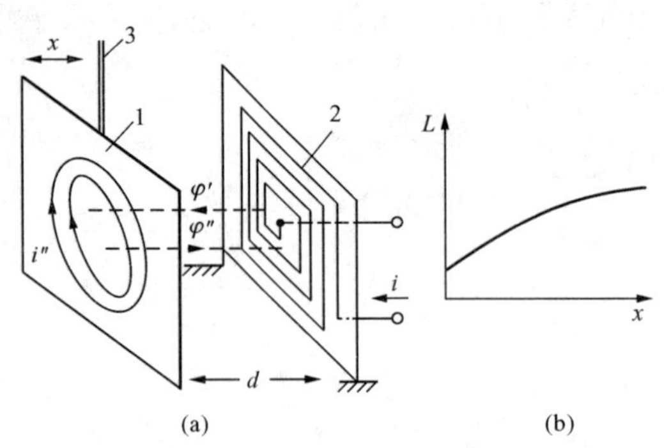

图 4-25 电涡流变送器原理示意图

(a) 电涡流示意图；(b) 电感与位移的关系曲线

1—检测铝片；2—平面检测线圈；3—连杆

$$L=\frac{W\varphi}{I} \tag{4-17}$$

式中 W——线圈匝数；

I——线圈通过的高频电流有效值；

φ——线圈有效磁通。

平面线圈有效磁通 φ 的大小与检测铝片和平面线圈之间的距离 d 有关。d 越小，铝片感应的电涡流越大，φ'' 也越大，有效磁通 φ 则越小，因而平面线圈的有效电感 L 越小。由于检测铝片的位移 x 是由测压弹性元件自由端位移通过连杆带动的，因此完成了压力-电感的转换。图 4-25（b）为电感与位移的关系曲线。电涡流变送器灵敏度高，动态特性好。

变送器之所以采用铝材料作检测片，是因为铝的导电性好，能产生较强的电涡流效应，从而有效地改变检测线圈的电感量；铝是非磁性材料，与检测线圈之间没有磁场力；铝的密度小，铝片可做得较薄，可减小附加重量对测量的不利影响。

三、电容式压力变送器

电容式压力变送器是根据平板电容器的原理工作的，主要有变面积式、变距离式和变介电常数式三种类型。目前使用较多的是变距离式，该类型变送器主要由测量部分和转换电路组成，被测介质压力（或差压）通过测量部分，转换为差动电容，再经转换电路转变为 4～20mA 直流输出信号，如图 4-26 所示。

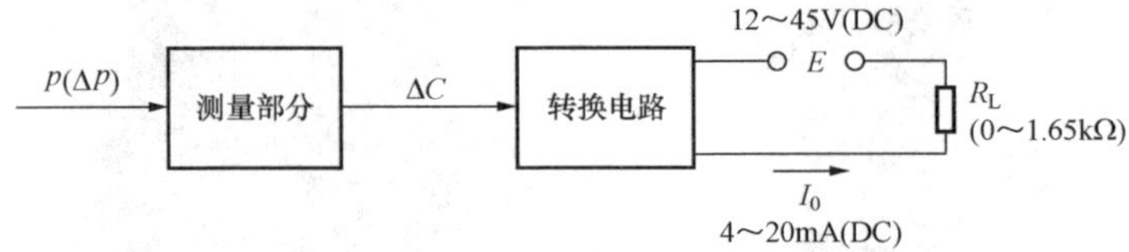

图 4-26 电容式压力变送器原理示意

电容式压力变送器的典型产品是罗斯蒙特公司的 1151 和 3051 变送器，它们是按变距离式原理工作的。电容式压力变送器的基本结构如图 4-27 所示。

（一）测量部分

1. 基本结构及工作原理

电容式压力变送器的传感部分称为测量室（又称 δ 室）。测量室的弹性元件为测量膜片，它同时也是电容的可动极板。将玻璃与金属杯体烧结后，在玻璃上磨出球形凹面，然后在凹面上蒸镀一层金属薄膜，构成电容的固定极板。两杯体外侧分别焊上隔离膜片，它们与测量膜片形成完全对称的两个室，两室中充满硅油或氟油，如图 4-28 所示。这种结构一方面防止了测量膜片受到被测介质的腐蚀，另一方面对测量膜片具有较好的过载保护功能。当被测差压过大时，测量膜片紧贴在一侧的凹形球面上，以防因产生过大位移而损坏。过载消除后，测量膜片恢复到正常位置。两室中的硅油或氟油除用以传递压力外，它的黏性对冲击力具有一定缓冲（阻尼）作用，可消除被测介质的高频脉动压差对变送器输出准确度的影响。

测量时，被测压力直接作用在一侧的隔离膜片上，而作用在另一侧隔离膜片上的可以是

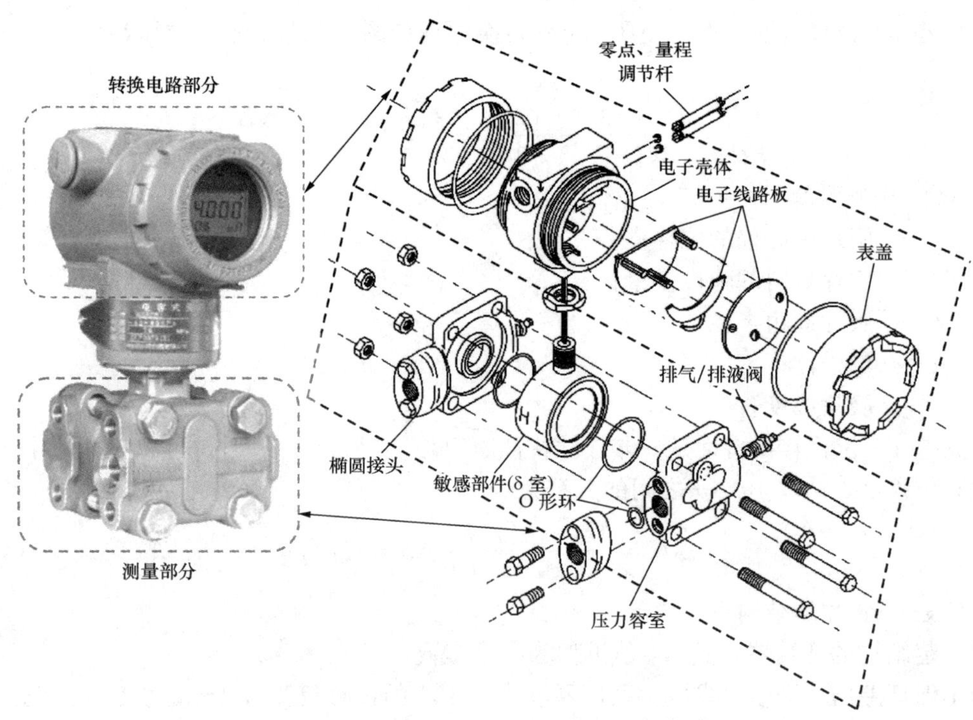

图 4-27　电容式压力变送器的基本结构

大气基准压力（用于测量压力、真空）或其他比较压力（用于测量差压）。两个隔离膜片上的压力均通过灌充液体传递到测量膜片，当测量膜片两侧压力不同即存在差压时，膜片中心产生正比于差压的位移，此位移引起测量膜片与两固定极板间的电容发生变化，再经电子线路转换成二线制 4～20mA 直流输出信号。

2. 转换特性分析

测量部分将差压（或压力）信号转换为差动电容的变化是经过两个转换过程来实现的。

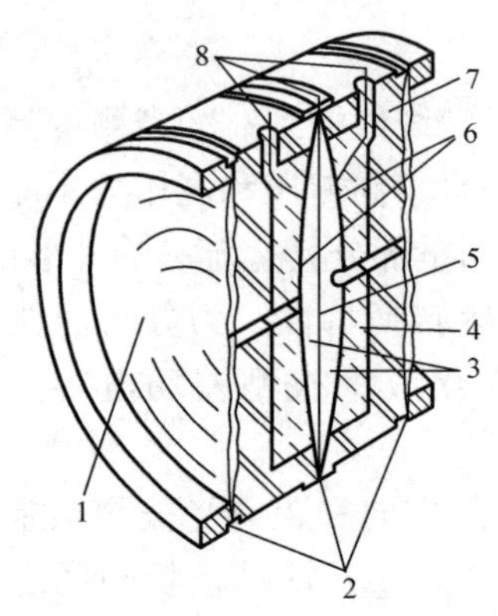

图 4-28　1151 系列电容式压力变送器测量室结构

1—隔离膜片；2—焊接密封；3—灌充液体；4—刚性绝缘体（玻璃）；5—测量膜片；6—电容固定极板；7—杯体；8—引线

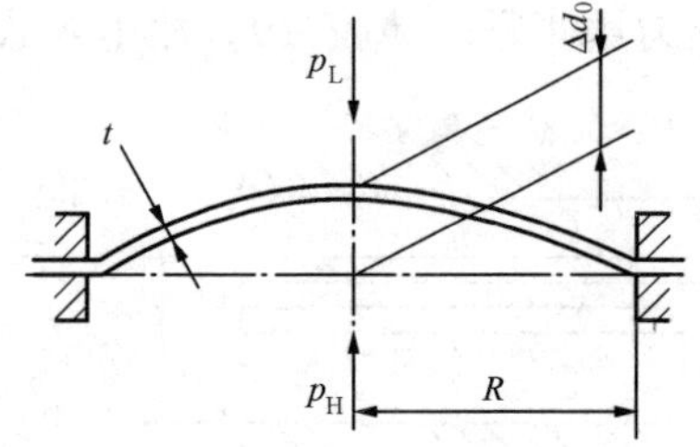

图 4-29　差压-位移转换原理

(1) 差压-位移转换特性。差压-位移转换原理如图4-29所示。差压与位移之间有如下关系：

$$\frac{\Delta p R^4}{Et^4}=\frac{16}{3(1-\mu^2)}\frac{\Delta d_0}{t}+\frac{2}{21}\times\frac{23-9\mu}{1-\mu}\left(\frac{\Delta d_0}{t}\right)^3 \tag{4-18}$$

式中 Δp——被测差压；

Δd_0——膜片中心处的位移；

E——膜片材料的弹性模量；

R——膜片周边半径；

μ——泊松比；

t——膜片厚度。

可见差压-位移转换特性是一非线性特性。但是，当 $\Delta d_0 \ll t$ 时，可忽略该式中的高次项，此时位移 Δd_0 与差压 Δp 之间的关系为

$$\Delta d_0=\frac{3(1-\mu^2)}{16}\frac{R^4}{Et^3}\Delta p=K_1\Delta p \tag{4-19}$$

式中 K_1——膜片的结构系数。

对一定结构的变送器，其 K_1 值近似为一个常数。

为了保证差压-位移为线性关系，要求膜片中心的位移仅为0.1mm左右。当测量较高差压时，采用较厚的膜片，容易满足 $\Delta d_0 \ll t$ 条件；但在测量较低压力时，不易满足 $\Delta d_0 \ll t$ 条件，此时需采用具有初始预紧应力的平膜片，这样不仅可提高差压-位移转换的线性度，同时还可减小滞后效应。

厚度很小、初始张力很大的膜片，其弯曲刚度可以忽略，此时膜片中心处的位移可用式(4-20)计算，即

$$\Delta d_0=\frac{R^2}{4\sigma_0 t}\Delta p=K_1'\Delta p \tag{4-20}$$

式中 σ_0——膜片受初始张力 F 时对应的预紧应力；

K_1'——膜片的结构系数。

由以上两式可知：①当结构一定时，$\Delta d_0=f(\Delta p)$ 为线性关系；②当测量膜片的周边半径 R 一定时，改变膜片厚度 t 可以实现不同差压值的测量（高差压和高压力用厚膜片，低差压和低压力用张紧的薄膜片），故电容式压力变送器的测量部分具有统一的外形结构。

(2) 位移-电容转换特性。为分析简便，将差动球面-平面型电容简化成平板型差动电容，如图4-30所示。

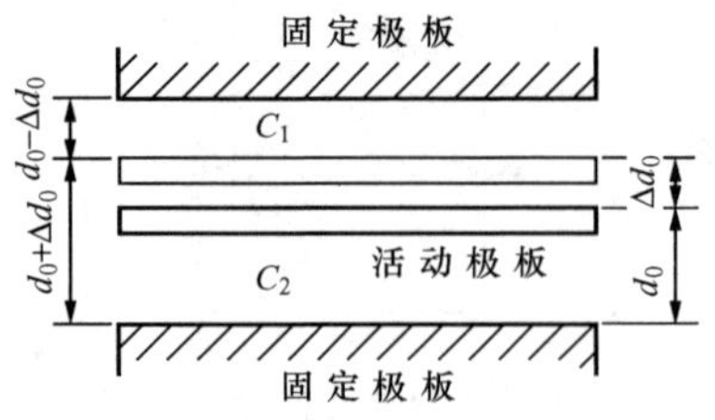

图4-30 平板型差动电容原理

活动极板移动的方向和距离受被测压差的方向和大小的控制。在压差作用下，活动极板与两固定极板之间的电容量分别为

$$C_1=K\frac{\varepsilon A}{d_0-\Delta d_0} \tag{4-21}$$

$$C_2=K\frac{\varepsilon A}{d_0+\Delta d_0} \tag{4-22}$$

式中 C_1、C_2——活动极板与上、下固定极板间的电容量；

K——量纲系数；

A——电容极板的有效面积；

ε——极板间介质的介电常数；

d_0——被测差压为零时测量膜片与两固定极板间的初始距离；

Δd_0——测量膜片在被测差压作用下所产生的位移。

$$\Delta C = C_1 - C_2 = K\varepsilon A \frac{2\Delta d_0}{d_0^2 - \Delta d_0^2} = K' \frac{\Delta d_0}{d_0^2 - \Delta d_0^2} \tag{4-23}$$

可见，电容的变化 ΔC 与测量膜片的位移 Δd_0 之间呈非线性关系。为了得到线性关系，可取两电容之差与两电容之和的比值作为输出量，即

$$\frac{C_1 - C_2}{C_1 + C_2} = \frac{K\dfrac{\varepsilon A}{d_0 - \Delta d_0} - K\dfrac{\varepsilon A}{d_0 + \Delta d_0}}{K\dfrac{\varepsilon A}{d_0 - \Delta d_0} + K\dfrac{\varepsilon A}{d_0 + \Delta d_0}} = \frac{\Delta d_0}{d_0} = K_2 \Delta d_0 = K_1 K_2 \Delta p \tag{4-24}$$

上式即为电容式压力变送器测量部分的输入量与输出量之间的线性特性表达式；由此式可得出如下结论：

1）当 K_1、K_2 为常数时，$(C_1 - C_2)/(C_1 + C_2)$ 与被测差压成线性关系。

2）$(C_1 - C_2)/(C_1 + C_2)$ 之比值与介电常数无关，即从设计原理上消除了介电常数随温度变化给测量带来的误差。

3）若设计一种转换电路，使其输出电流 $I_0 = K_3(C_1 - C_2)/(C_1 + C_2)$，$I_0$ 就与被测差压成正比关系。

4）如果电容极板的结构完全对称，则可以得到良好的稳定性。

5）在上述分析中，没有考虑分布电容的影响。若考虑分布电容 C_S 的存在，则测量部分的电容比值为

$$\frac{(C_1 + C_S) - (C_2 + C_S)}{(C_1 + C_S) + (C_2 + C_S)} = \frac{C_1 - C_2}{C_1 + C_2 + 2C_S} \tag{4-25}$$

可见，分布电容的影响将造成非线性误差。为了使变送器最终获得高于 0.25 级的准确度等级，需在转换电路中设置线性调整环节。

实测和计算表明，球面一平面型电容器有类似或接近平行板电容器的特性，测量部分大约有 150pF 的电容量输出。

（二）转换电路

转换电路的作用是将测量部分的线性化输出信号转换成 4～20mA 直流统一信号，并送至负载。此外，它还能实现整机的零点调整、量程调整、正负迁移、线性调整及阻尼调整等功能。

1. 电容 - 电流转换电路

该部分的作用是将 $(C_1 - C_2)/(C_1 + C_2)$ 的变化量线性地转换为测量电流 I_0（或电压 U_0），其电路主要由振荡器、解调器和振荡控制放大器等部分组成，方框图如图 4 - 31 所示。

2. 电流放大与控制电路

将解调器的输出电压放大并转换成 4～20mA 直流统一信号输出，其电路主要由电流控制放大器、电流转换器、电流限制器、调零电路、调量程电路等组成。

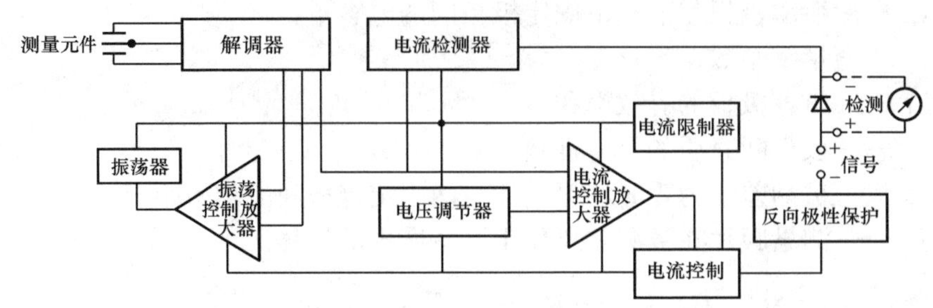

图 4-31　电容式压力变送器方框图

3. 调整及保护电路

为了确保变送器的使用准确度及安全运行，在电路中设置了多种调整环节，以满足调试及运行、维修的需要。

（1）零点调整电路。该电路用来校正变送器的工作零位，即在输入差压（或压力）为零时，调整调零电位器，使输出 $I_0=4\text{mA(DC)}$。

（2）量程调整电路。其作用是扩大变送器的使用范围，实现一表多用。量程可在最大量程和最大量程的 1/6 范围内连续调整。调整时，输入所调量程压力，调整调量程电位器，使输出 $I_0=20\text{mA(DC)}$。

变送器的零点及量程调整螺钉（或按钮）的位置如图 4-32 所示。

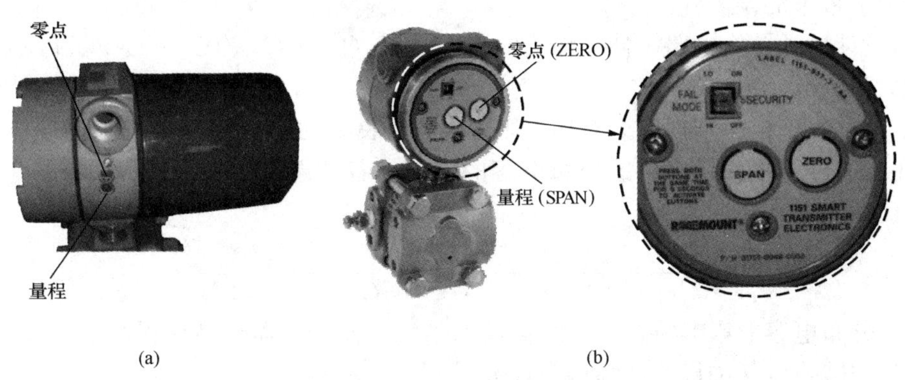

图 4-32　电容式压力变送器的调整环节

（a）普通型变送器；（b）智能型变送器

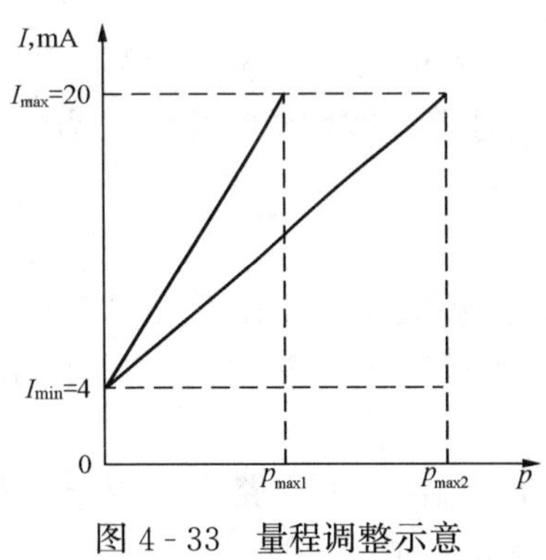

图 4-33　量程调整示意

量程调整的实质是改变变送器输出特性曲线的斜率，使变送器输出信号的上限值 I_{max} 与测量范围的上限值 p_{max} 相对应，如图 4-33 所示。

注意：调整后的量程必须位于变送器最大量程之内，最小量程必须符合最大量程调整比（1∶6）的限制。

（3）零点迁移电路。为了满足某些过程参数的测量要求，需要将变送器的测量范围起始点（即下限值）进行正向或负向迁移。所谓零点迁移，就是将变送器测量范围的下限值由零调至某一个不为零的数值。当把测量范围下限值由零调至某一正值时，称为正向迁移；反之，就称为负向迁移。

该类变送器的零点迁移是通过改变零点迁移插头的位置（相当于用开关接通相应的电路）来实现零点迁移的粗调，用调零电位器实现零点迁移的细调。具体如下：

1）当插头插在中间位置时，为无迁移状态，如图 4-34（a）所示；

2）当插头插在 EZ 侧，可进行负迁移调整，如图 4-34（b）所示；

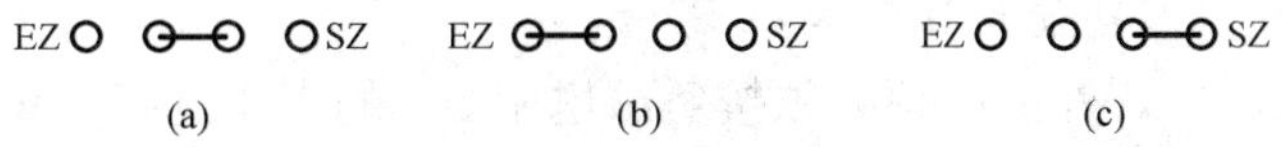

EZ ○ ○—○ ○ SZ (a)　EZ ○—○ ○ ○ SZ (b)　EZ ○ ○ ○—○ SZ (c)

图 4-34　零点迁移的调整示意

3）当插头插在 SZ 侧，可进行正迁移调整，如图 4-34（c）所示。

说明：一般电容式变送器的正迁移量最大为 500%，负迁移量最大为 600%，但被测压力不得超过变送器量程的压力极限。当零点迁移量小于 300%，可直接用调零电位器进行调整。若迁移量大于 300%时，则需将迁移插头插至 SZ（或 EZ）侧，然后再由调零电位器进行调整。

零点调整和零点迁移的实质是平移输出特性曲线，使变送器输出信号的下限值 I_{min} 与测量信号的下限值 p_{min} 相对应，如图 4-35 所示。

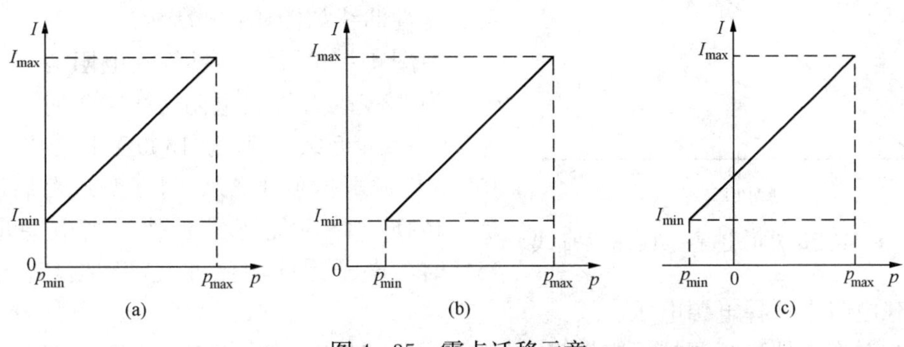

图 4-35　零点迁移示意

（a）无迁移；（b）正迁移；（c）负迁移

在变送器的使用过程中，正确地采用正、负迁移不仅可以扩大变送器的使用范围，若同时恰当地选择量程，还可提高变送器的使用准确度和灵敏度。

（4）线性调整电路。为了提高测量的准确度，在转换电路中设置了线性调整电路。当变送器的线性度超差或在某一特定范围内对其线性度要求较高时，可通过放大器板上标记“L”的螺钉来微调线性度。如变送器工作在跨零的量程上（如测量范围为－18～＋18kPa）时，会使其线性度降低，为了满足测量的要求，应进行线性调整。

注意：变送器出厂时线性已调好，使用过程中一般不需调整；线性调整后应重新调整零点和量程。

（5）阻尼调整电路。该变送器采用电气阻尼调节方式来改变变送器的响应时间常数。调标记“D”的阻尼调整电位器，可实现阻尼时间常数的连续调整，调整范围为 0.2～1.67s。

由于阻尼调整不影响变送器的静态精度，因此阻尼调整可在现场使用时根据仪表输出的波动情况进行。通常选择最短的阻尼时间。

（6）电流限制电路。该电路的作用是限制变送器过载时的输出电流不大于 30mA，以保护电路中各元件不受损坏。

（7）反向极性保护电路。当变送器的电源极性接反时，稳压二极管 DW2 正向导通，从而使电路中的其他元器件不被过高的反向电压损坏。

（8）温度补偿电路。在电路中装有热敏电阻，用于补偿变送器的零点和量程受环境温度变化的影响。

（9）基准电压电路。向振荡控制放大器提供 6.4V 的基准电压。

（三）使用注意事项

（1）外接电源必须按负载电阻 R_L 的大小选择。电容式压力变送器是采用二线制传输的仪表，该变送器的电源电压 E 为

$$E = U_{RL} - \sum U_i \tag{4-26}$$

式中 U_{RL}——外接负载电阻上的电压降，$U_{RL}=I_0R_L$；

$\sum U_i$——内部电压降之和。

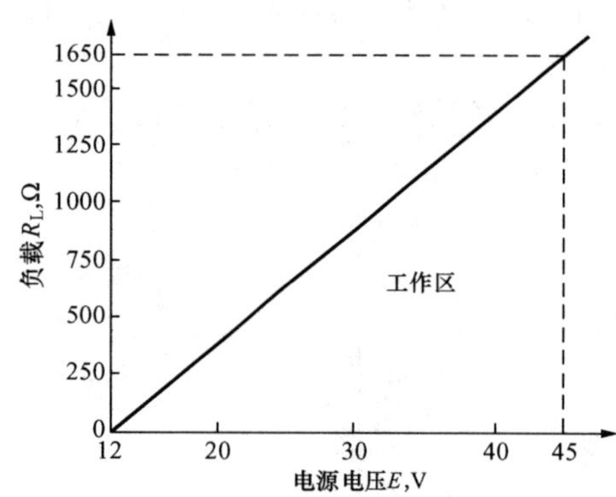

图 4-36 1151 变送器的电源-负载特性曲线

为确保变送器外接不同负载（$R_L=0\sim1.65\text{k}\Omega$）时，能准确地按输入 Δp 的改变线性地输出 4～20mA 直流统一信号，必须根据负载电阻的大小来选择电源电压的数值。该变送器的电源-负载特性曲线如图 4-36 所示。

由图 4-36 可知，当负载电阻为零时，电源电压为 12V；当负载电阻为 500Ω 时，电源电压为 24V；当负载电阻为 1650Ω 时，电源电压为 45V。电源电压低于 12V 时，变送器启动电压不足，转换电路不能正常工作；当电源电压超过 45V 时，电子元件功耗过大，易损坏。所以，必须根据负载电阻来选择电源电压。

（2）在对变送器进行调校前应先将阻尼电位器逆时针方向旋到底，使阻尼关闭。

（3）在对变送器进行零点、量程调校前，应先把迁移插头插到无迁移的中间位置上，将迁移取消，然后再进行零点、量程调整。

（4）零点调整不会影响量程，但量程调整会影响零点，影响量约为量程调整量的 1/5。因此量程调整后还应检查零点输出，必要时再进行微调。

（5）若须输出电压信号时，可配接恰当的负载电阻 R_L，取其两端电压作为输出信号。

（6）变送器的电源信号端子位于电气壳体内的接线侧，上部端子是电源信号端子，下部则为试验或指示表端子。注意，不要把电源信号线接到试验端子，否则，会烧坏内部二极管。变送器在使用时采用二线制接线方式，如图 4-37 所示。

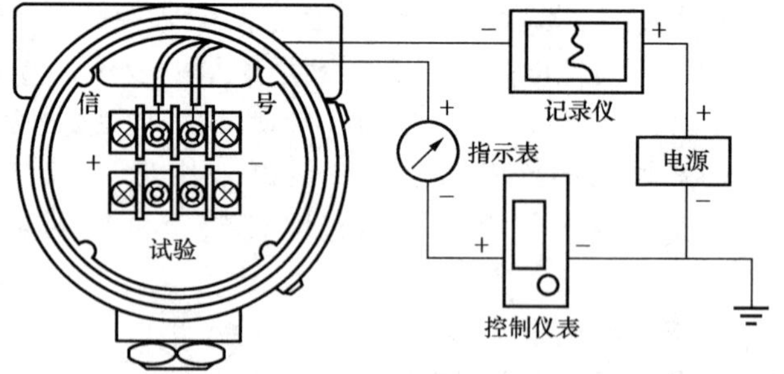

图 4-37 变送器外部接线

注：信号回路可在任意点接地或不接地。

电容式压力（差压）变送器的特点是结构简单、体积小、质量小，标准化、系列化程度高，不同规格变送器的外形尺寸相同，装配、调整、使用方便，且准确度和可靠性高。由于它采用开环技术，故对测量元件和放大器的要求较高。

* 四、应变式压力变送器

应变式压力变送器是通过测量弹性元件在压力或差压作用下产生的应变大小，来实现压力信号变换的。所谓应变就是指物体在力作用下所产生的相对变形，应变的测量元件一般采用应变电阻。

应变电阻是由基片、覆盖片、引线以及电阻丝盘绕的线栅等通过黏合剂粘贴成的组合体，又称为电阻应变片，其结构如图 4 - 38 所示。

将电阻应变片用高强度黏合剂粘贴在弹性元件或弹性体上，若弹性元件在压力作用下产生应变，则应变片也将与弹性元件产生相同的应变，并将应变量转变为电阻栅的阻值变化。电阻变化与应变关系为

$$\frac{dR}{R}=K\varepsilon_1 \tag{4-27}$$

式中 dR——应变引起的电阻变化；

ε_1——材料纵向应变，$\varepsilon_1=\frac{dl}{l}$；

K——应变电阻的灵敏系数，它表示了应变电阻值的相对变化与材料纵向应变的倍数关系。不同材料的 K 值不同，常用应变电阻的电阻相对变化与应变 ε_1 的关系曲线如图 4 - 39 所示。

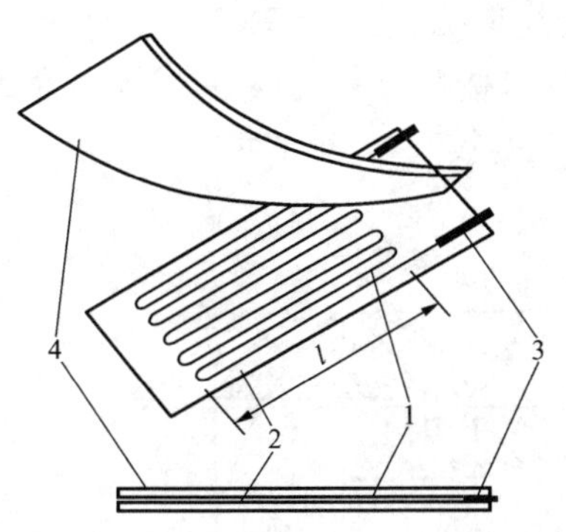

图 4 - 38 应变电阻的构造
1—电阻栅；2—基片；
3—引线；4—覆盖片

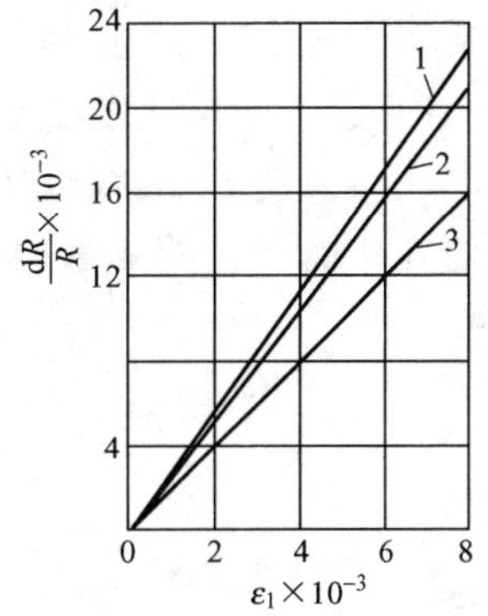

图 4 - 39 应变电阻相对变化与应变的关系曲线
1—退火后的镍铬丝；2—退火前的镍铬丝；
3—退火后的康铜丝

电阻栅的长度方向也就是应变电阻的纵轴方向，是应变电阻的最大灵敏度方向（也称灵敏轴线）。粘贴应变电阻时，一般应使纵轴方向与弹性元件主应变方向一致。对于与纵轴垂直方向的应变，应变电阻应没有反应，因此从应变电阻制造角度来说，应采取一些相应措施，例如增粗转弯部分线栅的截面积，以尽可能减小与纵轴垂直方向应变（横向应变）的影响。

目前应用较多的是金属箔应变电阻，它是用 0.003～0.010mm 的金属箔涂上基底材料后，利用光刻、腐蚀工艺制成的。这种应变电阻测量准确度高、散热好，允许通过电阻栅的电流较大，因此灵敏度高。图 4 - 40 所示为金属箔应变电阻，其中图（a）为用金属箔制成的电阻栅；图（b）为在一块基片上制出了 4 个应变电阻并接成电桥，桥路如图（c）所示。该应变电阻黏贴在平膜片上，可以较好地反映膜片受压力作用后的应变情况，其桥路输出电

压与被测压力成正比。

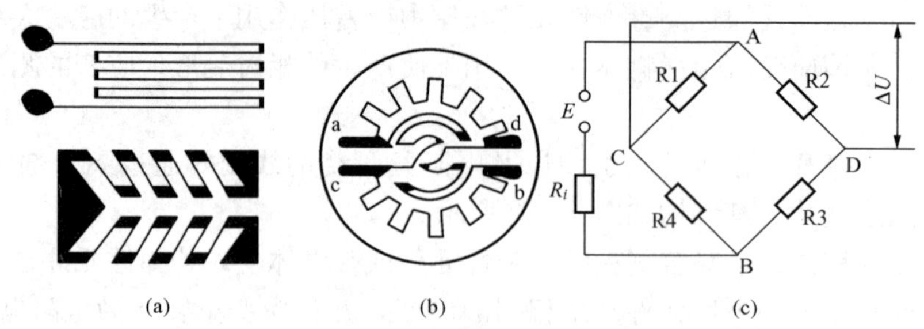

图 4-40 金属箔应变电阻及应变电阻的测量桥路

（a）金属箔电阻栅；（b）金属箔应变电桥；（c）测量桥路

用电阻应变片测量弹性元件变形的方法有两种。

1. 组合式变换

组合式变换的应变电阻不直接贴在弹性元件上，而是贴在由弹性元件所带动的悬臂梁上，其结构如图 4-41 所示。

当弹性元件感受压力时，其自由端通过连杆带动悬臂梁，使梁产生弯曲变形，由应变电阻将悬臂梁的应变转变为应变电阻的阻值变化。应变电阻应贴在最大应变位置，如悬臂梁的基部，以得到较高的灵敏度。

组合式变换通常采用 4 个应变电阻，其中 2 个承受拉应力（R1、R3），2 个承受压应力（R2、R4），应变电阻通过引线接成电桥。若 4 个应变电阻粘贴位置的应变 ε_1 绝对值相等或相近，则电桥输出电压与应变 ε_1 的线性关系较好，灵敏度较高，而且可以补偿由于环境温度变化使应变电阻值变化而产生的测量误差。

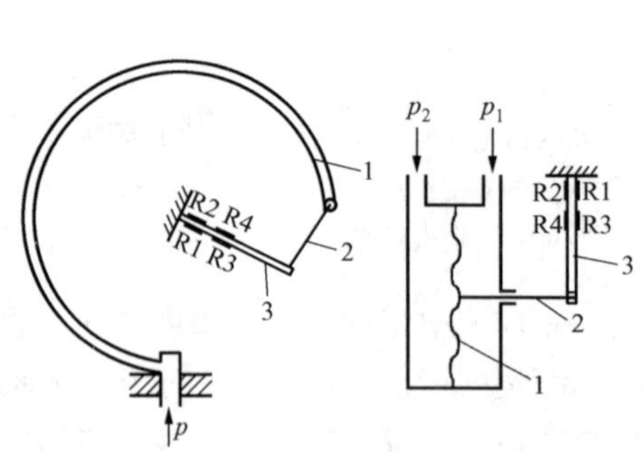

图 4-41 组合式应变压力变送器

1—弹性元件；2—连杆；3—悬臂梁；R1～R4—应变片电阻

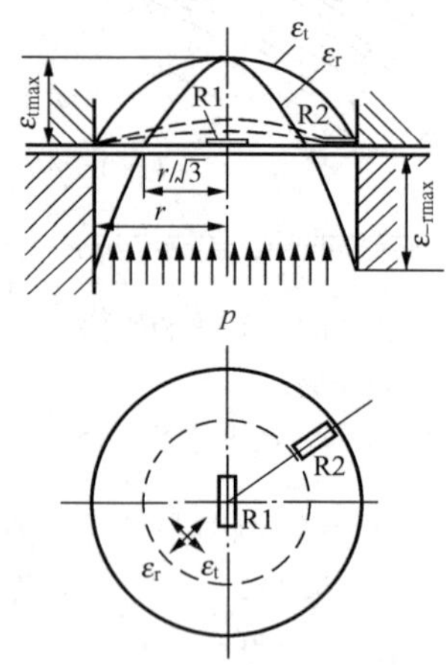

图 4-42 平膜片的受压应变曲线及应变电阻的粘贴位置

2. 直接粘贴式变换

应变电阻直接黏贴在弹性元件上，反映弹性元件的变形。由于弹性元件受压时，各部位的应变大小各不相同，因此应找出弹性元件最大应变部位，以粘贴应变电阻。最大应变部位可以通过实验或经验公式找出。对于平膜片，其径向应变 ε_r 与切向应变 ε_t 的分布曲线如图 4-42 所示。由图可知，应变电阻应贴在膜片中心位置及边缘处，且边缘处的应变电阻灵敏轴线方向应为径向方向。

应变式压力变送器的动态特性好、耐冲击、测量准确度高，但其输出信号较小，较易受电磁干扰。

*五、振频式压力变送器

振频式压力（差压）变送器属于频率敏感型变送器，它是将弹性元件自由端位移信号转换为振动元件振动频率信号。时间和频率都是能够获得很高测量准确度的物理参数，而且在传输频率信号过程中可以忽略导线电阻、电感、电容的影响，因此振频式变送器具有较强的抗干扰能力。此外，其结构简单，分辨率高，性能稳定，便于传输、储存、处理和数字显示，容易实现数字化和智能化。根据振动元件不同可分为振弦式、振膜式和振筒式三种。下面以振弦式压力变送器为例介绍振频式压力（差压）变送器的原理结构等知识。

（一）工作原理

振弦式压力变送器的原理结构如图 4-43 所示。振弦 3 是一根承受一定张力的金属丝（金属弦通常采用钢丝或钨带），将其放置于永久磁铁 2 产生的磁场中。由于振弦承受的张力不同以及它的长度不同，而有不同的固有振动频率。

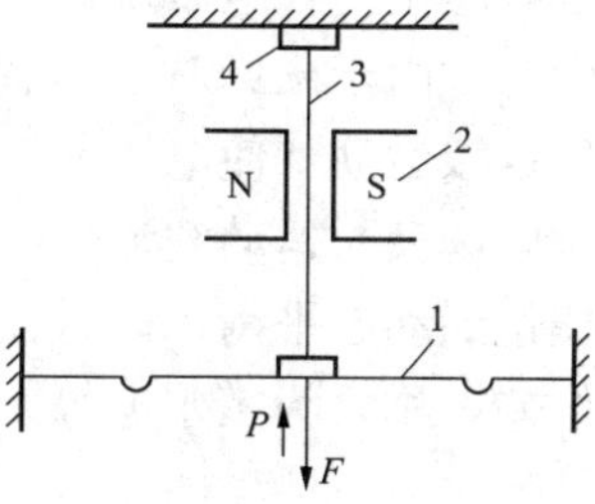

图 4-43　振弦式压力变送器原理示意

1—膜片；2—永久磁铁；3—振弦；4—夹紧装置

振弦振动时的频率 f 为

$$f=\frac{1}{2L}\sqrt{\frac{F}{m}} \qquad (4-28)$$

式中　L ——振弦长度；

F ——振弦的张力；

m ——单位长度振弦的质量。

从式（4-28）中可以知道，振弦的长度 L 和振弦单位长度的质量 m 一定时，其振动频率 f 就由张力 F 所决定。当有被测压力（差压）作用时，振弦的张力就发生变化，因此振动频率也随之改变。测量其振动频率的变化，就可以知道被测压力值。由于振弦置于磁场中，所以它在振动时会感应出电动势，感应电动势的频率就是振弦振动的频率。

（二）结构特点

变送器主要由膜片、振弦、夹紧装置和磁铁等组成。

膜片的作用是把被测压力转换为膜片中心的位移，以使振弦的张力发生变化。

振弦是把被测压力的变化（即膜片中心的位移）转换为频率变化的敏感元件，是变送器的关键元件。

磁铁可以是永久磁铁，也可以是电磁铁；可以是一块磁铁，也可以是两块性能相同的磁铁。采用电磁铁时，常把磁铁做成 U 形，电磁线圈安装在 U 形磁铁的一个臂上。

变送器工作时处于拉紧状态，因此振弦两端采用专门的夹紧装置，有销钉式、锥式和剪式等。

（三）振弦的激励方式

要想使静止的振弦振动，必须给振弦以能量。振弦的激励方式有间歇激励和连续激励两种，连续激励又分电流法和电磁法。下面仅介绍间歇激励方式。

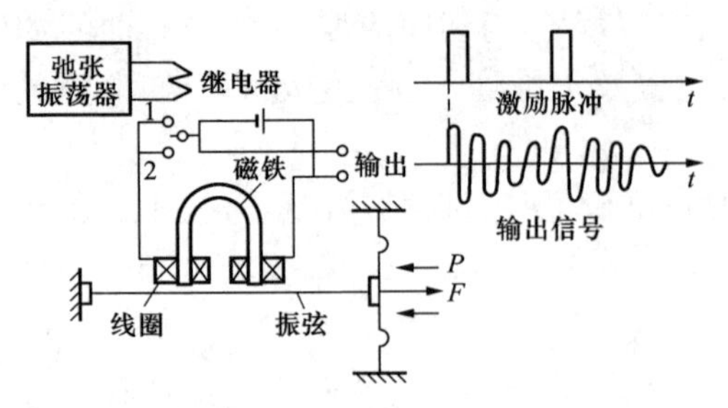

图 4-44 间歇激励原理

图 4-44 所示为间歇激励的原理。由于空气阻尼等影响，振弦的振动为一衰减振动，为了维持振弦的振动，必须间隔一定时间加一次激励。

图 4-45 所示为间歇激励方式测量电路，振弦振动频率的变化经放大整形后输出。图中的电磁铁为两块，磁铁上的线圈起激励和拾振作用。

国产 YCX-11 型压力变送器采用间歇激励法，YCX-21 采用电磁连续激励法，上海福克斯波罗公司的产品采用电流连续激励法。

*六、霍尔压力变送器

霍尔压力变送器是利用霍尔效应将弹性元件的位移信号转换为直流电势信号的变送器。霍尔效应是一种电磁现象，即将通电的导体或半导体（载流导体）置于与电流方向垂直的磁场中时，由于磁场对运动载流子（如电子）有作用力（洛仑兹力 F_L），载流子（电子）将产生偏转运动，使电子聚集在导体或半导体一侧，而另一侧则聚集正电荷，形成了电场。同时该电场又对运动载流子（电子）产生电场力 F_E，阻止电子的聚集。当 $F_L=F_E$ 时，电子聚集达到动态平衡，此时在薄片（霍尔片）上垂直于电流和磁场方向的两个侧面之间会出现电位差，称之为霍尔电势。该现象称为霍尔效应，如图 4-46 所示。

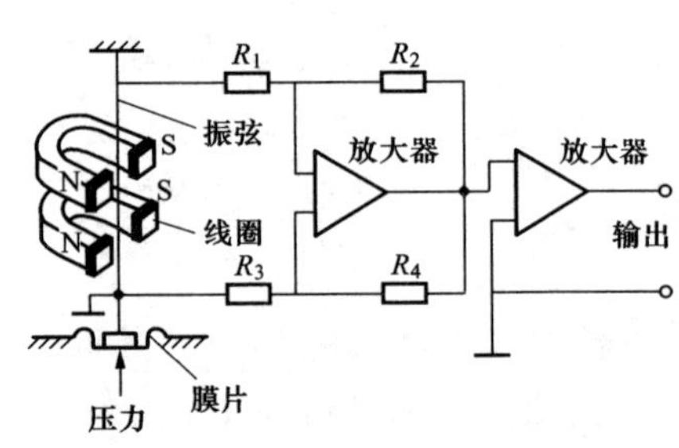

图 4-45 间歇激励测量电路

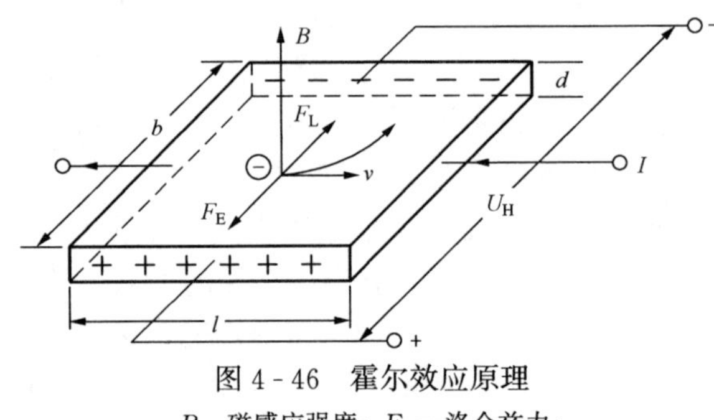

图 4-46 霍尔效应原理

B—磁感应强度；F_L—洛仑兹力；F_E—电场力；U_H—霍尔电势

霍尔电势的大小可用式（4-29）表示，即

$$U_H=R_H\frac{IB}{d} \tag{4-29}$$

式中 R_H——霍尔系数，由半导体材料的物理性质所决定；

I——流经霍尔元件的电流；

B——磁感应强度；

d——霍尔元件的厚度。

霍尔压力变送器的结构如图 4-47 所示，其中磁场部分由两对磁极组成，磁力线分布如图 4-47（b）所示，由图可知霍尔片所处位置的磁力线呈线性不均匀分布。霍尔片用锗、锑化铟等半导体材料制造，并置于绝缘基片上。绝缘基片固定在弹性元件的自由端。霍尔片通过的电流由稳压直流电源供给，霍尔电势由引线接至显示仪表。

当被测压力为零时，弹性元件自由端不产生位移，霍尔片正好处于磁场气隙中部。由于左右两侧磁感应强度方向相反、数值相等，因此左右两侧霍尔电势相互抵消，U_H 输出为零。当有被测压力加入弹性元件时，弹性元件自由端将带动霍尔片移动，使霍尔片偏离气隙中部，因此左右两侧产生的霍尔电势绝对值不相等，霍尔片有霍尔电势 U_H 输出，U_H 与弹性元件的位移呈线性关系。

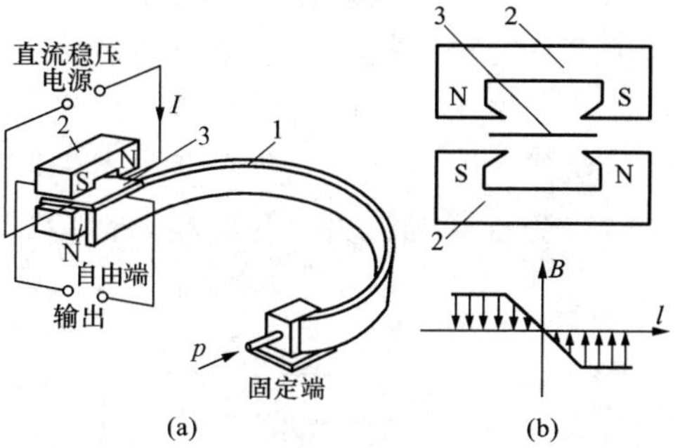

图 4-47 霍尔压力传感器结构示意
(a) 结构图；(b) 磁极气隙中的磁力线分布
1—弹簧管；2—磁钢；3—霍尔片

霍尔压力变送器结构简单，动态特性好，寿命长；其缺点是温度稳定性差，需进行温度补偿。

七、扩散硅压力变送器

半导体的电阻率随所受应力变化而变化的现象，称为压阻效应。根据这一原理制成的压力变送器称为压阻式压力变送器。该类变送器通常采用离子扩散技术把半导体电阻（一般为 4 个电阻，$R_1 \sim R_4$）集成在单晶体硅膜片上形成电桥，因此也称为扩散硅压力变送器。

该类变送器的敏感元件为带有半导体应变桥路的硅杯，如图 4-48 所示（以压力变送器为例）。其中半导体电阻是用 P 型杂质扩散到 N 型硅膜片上形成的，也称为扩散硅应变片。因圆形硅膜片中间部分较薄，边缘有一个很厚的环形，形如杯子，故称为硅杯。

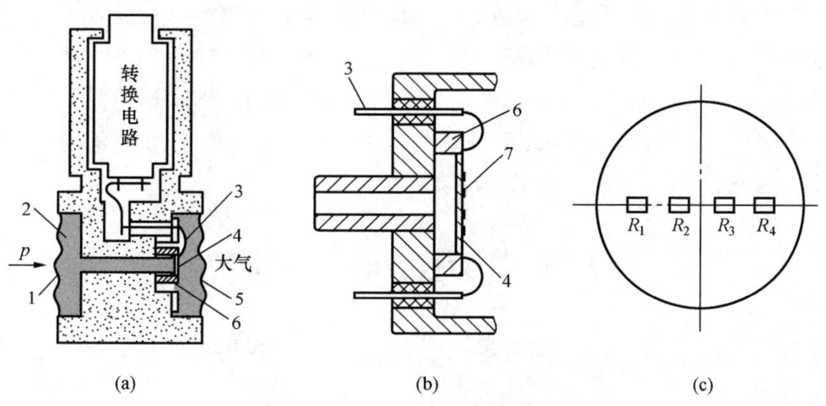

图 4-48 扩散硅压力变送器
(a) 变送器结构；(b) 硅杯；(c) 硅膜片
1—隔离膜片；2—封入液；3—引线；4—硅膜片；5—隔离膜片；6—硅杯；7—扩散电阻

被测压力和大气压力分别加在两个隔离膜片上，通过封入液（硅油）把压力信号传递给硅杯。当有压力作用在硅膜片上时，由于压阻效应，硅杯上半导体电阻的阻值发生变化，电桥失去平衡，产生差分电压，再经检测、放大转换后，输出 4～20mA 的直流标准信号。

扩散硅变送器的结构简单、体积小、灵敏度高、动态响应好，缺点是敏感元件易受温度的影响。

八、智能压力变送器

随着微处理器技术和数字通信技术的发展，单片机与微位移式压力（差压）敏感元件相结合，就产生了智能压力（差压）变送器，实现了多功能的检测和非电量到电量的转换。

所谓智能变送器，就是在变送器内使用了微处理器，微处理器的使用可以通过软件实现一些模拟变送器无法实现的功能。智能变送器与模拟变送器相比，其优点主要体现在以下几方面。

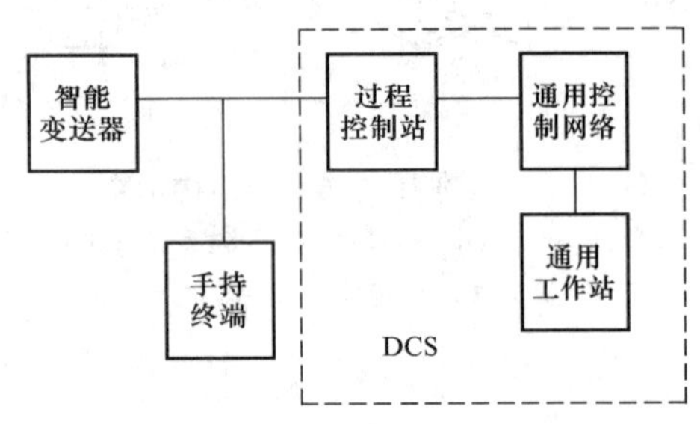

图 4-49　智能变送器与 DCS 连接框图

（1）具有数字通信能力。智能变送器在与采用相同通信协议的 DCS 相连时可进行直接双向数字通信，它与 DCS 的连接框图如图 4-49 所示。智能变送器可以通过手持终端在控制室对安装在现场的变送器进行遥控调整，而模拟变送器只有到现场才能调整。智能变送器零点和量程调整独立化，只需一次调整便可完成。

（2）具有自诊断功能。当变送器有故障时，可以正确清晰地在手持终端或 DCS 屏幕上显示故障信息，为维修人员迅速地排除故障提供方便，提高了系统的可靠性和可用性。

（3）具有 PID 控制功能。通过软件在变送器中加入 PID 运算，这样变送器便具有了控制器的功能。带 PID 控制功能的变送器可以直接与执行器连接，因此，智能变送器是很有发展前途的仪表。

（4）具有更大的量程比。智能变送器具有更大的量程比（量程比＝最大量程/使用量程；最大量程比＝最大量程/最小可使用量程），因此可减少变送器的规格品种。

（5）一般都有可靠的温度补偿和静压补偿，使用稳定性好。

智能化（smart）变送器的检测原理主要有电容式、扩散硅式和电感式三种，以前两种为主。它们的输出信号有模拟式和数字式两种，除输出线性和平方根信号外，还可以输出 PID 控制信号，因此也称为智能变送控制器。

第五节　压力仪表的安装与校验

压力测量系统由取压口、压力信号导管、压力表及一些附件组成，各个部件安装正确与否以及压力表是否合格等，对测量准确度都有一定影响。

一、压力仪表的安装

（一）取压口的形状与位置

取压口是被测对象上引取压力信号的开口，取压口本身不应破坏或干扰流体的正常流束形状。为此，取压口孔径大小、开口方向、位置及孔口形状都有较严格的要求。

1. 取压口位置选择原则

（1）取压口不得选择在管道弯曲、分叉及流束形成涡流的地方。

（2）当管道中有突出物（如温度计套管等）时，取压口应取在突出物的来流方向一侧（即突出物之前）。

（3）取压口处在管道阀门、挡板之前或之后时，其与阀门、挡板的距离应大于 $2D$ 及

3D（D 为管道直径）。

（4）测量低于 0.1MPa 的压力时，取压口标高应尽量接近测量仪表，以减少由于液柱引起的附加误差。

（5）测量汽轮机润滑油压时，取压口应选择在油管路末段压力较低处。

（6）测量凝汽器真空时，取压口应选择在喉部的中心处。

（7）煤粉锅炉一次风压的取压口不宜靠近喷燃器，否则将受炉膛负压的影响而不真实。

（8）二次风压的取压口，应在二次风调节门和二次风喷嘴之间。由于这段风道很短，因此，测点应尽量离二次风喷嘴远一些，同时各测点至二次风喷嘴间的距离应相等。

（9）测量炉膛压力时，取压口一般在锅炉两侧喷燃室火焰中心上部。取压口处的压力应能反映炉膛内的真实情况。若测点过高，接近过热器，则负压偏大；测点过低，距火焰中心近，则压力不稳定，甚至出现正压（对负压锅炉而言）。

炉膛压力信号应从锅炉水冷壁管的间隙中引出。由于水冷壁管的间隙很小，若制造厂没有预留孔，可占用适当位置的看火孔或将测点处相邻两根水冷壁管弯曲，如图 4-50 所示。

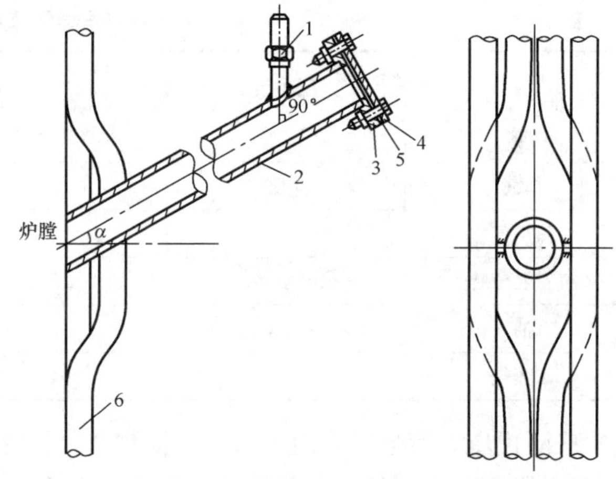

图 4-50 炉膛压力取压装置的安装

1—可拆卸管接头；2—取压管；3—法兰；4—法兰堵头；5—石棉垫；6—锅炉水冷壁管

（10）锅炉烟道上的烟气压力测点，应选择在烟道左、右两侧的中心线上。对于大型锅炉则可在烟道前侧或后侧摄取，此时测点应在烟道断面的四等分线的 1/4 与 3/4 线上；左、右两侧压力测点的安装位置应对称，并与相应的温度测点处于烟道的同一横断面上。

2. 取压口的开口方位原则

（1）流体为液体介质时，取压口应开在管道横截面的下侧部分，以防止介质中析出的气泡进入压力信号管道，引起测量的迟延，但也不宜开在最低部，以防沉渣堵塞取压口；如果介质是气体，取压口应开在管道横截面的上侧，以免气体中析出的液体流入压力信号管路，产生测量误差，但对于水蒸气压力测量，由于压力信号导管中总是充满凝结水的，所以应按液体压力测量办法处理。不同介质测压时取压口开口方位如图 4-51 所示。

（2）测量含尘气体压力时，取压口开口方位不应易积尘、堵塞，并且要在便于吹洗导管的地方，必要时应加装除尘装置（见图 4-52）。

3. 取压口处理原则

（1）取压口的直径不宜过大，特别对于小管径管道的测压。

（2）取压口轴线最好与流束垂直。

（3）孔径不能有毛刺或倒角。

（二）压力信号导管的选择与安装

压力信号导管是连接取压口与压力表的连通管道。为了不致因阻力过大而产生测量动作迟延，压力信号导管的总长度一般不应超过 60m。导管内径也不能太小，可根据被测介质性质及导管长度按表 4-4 选择。

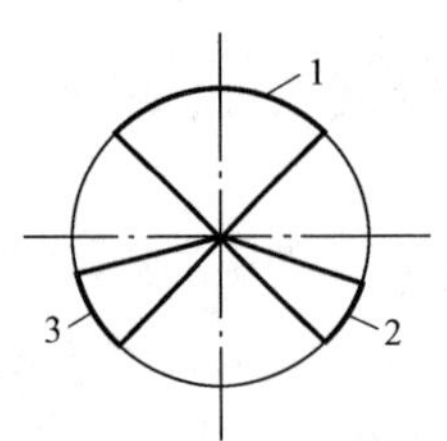

图 4-51 取压口开口方位

1—介质为气体时的开口位置；2、3—介质为液体及水蒸气时的开口位置

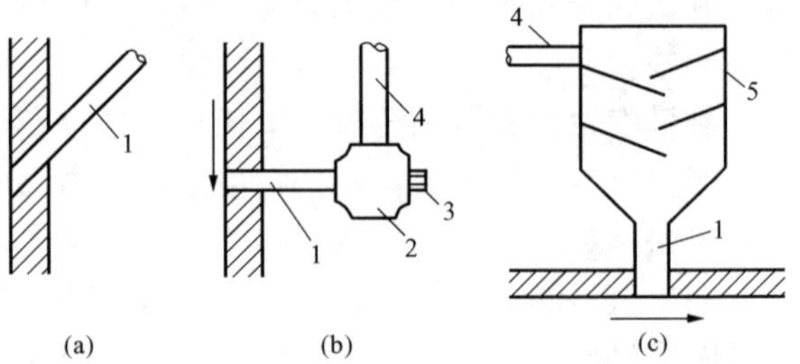

图 4-52 测量含尘流体时的取压口形式

(a) 取压导管斜装；(b) 加装除尘器；(c) 取压导管垂直安装

1—取压导管；2—十字接头；3—堵头；4—传压导管；5—除尘器

表 4-4 压力信号导管直径选择

被测介质	压力值 (Pa)	导管内径 (mm)		
		长度大于 15m	长度小于 30m	长度大于 30m
烟气	＞50	19	19	19
热空气	$<7.8\times10^3$	12.7	12.7	12.7
气粉混合物	$<9.8\times10^3$	25.4	38	38
油	$<2.0\times10^6$	10	13	15
水蒸气	$<1.2\times10^7$	8	10	13

应防止压力信号导管内积水（当被测介质为气体时）或积汽（当被测介质为水或水蒸气时），以避免产生测量误差及迟延。因此，对于水平敷设的压力信号导管，应有 1%以上的坡度，以免导管中积存气或水。必要时还应在压力信号导管的适当部位，如最低点或最高点，设置积液或积气容器，以便积存并定期排放出积液或积气。

当压力信号管路较长并需通过露天或热源附近时，还应在管道表面敷设保温层，以防管道内介质气化或冻结。为检修方便，对测量高温高压介质的压力信号导管，靠近取压口处还应设置隔离阀门（一次阀门）。

（三）压力表的选择与安装

关于压力表的选择，应考虑被测介质的性质、压力的大小、仪表的安装条件、使用环境以及测量准确度要求等因素。

压力表必须经检定合格后方可安装，且应垂直于水平面安装。压力表的安装地点应便于观测、检修、避免振动和高温，还应便于进行压力信号导管的定期冲洗及压力表的现场校验，因此一般应设置三通阀。

测量蒸汽压力时，在靠近压力表处，一般还应装设 U 形管或环形管冷凝器，以聚集一些起缓冲作用的冷凝液，防止压力表因受高温介质的直接作用而损坏，如图 4-53 所示。

测量剧烈波动的介质压力或含有高频脉冲扰动的介质压力时，由于波动频繁，对仪表传动机构的磨损很大或造成电气接点频繁动作，因此就地安装的压力表特别是电接点压力表，在仪表前应装设缓冲器（或阻尼器），如图 4-54 所示。

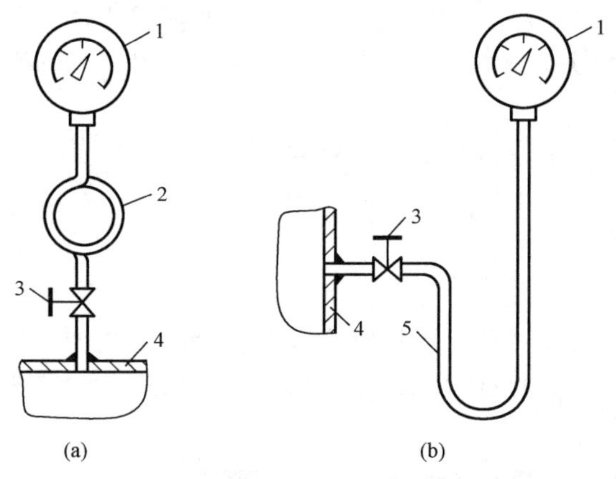

图 4-53 测量蒸汽时压力表的安装

(a) 水平管上安装；(b) 垂直管上安装

1—压力表；2—环形管；3—阀门；

4—被测管道；5—U 形管

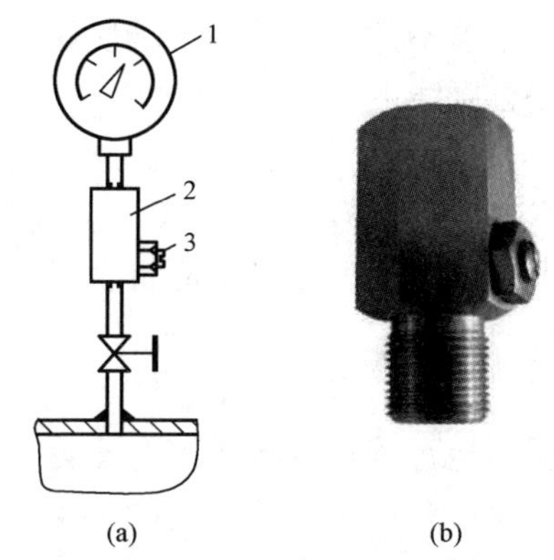

图 4-54 阻尼器的安装示意

(a) 阻尼器的安装；(b) 阻尼器实例

1—压力表；2—阻尼器；3—阻尼调节螺钉

对于过分脏污、高黏度、结晶或腐蚀性介质的压力测量，应加装有中性介质的隔离罐，以保护压力表，如图 4-55 所示。

二、压力仪表的校验

工业压力仪表常采用示值比较法进行校验，常用的标准仪表有标准 U 形管液柱压力计、补偿式微压计、活塞式压力计及标准弹簧管压力表（校验 9.8×10^4Pa 以上压力）。此外，校验压力变送器时还需标准电源、标准电流表和标准电阻箱。校验时，标准器的综合误差应不大于被校表基本误差绝对值的 1/3。压力源常采用压力校验台、压力-真空校验台、手操压力泵等。

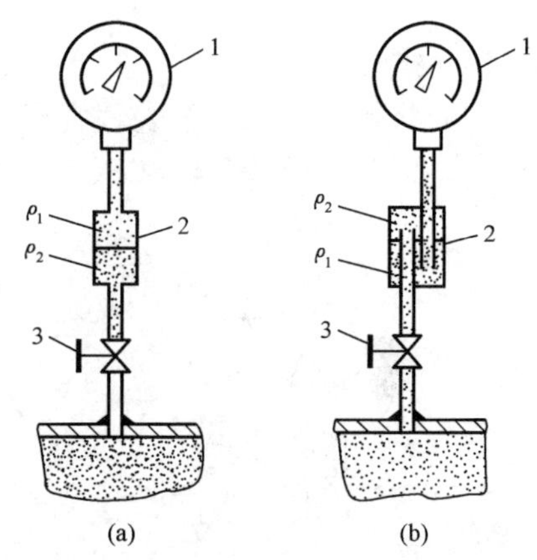

图 4-55 隔离罐的安装示意

(a) $\rho_1<\rho_2$；(b) $\rho_1>\rho_2$

1—压力表；2—隔离罐；3—阀门；

ρ_1—隔离介质密度；

ρ_2—被测介质密度

（一）弹簧管压力表的校验

1. 外观检查

弹簧管压力表在校验前应先进行外观检查，外观检查合格后，方可进行校验。否则应先做检修处理。外观检查应达到如下要求：

（1）外形。检查压力表外壳、玻璃是否有损坏，刻度盘是否清楚，指针是否在零位，压力表是否有铅封；新制造的压力表涂层应均匀光洁、无明显脱落现象；压力表应有安全孔，安全孔上需有防尘装置（不准被测介质逸出表外的压力表除外）；观察表壳颜色，确定此表是否禁油，以确定检定方法；轻轻摇动压力表，看表内是否有零件、金属碰击声。

（2）标志。分度盘上应有制造单位或商标、产品名称、计量单位和数字、计量器具制造许可证标志和编号、准确度等级、出厂编号等标志，此外真空表上还应有“－”号或“负”字。

（3）读数部分。表玻璃应无色透明，不应有妨碍读数的缺陷和损伤；分度盘应平整光洁，各标志应清晰可辨；仪表指针平直完好，不掉漆，嵌装规整，与铜套铆合牢固，与表盘或玻璃不蹭不刮；指针指示端应能覆盖最短分度线长度的1/3～2/3；指针指示端的宽度应不大于分度线的宽度。

（4）测量上限量值数字。测量上限量值数字应符合如下系列之一：

1×10^n，1.6×10^n，2.5×10^n，4×10^n，6×10^n。

（5）分度值。分度值应符合如下系列之一：

1×10^n，2×10^n，5×10^n。

（6）零位。带有止销的压力表，在无压力或真空时，指针应紧靠止销，缩格应不得超过允许误差绝对值；没有止销的压力表，在无压力或真空时，指针应位于零位标志内，零位标志应不超过允许误差绝对值的2倍。

（7）仪表接头螺纹无滑扣，仪表六方或四方接头的平面应完好，无严重滑方现象。

（8）电接点压力表的接点装置外观完好，接点无明显斑痕、缺陷，并在其明显部分标有电压和接点容量值。拨针器应好用，信号引出端子应完好，螺丝齐全并有完好的外盖。

2. 校验点的选择

校验点一般不少于5个，并应均匀分布在全量程内，其中包括零点和上限值。若使用中不能达到上限值，可从实际出发，仅校验足够使用的最大范围即可，但在校验报告中应予以说明。

3. 校验步骤

（1）将标准表和被校表垂直安装在校验台上，如图4-56所示。安装时，接头内应放置密封垫，以防止泄漏。油液压力由加压泵产生，其数值可由安装在校验台上的标准压力表读出。

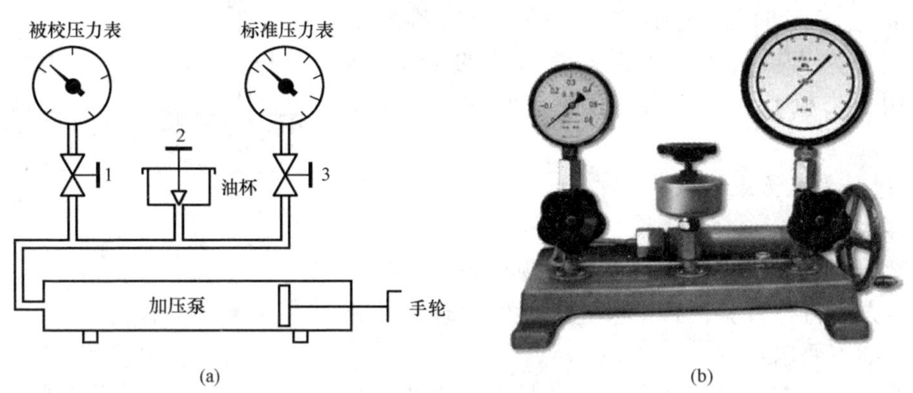

图4-56 压力校验台

（a）原理；（b）实例

（2）将阀门1、2、3全部打开，使压力为零，观察仪表指针位置。

（3）关闭阀门1、3，打开阀门2，将加压泵手轮缓慢摇出，使油杯中的油吸入加压泵。然后打开阀门1、3，关闭阀门2，缓慢摇动加压泵手轮，均匀升压（或降压），当指示值达到测量上限后，切断压力源，耐压3min（重新焊接的压力表耐压10min），逐渐平稳地升压然后按原检定点平稳的降压（或升压）进行回校。

校验时，在每一校验点，标准表应对准整刻度线，读被校表。被校表示值应读两次，轻敲前后各读一次，其差值为轻敲位移。在同一检定点，上升和下降时轻敲表壳后的读数之差为回程误差（变差）。被校表的基本误差、回程误差和轻敲位移（轻敲位移应小于允许误差绝对值的一半）应符合规定。

对于电接点压力表，可用拨针器将两个信号的设定指针拨到上限及下限以外的位置，然后进行示值校验。示值校验合格后，再进行信号误差校验，其方法是将上限和下限设定指针分别定于三个以上不同的校验点上，检验点应在测量范围的 20%～80%之间选定，缓慢地升压或降压，直至发出信号的瞬时为止，标准表的示值与信号指针示值间的误差不应超过允许误差的 1.5 倍。

（二）压力变送器的校验

压力变送器的校验及接线如图 4-57 所示。校验时，首先缓慢增减输入信号，观察电流的输出情况，输出电流应在 4～20mA 范围内平稳变化。

校验及调整步骤如下：

（1）零点调整。接通电源，在输入零压力的情况下，调整零点调整（ZERO）按钮（或螺钉），使输出电流为 4mA。

（2）量程调整。用压力校验台（或加压泵）输入变送器满量程对应的压力，调整量程调整（SPAN）按钮（或螺钉），使输出电流为 20mA。量程调整后须重新校正零点。

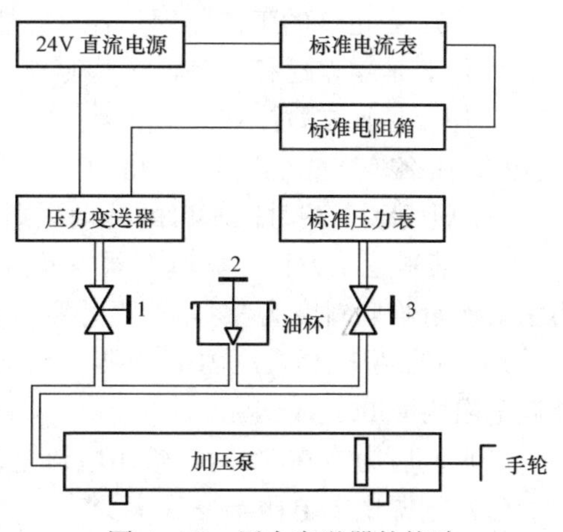

图 4-57 压力变送器的校验

（3）零点迁移。根据迁移量的大小，用压力校验台加压到所需的压力，调整零点按钮（或螺钉），使输出为 4mA。若不能达到 4mA，则应切断电源，拔下放大器板，改变零点迁移插头的位置（根据需要，插在正或负迁移的位置上），装上放大器板，接通电源，再调整零点按钮（或螺钉），完成零点迁移的调整。

（4）再检查量程和零点，必要时进行微调，直至在误差允许的范围内。

（5）线性调整。输入所调量程压力的中间值，记下输出信号的理论值与实际值之间的偏差 δ，则调整量为 $|6a\delta|$，a 为量程下降系数，a＝最大允许量程/调校量程。

若为负的偏差值，则将满量程输出加上 $|6a\delta|$；若为正的偏差值，则将满量程输出减去 $|6a\delta|$，调整线性微调器，使满量程符合计算要求。如量程下降系数为 4，量程中点理论值－实际值＝－0.05mA 时，调整线性微调器，使满量程输出增加 $|6a\delta| = |6\times4\times(-0.05)| =$ 1.2mA，即满量程输出为 21.2mA。然后重新调整量程和零点。

（6）阻尼调整。在放大器板上有阻尼调整电位器，仪表出厂校验时一般调到最小位置（逆时针极限位置，阻尼时间约 0.2s），需要调整时，可顺时针调整阻尼电位器，使阻尼时间满足测量要求。

（7）准确度校验。均匀选择几个校验点进行校验，一般选择 4、8、12、16、20mA 5 个校验点，按线性关系计算出它们所对应的压力值，再按正反行程进行校验，并做好记录。根据校验记录，计算出该变送器的基本误差和变差，并与允许误差作比较，给出校验结论。

思考题与习题

1. 什么是压力？常用的压力测量仪表有哪些？

2. 常用的液柱式压力计有哪些？产生误差的原因主要有哪些？

3. 有一单管压力计，宽口容器截面积与测量管截面积之比是 50∶1，如测量压力时，忽略宽口容器内液面的下降高度，则测量误差是多少？

4. 弹性压力表的工作原理是什么？常用的弹性元件有哪些？弹性压力表产生误差的原因主要有哪些？

5. 压力变送器根据工作原理不同主要分哪几类？

6. 怎样正确选择压力表？

7. 1151 变送器的工作原理是什么？主要有哪些调整环节？

8. 什么是零点迁移？怎样进行零点迁移？

9. 什么是霍尔效应？

10. 什么是智能变送器？有什么特点？

11. 压力表安装时取压口的处理原则是什么？取压口开口方位的选择原则是什么？

*12. 某斜管压力计，宽口容器内径为 30mm，测量管内径为 5mm，测量管通大气，封液为水，测量管倾斜度为 30°，若不计宽口容器内液位变化，求测量的相对误差。

*13. 1151 型电容式压力变送器，已知 $\Delta p=-200\sim2000$Pa，对应输出电流 4～20mA，负载电阻为 650Ω，试求：

（1）差压为 1000Pa 时，输出电流是多少？

（2）电源供电电压至少是多少？

*14. 一台压力变送器的测量范围为 0～400kPa，准确度等级为 0.5 级，输出电流为 4～20mA，检定数据如下表所示，试填写示值误差和变差，并判断该变送器是否合格。

序号	检定点（kPa）	对应电流值（mA）	标准电流表示值（mA）		误差（mA）		变差（mA）
			上升	下降	上升	下降	
1	0	4	4.00	4.00			
2	100	8	8.02	8.00			
3	200	12	12.02	11.98			
4	300	16	16.00	15.96			
5	400	20	20.02	20.00			

基本误差： 允许值： 最大值：

变　　差： 允许值： 最大值：

检验结论： 校验日期： 校验员：

第五章 流 量 测 量

在火电厂中，工作介质的流量能反映热力设备的效率及负荷的高低，因此随时监视某些流体的流量对保证设备安全经济运行是很重要的。

本章主要介绍椭圆齿轮流量计、差压式流量计、超声波流量计、涡街流量计、电磁流量计、动压管流量计、科里奥利质量流量计等各种流量测量的基本知识。

第一节 流量测量概述

一、流量的定义

单位时间内通过某截面的物质的量称为瞬时流量，简称流量。根据物质的量的不同，一般分质量流量和体积流量两大类。质量流量一般用 q_m 表示，其国际单位是 kg/s；体积流量一般用 q_V 表示，其国际单位是 m^3/s。质量流量和体积流量的关系为

$$q_m = \rho q_V \tag{5-1}$$

在一段时间内通过某截面的物质的量称为累计流量或流体总量，流体总量也可分为质量总量（用 Q_m 表示）和体积总量（用 Q_V 表示），它是瞬时流量对时间的积分量，即

$$Q_m = \int_0^t q_m \mathrm{d}t \tag{5-2}$$

$$Q_V = \int_0^t q_V \mathrm{d}t \tag{5-3}$$

二、流量计的分类

流量计根据工作原理不同可分为三类。

1. 容积式流量计

容积式流量计是以转子每转一周所排出流体的固定体积为依据制成的流量计。其特点是准确灵敏，但结构复杂。

2. 速度式流量计

以测量流体的流速为依据制成的流量计称为速度式流量计。

（1）涡轮流量计。流体冲击涡轮叶片，使涡轮旋转，其转速与流体的流速成正比。涡轮流量计的结构如图 5-1 所示。当涡轮转动时，涡轮上的螺旋形叶片依次接近处于管壁上的检测线圈，周期性地改变通过线圈的磁通量，

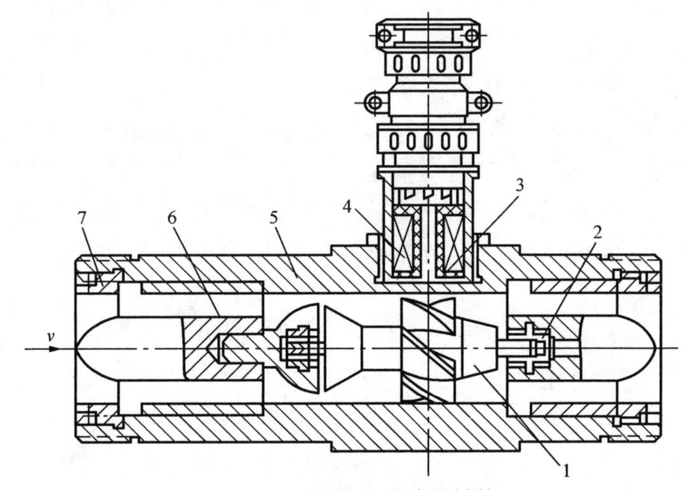

图 5-1 涡轮流量计的结构

1—涡轮；2—轴承；3—永久磁铁；4—感应线圈；5—壳体；6—导流器；7—紧固环

使检测线圈产生与流量成正比的脉冲信号。此信号经前置放大器放大后，可远距离传送至显示仪表。导流器的作用是导直流体的流束以及作涡轮的轴承支架用。涡轮流量计的特点是结构简单、性能可靠、准确度高、测量范围大、灵敏、耐压、信号能远传，但寿命短。

(2) 转子流量计。转子流量计又称罗托计，它由一垂直安装的锥形管和管内的转子两部分组成，如图 5-2 所示。流体从下至上流过锥形管，当流体流过管内壁与转子之间的环形空间时，对转子产生一个向上的顶托力，从而使转子上升，锥形管内壁与转子之间的环形面积增大，与此同时作用在转子上下两侧的压力差下降，流体对转子的顶托力随之下降。当转子本身重力与流体对转子的顶托力相平衡时，转子将稳定在某一位置，此位置与流体流量有关。在流量计的结构一定、流体一定的条件下，流量与转子上升的高度呈单值函数关系，由此即可测得流量的大小。

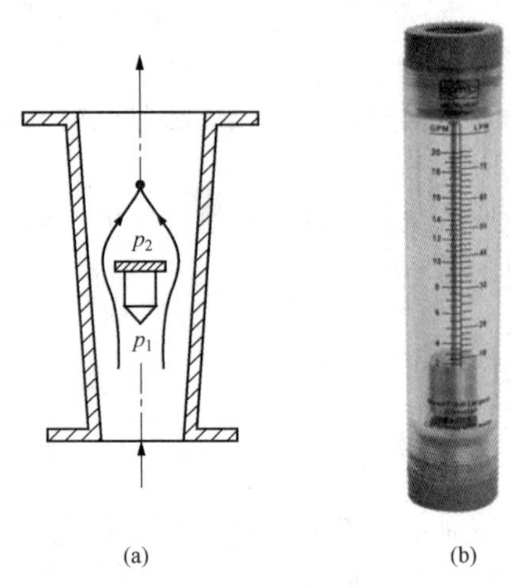

图 5-2 转子流量计
(a) 示意图；(b) 玻璃转子流量计

转子流量计属于变截面恒压降流量计，具有结构简单、读数直观、压力损失小、维修方便等优点，是工业生产中应用较为广泛的一种。

(3) 靶式流量计。由安装在管道中的圆形靶、杠杆系统及测量电路 3 部分组成，如图 5-3 所示。流体在管道中流动时，对圆形靶产生冲击力 F，此冲击力与流体的流量有确定的对应关系，即

$$q_m = \sqrt{\frac{\pi}{2}} K_a D \left(\frac{1}{\beta} - \beta\right) \sqrt{\rho F} \tag{5-4}$$

式中 K_a——流量系数；

D——管道内径；

β——直径比，$\beta = d/D$，其中 d 为靶的直径；

ρ——流体密度；

F——流体对靶面的推力。

上式描述了推力 F 与流量 q_m 的关系，利用测量电路测出 F 的大小即可得到流量。

靶式流量计适用于测量雷诺数较低的黏性流体的流量，因此火电厂中重油等流体的流量测量常采用靶式流量计。

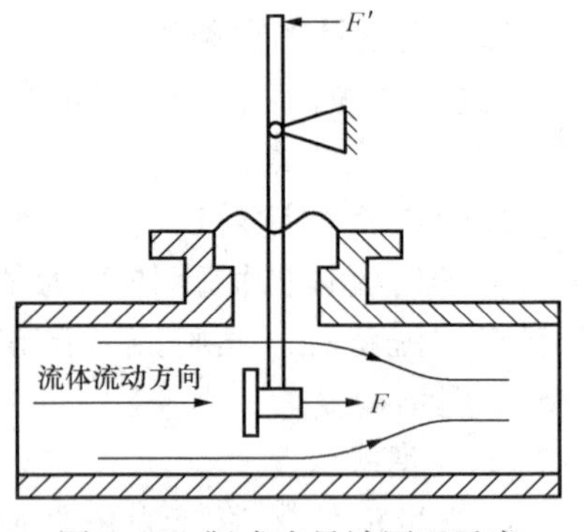

图 5-3 靶式流量计原理示意

(4) 涡街流量计。它是利用流体振荡原理进行流量测量的仪表。

(5) 差压式流量计。利用节流件前后的差压和流量的关系来测量流量。

(6) 超声波流量计。通过检测流体流动时对超声波束（或超声波脉冲）的作用来测量流量的仪表。它属于非接触式测量仪表，对流场无干扰、无阻力，不产生压损，安装方便，可测量有腐蚀性和黏度大的流体流量。

(7) 动压管流量计。利用流体的动压力和流速的关系来测量流量。

(8) 电磁流量计。导电性液体在磁场中运动时产生感应电动势，其值和流量成正比。

3. 质量流量计

它是利用流体在振动管内流动时产生与质量流量成正比的科氏力的原理制成的，如科里奥利质量流量计。其特点是被测流量不受流体的温度、压力、密度、黏度等变化的影响，测量范围大、准确度高，可测量含气流体、含固体颗粒液体等介质的流量。

第二节　容积式流量计

容积式流量计根据固定容积的不同，有多种类型，如椭圆齿轮流量计、腰轮流量计、刮板流量计等，它们常用于测量管道中液体的流量，尤其适合于重油、聚乙烯醇、树脂等黏度较高介质的流量测量。下面以椭圆齿轮流量计为例简单介绍容积式流量计的基本知识。

一、测量原理

椭圆齿轮流量计的测量部分主要由两个相互啮合的椭圆形齿轮、轴和壳体组成。当被测流体流经椭圆齿轮流量计时，将带动椭圆齿轮旋转，使其和壳体交替形成月牙形的计量室。椭圆齿轮流量计的工作原理如图 5-4 所示。

椭圆齿轮在流体差压（p_1-p_2）产生的合力矩作用下转动。如图 5-4（a）所示，合力矩使齿轮 1 顺时针转动，把计量室内的流体排至出口，同时带动相互啮合的齿轮 2 作逆时针方向转动，这时 1 为主动轮，2 为从动轮；当转至中间位置时，如图 5-4（b）所示，1 和 2 均为主动轮；当转至如图 5-4（c）所示位置时，作用在齿轮 1 上的合力矩为零，作用在齿轮 2 上的合力矩使齿轮 2 逆时针转动，并把已吸入计量室内的流体排出，此时 2 为主动轮，1 为从动轮。如此循环往复，流体便以计量室容积为单位逐次由入口排至出口。上述仅是椭圆齿轮转动 1/4 周的情况，而椭圆齿轮每转一周所排出的流体为 4 倍的计量室容积，因此流体的体积流量为

$$q_V=4nV_0=2\pi n(R^2-ab)\delta \tag{5-5}$$

式中　V_0——月牙形计量室的容积，$V_0=\frac{\pi}{2}(R^2-ab)\delta$；

n——齿轮的转速；

R——壳体容室的半径；

a、b——椭圆齿轮的半长轴和半短轴；

δ——椭圆齿轮的厚度，即月牙形计量室的深度。

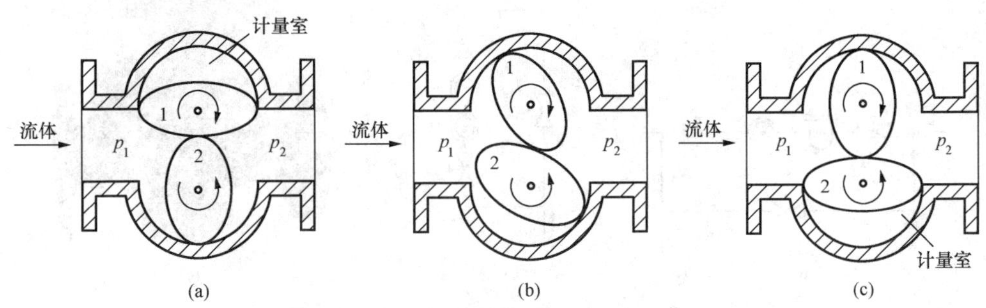

图 5-4　椭圆齿轮流量计的工作原理

实际使用的椭圆齿轮是一种变形的椭圆齿轮，称为卵圆形齿轮，因此在无泄漏情况下的流量公式为

$$q_V=2\pi n\{[a(1+e)+m]^2-\sqrt{1-e^2}a^2\}\delta \tag{5-6}$$

式中 m——齿轮模数；

e——偏心率；

a——卵圆形齿轮的半长轴；

δ——卵圆形齿轮的厚度。

这样，在椭圆齿轮流量计的计量室容积 V_0 一定的条件下，只要测出椭圆齿轮的转速 n，便可得到被测流体的流量。

二、显示原理

椭圆齿轮流量计测量部分输出的流量信号是椭圆齿轮的转速，所以测量转速的仪表都可用来显示流量。

1. 就地显示

将齿轮的转动通过一系列齿轮减速和调整转速比之后，直接带动仪表的指针和机械计数器，以实现瞬时流量和累计流量的就地显示。

2. 远传显示

通过减速后的齿轮带动永久磁铁旋转，使干簧继电器的触点与永久磁铁的旋转频率同步闭合或断开，从而发出一个个电脉冲，传给电子计数器，以进行流量的显示或积算。

三、使用注意事项

椭圆齿轮流量计在安装前应清洁管道。若流体内含有固体颗粒，则必须在管道上游加装过滤器；若流体内含气体则应安装排气装置。

椭圆齿轮流量计对前后直管段没有特殊的要求。它可以水平或垂直安装。安装时，应使流量计的椭圆齿轮转动轴与地面平行。流量计壳体及过滤器壳体上的箭头方向要与流体流动方向一致。

为了便于检修，流量计在安装时应装有旁路管道，流量计前后及旁路管道上应装有阀门。当测量垂直管道内的流量时，流量计应安装在旁路管道中，以防止杂物落入流量计内。椭圆齿轮流量计的安装如图 5-5 所示。

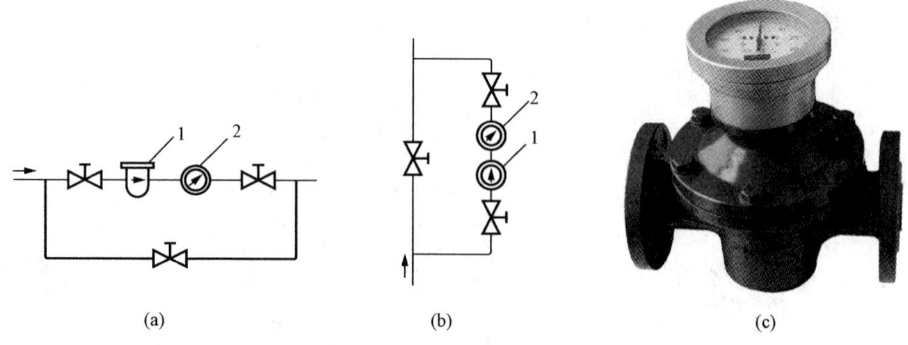

图 5-5 椭圆齿轮流量计的安装示意

(a) 流量计安装在水平管道上；(b) 流量计安装在垂直管道上；(c) 流量计实例

1—过滤器；2—流量计

在启动流量计时，应先开旁路管道的阀门，然后缓慢地开入口阀门，再缓慢地开出口阀门，最后缓慢关闭旁路阀门，用出口阀门控制流量在流量计上限的70%以内。在使用中千万不能骤然打开出口阀门，以防流量计突然快速旋转而损坏机件。

椭圆齿轮流量计特别适用于高黏度流体的流量测量，流体的黏度越大，泄漏量越小，测量的准确度就越高。它不受流体流动状态的影响，量程比较大。

第三节 差压式流量计

当流体流过管道中急骤收缩的局部断面时，会产生降压增速现象，这就是节流。流量越大，节流压降也越大。根据节流原理设计成的流量计称为节流变压降式流量计，简称为节流式流量计或差压式流量计。

一、差压式流量计的工作原理及流量公式

1. 工作原理

差压式流量计主要由节流装置、差压变送器、引压管（又称仪表管）和显示仪表等部分组成，如图5-6所示。在管道内装入节流件，流体流过节流件时流束收缩，于是在节流件前后产生差压。对于一定形状和尺寸的节流件，一定的测压位置和前后直管段情况、一定参数的流体等条件下，节流件前后产生的差压随流量而变，两者有确定的函数关系，因此可通过测量差压来测量流量。

差压式流量计适用于被测流体充满全部管道，并沿着内径不小于50mm的圆形管道流动；流体在管道内的流动是稳定流，流速为亚声速；被测流体是单相均质流体，且通过节流装置时不发生相变和析出杂质；标准节流装置安装在两段内径相同的直管段之间，在节流装置前后的最小直管段长度内不得有其他凸出物或肉眼可见的粗糙不平现象等场合。

2. 流量公式

差压式流量计的流量公式是根据伯努利方程和连续性方程推导出来的。在节流件前流体的流束还未收缩时选取截面1—1，在节流件后流体的流束惯性收缩达到最细时选取截面2—2，如图5-7所示。假设管道中流动的流体是不可压缩流体，且不计流动过程中的水头损失，则流体流过1—1、2—2截面的伯努利方程为

$$\frac{p_1'}{\rho}+\frac{v_1^2}{2}=\frac{p_2'}{\rho}+\frac{v_2^2}{2} \tag{5-7}$$

流体连续性方程为

$$\rho\frac{\pi}{4}D^2v_1=\rho\frac{\pi}{4}d_2^2v_2 \tag{5-8}$$

整理得

$$q_m=A_2\rho v_2=\frac{1}{\sqrt{1-\left(\frac{d_2}{D}\right)^4}}\frac{\pi}{4}d_2^2\sqrt{2\rho(p_1'-p_2')}\quad \text{kg/s} \tag{5-9}$$

以上三式中 p_1'、p_2'——截面1—1、2—2上的平均压力，Pa；

v_1、v_2——截面1—1、2—2上的平均流速，m/s；

A_2——截面2—2的截面积，m^2；

d_2——截面 2—2 上流束的直径，m；

D ——管道内径，m；

ρ ——流体的密度，kg/m^3。

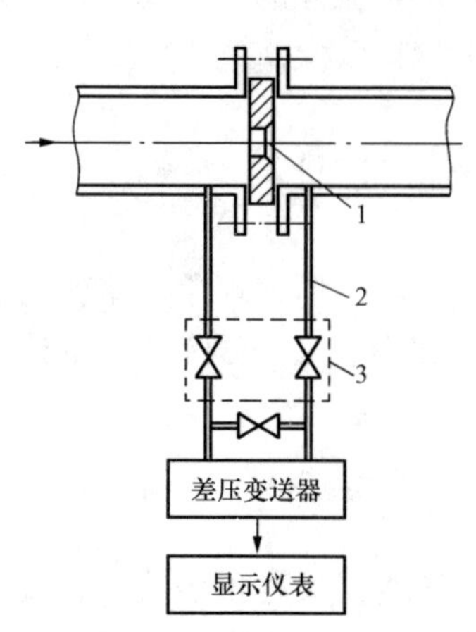

图 5-6 差压式流量计原理示意

1—节流件；2—引压管；3—三阀组

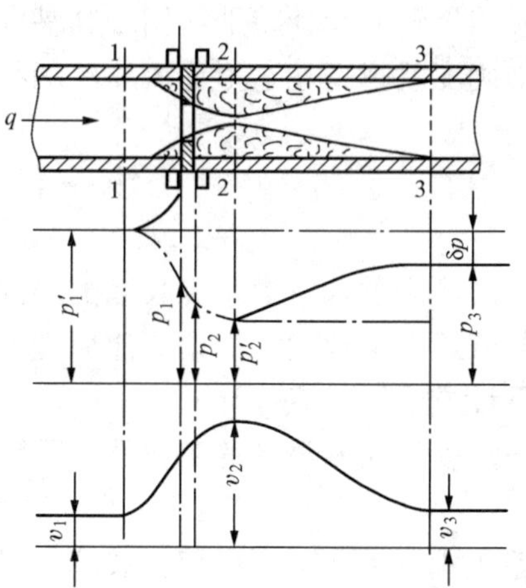

图 5-7 节流件前后流体压力、速度的分布情况

由于上式在推导时：①没有考虑流体阻力损失；②节流件前后的压力实际上只能在管道边缘取得，不能确切得到（$p_1'-p_2'$）；③流束最小截面的直径 d_2 难以确定，一般只能用节流件的孔径 d 代替；④没有考虑节流前后流体密度的变化。故实际流量公式是在上述公式基础上将节流件孔径及差压（p_1-p_2）代换后，并引入修正系数得到的，即

（1）质量流量公式 $$q_m=\alpha\varepsilon\frac{\pi}{4}d^2\sqrt{2\rho_1\Delta p}=\alpha\varepsilon\frac{\pi}{4}D^2\beta^2\sqrt{2\rho_1\Delta p}\quad \text{kg/s} \tag{5-10}$$

（2）体积流量公式 $$q_V=\alpha\varepsilon\frac{\pi}{4}d^2\sqrt{\frac{2}{\rho_1}\Delta p}=\alpha\varepsilon\frac{\pi}{4}D^2\beta^2\sqrt{\frac{2}{\rho_1}\Delta p}\quad \text{m}^3\text{/s} \tag{5-11}$$

式中 α ——流量系数（可查表）；

ε ——流束膨胀系数（为了把公式推广到可压缩流体而引入的系数，可查表）；

d ——节流件内径，m；

D ——管道内径，m；

β ——直径比，$\beta=\dfrac{d}{D}$；

ρ_1 ——节流件前流体的密度，kg/m^3；

Δp ——测得的差压，Pa。

在近似计算中，一般认为流量与差压的平方根成正比关系，即 $q=k\sqrt{\Delta p}$。

二、标准节流装置

节流件的形式很多，有孔板、喷嘴、文丘里管等。目前应用最广泛的节流件是孔板和喷嘴，这两种形式的节流件的外形、尺寸已标准化，并同时规定了它们的取压方式和前后直管段要求，总称为标准节流装置。整套节流装置示意如图 5-8 所示。

由图 5-8 可见，标准节流装置除包括节流件及取压装置外，还包括节流件上游侧第一个局部阻力件、第二个局部阻力件、下游侧第一个局部阻力件，以及它们之间的直管段长度。

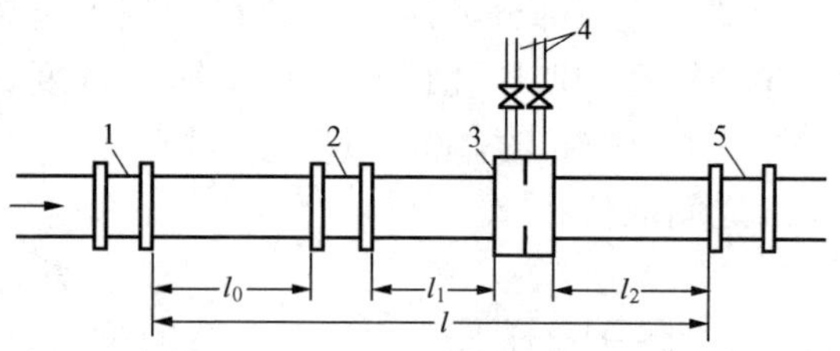

图 5-8 节流装置示意

1—上游侧第二个局部阻力件；2—上游侧第一个局部阻力件；3—节流件；4—引压管；5—下游侧第一个局部阻力件

（一）标准节流件及取压装置

1. 标准孔板

（1）结构。标准孔板是一个中心开孔的旋转对称体圆盘，其结构如图 5-9 所示。

标准孔板的进口圆筒形部分应与管道同心安装，其中心线与管道中心线的偏差不得大于 $0.015D(1/\beta-1)$。孔板的上游端面 A 的粗糙度要求最大凸凹尺寸不得超过 $0.0003d$；下游端面 B 应与 A 面平行，其粗糙度较 A 面低一级。孔板入口边缘 G 应是尖锐、无毛刺和划痕的直角。出口边缘 H 和 I 要求没有肉眼可见的粗糙不平之处和毛刺。孔板厚度 E 和圆筒厚度 e 都不能过大，要求 $e=(0.005\sim0.02)D$，但在 $\beta<0.2$ 时，e 应在 $(0.005\sim0.01)D$ 之间，$e\leqslant E\leqslant 0.05D$。斜面角 $F=30°\sim45°$。

标准孔板在采用角接取压时适用于直径 $D=50\sim1000$mm 的管道，孔板开孔直径 d 与管道直径 D 之比 $\beta=0.22\sim0.80$，雷诺数 $Re=5000\sim10^7$ 的场合。

（2）取压方式。标准孔板的取压方式分角接取压和法兰取压两种。

1）角接取压。标准孔板的角接取压如图 5-10 所示。采用角接取压时，孔板上、下游侧取压孔的轴线分别与孔板上、下游侧端面的距离等于取压孔径的一半或取压环隙宽度的一半，也就是取压口应紧靠节流件上、下游端面。角接取压时，孔板两侧的压力由它们与管道所形成的角顶处取出。取压口有环室和单独钻孔两种。

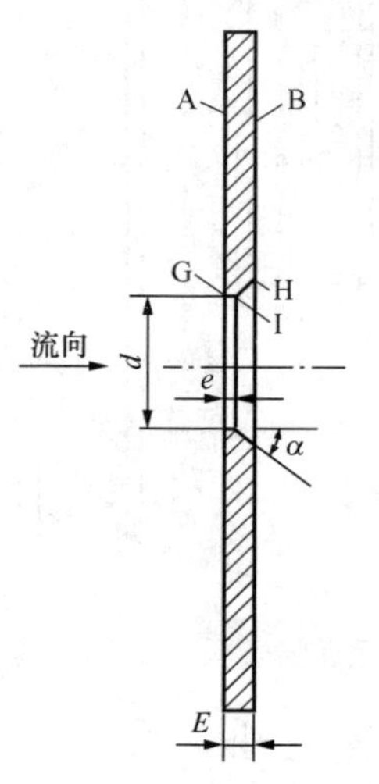

图 5-9 标准孔板

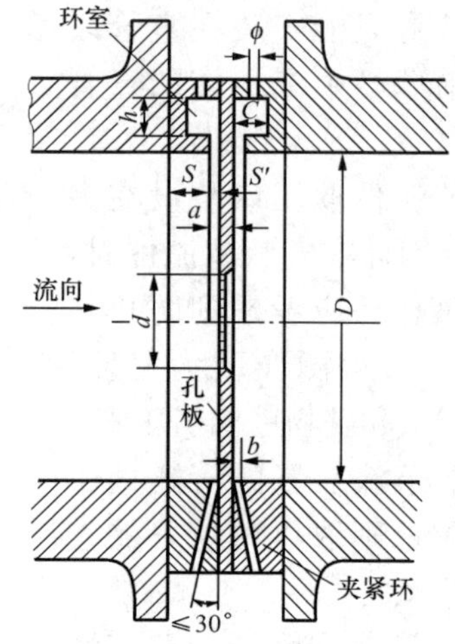

图 5-10 标准孔板的角接取压装置

单独钻孔取压是在孔板前后夹紧环上各钻一取压孔（图 5-10 下半部情况），引压管直接接在两孔上；环室取压则是在孔板上、下端各装一环室（图 5-10 上半部情况），压力信号由孔板与环室空腔之间的缝隙 a 引到环室空腔，再由环室通到引压管。环室的作用主要是均衡端面边缘部分的压力。环室缝隙也可以采用不连续的缝隙，但至少应等角均分为4段。单独钻孔的取压孔径 b 及环室缝隙宽度 a 规定为 $\beta \leqslant 0.65$ 时，$0.005D \leqslant a$（或 b）$\leqslant 0.03D$；$\beta > 0.65$ 时，$0.01D \leqslant a$（或 b）$\leqslant 0.02D$；并且 b 应在 4～10mm，a 应在 1～10mm 之间取值。

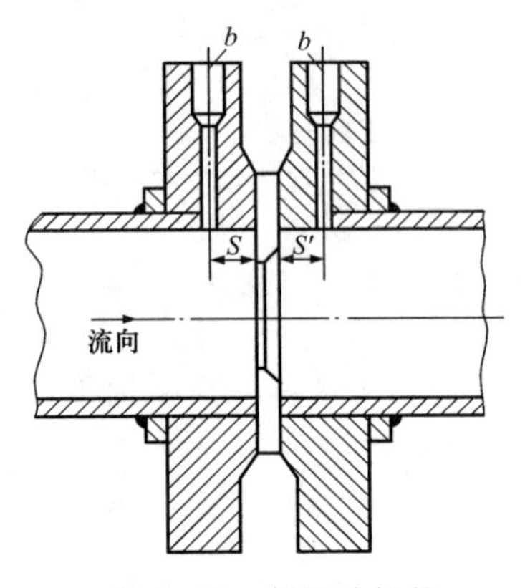

图 5-11　标准孔板的法兰取压装置

2）法兰取压。标准孔板夹于两片法兰之间，上、下游侧取压孔中心距离孔板上、下游端面为（25.4±0.8）mm（即 1 英寸），取压孔径不大于 $0.08D$，并在 6～12mm 之间取值，孔轴线必须垂直于管道轴线，标准孔板的法兰取压如图 5-11 所示。

2. 标准喷嘴

（1）结构。标准喷嘴是一个以管道轴线为中心的旋转对称体，由入口收缩部分的两段圆弧曲面和出口圆筒形喉部光滑连接组成。用于不同管道内径的标准喷嘴，其结构形式是几何相似的。

标准喷嘴可用于管道内径为 50～500mm、雷诺数 $Re = 2\times10^4 \sim 2\times10^6$、$\beta = 0.32 \sim 0.80$ 的场合。

（2）取压方式。标准喷嘴只采用角接取压方式，其结构形式与标准孔板角接取压的结构形式相同，标准喷嘴及其取压装置如图 5-12 所示。

（二）标准节流装置的安装和管道条件

1. 安装注意事项

（1）节流件开孔应与管道同心，且节流装置端面应与管道轴线垂直。

（2）节流装置只能安装在直管段内，且节流件前后必须有足够的直管段长度。

（3）由于节流件取压口装设在夹紧环或环室上，因此在安装节流件时，若被测介质为液体，应考虑到防止气体进入引压管，若被测介质为气体，则应考虑到防止水和脏物进入引压管。

（4）若安装节流装置的管道处于水平或倾斜位置，则取压口位置的选择如图 5-13 所示。

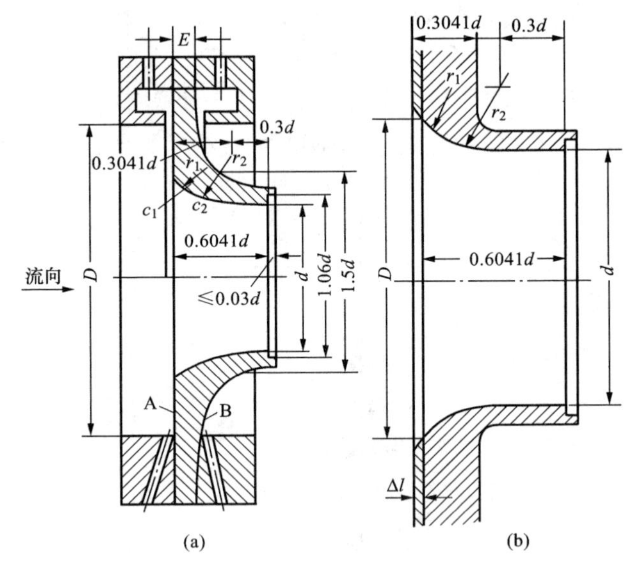

图 5-12　标准喷嘴及其取压装置

(a) $\beta \leqslant \frac{2}{3}$；(b) $\beta > \frac{2}{3}$

（5）对于测量蒸汽流量的节流装置，在节流件取压口装设有冷凝器，其作用是使节流件与显示仪表之间引压管中的被测蒸汽冷凝，并使两引压管中的冷凝液面有相等的高度。为此，对于水平或倾斜管道，节流件取压口应在管道中心线以上，如图 5-14（a）所示。对于垂直管道，取压口位置可以任意选择，但下面的冷凝器应向上移，以使两冷凝器内的冷凝液面处于相同的高度，如图 5-14（b）所示。

(6) 对于新安装的管道，节流件必须在管道冲洗洁净后才能进行安装。冲洗时可用与节流件夹紧环或环室相同厚度的临时垫圈代替节流件。

(7) 在节流装置前后长度为 $2D$ 的一段管道内壁上，不得有任何凹坑或肉眼可见的凸出物，如焊缝、铆接缝、温度计套管等。

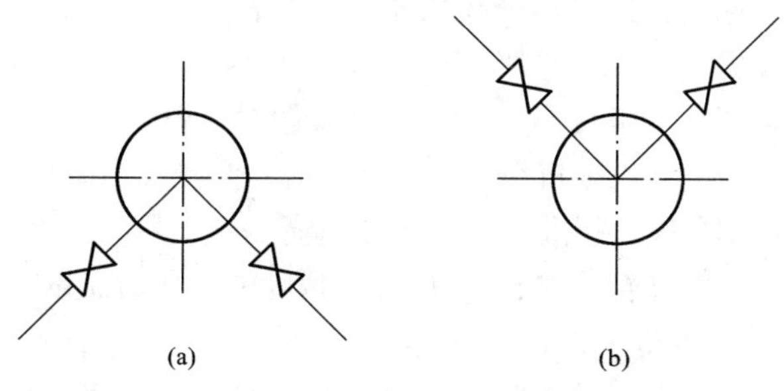

图 5-13 取压口位置的选择

(a) 被测介质为液体时；(b) 被测介质为气体时

(8) 当节流装置前后装有温度计套管时，二者之间必须有一定距离，其大小可根据温度计套管直径 d 决定：当 $d \leqslant 0.04D$ 时，距离应大于 $5D$；当 $0.13D \leqslant d \leqslant 0.18D$ 时，距离应大于 $30D$。

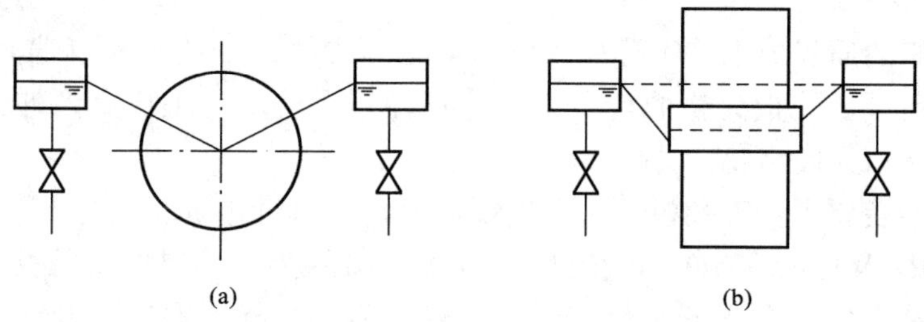

图 5-14 测量蒸汽流量时冷凝器的安装示意

(a) 水平管道冷凝器的安装；(b) 垂直管道冷凝器的安装

2. 管道条件

(1) 仪表管应能抗侵蚀，一般采用钢管或铜管，其内径应为 8～12mm。

(2) 仪表管总长度一般不超过 50m 且不小于 3m。若被测介质温度高于 100℃，则长度应不小于 6m。

(3) 应根据被测介质的压力选用耐压强度足够的仪表管，汽水取样一般用无缝钢管，测量风量等微压介质时可用优质瓦斯管。仪表管敷设完毕后，应进行严密性试验或耐压试验。

(4) 整个仪表管应向同一方向倾斜，且与水平方向应有 1%～10%的倾斜度，应根据具体情况在仪表管最高处装设排气门或在最低处装设放水门。

(5) 敷设仪表管路时，每隔 1～2m 应有固定卡子。多根仪表管束在一起敷设时，应排列整齐。敷设易燃、易爆介质的仪表管时，应注意隔热和防火。

(6) 仪表管穿越楼板、平台或铁板时，应加装护管或留有富裕的孔口，并定期进行磨损检查。

(7) 仪表管拐弯处应均匀弯曲且不得变扁，弯曲半径不得小于管子外径的 8～10 倍。

(8) 两根仪表管应并排敷设并处于同一环境温度中。

*三、标准节流装置的选择与安装

1. 标准节流装置的选择

标准节流装置的选择，应根据测量的准确度、压力损失的大小、直管段长度、对引起腐蚀和磨损的脏物的敏感性、安装使用是否方便以及产品的价格等因素进行综合考虑。

标准孔板和标准喷嘴相比：孔板加工容易，价格便宜，入口边缘抗流体磨蚀的性能差，难以保持尖锐，膨胀系数的误差和压力损失比喷嘴大。而喷嘴较耐流体磨蚀，性能较为稳定，测量准确度高，直管段要求较短，但结构复杂，造价高。

目前在火电机组中，主蒸汽流量测量大多采用标准喷嘴，给水流量及减温水流量等的测量多选用孔板。标准孔板、标准喷嘴一般适用于直径 D 不小于 50mm 的管道中；在管道直径小于 150mm 时，孔板入口边缘尖锐度的变化对流量系数的影响显著，选用时应予以注意。

2. 制造节流件的材料

制造孔板或喷嘴的材料应具有足够的强度和耐磨、耐腐蚀、耐高温等性能。在电厂中，测量水蒸气、湿空气等流体的流量时，标准孔板的材料用 Cr17、2Cr18Ni、Cr23Ni13 以及其他型号的耐酸钢，喷嘴材料用耐酸铸铁。在测量 400℃以上的高压过热蒸汽流量时，采用 Cr6Si、Cr18Ni25Si、Cr25Ni20Si2 等材料。在测量水和某些液体流量时，可采用黄铜、青铜和耐酸铁，也可采用 Cr18Ni12Mo2Ti、2Cr18Ni 等材料。

3. 孔板的检修与安装

(1) 孔板检修的质量要求：①孔板入口边缘必须尖锐；②孔板入口端面与内孔要光洁，不能有斑点或划痕；③孔板无挠曲现象，内孔直径符合要求；④环室内外无锈蚀痕迹及脏物；⑤环室的取压口无凸出物。

(2) 孔板的安装要求：①孔板的入口尖锐边缘，应面对介质的流向；②孔板应与管道同心；③孔板前 $10D$ 及孔板后 $5D$ 的管道内，应无凸出的垫片、焊痕及脏物；④取压口要光洁；取压口的安装方位应便于安装仪表管；⑤安装后，孔板、取压口及连接处，均应进行 1.5 倍介质工作压力的耐压试验。

*四、差压仪表管路的敷设

1. 差压仪表管路敷设的总体要求

差压信号仪表管路（以下简称仪表管路）是连接节流装置和差压变送器的部件，其敷设路线的选择、安装方法、严密性等直接影响测量的准确性。为便于检修和校验，仪表管路应装有取源阀门和仪表阀门，取源阀门装于取源部件之后，仪表阀门装于测量仪表之前。对仪表管路敷设的总体要求如下：

(1) 正负压仪表管路要尽量靠近和并行敷设，以使两管的温度一致，防止因密度不同引起测量误差。

(2) 为了减小迟延，仪表管路的内径不能太小，一般不小于 10mm。

(3) 仪表管路应按最短距离敷设，且最长不超过 50m，以减小测量的时滞。但对于蒸汽流量测量，为了使仪表管内有足够的凝结水，仪表管路一般不短于 3m。

(4) 仪表管路敷设应整齐、美观、固定牢固，尽量减少弯曲和交叉，不允许有急转弯和复杂的弯。成排敷设的管路，其弯头弧度应一致。

(5) 为了防止仪表管路积水、积气，其敷设应有大于 1：12 的坡度；当仪表管路内为液体时，在管路的最高处应安装排气装置，当仪表管路内为气体时，在管路的最低处应装有排液装置。

(6) 测量具有腐蚀性或黏度大的流体时，应设隔离容器，以防仪表管路被腐蚀或阻塞。

(7) 仪表管路应尽量集中敷设，其路线应与主体结构相平行。

(8) 仪表管路所经之处不得受热源的影响，更不应有单管道受热现象，也不应有冻管现象，在采取防冻和防热的措施时，要保证两根管路的温度相等。

2. 仪表管路的典型敷设方法

差压测量仪表管路的敷设方法很多，生产中常用的典型敷设方法如下：

(1) 测量液体流量时仪表管路的敷设方法。测量液体流量的差压仪表或变送器宜设置在低于取源部件的地方。如果变送器的安装位置高于节流装置，应将测量管路先向下敷设一段，然后再向上接至变送器。这时要在测量管路最高点设置空气收集器，以收集测量管路中的气体，然后定期排掉。不论哪种安装形式，在变送器前都要装设沉降器，收集测量管路中的杂质、污物等，以免堵塞管路和损坏仪表。测量液体流量时仪表管路的典型敷设如图5-15所示。

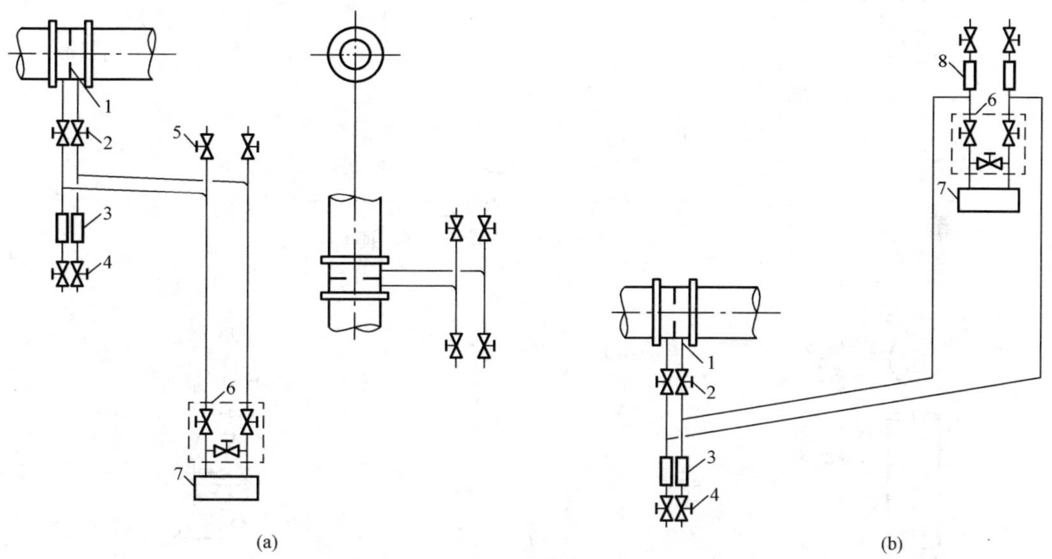

图5-15　测量液体流量时仪表管路的敷设

(a) 差压变送器位于节流装置下方；(b) 差压变送器位于节流装置上方

1—节流件；2—取源阀门；3—沉降器；4—排污阀门；5—排气阀门；6—三阀组；7— 差压变送器；8—集气器

(2) 测量气体流量时仪表管路的敷设方法。测量气体流量的差压仪表或变送器宜设置在高于取源部件的地方，否则应采取排水措施。测量气体流量时仪表管路的典型敷设如图5-16所示。

(3) 测量蒸汽流量时仪表管路的敷设方法。测量蒸汽流量时，差压变送器一般安装在节流装置的下方；在取压处和仪表管路之间应加装平衡容器（冷凝器），以防止高温介质直接进入变送器，平衡容器的安装位置应保证两根引压管路内的液柱高度相等。如果变送器的安装位置处于节流装置的上方，仪表管路应先向下敷设一段，然后再向上敷设，并且要装设集气器。测量蒸汽流量时仪表管路的典型敷设如图5-17所示。

(4) 测量有腐蚀性或黏度大的介质流量时仪表管路的敷设方法。测量有腐蚀性或黏度大的介质流量时，必须采取隔离措施。常用的两种隔离罐形式如图5-18所示。

3. 仪表管路的附件

为了提高测量的准确度，并便于运行、检修和维护等，在仪表管路系统中还装有一些必须的附属设备，即管路附件。

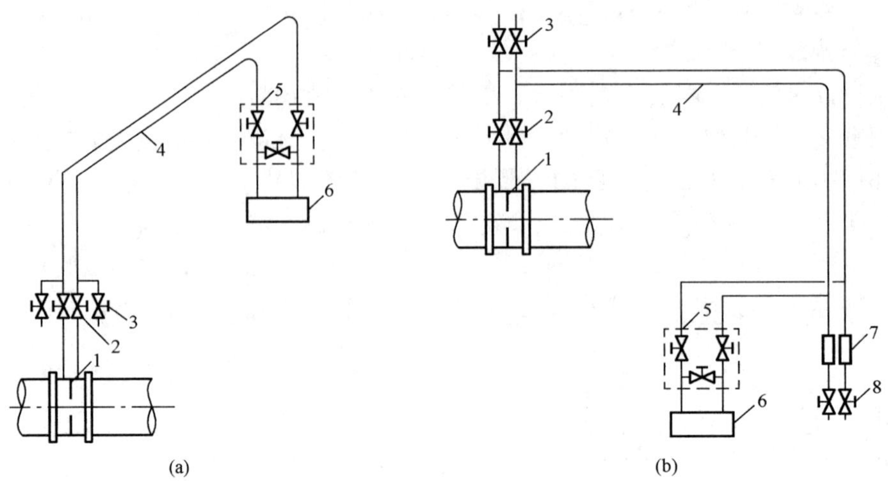

图 5-16 测量气体流量时仪表管路的敷设

(a) 差压变送器位于节流装置上方；(b) 差压变送器位于节流装置下方

1—节流件；2—取源阀门；3—冲洗阀门；4—引压管；5—三阀组；

6—差压变送器；7—沉降器；8—排水阀门

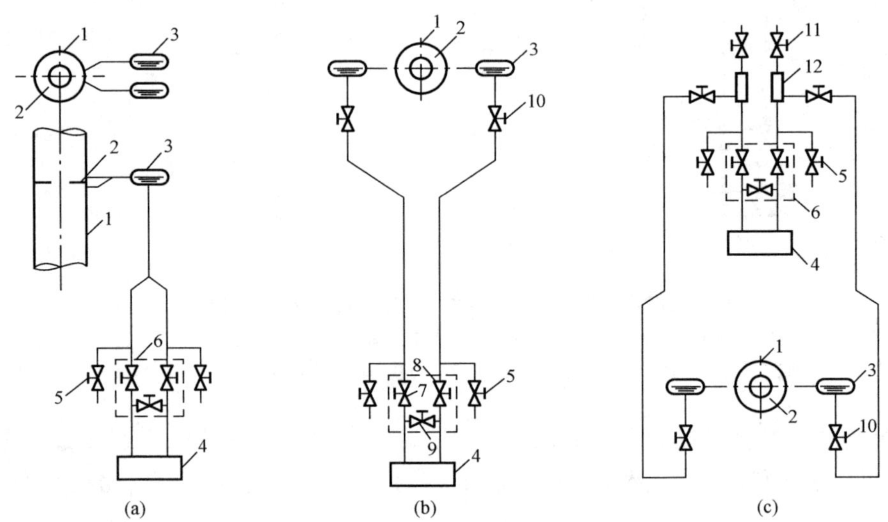

图 5-17 测量蒸汽流量时仪表管路的敷设

(a) 节流装置装于垂直管道；(b) 节流装置装于水平管道；(c) 变送器位于节流装置上方

1—蒸汽管道；2—节流件；3—平衡容器；4—差压变送器；5—冲洗阀；6—三阀组；7—正压阀门；

8—负压阀门；9—平衡阀门；10—取源阀门；11—排气阀门；12—集气器

(1) 平衡容器。测量蒸汽流量时，蒸汽会在仪表管中凝结成水，为保证正负压仪表管中的水柱等高和恒定，在仪表管上加装了平衡容器，如图 5-19 所示。

为了达到恒定液柱高度的目的，平衡容器横截面应足够大，一般比差压变送器测量室的工作面积大三倍以上。

当被测流体的流量波动很大而流体的温度又较高时，为防止仪表管路中的冷液体大量流入被测管路，造成节流件局部突然冷却，以致变形，在节流件和平衡容器之间还应加装冷凝液捕集器。

（2）集气器。当被测流体或仪表管路中为液体时，在仪表管路的最高处和可能集气的地方应装集气器或排气阀，以收集和定期排出气体。

（3）沉降器。对任何被测流体，在测量管路的最低点和可能沉积污垢的地方应装沉降器或排污阀，以收集和定期排出污物。

（4）隔离器。当被测流体易冻结、易析出固体或有腐蚀性时，为保证仪表的正常运行，应采用隔离器。

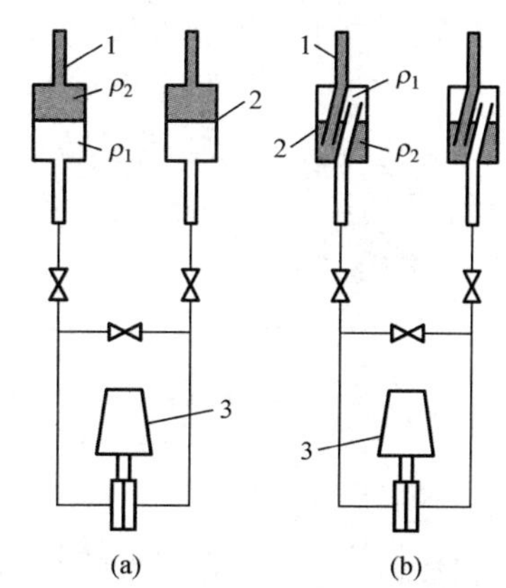

图 5-18　隔离罐的两种形式

（a）$\rho_1>\rho_2$；（b）$\rho_1<\rho_2$

1—引压管；2—隔离罐；3—差压变送器；

ρ_1—隔离介质的密度；

ρ_2—被测介质的密度

*五、差压变送器的投运

差压变送器的量程一般较小，使用中应保证变送器不单向过压。同时为方便变送器的在线校验，便于变送器的检修，在差压变送器之前都安装了三阀组。

三阀组是由互相连通的三个阀门组成。根据每个阀门在系统中所起的作用，一般左边为高压阀门，右边为低压阀门，中间为平衡阀门。三阀组与差压变送器配套使用，目的是将正负压测量室与引压点导通或断开；或将正负压测量室导通或断开。

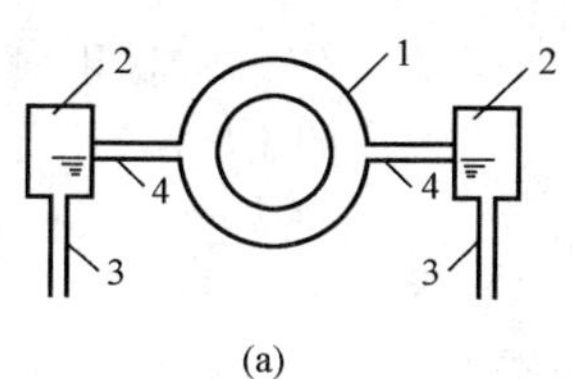

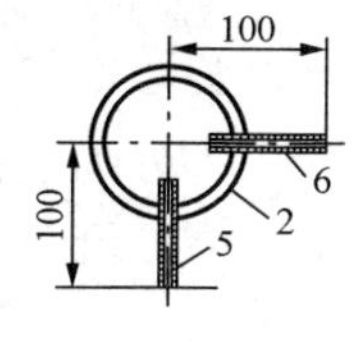

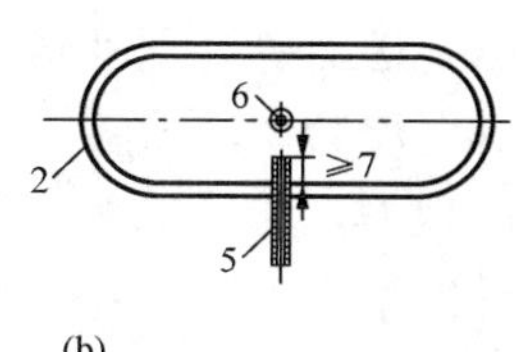

图 5-19　平衡容器

（a）安装示意；（b）结构图

1—被测管道；2—平衡容器；3—仪表管；4—取源管；5—仪表管接口；6—取源管接口

变送器安装后首次使用时应先冲洗引压管，操作步骤为：①关闭三阀组高低压阀门；②打开三阀组平衡阀门；③打开高低压引压管排污阀门；④打开引压管取源阀门（又称一次阀门），冲洗引压管后关闭排污阀门。

为了保护差压仪表和变送器，三阀组在投运时也要按照一定的顺序，即投运时，打开正压阀，关闭平衡阀，打开负压阀；停运时，关闭负压阀，打开平衡阀，关闭正压阀。

注意：如果被测介质是蒸汽，要等到引压管中充满冷凝水时再投运变送器。

六、智能流量计

与差压式流量计配套的显示仪表较多，如差压计、电子差动仪等，目前使用较多的是智能流量计。

该仪表的核心部分是单片机，它具有快速准确的运算功能和控制功能；与差压、压力、温度变送器配合，能方便地对差压信号进行开方运算；对被测介质由于压力、温度变化所产生的测量误差能进行快速修正；对瞬时流量能进行积算；能测试仪表本身是否正常，具有自诊断功能等，故称为智能流量计。

智能流量计不仅能以数字形式显示测量值，还能输出标准模拟信号至控制系统。它的结构简单、适应性强、测量准确、可靠性高，在生产中得到了广泛应用。

1. 智能流量计的组成及结构

(1) 智能流量计的组成。智能流量计一般由 I/f 转换器、单片机、显示器、键盘和电源组成，如图 5-20 (a) 所示。

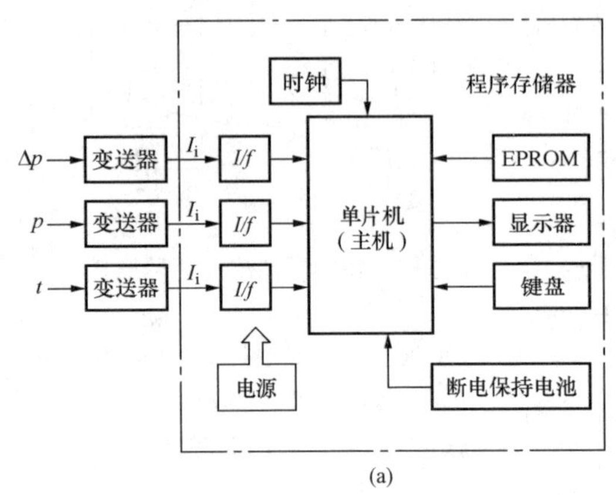

(a)

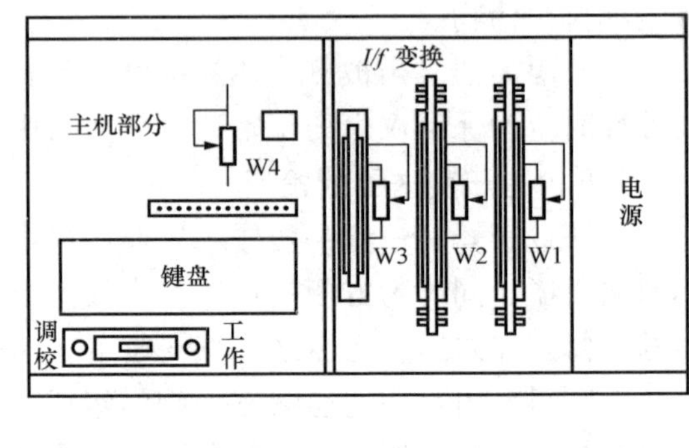

(b)

图 5-20　智能流量计的组成和内部结构

(a) 组成方框图；(b) 内部结构

来自差压变送器、温度变送器、压力变送器的标准电流信号作为流量计的输入信号 I_i，分别经相应的电流频率转换器 (I/f) 转换成 0～1000Hz 的线性脉冲信号，再送入单片机。在控制信号作用下，单片机按程序对输入信号进行采样、运算、校正及累计。计算所得的瞬时流量和累计流量由显示器进行数字显示。

(2) 智能流量计的内部结构。智能流量计是以单片机为核心的具有总线连接结构的新型仪表，其内部结构如图 5-20 (b) 所示。除显示器在仪表面板上外，其余部件都装在内部。主机由微处理器、内存 RAM、计数器、时钟及输入/输出接口等组成，它们被集成在一块芯片上，简称单片机。芯片采用了超大规模集成电路，使整机结构简单、调整方便。3 块 I/f 转换器与各自变送器相接，其上安装的 3 个电位器 (W1、W2、W3) 分别用于温度板、压力板、差压板的频率调整；电位器 W4 用于整机输出电流的调节；键盘用于参数的设定，它由 15 个键组成，0～9 共 10 个数字键，5 个功能键 (小数点、温度系数 C、压力系数 P、流量系数 F、最大流量值 FH)。计算所需要的资料由键盘输入主机，存放在 RAM 中。EPROM 是可编程序的存储器，用于存放计算用的程序。仪表装有工作/调校开关，仪表还具有断电保持功能。

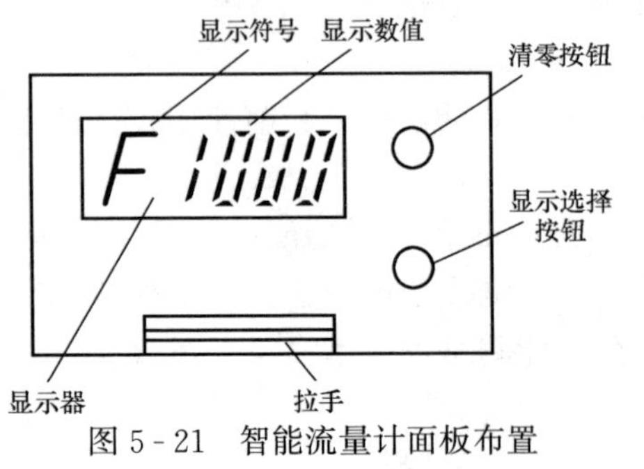

图 5-21　智能流量计面板布置

2. 智能流量计的使用

智能流量计的面板布置如图 5-21 所示。显示器采用 6 位 LED 数码管，显示内容包括符号及数值。面板上各按钮的作用及工作/调校开关的作用如下：

(1) 显示选择按钮。智能流量计对各参数测量值的显示由该按钮进行选择。按动该按钮可显示被测介质的瞬时温度C、瞬时压力P、瞬时流量F和累计流量（无符号）。连续按下这个按钮，可依次显示4个参数值，如：

F　1000表示瞬时流量为1000t/h；

C　550.0表示瞬时温度为550℃；

P　17.00表示瞬时压力为17MPa；

95 200.5表示累计流量为95 200.5t。

（2）清零按钮。开机或重新整定参数时，对仪表清零。按动此按钮，显示器显示F—0。

（3）工作/调校开关。仪表在投入运行前，需通过键盘输入各资料，这时要将开关置于调校位置。接通电源后，仪表显示F—0，表示仪表处于正常就绪状态，若显示其他的字或数，则按清零按钮使其显示F—0，仪表等待参数输入，此时可通过键盘依次输入各参数。所有参数输入完毕后，再按显示按钮，仪表显示F—0，调校工作结束。最后将工作/调校开关置于工作位置，仪表仍显示F—0，仪表即可投入运行。

3. 智能流量计的测量系统

智能流量计与差压式流量测量装置配套使用，可测量各种介质的流量，其测量系统如图5-22所示。该系统能对被测介质因压力和温度变化所引起的测量误差进行自动补偿，尤其适用于电厂主蒸汽流量的测量。

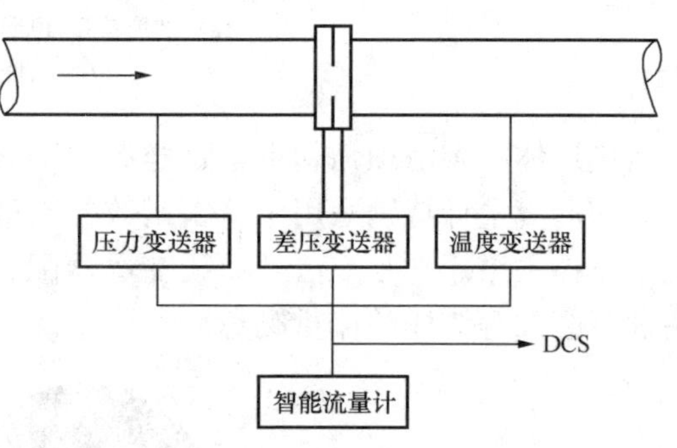

图5-22　差压式智能流量测量系统示意

*七、其他常用的节流装置

除上述标准节流装置外，还有一些其他节流装置在生产中也得到了应用。

1. V形锥流量计

V形锥流量计是利用内置V形锥体在流场中引起节流效应来测量流量的，如图5-23所示。V形锥流量计的节流件是一个双V形锥体，流体通过锥形体时，由于锥形体的节流作用，在其上、下游侧产生差压（正压 p_+ 是在上游流体收缩前的管壁取压口处测得的静压力，负压 p_- 是在朝向下游的锥端面中心取压孔处取得的压力），此差压与流体的流量有确定的函数关系。该流量计具有量程比宽、压损小、耐磨损、不易堵塞和对直管段要求低等特点，可用于黏稠、脏污、磨蚀及低雷诺数条件下的流量测量。

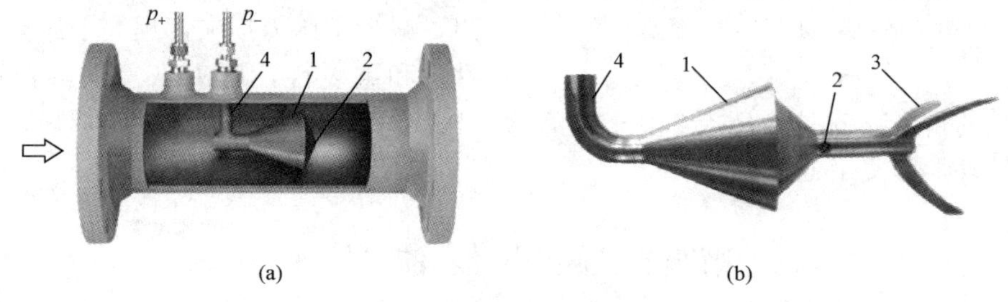

图5-23　V形锥流量计

（a）V形锥流量计原理图；（b）带有导流叶片的内锥体

1—锥体；2—负压取压口；3—导流叶片；4—负压取压管

2. 楔形流量计

楔形流量计的节流件是一个楔形体（又称为楔形孔板），如图 5 - 24 所示。流体通过楔形体时，由于楔形体的节流作用，在其上、下游侧产生差压，此差压从楔形体两侧取压口引出，经差压变送器转变为电信号后，再送至显示仪表。

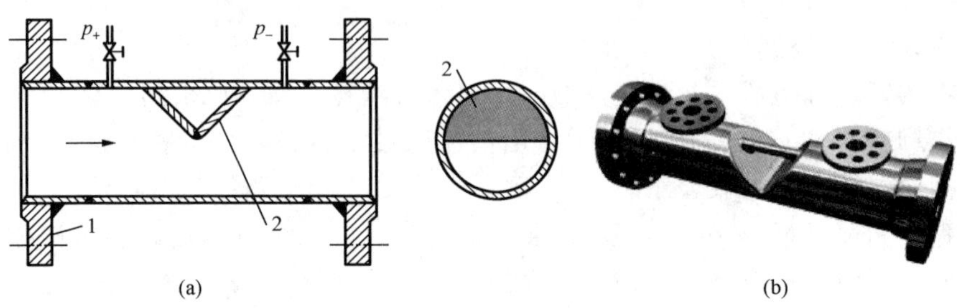

图 5 - 24 楔形流量计

(a) 楔形流量计原理图；(b) 楔形流量计外形

1—法兰；2—楔形体

楔形体的圆滑顶角朝下，这样有利于含悬浮颗粒的液体或黏稠液体顺利通过。

楔形流量计特别适用于低雷诺数的流量测量，在雷诺数只有 300 时，流量和差压仍然遵循平方根关系。它与双法兰差压变送器配合使用时，可用于易结晶、易冻结、黏稠、脏污、腐蚀、磨蚀等流体的流量测量。

3. 平衡流量计

平衡流量计的节流件是一个多孔（每个孔的尺寸和分布是根据经验公式和实验数据确定的，称为函数孔）的圆盘（称为平衡盘），如图 5 - 25 所示。当流体穿过圆盘的函数孔时，流体将被平衡整流，以减小涡流的影响，通过取压装置，可获得稳定的差压信号。

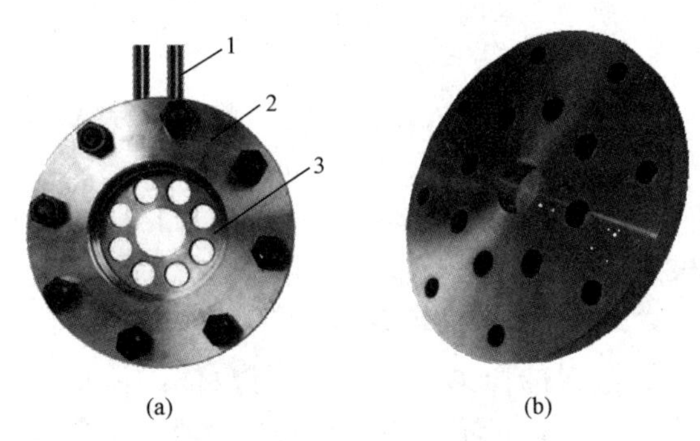

图 5 - 25 平衡流量计

(a) 平衡流量计的取压装置；(b) 平衡盘

1—取压管；2—法兰；3—平衡盘

平衡流量计具有对称多孔结构，能对流场进行平衡，降低了涡流、振动和信号噪声，减少了压力损失，提高了流量测量的线性度和重复性，压力恢复快，直管段要求低，其适用的雷诺数范围为 $Re=200\sim10^7$，直径比 β 可在 0.25～0.90 之间选择。它与孔板具有相同的外形和使用方法。

第四节 超声波流量计

超声波是一种机械波，是机械振动在媒质中的传播过程。20kHz 以上频率的机械波称为超声波，其波长较短，近似直线传播，在固体和液体媒质内的衰减较电磁波小，能量容易集中，可形成较大强度，产生剧烈振动，并能引起很多特殊作用。

用来发射和接收超声波的装置称为超声波换能器。超声波换能器可分为发射换能器和接收换能器两大类。发射换能器的作用是使其他形式的能量转换为超声波的能量，而接收换能器的作用是使超声波的能量转换为其他形式易于检测的能量。在超声波检测中常采用多功能换能器，它既可作发射换能器，又可作接收换能器。

超声波流量计是一种新型流量计，它分为能动型和被动型两大类。能动型根据工作原理不同又可分为速度差法、射束位移法（在流体中传播的超声波束会因流体的流动而产生偏移。此方法宜测高速流体的流量，准确度较低）和多普勒效应法（利用多普勒频移现象测量流量，适用于液体中含有大量异物和气泡等的场合）等。被动型是测量流动产生的声音，也叫听音法。本节简要介绍速度差法和多普勒效应法。

一、速度差法超声波流量计

超声波在顺流与逆流中的传播速度之差与介质流速有关，测得介质流速即可得出流量。超声波在顺、逆流中的传播情况如图 5-26 所示，在管壁间的传播轨迹如图 5-27 所示。

测定传播速度差的方法主要有时间差法、相位差法和频率差法三种。现以时间差法为例简单介绍其工作原理。

设静止流体中超声波的传播速度为 c，流体流速为 v，流体静止时超声波的传播方向与管道轴线之间的夹角为 θ，管道直径为 D，则

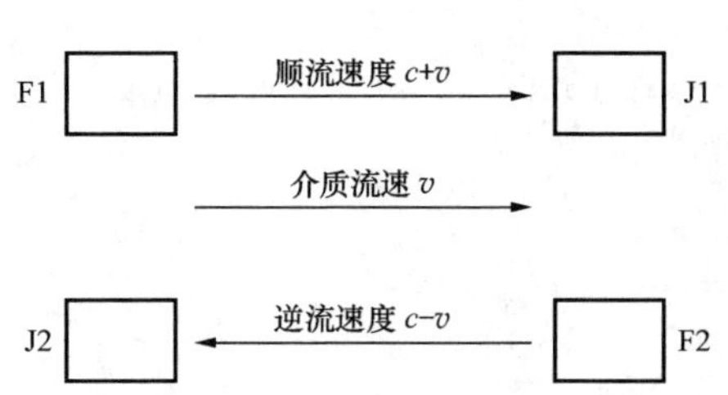

图 5-26 超声波在顺、逆流中的传播情况

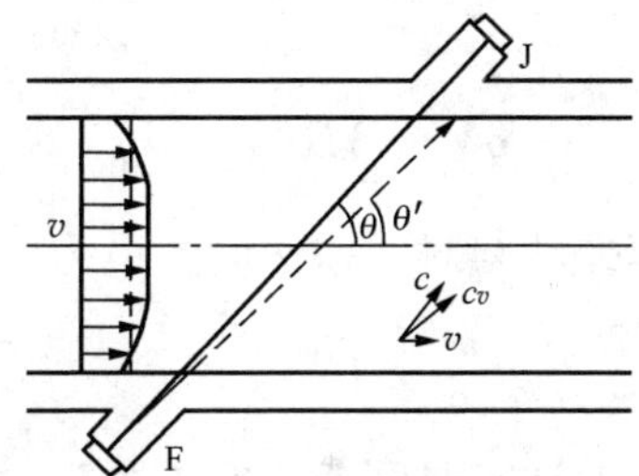

图 5-27 超声波在管壁间的传播

F—发射换能器；J—接收换能器

顺流传播时间为
$$t_1=\frac{D/\sin\theta}{c+v\cos\theta}+\tau \tag{5-12}$$

逆流传播时间为
$$t_2=\frac{D/\sin\theta}{c-v\cos\theta}+\tau \tag{5-13}$$

式中 τ ——超声波在管壁内和电脉冲信号在电路中传输所产生的滞后时间的总和。

时间差
$$\Delta t=t_2-t_1=\frac{2D\cot\theta}{c^2-v^2\cos^2\theta}v\approx 2\frac{D\cot\theta}{c^2}v \quad (\text{因为 } c\gg v) \tag{5-14}$$

即
$$v=\frac{c^2\tan\theta}{2D}\Delta t \tag{5-15}$$

体积流量为
$$q_V=\frac{\pi}{4}D^2v=\frac{\pi}{8}D\,c^2\tan\theta\Delta t \tag{5-16}$$

时间差法超声波流量计原理如图 5-28 所示。

【例 5-1】 用时间差法超声波流量计测某管道中流量。已知 $D=300\text{mm}$，$c=1500\text{m/s}$，

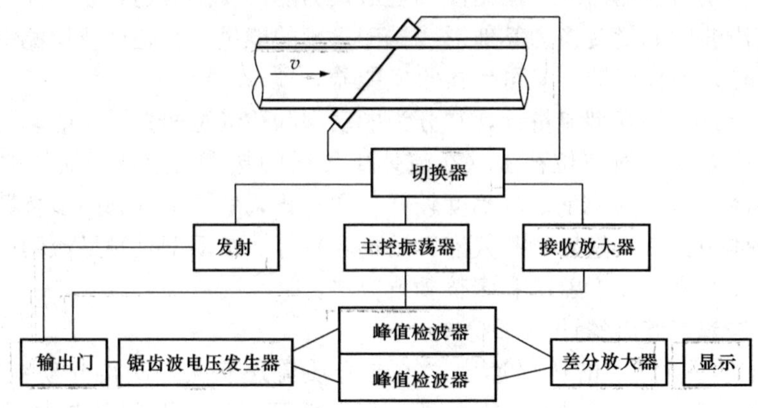

图 5-28　时间差法超声波流量计原理

$\theta=30°$，$\Delta t=10^{-6}$s，求顺流传播所用时间和体积流量。

解：

$$v=\frac{c^2\tan\theta}{2D}\Delta t=\frac{1500^2\tan30°}{2\times0.3}\times10^{-6}=2.165(\text{m/s})$$

$$t_1=\frac{D/\sin\theta}{c+v\cos\theta}=\frac{0.3/\sin30°}{1500+2.165\cos30°}=3.995\times10^{-4}(\text{s})$$

$$q_V=\frac{\pi}{4}D^2v=\frac{3.14}{4}\times0.3^2\times2.165=0.1526(\text{m}^3/\text{s})=550(\text{t/h})$$

频率差法与时间差法的关系为

$$\Delta f=f_2-f_1=\frac{1}{t_2}-\frac{1}{t_1}\tag{5-17}$$

相位差法与时间差法的关系为

$$\Delta\varphi=\omega\Delta t=2\pi f(t_2-t_1)\tag{5-18}$$

式中　Δf——超声波在顺流和逆流中传播的频率差；

f_1、f_2——超声波在顺流和逆流中传播的频率；

$\Delta\varphi$——在顺流和逆流中接收到的超声波信号之间的相位差；

ω——角频率。

可见，相位差法本质上和时间差法是相同的，而频率与时间有互为倒数的关系，因此三种方法没有本质上的差别。

说明：

（1）速度差法所测量和计算的流速是超声波传播路径上的线平均流速，而计算流量需要的是流通横截面的面平均流速，二者的数值是不同的，其差异取决于流速分布状况。因此，对上述理论计算出的流量还需乘以一个流速分布修正系数。

（2）超声波的传播路径与传播速度受介质温度的影响，需进行温度补偿。

二、多普勒效应法超声波流量计

如图 5-29 所示，超声波发射换能器 A 发出频率为 f_A 的连续超声波，经流体中的散射体（悬浮颗粒或气泡）散射后的超声波产生多普勒频移 f_d，接收换能器 B 收到的超声波频率为 f_B，其大小为

$$f_{\mathrm{B}}=f_{\mathrm{A}}\frac{c-v\cos\theta}{c+v\cos\theta} \tag{5-19}$$

式中　v——散射体的运动速度。

$$f_{\mathrm{d}}=f_{\mathrm{B}}-f_{\mathrm{A}}=-f_{\mathrm{A}}\frac{2v\cos\theta}{c+v\cos\theta}$$

$$\approx -f_{\mathrm{A}}\frac{2v\cos\theta}{c}\quad（因为\ c\gg v\cos\theta） \tag{5-20}$$

即

$$v=-\frac{c}{2\cos\theta}\frac{f_{\mathrm{d}}}{f_{\mathrm{A}}} \tag{5-21}$$

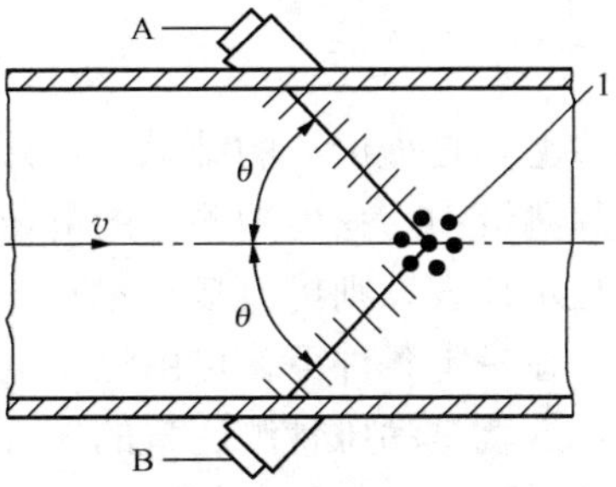

可见，多普勒频移 f_{d} 正比于散射体的运动速度 v，测出频移 f_{d} 即可得到流体的流量。

图 5-29　多普勒法超声波流量计原理示意

1—散射体；

A—发射换能器；B—接收换能器

体积流量为

$$q_V=-\frac{\pi}{8}D^2\frac{c}{\cos\theta}\frac{f_{\mathrm{d}}}{f_{\mathrm{A}}} \tag{5-22}$$

说明：

（1）多普勒法所测得的流速是各散射体的移动速度，与流体平均流速的数值并不一致，需用散射体分布系数进行修正。

（2）多普勒频移信号还受散射体分布状况及其粒度大小、超声波被散射体衰减程度等因素的影响，因此使用时应根据被测流体的实际情况进行补偿。

超声波流量计属于非接触式测量仪表，对流体流动无干扰，无阻力，不产生压力损失；受介质物理性质的限制比较少，适应性较强。它可用于高温、高压、防爆、强腐蚀性、黏性、非导电、浑浊度大的液体的流量测量，而且准确度高；量程比较宽，可达 5∶1；安装方便，只要将管外壁打磨光，擦上硅油，使其接触良好即可。其缺点是当液体中含有气泡或有噪声时，会影响超声波传播；结构复杂，成本高。

超声波流量计实际测定的是流体速度，它将受速度分布不均的影响，故要求流量计前后分别有 10D 和 5D 的直管段长度。

第五节　动压管流量计

动压测量管是通过测量流体的动压力（即总压力与静压力的差压）来测量管内流体的流速及流量的装置，用它制成的流量计统称为动压管流量计。

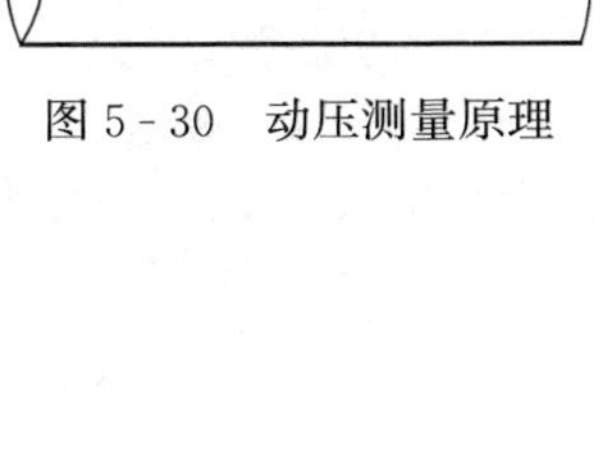

一、动压测量原理

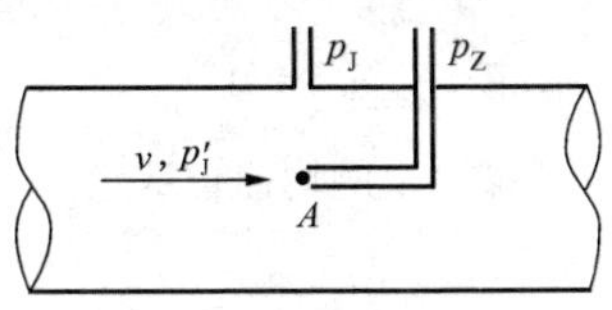

图 5-30　动压测量原理

若能测出流体中某点的总压和静压，根据伯努利方程就可以求得该点的流速。在图 5-30 中，A 是测量总压的管口，它正对来流，流动在此处滞止，形成驻点。如令 p'_{J}为滞止前流体的静压，v 为流速，p_{Z} 为流体的滞止压力（即总压力），则

$$\frac{v^2}{2g}+\frac{p'_{\mathrm{J}}}{\rho g}=\frac{p_{\mathrm{Z}}}{\rho g} \tag{5-23}$$

即
$$v=\sqrt{\frac{2}{\rho}(p_Z-p_J')} \tag{5-24}$$

上式是理论上的结果，实际上无法同时测出 A 点没有滞止时的静压和滞止后的总压。实际测量中，只能用测得的静压力 p_J 代替 p_J'。若将总压测量管和静压测量管的输出引入差压显示仪表，则可直接显示动压力。

在一定条件下，可由测出的动压力求出流体在此截面上的平均流速，进而获得流体的流量，这就是动压管测流量的原理。显然，它属于速度法。电厂中常用的靠背管流量计就是根据这一原理工作的，如图 5-31 所示。

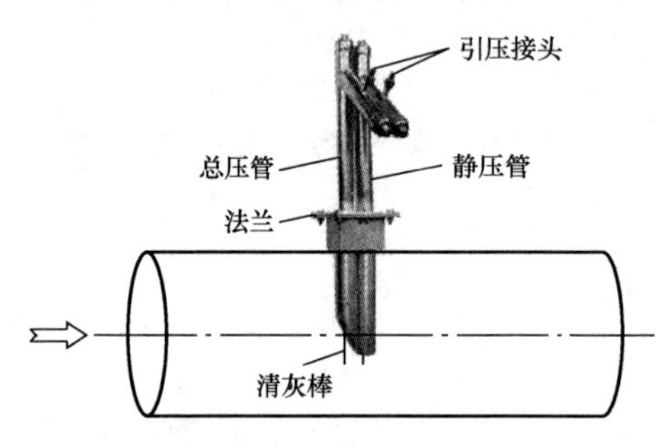

图 5-31 靠背管流量计

动压测量管和静压测量管常组合成一体制成动压管流量计，按其结构不同主要有基本型皮托管、均速管（又称笛形管、动压平均管、威力巴管或阿纽巴管等）和翼形动压管等类型。

二、均速管流量计

均速管可测量多个点的平均总压，直接输出与动压平均值成比例的差压 $\Delta p=\overline{p}_Z-\overline{p}_J$，此差压 Δp 能反映平均流速，从而可测体积流量。

1. 均速管的结构

均速管是一中空的杆，截面一般为圆形、菱形、椭圆形等形状，它可以是悬臂式的，如图 5-32 所示，用于直径较小的管道；也可以是两端固定式的，如图 5-33 所示，用于较粗的管道。为了减小阻塞影响，在保证刚度和强度的情况下，迎流面积应尽量小些（对圆形均速管，$d\leqslant 0.02D$）。截面形状初期多为圆形，其缺点是流量系数分散性较大，流体静压对特性影响较大。现在较多采用菱形截面，这在大管径内受边界条件的影响相对较小，流量系数稳定，无临界现象，测量范围较宽，准确性和重复性都较好。

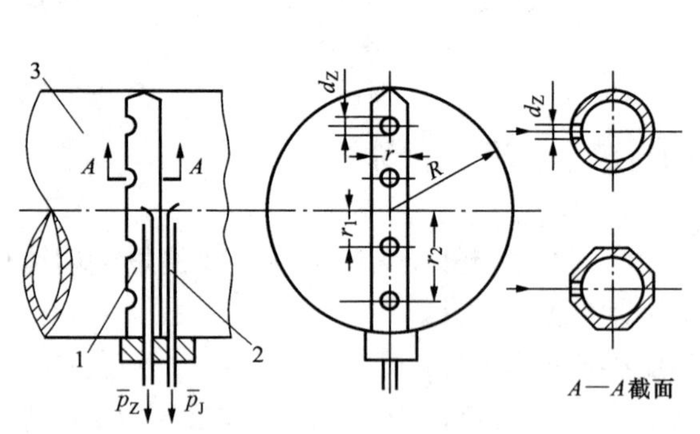

图 5-32 均速管示意

1—总压平均管；2—静压管；3—被测管道

$r_1=0.4597R$，$r_2=0.8881R$

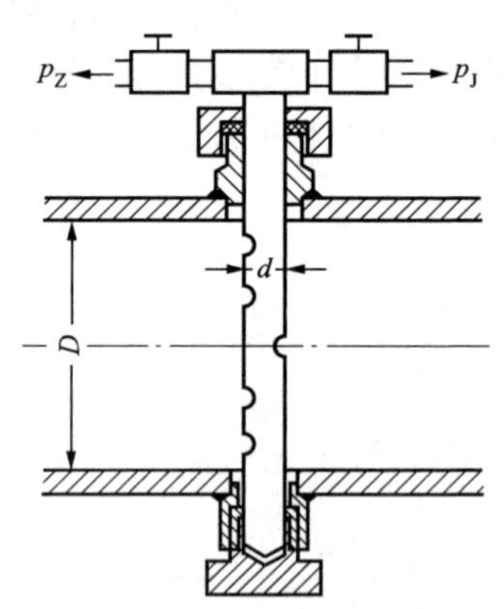

图 5-33 两端固定的均速管示意

(1) 总压孔。均速管上以迎流面的驻点为中心开有轴对称的测总压的孔，数目一般为两对，也可以为两对以上。孔径 d_z 的大小可由经验公式确定，即
$$d_z=(0.13\sim 0.5)d \tag{5-25}$$

式中　d——均速管外径。

（2）静压孔。取静压的方法有 4 种，如图 5-34 所示。

1）如图 5-34（a）所示，在管道壁上钻孔，当管道直径 D 较小、直管段较长时，可用这种方法得到静压。

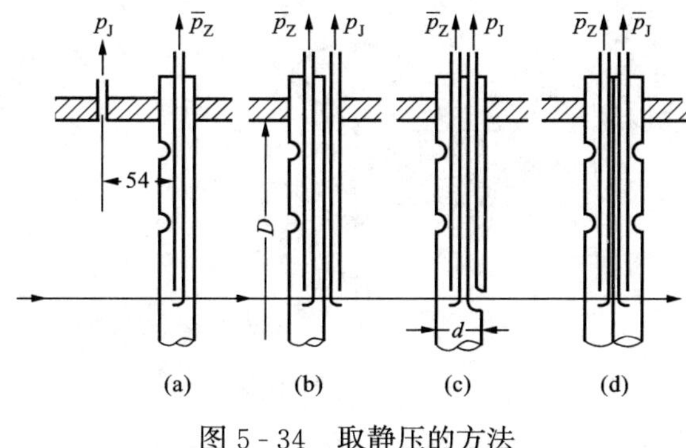

图 5-34　取静压的方法

2）如图 5-34（b）所示，在背流方向单设静压管，这种方法适用于中等直径的管道、直管段不太长的情况下。此种方式输出的静压较管壁钻孔的情况低 50%。

3）如图 5-34（c）所示，在均速管背流面驻点钻孔，这种方法适用于均速管直径 d 较大的情况。

4）如图 5-34（d）所示，在均速管背流面驻点与总压孔对应的位置开孔，这时输出的是静压的平均值 $\bar{p}_J$，此值较在管壁开孔时取得的静压低。

2. 流量公式

均速管的输出差压 Δp 与管内流体的体积流量 q_V 之间的关系为

$$q_V = A\bar{v} = \alpha A\sqrt{\frac{2}{\rho}\Delta p} \tag{5-26}$$

式中　A——工作温度下管道的横截面积；

$\bar{v}$——流体的平均流速；

α——均速管的流量系数，由制造厂家提供；

ρ——流体的密度；

Δp——均速管的输出差压。

3. 均速管的安装

均速管安装在圆形管道选定的截面上，其位置与直径重合，安装方向应使全压孔迎着介质流向，安装的允许偏差范围如图 5-35 所示。

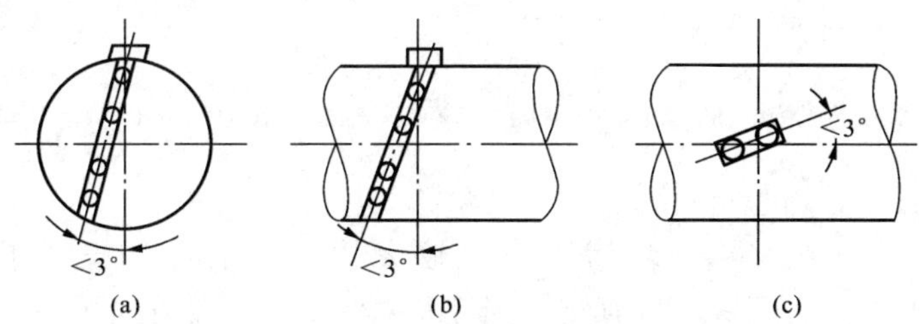

图 5-35　均速管插入角度允许偏差

（a）与轴截面直径方向的夹角；（b）与管道轴线垂直方向的夹角；（c）取压口对流向的夹角

对于垂直管道，均速管可安装在管道水平面沿管道圆周 360°的任何位置上，正、负压引压管接头应处于同一水平面上。

对于水平管道，在测量液体流量时均速管插入位置应位于管道横截面水平中心线以下 45°的范围内；测量气体流量时均速管插入位置应位于管道横截面水平中心线 45°以上的范围内；测量蒸汽时均速管应水平插入，如图 5-36 所示。

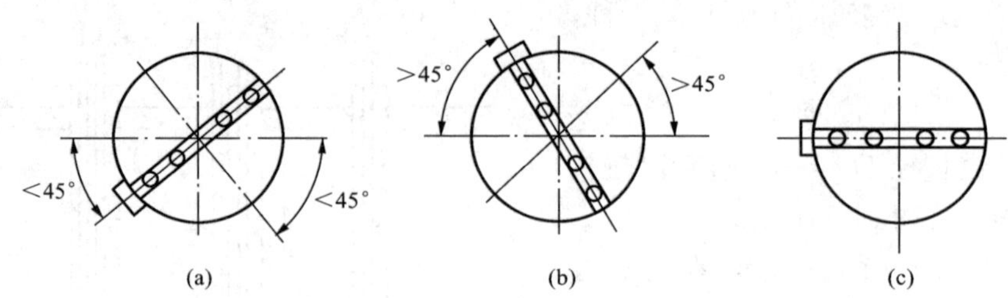

图 5-36 水平管道均速管插入位置

(a) 测量液体时；(b) 测量气体时；(c) 测量蒸汽时

均速管结构简单、安装方便、能量损失小、适用管路很宽（$D=25\sim9000$mm）、对直管段长度的要求较节流变压降式流量计短；缺点是量程比低（3∶1），灵敏度不够大。

三、翼形动压管流量计

为了获得较大的差压，可采用翼形动压管，如图 5-37 所示。图中，A 端口测量流体的总压，B 端口测量流体的静压。

翼形管也可以按动压平均管的方法开孔，使输出差压反映平均流速，从而测出流量。目前火电厂锅炉的矩形送风道内流量测量常用的翼形动压管如图 5-37（d）所示。

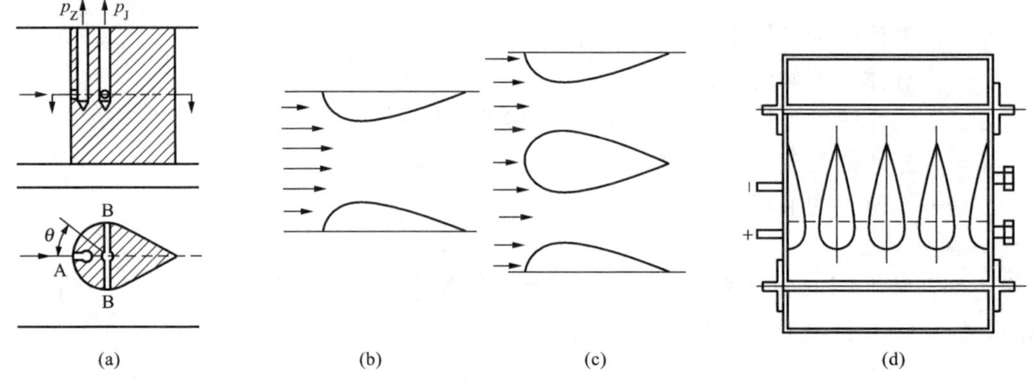

图 5-37 翼形动压管

(a) 翼形动压管；(b) 翼形动压管的变形；(c) 双翼形动压管；(d) 翼形流量计

四、动压-文丘里管流量计

动压管在流速低时不够灵敏，为了能有较大的输出信号，研制了动压-文丘里管（或称为动压放大器），如图 5-38 所示。动压-文丘里管绕流时的压力分布如图 5-39 所示，来流的速度为 v_0，受文丘里管阻碍后流速降到 v_1，所以静压由原来的 p_0 增为 p_1。流到文丘里管喉部时，速度增大到 v_2，流体静压降到 p_2，因此输出差压增大了。也可采用双级动压-文丘里管（见图 5-40）或文丘里管与双斜孔板相结合（见图 5-41）等多喉颈测量管的形式。动压-文丘里管多用于大截面管道，如电厂的风道、烟道等流量的测量。

动压-文丘里管可以采用单点测量的形式，实例如图 5-42 所示，也可以采用类似均速管的形式，实例如图 5-43 所示。

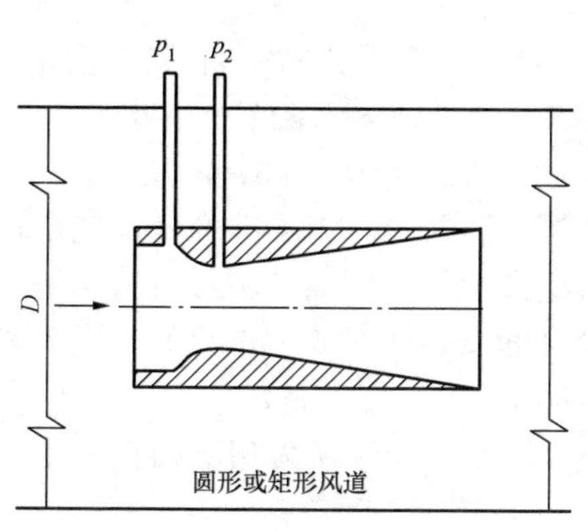

图 5-38　动压-文丘里管示意

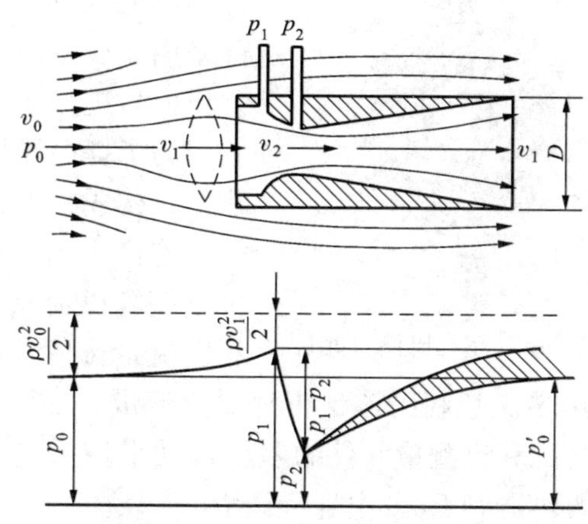

图 5-39　绕文丘里管流动时的压力分布

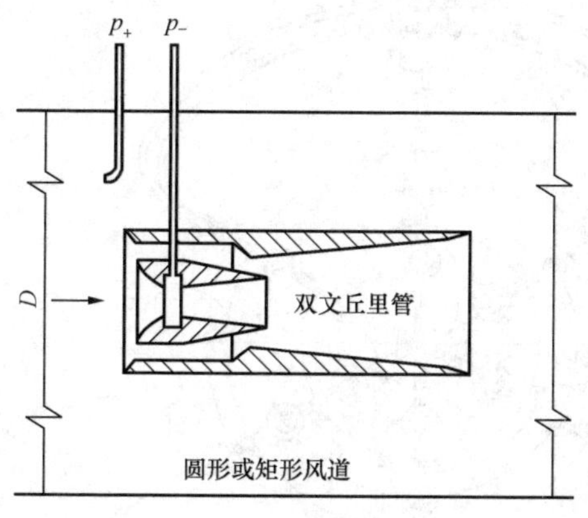

图 5-40　双级动压-文丘里管

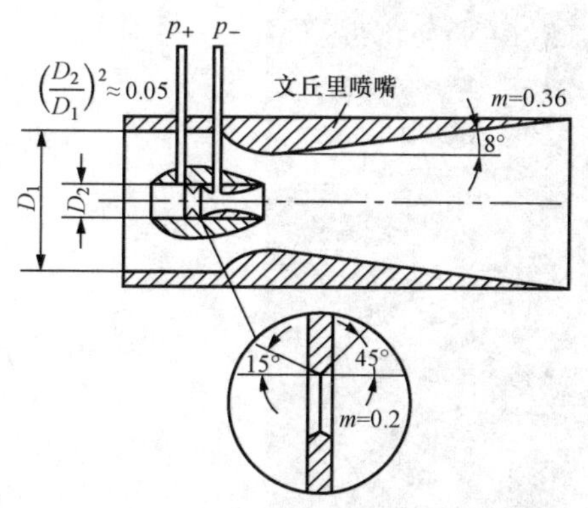

图 5-41　由文丘里管和双斜孔板组成的放大器

图 5-42　双文丘里风量测量装置

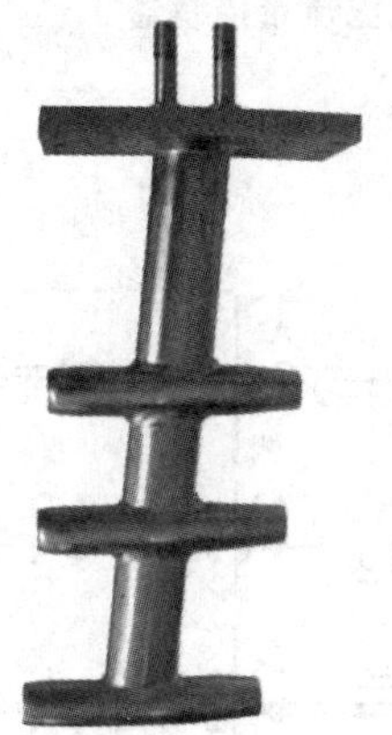

图 5-43　多点双文丘里风量测量装置

五、超利巴流量计

超利巴流量计是基于皮托管测速原理和文丘里喷嘴测量原理，在均速管和多喉径流量传

图 5-44 超利巴测量元件

感器的基础上发展起来的，其测量元件如图 5-44 所示。它采用椭圆形取压口，且低压端取压口设在无杂质聚集区，传感器后部采用流线型闭流设计，以防堵塞。它采用了多喉径异形管对差压信号进行多级放大，能实现低流速下的气体流量测量。

为了提高测量的准确度，可把多个测量元件装于一根检测棒上，构成一支超利巴流量传感器，如图 5-45 所示。

管道中的流速分布是不均匀的，为了准确测量流量，可将多支超利巴流量传感器组合使用。例如，圆形风道采用三支超利巴流量传感器测流量时的安装如图 5-46 所示。矩形风道也可采用多支超利巴流量传感器测流量，如图 5-47所示。

各超利巴测量元件的差压自动平均后输出，经差压变送器转换为相应的直流电流信号后，再传送到 DCS 中进行显示。

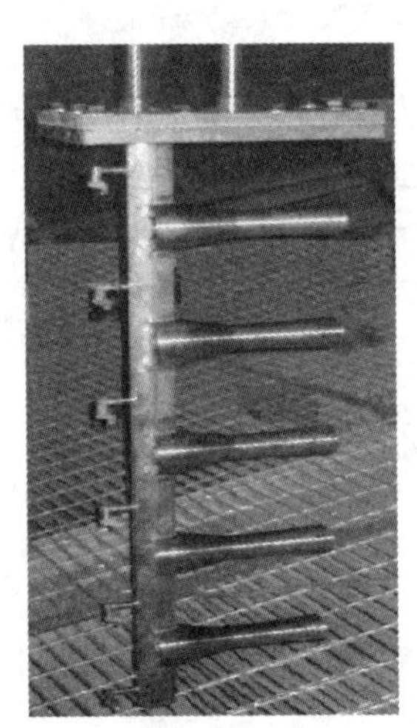
图 5-45 超利巴流量传感器

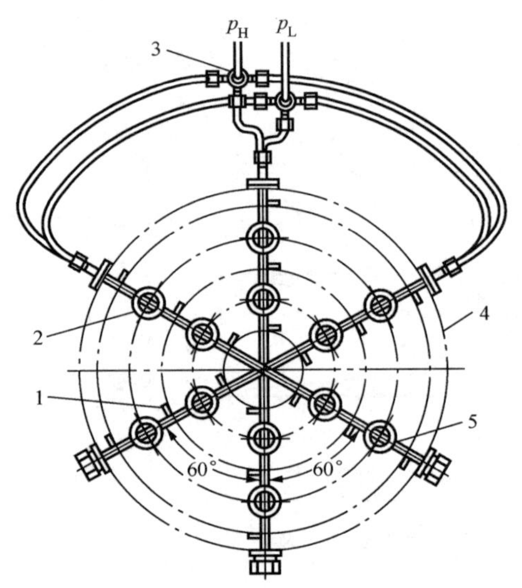

图 5-46 圆形风道超利巴流量计安装示意

1—防堵总压取压装置；2—防堵静压取压装置；3—灰尘沉降器；4—圆形风道；5—超利巴流量传感器

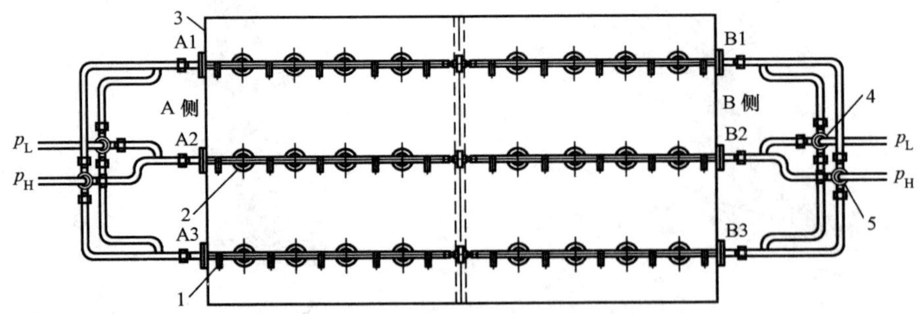

图 5-47 矩形风道超利巴流量计安装示意

1—防堵总压取压装置；2—防堵静压取压装置；3—矩形风道；4—静压管灰尘沉降器；5—总压管灰尘沉降器

第六节　其他流量计

一、涡街流量计

涡街流量计是速度式流量计的一种，它以卡门涡街理论为基础。当管道中流体绕过旋涡发生体（如三角柱、圆柱等非流线型物体）时，在旋涡发生体尾流两侧会周期性地脱落出旋转方向相反、排列规则的双列旋涡，这种旋涡列被称为卡门涡街，如图 5-48（a）所示。卡门涡街的旋涡释放频率与三角柱宽度尺寸和流体的流速有关，而与介质的温度、压力等特性参数无关。卡门涡街的旋涡释放频率可用下式表示：

$$f = St\,\frac{v}{d} \tag{5-27}$$

式中　f——卡门涡街的旋涡释放频率；

v——流体流速；

d——旋涡发生体（三角柱）的宽度；

St——斯特劳哈尔（Strouhal）数。

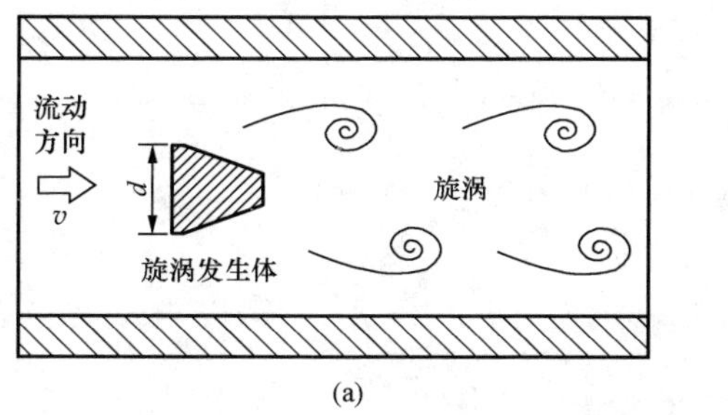

(a)

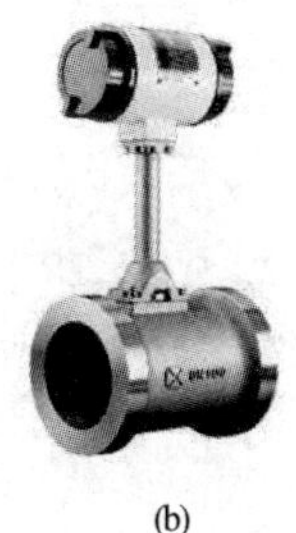

(b)

图 5-48　涡街流量计

（a）卡门涡街原理；（b）涡街流量计外形

斯特劳哈尔数 St 是涡街流量计的重要参数，St 的值与旋涡发生体宽度及雷诺数有关。只要管道内介质的雷诺数保持在 $5\times10^2\sim1.5\times10^5$ 范围内，St 便保持为一个常数，通过测量旋涡频率信号可检测出流体的流速，进而得到流体的流量。一般，当旋涡发生体为圆柱体时 $St=0.2$，当旋涡发生体为等边三角形时 $St=0.16$，其他情况可查表。因此当旋涡发生体的形状、尺寸确定后，就可通过测量旋涡释放频率来测量流速和流量。

对于工业圆管，涡街流量计一般工作在 $Re=10^3\sim10^5$ 范围内，可以证明体积流量与频率的关系为

$$q_V = \frac{\pi D^2}{4}\bar{v} = \frac{\pi D^2}{4}\left(1-1.25\frac{d}{D}\right)\frac{fd}{St} = \frac{f}{K} \tag{5-28}$$

式中　D——管道内径；

$\bar{v}$——流体平均流速；

d——旋涡发生体宽度；

f——旋涡释放的频率；

K——流量计的流量系数。

可见，当流量计处管道内径 D 和旋涡发生体宽度 d 确定后，K 为常数。在一定的 Re 范围内，体积流量与旋涡的频率呈线性关系。

涡街流量计具有量程比宽、结构简单、无运动件、准确度高、应用范围广、使用寿命长等特点，可用于液体、气体、蒸汽的流量测量。

二、电磁流量计

电磁流量计是一种电磁感应式流量测量仪表，它能测量各类导电液体的体积流量，所测介质包括酸、碱、盐和纸浆、泥浆、废污水等导电液体。

（一）电磁流量计的工作原理

电磁流量计的基本原理是法拉第电磁感应定律，即导体在磁场中切割磁力线运动时在其两端产生感应电动势。如图 5-49 所示，导电性液体在垂直于磁场的非磁性测量管内流动时，在与流动方向垂直的方向上产生与流量成比例的感应电动势，电动势的方向按右手定则确定。

若磁场的磁感应强度为 B，流体在测量管内的平均流速为 $\overline{v}$，则感应电动势为

$$E = BD\overline{v} \tag{5-29}$$

体积流量为

$$q_V = \frac{\pi}{4}D^2\overline{v} = \frac{\pi}{4}\frac{D}{B}E = KE \tag{5-30}$$

式中 D——测量管内径，即电磁流量计口径；

K——电磁流量计的仪表常数。

可见，当仪表口径和磁感应强度一定时，K 为定值，感应电动势与流体体积流量成正比。

（二）电磁流量计的结构

电磁流量计由流量传感器和转换器两大部分组成。传感器的典型结构示意如图 5-50 所示，测量管上下装有励磁线圈，通励磁电流后产生的磁场穿过测量管，在测量管内壁上装有一对与液体相接触的电极，引出感应电动势，送到转换器转换成统一输出信号。

说明：

（1）为了避免磁力线被管道壁短路和降低涡流损耗，测量管应由非导磁的材料制成，一般为不锈钢、玻璃钢或具有高磁阻率的合金。

（2）在用不锈钢等导电材料作导管时，测量管内壁及内壁与电极之间必须有绝缘衬里，以防止感应电动势被短路。衬里材料视工作温度而异，常用耐酸搪瓷、橡胶、聚四氟乙烯等。

（3）产生交变磁场的励磁线圈结构因导管口径不同而不同。图 5-50 所示的适合大口径导管（100mm 以上），将励磁线圈分成多段，每段匝数的分配按余弦分布，并弯成马鞍形驼伏在导管上下两边。在导管和线圈外面再放一个磁轭，以便得到较大的磁通量，并提高导管中磁场的均匀性。

（4）为了避免极化现象，以及导体与电解质之间通过直流电后产生的吸热或放热反应，工业用电磁流量计通常采用交变磁场，其缺点是干扰较大。

电磁流量计的测量通道是一段光滑直管，不易阻塞，因此特别适用于测量含有固体颗粒或纤维的液固两相流体，如纸浆、水煤浆、矿浆、泥浆和污水等。

与其他大部分流量仪表相比，直管段要求较低，要求电磁流量计之前有（5～10）D 的直管段长度。电磁流量计的口径范围可从几毫米到 3m，比其他流量计宽。它可测正反双向流量，也可测脉动流量，只

要脉动频率比励磁频率低很多。仪表输出本质上是线性的。

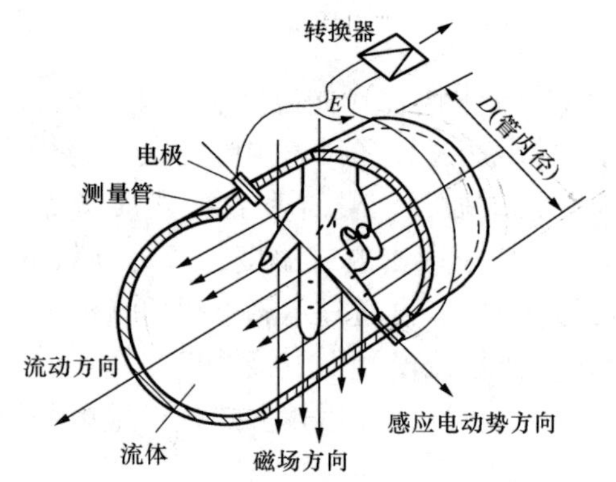

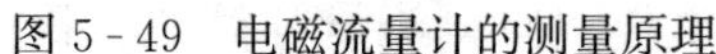
图 5-49 电磁流量计的测量原理

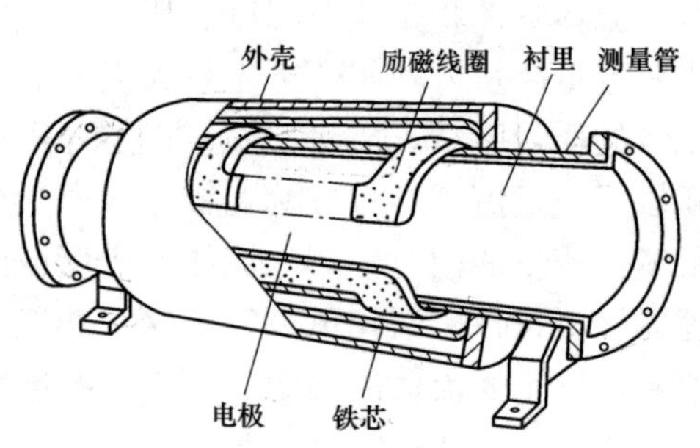

图 5-50 传感器结构示意

电磁流量计的缺点是不能测量电导率很低的液体，电导率一般要求在（20～50）× 10^{-8} s/cm 以上，因此不能测量气体、蒸汽、含有较多较大气泡的液体、石油制品和有机溶剂等的流量。其安装地点要远离磁场和振动源。使用中还应注意，测量的准确度会受到测量导管内壁（特别是电极附近）积垢的影响。

（三）电磁流量计的选择与安装

合理选择与正确安装电磁流量计，对保证测量准确度、延长仪表的使用寿命都是很重要的。下面就电磁流量计的选择原则、安装条件与使用注意事项做简单介绍。

1. 电磁流量计的选择原则

电磁流量计的选择主要是指传感器的正确选择，而转换器只需要与之配套就可以。

传感器口径通常选用与管道系统相同的口径。如果管道系统有待设计，则可根据流量范围和流速来选择口径。对于电磁流量计来说，流速以 2～4m/s 较为适宜。流速确定以后，可根据 $q_V = D^2$ 确定传感器口径。传感器的量程可以根据两条原则来选择：一是仪表满量程大于预计的最大流量值；二是正常流量大于仪表满量程的 50%，以保证测量的准确度。

2. 电磁流量计的安装

要保证电磁流量计的测量准确度，正确的安装是很重要的。

（1）传感器应安装在室内干燥通风处。尽量避开具有强烈磁场的设备，如大电机、变压器等；避免安装在有腐蚀性气体的场合。安装地点应便于检修。

（2）为了保证传感器测量管内充满被测介质，传感器最好垂直安装，流向自下而上。尤其是对于液固两相流，必须垂直安装。若现场只允许水平安装，则必须保证两电极在同一水平面。

（3）为了避免干扰信号，传感器和转换器之间的信号必须用屏蔽导线传输。

（4）为了避免流速分相对测量的影响，流量调节阀应设置在传感器下游。对于小口径的传感器来说，因为从电极中心到流量计进口端的距离已相当于好几倍直径 D 的长度，所以对上游直管段可以不做规定。但对口径较大的流量计，一般上游应有 5D 以上的直管段，下游一般不做直管段要求。

（5）为了方便检修流量计，最好为流量计安装旁通管，另外，对重污染流体及流量计需清洗而流体不能停止的管道，必须安装旁通管。

三、科里奥利质量流量计

由于流体的体积是流体温度、压力的函数，如果流体状态（如温度和压力）发生变化，采用体积流量测量方式将会产生较大误差。因此，在生产过程和科学实验的很多场合，要求检测流体的质量流量。质量流量测量仪表可分为间接式质量流量计和直接式质量流量计两类。间接式质量流量计（或称为推导式质量流量计）是采用密度或温度、压力补偿的办法，在测量体积流量的同时，测出流体的密度或温度及压力值，再通过运算求得质量流量。带有微处理器的流量传感器均可以实现这一功能。直接式质量流量计则直接输出与质量流量相对应的信号，它不受流体的温度、压力、密度变化的影响。目前应用较多的是科里奥利质量流量计。

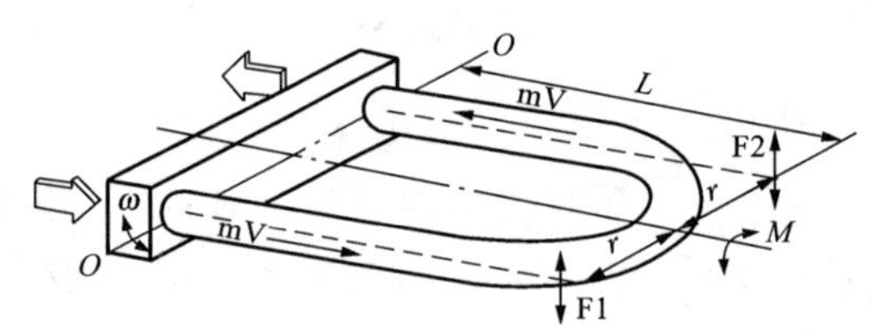

图 5 - 51　科里奥利流量计原理

科里奥利质量流量计简称科氏力流量计，它是利用流体在振动管中流动时，产生与质量流量成正比的科里奥利力（简称科氏力）的原理工作的。科氏力流量计由检测科氏力的传感器与转换器组成，图 5 - 51 所示为一种 U 形管式科氏力流量计的原理。传感器测量主体为一根 U 形管，U 形管的两个开口端固定，流体由此流入和流出。在 U 形管顶端装有电磁装置，用于激发 U 形管，使其以 $O—O$ 为轴，按固有的频率振动，振动方向垂直于 U 形管所在平面。U 形管中的流体在沿管道流动的同时又随管道作垂直运动，此时流体将产生科里奥利加速度，并以科氏力反作用于 U 形管。由于流体在 U 形管两侧的流动方向相反，所以作用于 U 形管两侧的科氏力大小相等，方向相反，形成一个作用力矩。U 形管在此力矩作用下将发生扭曲，其扭角与通过的流体质量流量有关。在 U 形管两侧中心平面处安装两个电磁传感器，测出扭曲量（扭角）的大小，就可以获得质量流量，其关系式为

$$q_m = \frac{K_s \theta}{4\omega r} \tag{5-31}$$

式中　θ ——扭角；

K_s ——扭转弹性系数；

ω ——振动角速度；

r ——U 形管跨度半径。

科里奥利流量计的振动管还有平行直管、环形管等很多种形状，也有采用两根 U 形管的，它们各有特点。图 5 - 52 所示为两种常用振动管结构的科氏力流量计示意图。

科里奥利流量计的特点是可以直接测得质量流量，不受被测介质物理参数的影响，准确度较高；可以测量多种液体，甚至可以测量多相流；不受管内流态影响，对流量计前后直管段要求不高；流量比可达 100：1；缺点是阻力损失较大，存在零点漂移，管路的振动对测量的准确度有影响。

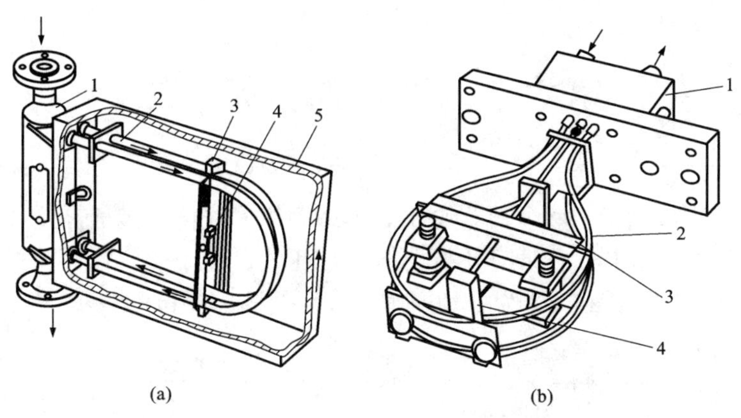

图 5-52　科里奥利流量计结构示意

(a) U 形管型式；(b) Ω 形管型式

1—支承管；2—检测管；3—电磁检测器；4—电磁激励器；5—壳体

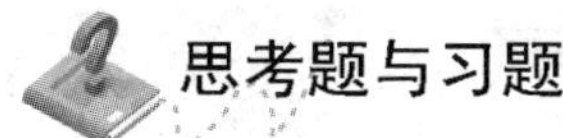

思考题与习题

1. 什么是流量？常用的流量测量仪表主要有哪些？

2. 差压式流量计的工作原理是什么？适用于什么场合？写出流量公式。

3. 什么是标准节流装置？电厂常用的节流件是什么？其取压方式有何规定？

4. 用差压式流量计测流量时，在什么情况下使用平衡容器？为什么要使用它？

5. 什么是超声波？超声波流量计的工作原理是什么？有什么特点？

6. 涡街流量计的工作原理是什么？

7. 电磁流量计的工作原理是什么？

* 8. 对于高压机组，滑参数启动过程中的压力、温度变化范围较大，为保证差压式蒸汽流量计测量的准确度，一般采取压力、温度补偿的措施，试画出其原理框图，并加以说明。

* 9. 用于测量流量的导压管、阀门组回路中，当正压侧阀门或导压管泄漏时，仪表指示什么状态？当负压侧阀门或导压管泄漏时，仪表指示什么状态？当平衡阀门泄漏时，仪表指示什么状态？正压侧导压管全部堵死，负压侧畅通时，仪表指示什么状态？

* 10. 流量计的刻度上限为 320kg/h 时，差压上限为 21kPa；当仪表指针在 80kg/h 时，相应的差压是多少？

第六章　液　位　测　量

液位测量属于物位测量，物位测量是指容器中固体、液体的表面高度或位置的测量。物位测量仪表种类很多，按其工作原理不同可分为差压式、浮子式、连通管式、电量式、声波式、光学式等。图6-1及图6-2为各种原理的液位及固体料位测量示意。

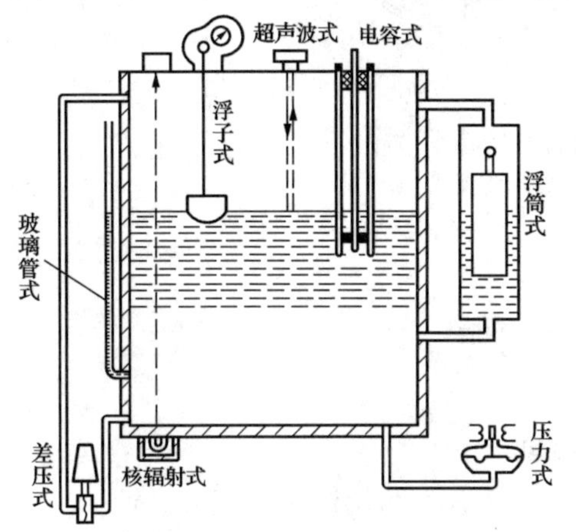

图6-1　各种原理的液位测量示意

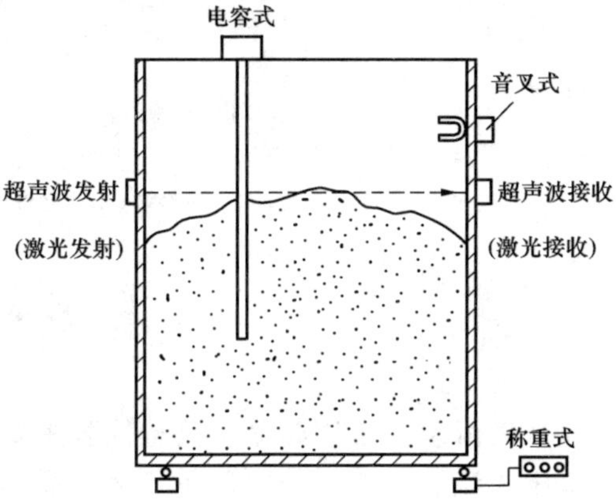

图6-2　各种原理的固体料位测量示意

各种物位测量仪表的工作原理如下：

（1）连通式液位计。它是利用连通器原理制成的直读式仪表，如玻璃管液位计等。仪表读数直观、准确，但不能直接远传指示。目前，常采用闭路电视将水位信号传送到控制室的电视显示屏上。

（2）差压式液位计。它是利用液位与差压的关系来实现液位测量的。仪表结构简单，便于远传指示。但因液体介质温度、压力的变化会影响到液位—差压转换的单值函数关系，因此应采取补偿措施。

（3）浮子式液位计。利用浮子浮在液体表面上的高度来测量液位。

（4）电量式物位计。将物位转变为电容、电感、电阻等信号来实现物位测量，如电接点水位计等。该类仪表便于实现信号的远传显示。

（5）声波式物位计。利用物位界面对声波或超声波的反射、遮断等来实现物位测量。

（6）光学式物位计。利用物位对光波的遮断和反射原理工作。

汽包水位是热力生产过程中的一个重要参数，汽包水位测量具有很重要的意义。本章主要介绍就地式水位计、差压式水位计和电接点水位计等测量汽包水位的常用仪表。

第一节　就 地 式 水 位 计

一、汽包水位的特点

汽包是锅炉运行中进行汽水分离的装置，由省煤器来的给水及水冷壁来的汽水混合物不断进入汽包进行汽水分离，分离后的蒸汽引出至过热器，分离后的水引出到下降管，反映在汽包水位上就具有如下特点：

(1) 水位很不平稳。由于各蒸发受热面受热工况的波动，使得汽包中汽水混合物的汽水比例不断变化，同时汽包内部各点压力也处于不断波动状态，因此水面很不平稳，总是上下波动，但这种快速波动在水位计中不容易反映出来。

(2) 汽水界面模糊不清。尽管汽包内装有各种汽水分离装置，但汽包水中还是有不少气泡，蒸汽中也含有不少水滴。特别是在汽水界面附近，由于汽水混合物的引入时产生的冲击以及水中气泡上升积聚到界面破裂时溅起的水滴，使得汽包内实际汽水界面模糊不清。严格地说，汽包水位只是沿汽包垂直方向上蒸汽湿度变化率最大部位所对应的高度，如图 6-3 所示。

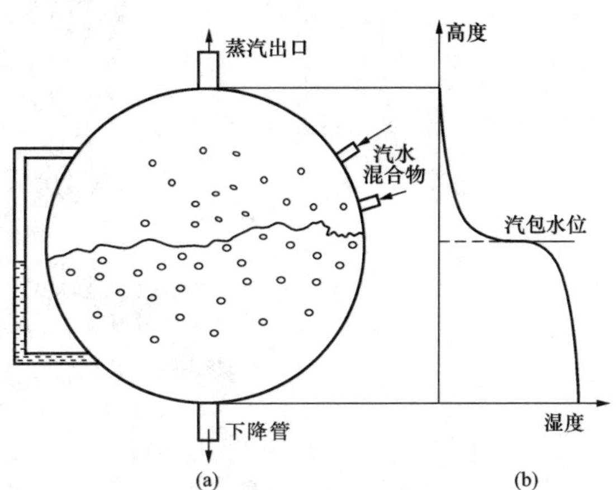

图 6-3 汽包水位状况及湿度分布规律

(a) 汽包水位状况；(b) 蒸汽湿度沿汽包高度分布曲线

(3) 沿汽包轴向及横向各处水位不一致。由于受锅炉结构的限制，沿汽包轴向及横向汽水混合物的引入管口分布不均匀，因此各处水位也不相同。一般沿汽包轴向中间水位高，两端较低；沿横向，在上升管较密的一侧水位较高。

(4) 虚假水位。正常情况下，水位的变化反映了给水量与蒸发量的物质平衡情况。例如，当给水量小于蒸发量时，水位下降；给水量大于蒸发量时，水位上升。但是当锅炉蒸汽负荷突然增大时，由于锅炉热负荷不能及时跟上，汽包内蒸汽压力将下降，使饱和水自生沸腾，水中气泡量骤增，产生短暂的水位涌高现象（形似开啤酒瓶），这种现象与物质平衡原则（即蒸发量大于给水量时水位应下降）相违，因此称这时上升了的水位为虚假水位；反之，当蒸汽负荷突然下降时，也会产生暂降的虚假水位。此外，燃烧率的变化、汽包压力的变化等因素也会引起虚假水位。虚假水位往往引起调节系统的误动作，甚至引起事故，因此必须认识其规律，并采取相应措施。

此外，由于炉水水质变坏，黏度增加，汽水分离效果变差，泡沫增加等，也会引起汽水界面模糊（即所谓汽水共腾现象）。因此，为保证水位的准确测量，锅炉运行中应正确进行排污，保证炉水品质。

二、就地式水位计的工作原理及基本结构

就地式水位计是一种使用最早和最简单的水位计，是监视汽包水位最可靠的仪表。常用的有玻璃管式和玻璃板式两种。根据连通器的原理，玻璃管（或玻璃板）中的水位与汽包中的水位是一致的（假设它们的温度是相同的），因此玻璃管水位计可显示出汽包中的水位。就地式水位计的原理及基本结构如图 6-4 所示。

根据锅炉压力的不同，就地式水位计的显示窗可以采用平板玻璃（中、低压锅炉用）、石英玻璃管（中、高压锅炉用）及云母片（高压及超高压锅炉用，如图 6-5 所示）制作。

为了清晰地显示水位，现在电厂锅炉的就地式水位计，大多数为具有光学折射原理的双色水位计。

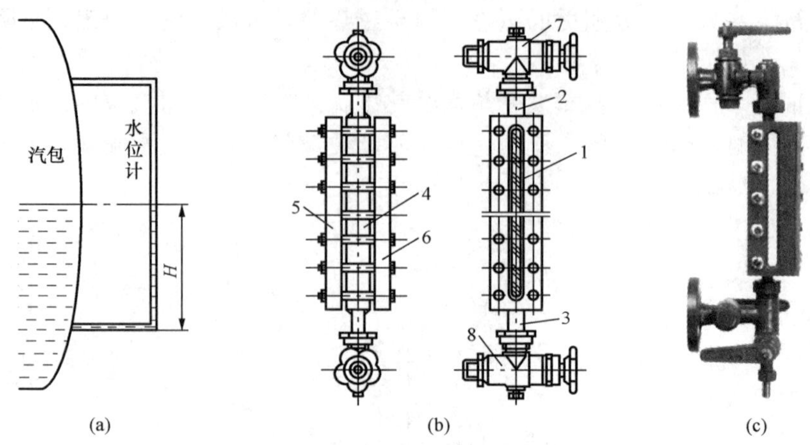

图 6-4 就地式水位计的原理结构

(a) 原理；(b) 基本结构；(c) 实例

1—玻璃板；2、3—上、下金属管；4—水位计体；

5、6—前、后夹板；7、8—阀门

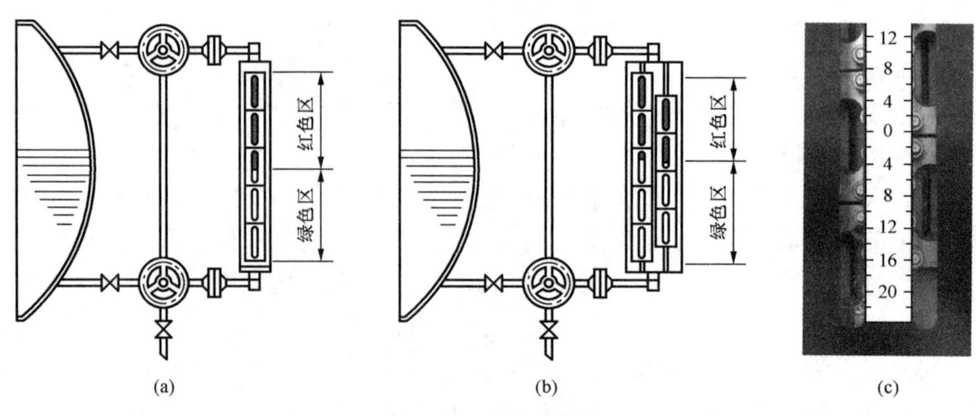

图 6-5 云母水位计

(a) 云母双色水位计；(b) 无盲区云母双色水位计；(c) 无盲区云母双色水位计实例

三、双色水位计

双色水位计是利用光学系统改进显示方式的一种连通器式就地水位计。双色水位计将就地水位计的汽水两相无色显示变成红绿两色显示，即汽柱显红色，水柱显绿色，提高了显示清晰度，克服了无色显示水位计观察困难的缺点。

双色水位计的原理结构如图 6-6 所示。光源发出的光经过红色和绿色滤光玻璃后，红光和绿光平行到达组合透镜，由于透镜的聚光和色散作用，形成了红绿两股光束射入测量室。测量室是由水位计本体钢座、云母片和两块光学玻璃板等构成的。测量室截面呈梯形，内部介质为水和蒸汽，水柱和蒸汽柱形成两段棱镜，见图 6-6（a）、（c）。当红、绿光束射入测量室时，在有水部分，由于水柱形成的棱镜作用，绿光偏转较大（绿光折射率较红光大，光的折射率与介质和光的波长有关），正好射到观察窗口，红光束因出射角度不同，未能到达观察窗口，因此窗口呈绿色；蒸汽部分棱镜效应较弱，使得红光束正好到达观察窗口，而绿光因没发生折射不能射到窗口，因此窗口呈红色。

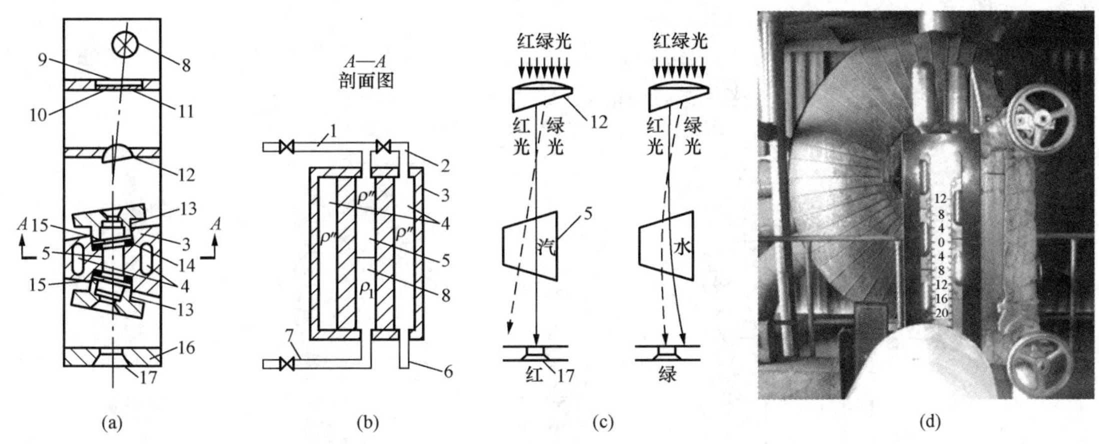

图 6-6　双色水位计

(a) 基本结构；(b) 测量室；(c) 光路系统；(d) 现场实例

1、7—汽、水侧连通管；2、6—加热用蒸汽进、出口管；3—水位计钢座；4—加热室；5—测量室；8—光源；9—毛玻璃；10—红色滤光玻璃；11—绿色滤光玻璃；12—组合透镜；13—光学玻璃；14—垫片；15—云母片；16—保护罩；17—观察窗口

为了减小由于测量室温度低于被测容器内水温引起的误差，双色水位计还设有加热室对测量室加热，使测量室的温度接近容器内水温。当测量汽包水位时，加热室应使测量室水温接近饱和温度，并维持测量室中的水有一定的过冷度。否则汽包压力波动时，水位计内的水可能自生沸腾而影响测量。

测量超高压及以上压力的锅炉汽包水位时，水位计的光学玻璃由长条形板改为多个圆形板。这样玻璃板小，受力较好，而水位计显示窗也由长条形（称为单窗式）变为沿水位高度排列的圆形窗口，称为多窗式双色牛眼水位计，简称牛眼水位计，如图 6-7 所示。牛眼水位计的显示窗口较大，便于监视水位，其结构的缺点是水位显示存在盲区，观察水位变化趋势方面不如单窗式。

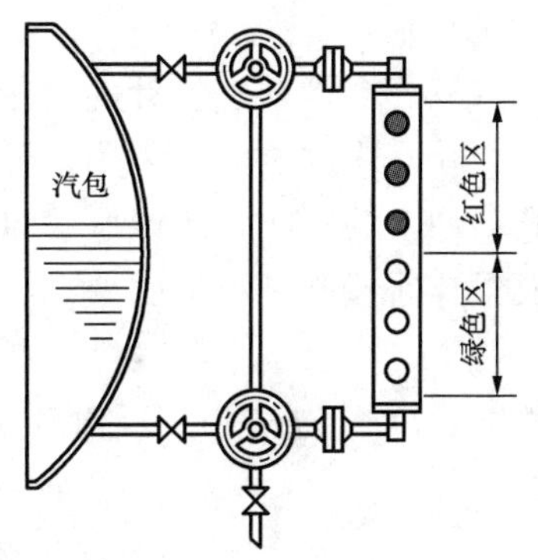

图 6-7　牛眼水位计

双色水位计可在就地监视水位，也可利用工业电视系统远传至控制室进行水位监视。

四、磁翻板水位计

磁翻板水位计主要由本体、翻板箱、磁翻板或磁翻柱（两面涂成不同颜色，通常红色代表液相，白色代表气相）、磁浮子、标尺等组成，如图 6-8 所示。

根据浮力原理，装在水位计本体中的磁浮子随水位的升降而上、下移动，与浮子相连的永久磁钢通过磁耦合作用，驱动磁翻板（或磁翻柱）翻转 180°。水位上升时磁翻板（或磁翻柱）由白色转为红色，水位下降时磁翻板（或磁翻柱）由红色转为白色，磁翻板（或磁翻柱）的红白交界处即可在标尺上反映出容器内的水位。

磁翻板水位计的刻度标尺安装在本体外侧的翻板箱上，用于就地指示水位。也可在水位计本体上加装磁性开关或变送器，输出开关量信号或模拟量信号以实现水位的报警、远传显示或自动控制。磁翻板水位计根据在容器上安装位置的不同，分侧装式和顶装式两种形式，如图 6 - 9 所示。

磁翻板水位计具有结构简单、安装方便、维护量小、显示清晰、防爆、耐腐蚀、耐高温、耐高压等特点，在电力、化工、石油等工业生产中得到广泛应用。

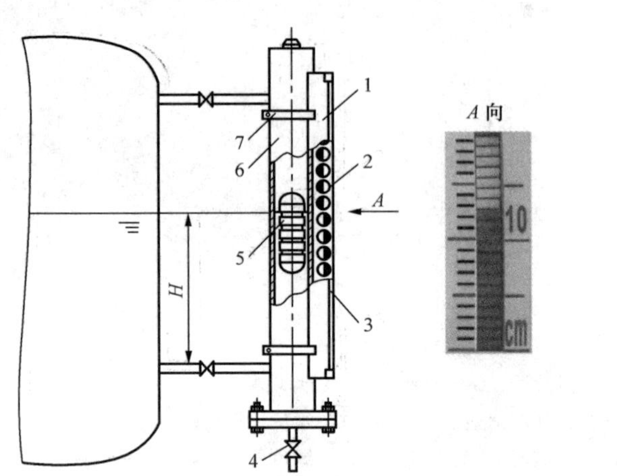

图 6 - 8 磁翻板液位计原理

1—翻板箱；2—磁翻柱；3—标尺；4—排污阀；5—磁浮子；6—本体；7—卡箍

图 6 - 9 磁翻板水位计实例

（a）侧装式；（b）顶装式

五、就地式水位计的测量误差

就地式水位计是采用连通管方式引出水位至玻璃窗口显示，这里的水未受到汽包内汽水流动冲击的影响，所以一般没有气泡存在。假设水位计中汽水温度与汽包中汽水温度相同，根据连通器原理［见图 6 - 10（a）］可得

$$H_{sw}\rho_{sw}g = H_{w}g\rho' + (H_{sw} - H_{w})g\rho'' \tag{6-1}$$

式中 H_{sw}、H_{w}——汽包内实际水位、汽包的重力水位；

g——重力加速度；

ρ_{sw}——汽包水侧汽水混合物的平均密度；

ρ'、ρ''——汽包压力下饱和水、饱和蒸汽的密度。

由上式可见，由于水位计内水的密度大于汽包内水侧汽水混合物的密度，故水位计水位显示高度 H_{w} 低于汽包内实际水位高度 H_{sw}。H_{w} 可认为是假定汽包内汽水完全分离（即水中不带汽）情况下的水位，称为汽包的重力水位。由于汽包水中含汽量不易测得，故所有水位计能测到的水位实际上都只能是重力水位。

此外，由于就地水位计向周围空间散热，造成水位计中的水为未饱和水，其密度大于相同压力下饱和水的密度，因此水位计显示的水位 H 比重力水位 H_{w} 还要低［见图 6 - 10（b）］，其误差为

$$\Delta H = H - H_{w} = \frac{\rho' - \rho_1}{\rho' - \rho''}H \tag{6-2}$$

式中 H——水位计的指示水位；

H_{w}——汽包重力水位；

ρ'、ρ''、ρ_1——汽包压力下饱和水、饱和蒸汽和水位计中水的密度。

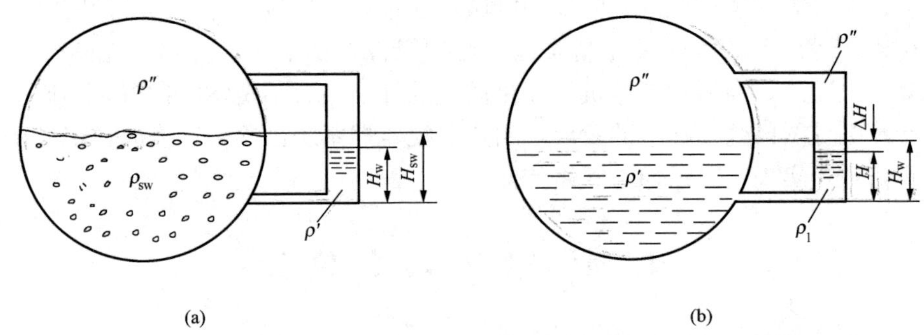

图 6-10 就地式水位计的测量误差

(a) 实际水位与重力水位的关系；(b) 水位计指示水位与重力水位的关系

因为 ρ'' 比 ρ' 和 ρ_1 小得多，故通常忽略 ρ''，则式（6-2）可以简化为

$$\Delta H = H - H_w = H\left(1 - \frac{\rho_1}{\rho'}\right) \tag{6-3}$$

由上式可以看出，水位计散热越多，ρ_1 也就越大，因而测量误差 ΔH 越大；水位 H 越高，该误差也越大；此外汽包压力越高，由于 ρ' 减小、ρ'' 增大，在同样散热条件下测量误差也越大。一般高压锅炉在高水位运行时，该误差可达 100～150mm；正常水位时，一般误差为 50mm 左右。中压锅炉在正常水位时，一般误差为 30mm 左右。

为了减小就地水位计的指示误差，水位计的汽连通管应不保温，并保持一定的坡度（水位计与汽包间连通管的坡度应不小于 1∶100，汽测取样管应使取样孔侧高，水侧取样管应使取样孔侧低），使更多的凝结水流入水位计，以提高水位计中水柱的温度；水位计底部至水连通管应加以保温，以减小水柱温度与汽包饱和水温度之差。

六、汽包水位电视监视系统

汽包水位电视监视系统是对各种锅炉就地直读式水位计进行安全监视的专用电视设备，它能将汽包水位的清晰图像直接送入集控室，弥补就地直读式水位计不能快速远传信号的缺点，为锅炉运行人员准确操作提供可靠依据。

水位电视监视系统主要由摄像机、云台、控制器、监视器等组成，如图 6-11 所示。

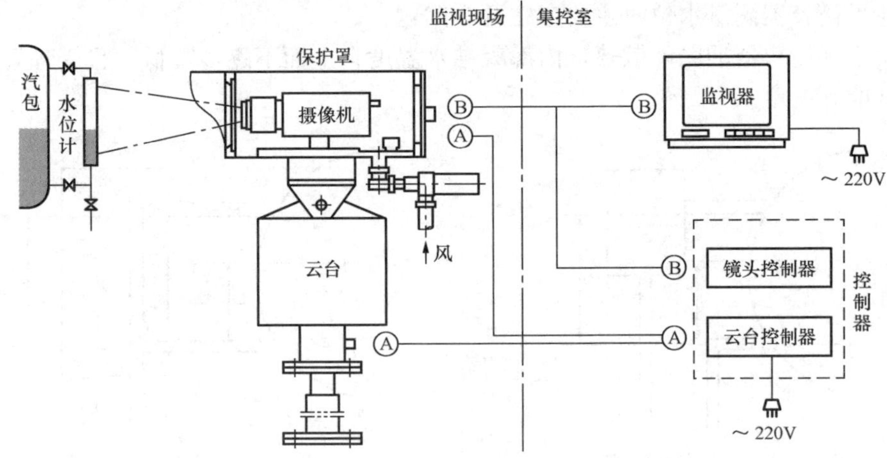

图 6-11 汽包水位电视监视系统的构成框图

摄像机、云台等安装在要观测的现场区域，通过有线连接，把现场图像实时传输到控制室内的监视器。运行人员可通过控制器远程控制摄像机的焦距、变倍、光圈大小和观测方向，实现全方位监测。为保护摄像机，在摄像机的外面装有不锈钢防护罩，并通冷却风。

随着计算机及图像处理技术的发展，闭路电视监控系统已逐步转换成数字型，更方便采集现场图像信息，实现实时录像与网络传输。

第二节 差压式水位计

差压式水位计主要由平衡容器（又称水位 - 差压转换装置）、引压管、差压变送器和显示仪表等部分组成，如图 6 - 12 所示。本节主要介绍平衡容器的工作原理、改进方法、汽包压力的自动补偿及差压式水位测量系统等知识。

一、平衡容器的工作原理

差压式水位计是将水位信号转换为差压信号来实现水位测量的，平衡容器是它的感受件。图 6 - 13 所示是一种简单的凝汽筒式平衡容器，图 6 - 14 所示是一种双室平衡容器。由于蒸汽在平衡容器内不断凝结和凝结水的溢流，所以正压管内的水柱高度 L 是恒定的。负压管的水柱高度则随汽包水位 H 而变化，因此平衡容器的输出差压为

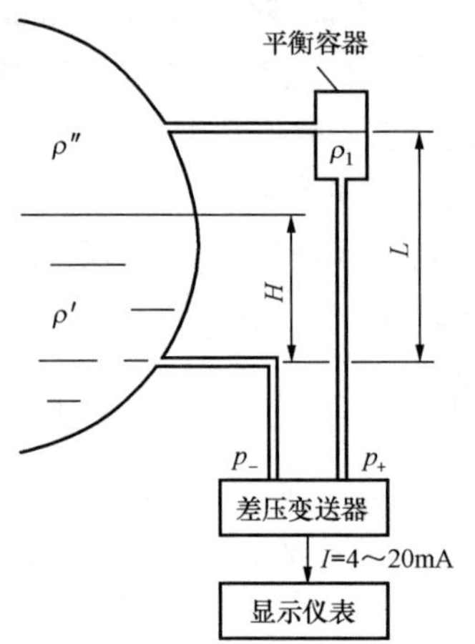

图 6 - 12 差压式水位计

$$\Delta p = p_{+} - p_{-} = L\rho_1 g - [H\rho' g + (L-H)\rho'' g]$$
$$= Lg(\rho_1 - \rho'') - Hg(\rho' - \rho'') \qquad (6-4)$$

式中 L——平衡容器的安装尺寸；

g——重力加速度；

ρ_1——平衡容器内水的密度；

ρ'、ρ''——汽包压力下饱和水与饱和蒸汽的密度；

H——汽包水位。

由上式可见，在平衡容器的结构、汽包压力及 ρ_1 一定的条件下，平衡容器的输出差压 Δp 与汽包水位 H 呈线性关系，水位越高，压差就越小，这就是平衡容器的工作原理。

用上述平衡容器测量水位时主要存在两个问题：

(1) 由于平衡容器的向外散热，内部凝结水温度自上而下逐步降低，且受环境温度的影响，ρ_1 很难准确测定。

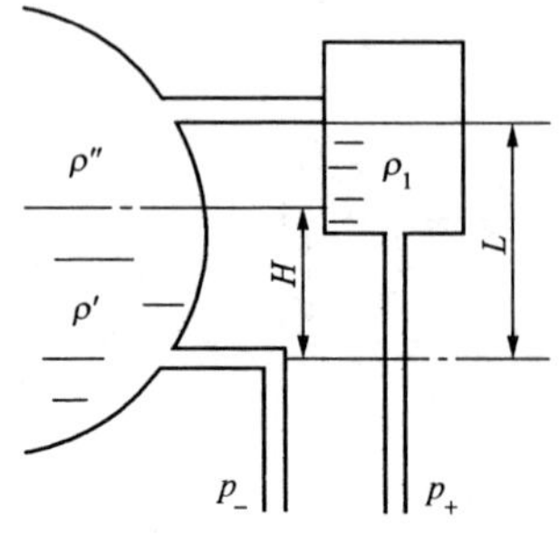

图 6 - 13 凝汽筒式平衡容器

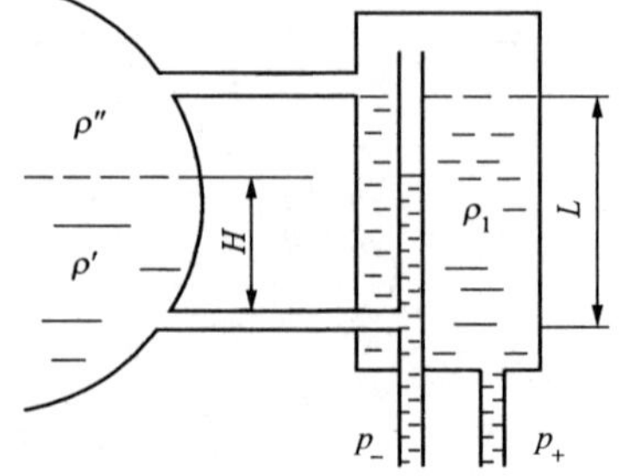

图 6 - 14 双室平衡容器

(2) 汽包压力变化时，会引起 ρ' 、ρ'' 发生变化，产生误差。ρ' 、ρ'' 与压力的关系曲线如图 6-15 所示。

这种与压力变化相联系的系统误差，目前常采用两种措施来减小：一是改进平衡容器的结构，力图得到仅与水位有关的差压值；二是对平衡容器的输出信号引入压力校正，即采用自动补偿运算装置。

二、平衡容器的改进

为了克服汽包压力对水位测量的影响，可对平衡容器进行改进，下面介绍三种典型的改进方案，即具有加热套的平衡容器、具有伸高冷凝室的平衡容器和内置式平衡容器。

1. 具有加热套的平衡容器

如图 6-16 所示，它是一种具有加热套的平衡容器，在汽包压力变化时，为了保证正压管中的水位始终恒定，加大了正压容器的截面积（一般要求正压容器的直径大于 100mm），并在它的上方安装凝结水漏盘，使更多的凝结水不断流入正压容器，以稳定正压管中的水柱高度 L。由于蒸汽的加热作用，正压容器 l 段的水温等于饱和温度。正压容器溢出的凝结水由泄水管流入下降管。泄水管与下降管相接处的高度应保证平衡容器内无水而下降管又不抽空，即泄水管内要保持一定高度的水。负压管直接从汽包水侧引出。为了保证引压管垂直部分水的密度等于环境温度下水的密度 ρ_1，引压管的水平距离要大于 1000mm。

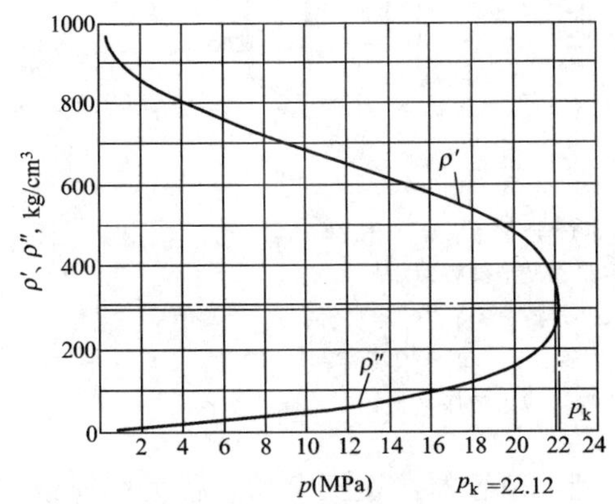

图 6-15 饱和水、干饱和蒸汽的密度与压力的关系图

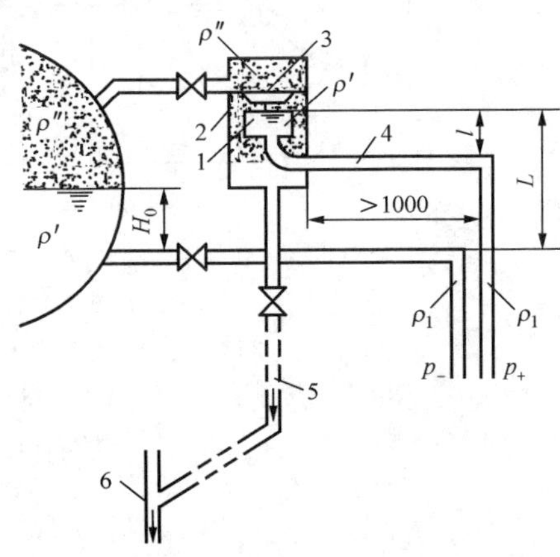

图 6-16 具有加热套的平衡容器

1—正压容器；2—加热套；3—凝结水漏盘；4—引压管；5—泄水管；6—下降管

该平衡容器把水柱 L 分为两段，其中 l 段称为补偿段，它可保证在正常水位 H_0 时，水位指示（即输出差压 Δp_0）基本不随汽包压力变化。设汽包额定工作压力为 p_N，补偿到最低压力为 p_D。若要求在汽包压力由 p_N 下降到 p_D 时，相同水位 H 下对应的差压输出不变，即 $\Delta p_N=\Delta p_D$，则可以推导出

$$L=\frac{\Delta p_{\max}+H_0\left(1-\dfrac{\Delta\rho''}{\Delta\rho'}\right)g(\rho_1-\rho'_D)}{\dfrac{\Delta\rho''}{\Delta\rho'}g(\rho'_D-\rho_1)+g(\rho_1-\rho''_D)} \tag{6-5}$$

$$l=H_0+(L-H_0)\frac{\Delta\rho''}{\Delta\rho'} \tag{6-6}$$

$$\Delta\rho' = \rho'_N - \rho'_D, \quad \Delta\rho'' = \rho''_N - \rho''_D$$

式中 Δp_{max} ——差压计量程上限值；

ρ'_D、ρ''_D ——汽包压力为 p_D 时饱和水、汽的密度；

ρ'_N、ρ''_N ——汽包压力为 ρ_N 时饱和水、汽的密度；

ρ_1 ——引压管竖直部分水的密度。

按上述尺寸要求设计出的平衡容器，可以保证在正常水位时，水位指示基本上不随汽包压力变化而变化，因此该平衡容器是具有压力补偿作用的平衡容器。某电厂的改进型平衡容器尺寸如图 6 - 17 所示。

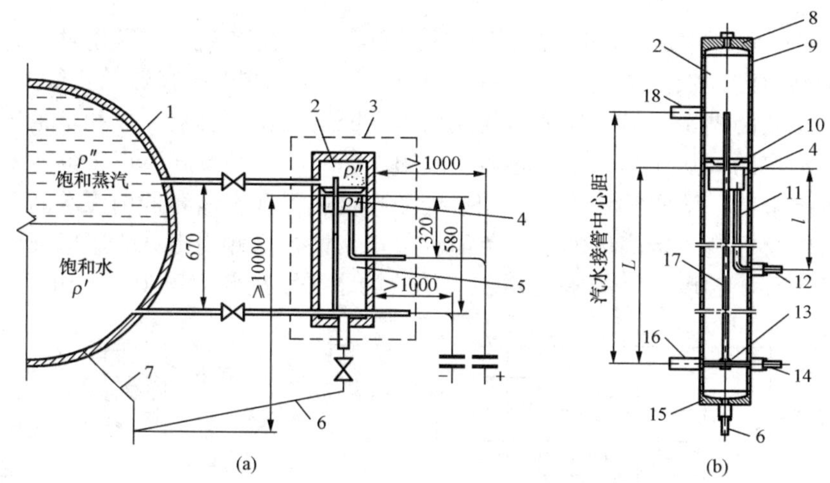

图 6 - 17 改进型平衡容器实例

(a) 改进型平衡容器原理；(b) 改进型平衡容器结构

1—汽包；2—凝汽室；3—平衡容器；4—基准杯；5—溢流室；6—泄水管；7—下降管；8—上封头；9—筒体；10—漏斗；11—正压补偿管；12—正压取压管；13—三通；14—负压取压管；15—下封头；16—水侧连接管；17—负压管；18—汽侧连接管

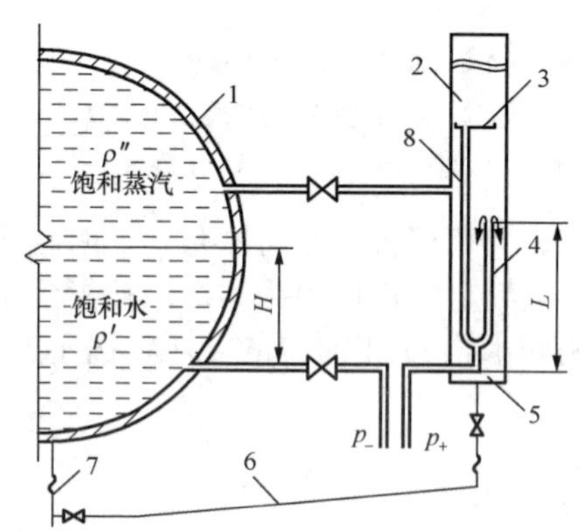

图 6 - 18 具有伸高冷凝室的平衡容器

1—汽包；2—伸高冷凝室；3—凝结水收集盘；4—短臂；5—饱和汽室；6—泄水管；7—下降管；8—长臂

该改进型平衡容器，正压室的直径大小应以保证汽包压力变化时正压室的水柱高度变化不大为准。正压容器上的漏斗把凝结水集中注入正压室，使该处水位因溢流而恒定，并有一定的过冷度，不致因汽包压力减小而沸腾。在 l 段范围的平衡容器和管段，其金属用量和容水量应尽可能小，以减小热惯性，保证较好的动态特性。

*2. 具有伸高冷凝室的平衡容器

如图 6 - 18 所示，是一种具有伸高冷凝室的平衡容器。该平衡容器的伸高冷凝室所产生的大量凝结水，由凝结水收集盘收集后进入长臂管，再由短臂管口溢出，使正压管内充满向上流动的饱和水，由于溢流作用，形成了恒定的饱和水柱 L 作为正压侧，负压侧仍由汽包水侧引出，且正、负引压管均具有足够的水平长度，以保证引压管水平段内的水温处于环境温度。这样，当汽包压力变化时，正压管和负压管内介质的密度同时发生变化，能有效克服汽包压力变化对水位测量的影响。

上述两种平衡容器均能较好地解决正常水位附近的压力自动补偿问题，但在高、低水位时仍有补偿过头及补偿不足的现象，此外环境温度变化对 ρ_1 的影响也不能消除。

*3. 内置式平衡容器

为了消除环境温度变化对密度 ρ_1 的影响，可采用内置式平衡容器，如图 6-19 所示。

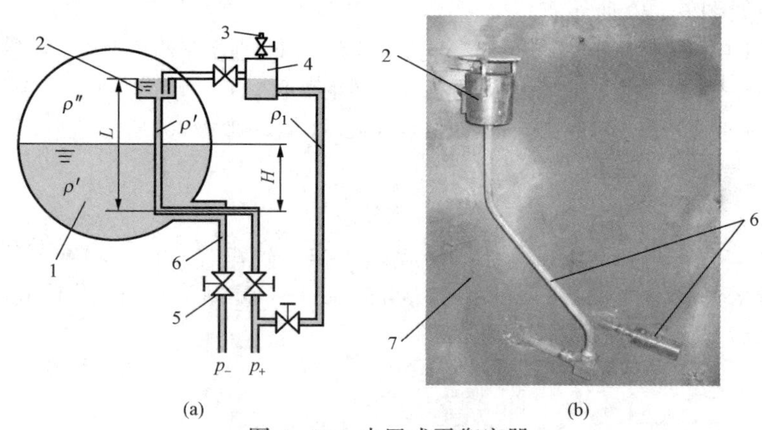

(a) (b)

图 6-19 内置式平衡容器

(a) 原理示意图；(b) 现场应用实例

1—汽包；2—内置平衡容器；3—灌水口；4—备用冷凝罐；5—阀门；6—引压管；7—汽包内壁

这种方法是把平衡容器放入汽包内，平衡容器内凝结水的温度与汽包内的温度相同，因此其密度也与饱和水的密度 ρ' 相等。此时平衡容器的输出差压为

$$\Delta p = p_{+} - p_{-} = (L-H)g\rho' - (L-H)g\rho'' \tag{6-7}$$

汽包水位为

$$H = L - \frac{\Delta p}{(\rho' - \rho'')g} \tag{6-8}$$

可见，内置式平衡容器从原理上消除了平衡容器内凝结水的密度 ρ_1 随环境温度变化而带来的误差。

由于汽包内的温度接近饱和温度，蒸汽凝结速度较慢，为了提高该水位计的投运速度，在汽包的汽侧取样管上焊接有备用冷凝罐，可以及时向平衡容器中补充冷凝水，缩短锅炉点火后水位计的投运时间。

此外，当内置式平衡容器出现故障时，可将正压管与备用冷凝罐的正压管相连，使水位计转换到外置式单室平衡容器继续工作，以保证水位测量的可靠性。

三、差压式水位计汽包压力的自动补偿

为了克服汽包压力对水位测量的影响，除改进平衡容器外，还可对差压信号引入压力校正，即采用运算装置进行自动补偿。

1. 自动校正原理

由平衡容器的输出差压可得

$$H = \frac{L(\rho_1 - \rho'')g - \Delta p}{g(\rho' - \rho'')} \tag{6-9}$$

根据水蒸气图（表）可得如下经验公式

$$g(\rho'-\rho'')=k_1p+a \tag{6-10}$$

$$Lg(\rho_1-\rho'')=k_2p+b \tag{6-11}$$

于是

$$H=\frac{k_2p+b-\Delta p}{k_1p+a} \tag{6-12}$$

因此，只要测出汽包压力和平衡容器的输出差压，就可以通过运算得到汽包水位。水位的压力校正原理如图 6-20 所示。

说明：目前所采用的各种补偿公式均假定 ρ_1 为一常数，因此在实际测量中为了补偿准确，必须使 ρ_1 的变化限制在小范围内。ρ_1 除与汽包压力 p_b 有关外，还主要取决于平衡容器和水连通管的保温状况，这一点在平衡容器安装时应特别注意。在按规定安装和保温后，ρ_1 一般按 50℃温度查取；现在有些电厂也采用直接测量参比水柱温度的方法进行修正。

2. 自动校正系统

水位自动校正系统如图 6-21 所示，用温度、压力和差压 3 台变送器分别将引压管内水温、汽包压力和平衡容器的输出差压送至智能水位计（或 DCS），在智能水位计（或 DCS）内进行补偿运算后显示出汽包水位的数值。

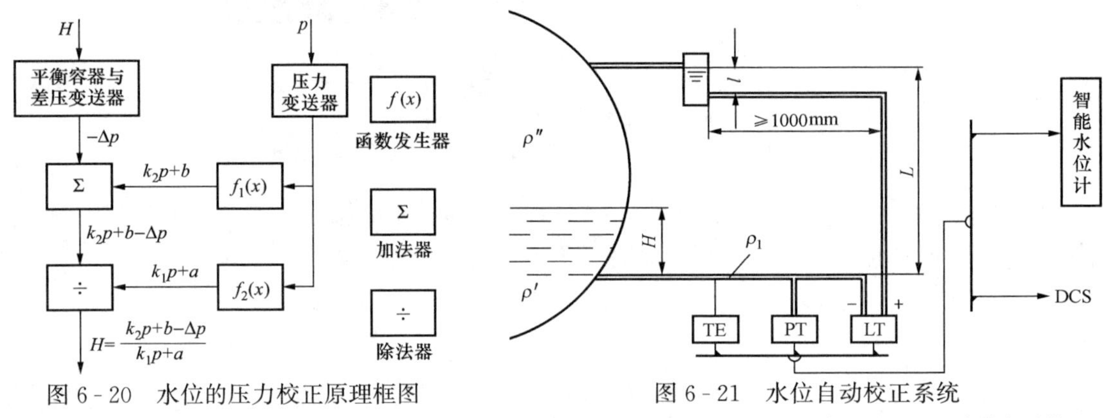

图 6-20　水位的压力校正原理框图

图 6-21　水位自动校正系统

TE—温度变送器；PT—压力变送器；LT—水位变送器

生产中，应根据汽包的内部结构、平衡容器的结构尺寸、锅炉的运行参数、变送器的安装位置等具体情况来确定变送器的量程与零点迁移、水位补偿框图及补偿函数，以达到准确测量水位的目的。

*3. 汽包水位测量的优选逻辑

为提高测量信号的可靠性，在汽包水位控制系统中常采用三个独立检测回路取中值的方案，如图 6-22 所示；在汽包水位保护系统中，常采用三取二的方案，如图 6-23 所示。

四、差压式水位测量系统

（一）差压式水位测量系统的组成

差压式水位测量系统能把水位信号实时转化为 4～20mA 直流电流信号以便于实现水位的自动控制和保护。特别是随着 DCS 的广泛应用和发展，差压式水位测量系统与 DCS 高效结合，使得该系统已不仅用于显示和自动控制，而且具有逐渐取代液位开关而承担保护功能的趋势。许多电厂的汽包、除氧器和高压加热器的水位高低保护信号均来自差压式水位测量系统。因此，差压式水位测量系统对火电厂的安全经济稳定运行具有重要的意义。

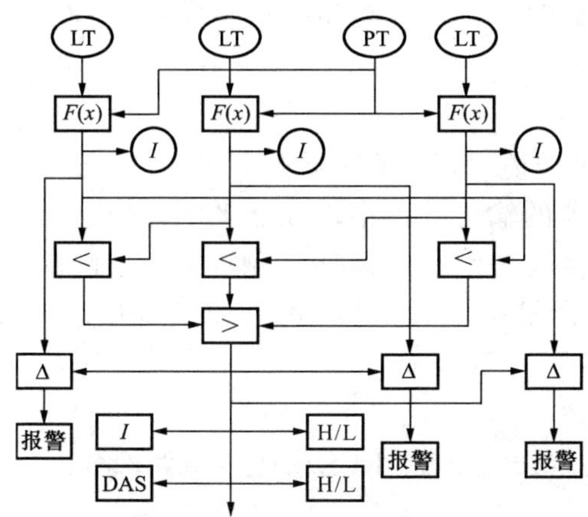

图 6-22 汽包水位测量三选中逻辑图

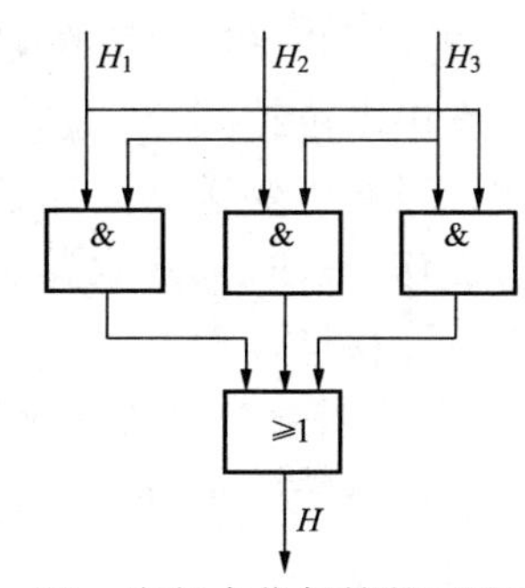

图 6-23 汽包水位保护的三取二逻辑

差压式水位测量系统主要由平衡容器、引压管、取源阀门、三阀组、差压变送器、压力变送器及 DCS（或智能水位计）等组成，如图 6-24 所示。汽包水位采用的是高静压低差压变送器，为了保护差压变送器，防止其单向受压，在差压变送器前都安装了三阀组。

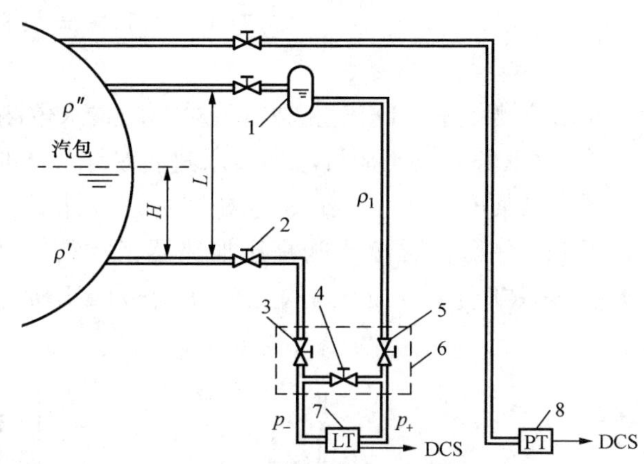

图 6-24 锅炉汽包水位测量系统

1—平衡容器；2—取源阀门；3—负压阀；4—平衡阀；5—正压阀；6—三阀组；7—水位变送器；8—压力变送器

在对差压变送器进行检修后，为保证平衡容器液面的恒定，在机组运行初期，对于除氧器、高压加热器和凝汽器，均需通过手动灌水门向平衡容器灌水后，其水位信号才能得到正确测量；对于汽包，只有当机组运行一段时间后，待平衡容器中充满凝结水时，水位变送器信号才恢复正常。

（二）差压式水位测量装置的现场安装

差压式水位测量装置的安装涉及取样管、平衡容器、连通管、截止阀及变送器的选型、材质、安装尺寸等诸多方面。对于不同的测量对象和要求，安装方式不同。现仅从取压管和变送器的安装方式进行分析。

1. 差压变送器与三阀组的安装方式

一般情况下，差压变送器上标有 H（高）和 L（低）字样，前者表示高压侧，后者表示低压侧。三阀组与变送器连接后，人面对三阀组，若变送器左侧为 H（高）、右侧为 L（低），则称之为正安装；反之称为反安装。

2. 差压变送器与取压管的安装方式

一般情况下，与平衡容器（或汽侧）相连的取压管称为正压管（或高压侧），与汽包水空间（或水侧）相连的取压管称为负压管（或低压侧）。正压管与差压变送器的高压侧相连，负压管与差压变送器的低压侧相连，称之为正安装；反之称为反安装。

生产中，正反安装现象均存在。在具体安装时，正反安装还应与变送器及 DCS 中的极性设置相匹配。

3. 差压变送器的零点迁移

当差压变送器高压侧（H）接平衡容器而低压侧（L）接汽包水空间时，变送器应采用正迁移，此时，汽包水位越高差压越小，变送器的输出就越小，4mA 对应满水位，这与一般的习惯不一致；当差压变送器高压侧（H）接汽包水空间而低压侧（L）接平衡容器时，变送器应采用负迁移，这时，随水位升高变送器输出增大，20mA 对应满水位，与习惯一致，但这种方法负迁移量较大。

（三）差压式水位测量系统的参数设置

差压式水位测量系统的参数设置包括变送器参数设置和 DCS 参数设置两部分。

1. 变送器参数设置

目前，智能型变送器因具有体积小、安装校验方便、维护量少等特点已得到广泛应用。根据不同的需要，可以很方便地对变送器进行零点与量程调校、零点迁移、本机状态设置等。

2. DCS 参数设置

在水位测量中，DCS 主要用于对差压式水位测量装置送入的 4～20mA 电流信号进行处理，并在 CRT 上按照运行习惯要求进行显示。不同的 DCS 其参数设置不尽相同。

下面以某电厂 3 号机组 3 号高压加热器水位测量系统（如图 6－25 所示）为例进行说明。图中，平衡容器 O 点为高压加热器正常水位（CRT 显示 0mm）点，A 点为高压加热器满水位（CRT 显示＋300mm）点，B 点为高压加热器低水位（CRT 显示－300mm）点。

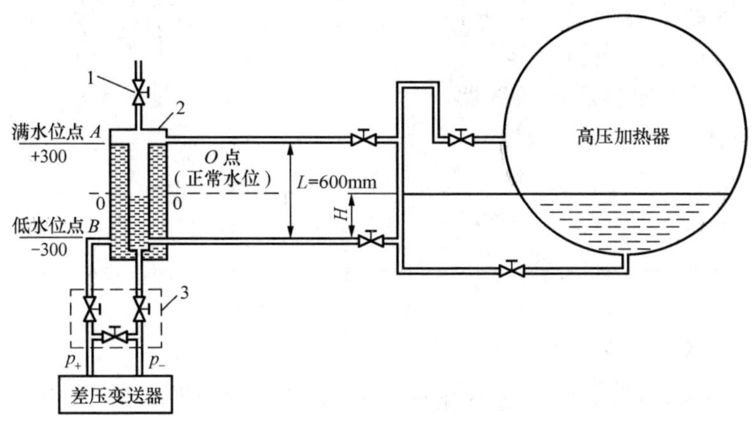

图 6－25 某电厂高压加热器水位测量装置简图

1—灌水阀；2—平衡容器；3—三阀组

测量回路中：

（1）取压管和变送器正安装，变送器的校验量程为 0～600mm，对应输出电流为 20～4mA，对应差压为－600～0mmH_2O，CRT 显示－300mm（无水）～＋300mm（满水）。变送器校验时，零差压输出 4mA，负压端加压（或正压端抽真空）至 600mmH_2O 时，调整变送器输出为 20mA。

该 3 号机组使用的 DCS 为 WDPF-Ⅱ型系统，其参数显示转换系数 C_1、C_2 计算如下：

$$+300 = C_1 \times 0.004 + C_2 \tag{6-13}$$

$$-300 = C_1 \times 0.020 + C_2 \tag{6-14}$$

(2) 若取压管和变送器正安装，变送器校验时零差压输出 20mA，则负压端抽压（或正压端加压）至 600mmH_2O 时，调整变送器输出为 4mA。此时的对应关系为：电流 4～20mA，对应差压为－600～0mmH_2O，CRT 显示－300mm（无水）～＋300mm（满水）。

此时，DCS 参数显示转换系数 C_1、C_2 应按以下公式计算：

$$-300 = C_1 \times 0.004 + C_2 \tag{6-15}$$

$$+300 = C_1 \times 0.020 + C_2 \tag{6-16}$$

因此，取压管和变送器的安装、变送器的校验以及 DCS 参数的设置应该一一对应，否则会导致水位测量显示错误。

五、平衡容器的安装

为了获得准确可靠的水位信号，在安装平衡容器时应注意以下几点：

(1) 每个平衡容器都应具有独立的取样孔，不可在同一取样孔上并联多个水位测量装置，以免相互影响，降低水位测量的可靠性。取样管应穿过汽包内壁隔层，管口应尽量避开汽包内水汽工况不稳定区，若不能避开，应在汽包内取样管上加装稳流装置。为防止积水或积汽，取样截止阀应横装且阀杆应处于水平位置。

(2) 平衡容器与汽包连接的取样管，至少应有 1∶100 的坡度；对于汽侧取样管，应使取样孔侧低；对于水侧取样管，应使孔侧高。

(3) 差压式水位测量常采用单室平衡容器，平衡容器前的汽水取样管间可有连通管，但禁止在连通管中段开取样孔作为差压式水位测量装置的汽水侧取样点。

(4) 双室平衡容器的疏水管应单独引至汽包水循环最快的下降管，并在疏水管上加装截止阀，疏水管的竖直长度应大于 10m，以保证平衡容器内无水而又不至于抽空。若发生抽空现象时应关小截止阀的开度。该管路不做保温。

(5) 差压变送器的引压管应在水平方向引出足够距离（一般不小于 1m）后向下敷设，以保证引压管内的水温等于环境温度。

(6) 汽包水位的汽水侧取样管、取样阀门和连通管均应良好保温。单室平衡容器及下部形成参比水柱的管道不保温；双室平衡容器正压取样管以上部位不保温，以下部位应保温。引到差压变送器的两根引压管应平行敷设并共同保温，以保证两根引压管内的介质具有相同的密度；并根据现场需要采取防冻措施，若需加伴热，应确保对正、负压侧引压管的伴热均匀。

第三节 电 接 点 水 位 计

电接点水位计的突出优点是指示值不受汽包压力变化的影响，在锅炉起停过程中能准确地反映水位情况，仪表构造简单，迟延小，因此应用十分广泛。

一、工作原理

电接点水位计是利用汽、水介质的电阻率相差很大的性质来实现水位测量的，它属于电阻式水位测量仪表。在 360℃以下，纯水的电阻率小于 $10^6\Omega\cdot cm$，蒸汽的电阻率大于 $10^8\Omega\cdot cm$。由于炉水含盐，电阻率较纯水低，因此炉水与蒸汽的电阻率相差就更大了。电接点水位计可以用于 22MPa 压力以下锅炉的水位测量。该水位计主要由水位容器（测量筒）、电接点及水位显示仪表等构成，如图 6-26 所示。可见，电接点水位计能把水位信号转变为一系列电路开关信

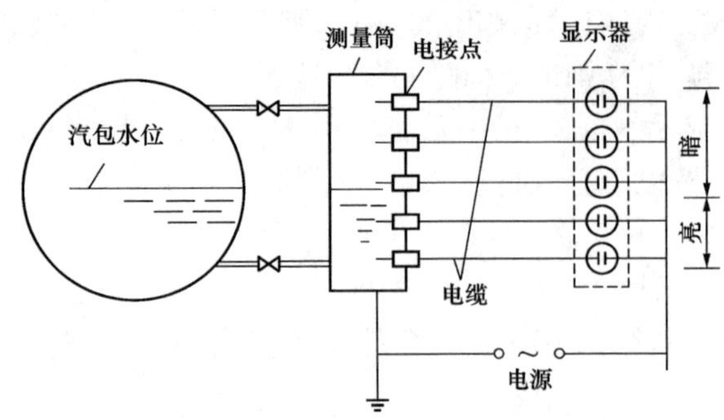

图 6－26　电接点水位计的基本结构

号，由燃亮氖灯的数量就可以知道水位的高低。

二、电接点及水位容器

1. 电接点

电接点是仪表的感受件，其电极芯既要与水位容器金属壁面可靠的绝缘，又要能耐受汽包的工作压力及汽水的化学腐蚀。目前电接点的损坏泄漏仍然是影响水位计长期可靠工作的一个问题。

电接点可分为超纯氧化铝绝缘电接点和聚四氟乙烯绝缘电接点两类。前者用于高压、超高压锅炉，后者用于中、低压锅炉。

（1）超纯氧化铝绝缘电接点。电极芯和瓷封件钎焊在一起，作为一个电极；电极螺栓和瓷封件焊在一起，作为另一个电极，两者用超纯氧化铝管和芯杆绝缘瓷管隔离开，如图 6－27 所示。

瓷封件由可伐合金加工而成，它的线膨胀系数与氧化铝瓷管很相近，这使两者焊接后能承受温度的变化。

（2）聚四氟乙烯绝缘电接点。聚四氟乙烯绝缘电接点的结构如图 6－28 所示。聚四氟乙烯具有很好的抗腐蚀性能，对于强酸、强碱和强氧化剂，即使在较高温度下也不发生任何反应，其使用温度为－180～＋250℃，适合于水质较差的中压锅炉。

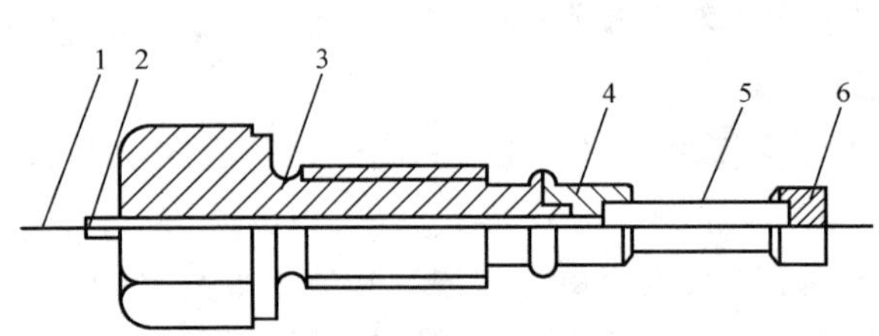

图 6－27　超纯氧化铝绝缘电接点

1—电极芯；2—绝缘瓷管；3—电极螺栓；4、6—可伐合金连接件（瓷封件）；5—超纯氧化铝管

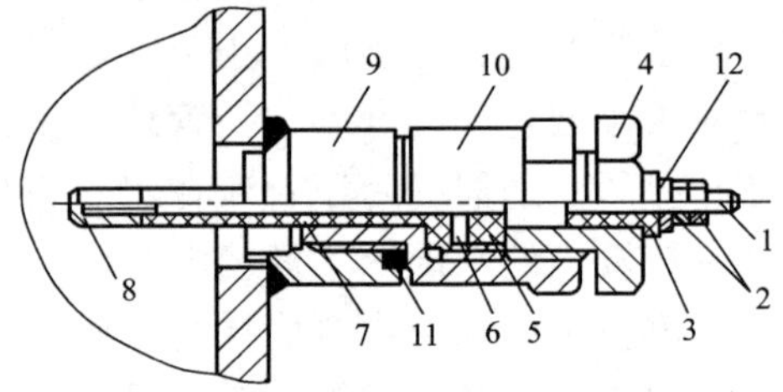

图 6－28　聚四氟乙烯绝缘电接点

1—电极芯；2—接线螺丝；3、7—聚四氟乙烯；4—压紧螺栓；5—绝缘垫；6—挡环；8—电极头；9—接管座；10—电极座；11—紫铜片；12—垫片

2. 水位容器

水位容器也称为水位测量筒，通常用直径为 76mm 或 89mm 的 20 号无缝钢管制造，如图 6－29 所示。其内壁应加工得光滑些，以减少湍流；水位容器的水侧连通管应加以保温。水位容器的壁厚根据强度要求选择，强度根据介质工作压力、温度及容器壁开孔的个数、间距来计算。为了保证容器有足够的强度，安装电接点的开孔位置通常呈 120°（或 90°）夹角，在筒体上分 3 列（或 4 列）排列。一般在正常水位附近，电接点的间距较小，以减小水位测量的误差。电接点水位计的现场应用如图 6－30 所示。

三、显示方式

电接点水位计的显示方式主要有氖灯显示、双色显示及数字显示三种。

1. 氖灯显示

氖灯显示是最简单的一种显示方式，其电源有交流和直流两种类型。电接点水位计一般采用交流氖灯，这样可以省去整流电路和避免极化现象。由于氖灯内阻高、功耗小，因此在没有放大电路的情况下也能可靠地显示。

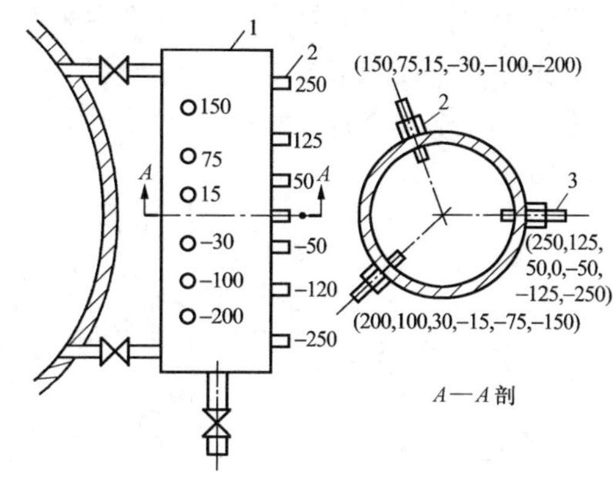

图 6-29　电接点水位计测量筒的结构

1—外壳；2—电极座；3—电接点

氖灯显示电路如图 6-31 所示，供给氖灯的电源电压必须高于氖灯的极限起辉电压。由于氖灯允许通过的电流很小，为了保护氖灯，延长氖灯的使用寿命，应串联一电阻 R_2。此外，由于氖灯显示装置距离水位容器较远，其电缆长度达 50～80m，因此电缆分布电容不可忽略。在交流供电的情况下，分布电容（图中虚线所示）将提供一个电流通路，有可能使处于蒸汽中的电接点所对应的氖灯也亮。为了防止这种情况，在每一氖灯支路上并联了一个分流电阻 R_1。恰当地选择 R_1 的电阻值，可以保证电接点处于蒸汽中时氖灯不亮。

图 6-30　电接点水位计现场实例

1—汽包；2—测量筒；3—电极座；4—电接点

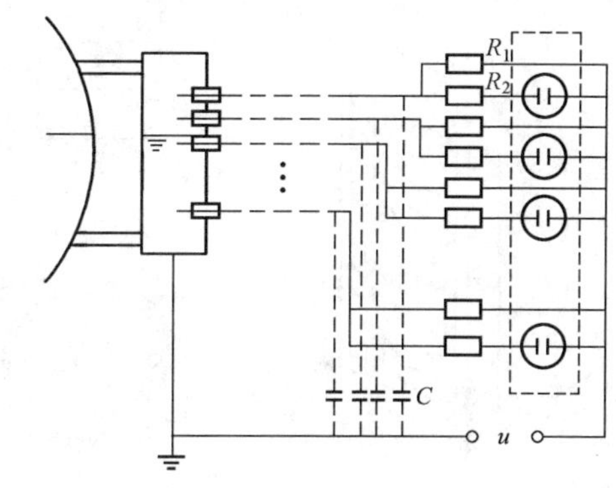

图 6-31　氖灯显示电路

2. 双色显示

二次仪表若采用双色显示，即以“汽红”、“水绿”的色光界面在显示屏上所占的高度来显示水位高低，可达到更醒目直观的效果。

该显示仪表在每一接点输出电路中都装有晶体管放大电路，图 6-32 所示为用继电器控制的双色显示电路。

交流电源 15V、连接导线、电接点 n 及电阻 R_1 组成一个回路。当电接点 n 处于蒸汽中时，相当于电路断开，晶体管 VT1、VT2 基极输入为零而截止，继电器线圈 Jn 没有电流通过，其常闭接点闭合，常开接点断开，红灯亮而绿灯灭，表示该点处于蒸汽之中。当电接点 n 处在水中时，回路接通，有电流流过电接点，因此在 R_1 上产生电压降 U_{R1}。U_{R1} 经二极管 VD1 半波整流，电容 C1 滤波，电阻 R_2、R_3 分压之后，加至晶体管 VT1 的基极，使之饱和导通。继电器 Jn 有电流通过，使常闭接点断开，常开接点闭合，绿灯亮、红灯灭，表示该接点处在水中。

若在所需报警的电接点显示电路中采用多触点继电器 Jn，则可以利用其他常开或常闭接点实现灯光、音响报警及连锁保护开关信号输出。

还有一种用晶体管控制的双色显示电路，如图 6-33 所示，其工作原理与继电器双色显示电路相同。

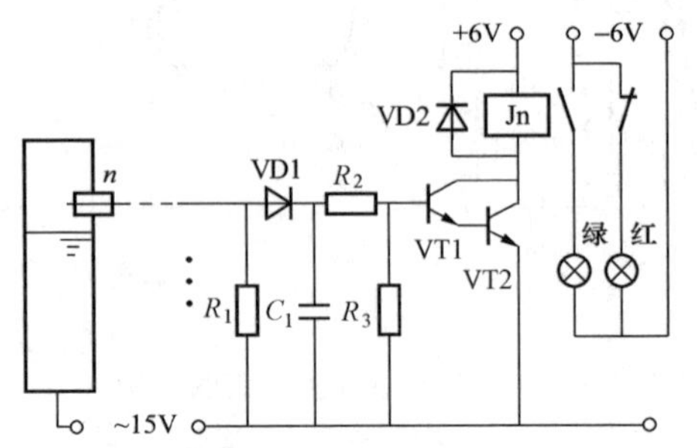

图 6-32 继电器双色显示电路

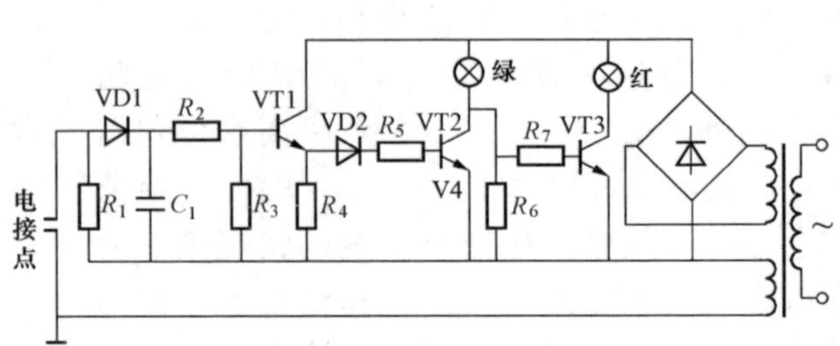

图 6-33 晶体管双色显示电路

双色显示仪表的外形如图 6-34（a）所示，其内部为一个长方槽形盒子，盒内用很薄的隔光片隔成与电接点数相同的一系列暗室，每个暗室内水平装置红、绿灯（或用普通灯加红、绿透光片），如图 6-34（b）所示。暗室上下排列顺序与电接点相对应。槽形盒子面板上盖有截面为半圆形的有机玻璃屏，使灯光分散，以便在显示屏上得到光色均匀的红绿光带。

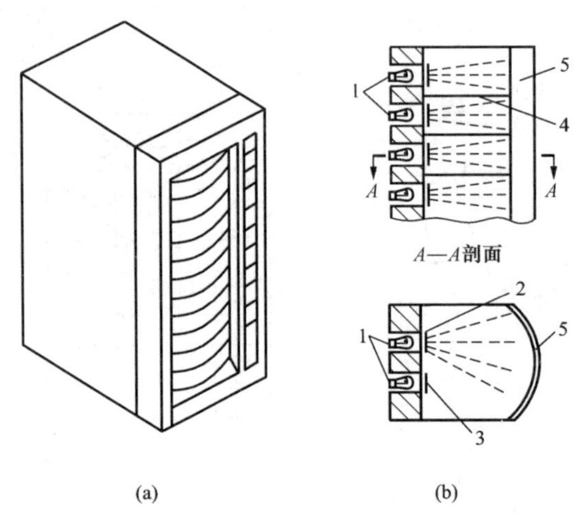

图 6-34 双色显示仪表的外形与结构

（a）外形；（b）内部结构

1—显示灯；2—红色滤光片；3—绿色滤光片；4—隔光片；5—有机玻璃显示屏

3. 数字显示

电接点工作时输出的开关信号很便于实现数字显示，显示原理框图如图 6-35 所示。输入信号经阻抗变换、整形及逻辑环节后译码显示水位数值，并附有模拟电流输出及报警、保护信号输出。

图 6-36 所示为每路电接点信号的阻抗转换电路，其原理与双色显示水位计的显示电路相似。当电接点处于水中时，电接点电路导通，交流 24V 电源加到电接点 n 及电阻 R_1 上，R_1 上的电压经二极管 VD1 整流，C_1 滤波，在 R_{b2} 取出加到射极输出器晶体管 VT1 的基极，使 VT1 导通，其射极输出高电位（+5V）；当电接点处在蒸汽中时，VT1 处于截止状态，VT1 射极输出低电位（0V），这样就把电接点的通（处于水中）断（处于蒸汽中）信号转换为高低电位信号。

数字水位计显示的水位值为处于水中且离水面最近的电接点的高度。此时该电接点电路输出高电位，而其上方相邻的电接点（因处于蒸汽中）电路输出低电位，而其他电接点此时都不具备上述逻辑特点，故可以采用逻辑判断电路，判断出处于水中且离水面最近的电接点。数字水位计常用的逻辑判断电路如图 6-37 所示，只有当那一个电接点处于水中且离水面最近时，其相应逻辑输出 P 才能为高电位（设为 1 信号），而其他不符合上述条件的电接点的逻辑输出 P 为低电位（设为 0 信号）。该逻辑信号送到译码显示电路，就可以显示出对应的水位值。

注意：由于电接点输出的是开关信号（电接点状态），故显示仪表中没有 A/D 转换部件；又因水位测量筒上只安装有限的几个电接点（一般为 19 个），因此显示仪表只显示有限的几个水位数字量。所以，与电接点水位测量筒配套的数字显示仪表不同于一般的工业数字显示仪表。

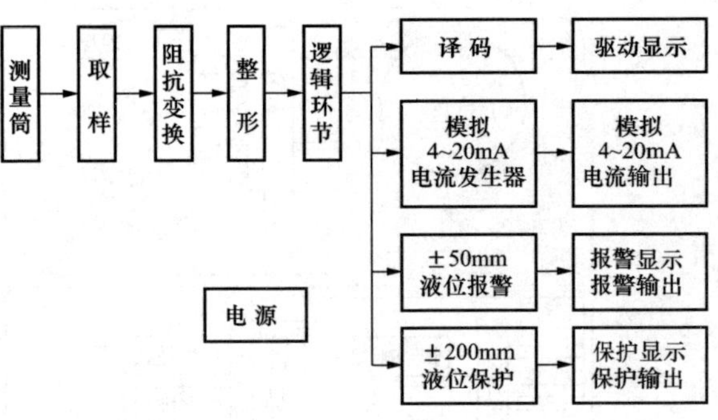

图 6-35 数字水位计方框图

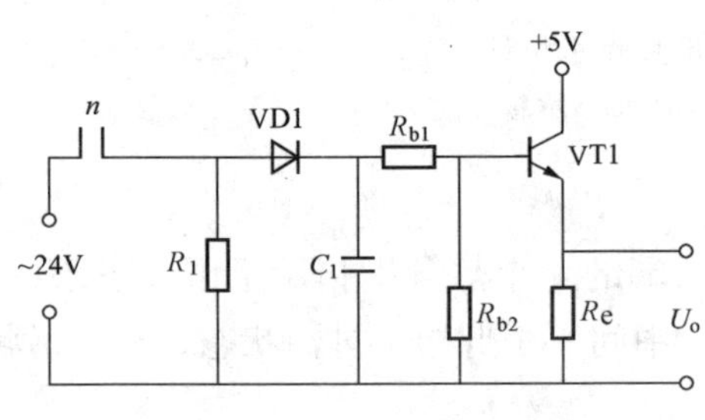

图 6-36 阻抗转换电路

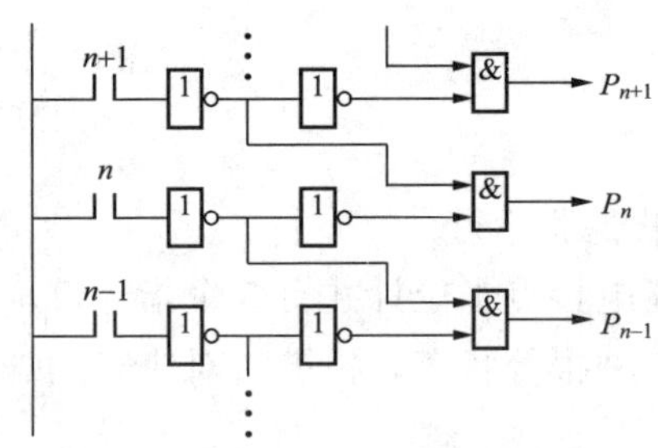

图 6-37 逻辑判断电路

*四、智能电接点水位计

智能电接点水位计是一种智能化、高可靠性的新一代液位监测仪表，具有抗干扰能力强、报警点可调、容错性高、可准确调整水汽阻临界值、可进行电极测试等特点，广泛应用于锅炉汽包、高压加热器、低压加热器、除氧器、直流锅炉汽水分离器、排污扩容器、水箱等的液位测量，也适用于其他导电液体，但不适合易燃、易爆液体及腐蚀性液体的测量。

（一）工作原理

智能电接点水位计如图 6-38 所示。仪表的核心是一块微控制器，在它的控制下，水阻测试电路通过多路电子开关逐个地测试每一个电极与测量筒体之间的阻抗，微控制器得到这些阻值后首先用数字滤波程序滤去干扰，然后由智能水位识别程序识别出当前的水位，由面板上的标尺和数码显示出来。如果水位超过预先设定的上下限，则产生声光报警，并触发相应的报警输出。

为防止误报警，可采用延迟报警的方式。延迟报警是指参数（如水位）超限并维持一段时间后再报警。

在智能水位识别程序识别水位的同时，也将一些表现异常的电极识别出来，并使面板标尺上的相应点闪烁，以提醒维护人员注意。

（二）功能介绍

1. 数码显示

正常工作时显示水位值，在电极测试状态显示被测电极与测量筒体之间的电阻值。

2. 水位标尺

汽红水绿，直观显示水位。如果某一点闪烁，则表示对应点的电极出现故障。

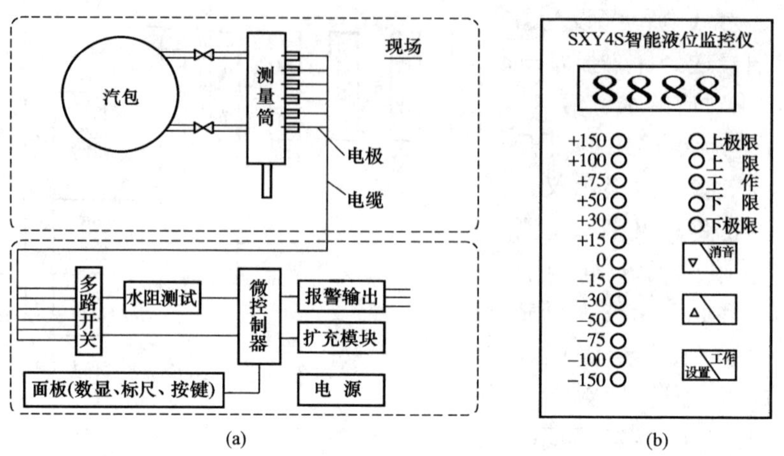

(a)　　　　(b)

图 6-38　智能电接点水位计

(a) 原理框图；(b) 面板示意

3. 状态指示灯

智能电接点水位计共有 5 个指示灯，上下两端的 4 个灯分别指示上限、下限、上极限、下极限 4 种报警状态，报警时对应灯闪烁红色；中间一个灯指示排污状态，在排污状态时闪烁红色。

4. 按键

智能电接点水位计共有 3 个按键，每个按键都是复用的，在不同的场合下有不同的用

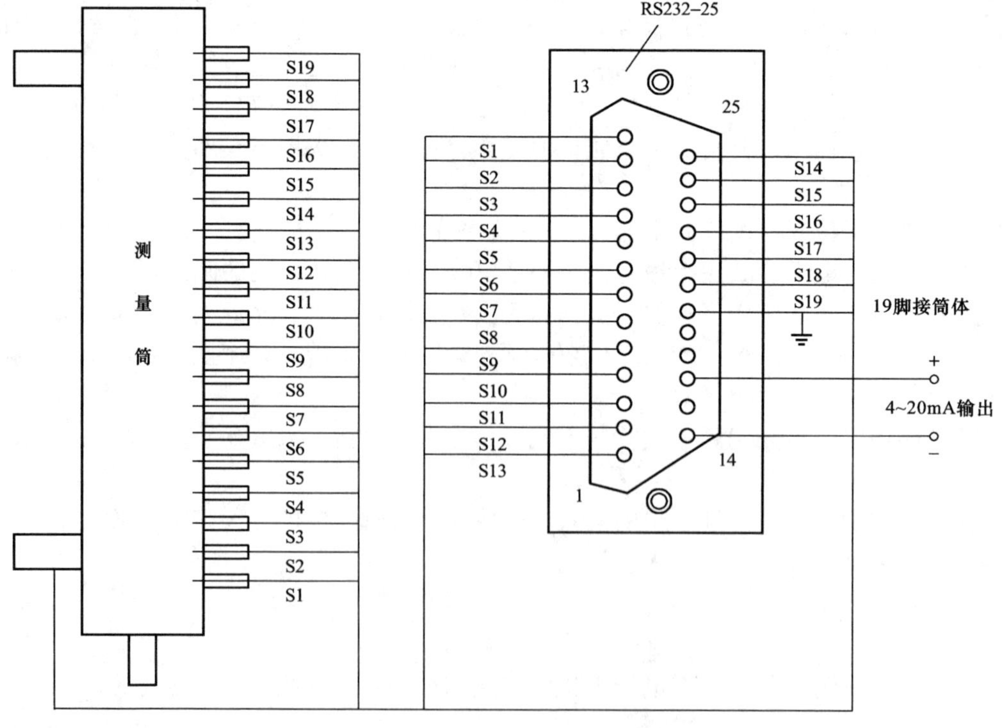

图 6-39　智能电接点水位计就地接线图

途，如消音和▽在同一个按键上。

（三）接线方法

智能电接点水位计一般采用 RS232-15 芯和 25 芯插座，均安装在后面板上。其中 RS232-25 芯插座主要用于电接点信号 S1（最低位）～S19（最高位）的输入，S1 接 13 脚，S2 接 12 脚，……，S13 接 1 脚，S14 接 25 脚，……，S19 接 20 脚，19 脚接地（即接测量筒体），其就地接线方法如图 6-39 所示。

S232-15 芯插座主要用于保护继电器触点输出和 220V 交流电源的接线。

电接点水位计指示的水位实际上是水位容器内的水位，由于水位容器的散热造成其内部水的温度低于汽包内水的温度，因此水位容器内的水位低于汽包的真实水位，引起测量误差。为了消除该项误差，可把电极放入汽包内部。

*五、内置式电接点

所谓内置式电接点就是把电接点安装在汽包内部，直接测量汽包内的真实水位，其工作原理及应用实例如图 6-40 所示。

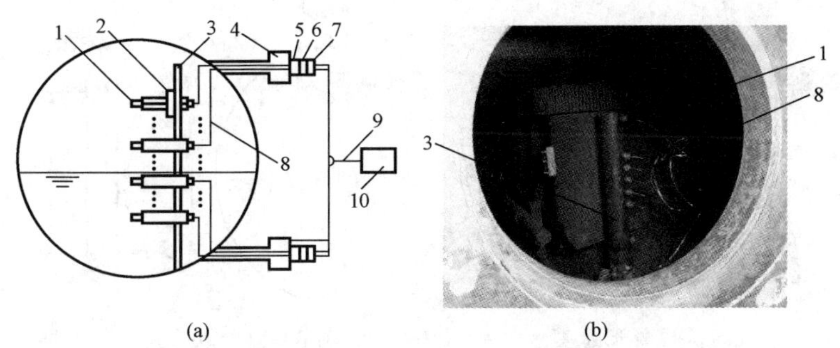

图 6-40 内置式电接点

（a）原理示意；（b）在锅炉汽包上的应用实例

1—电极；2—固定螺母；3—固定支架；4—引出箱；5—固定座；6—密封垫；7—压盖；8—电极延长电缆；9—电缆；10—显示仪表

内置式电接点安装在汽包内的适当位置，直接测量汽包水位，取样误差小，测量准确度高，在汽包水位测量中，可用来标定其他水位计。该水位计的不足之处是，一旦电接点出现故障，只能等到停炉时才能检修。

六、汽包水位计的冗余布置

测量水位的仪表有很多，但测量汽包水位的仪表目前只有上述介绍的三种，即就地式水位计、差压式水位计和电接点水位计。汽包水位是涉及机组安全运行的重要参数，为保证汽包水位测量的安全性和可靠性，在汽包上应配置多支彼此独立的不同工作原理的水位计。例如某 300MW 火力发电机组的锅炉汽包水位计布

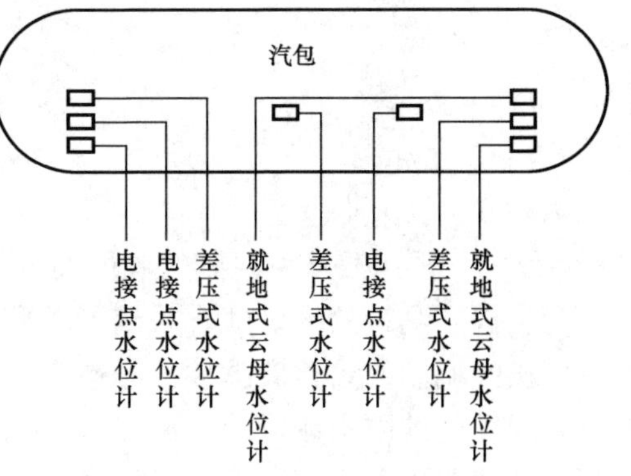

图 6-41 某 300MW 火力发电机组锅炉汽包水位计布置

置了 8 支，如图 6-41 所示。

*第四节 雷达式液位计

一、雷达波概述

雷达波是一种特殊形式的电磁波，其频率为 0.3～3000GHz。雷达波的物理特性与电磁波相似，传播速度相当于光速。雷达波可以穿透空间蒸汽、粉尘等干扰源，遇到障碍物易于被反射，被测介质导电性越好或介电常数越大，雷达波的反射效果越好。

二、雷达式液位计的基本组成及工作原理

雷达式液位计利用了雷达波的反射性能来进行液位检测。它主要由发射和接收装置、信号处理器、天线、操作面板、显示及故障报警等部分组成，其外形如图 6-42 所示。

图 6-42 雷达式液位计外形示意

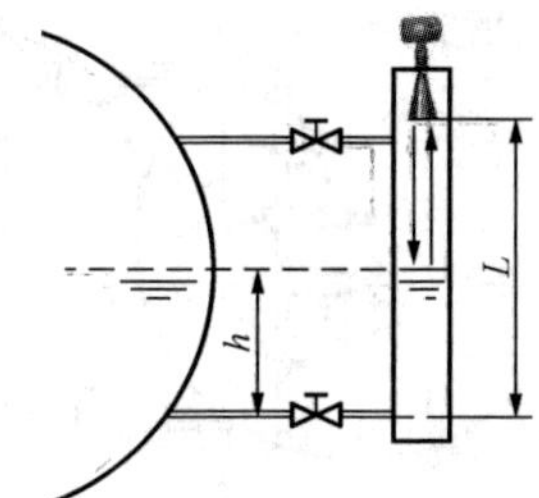

图 6-43 雷达式液位计原理

雷达式液位计根据脉冲—回波方式工作，发射—反射—接收是它的基本原理，如图 6-43 所示。其工作天线向被测对象发射出波长较短的雷达波脉冲，一部分雷达波穿过了被测介质，另一部分在被测液面产生反射后，由天线接收，也就是说，天线同时还起着接收器的作用。通过测量从开始发射雷达波到接收到反射雷达波之间的时间间隔 Δt 来确定天线与液面之间的距离，再根据水位计的安装尺寸 L，可得出被测液位为

$$h = L - \frac{v\Delta t}{2} \tag{6-17}$$

式中 L——安装尺寸；

h——液位；

v——雷达波速度；

t——雷达波从发射到接收的时间间隔。

为了提高测量的准确度，采用了频差测量原理，又称为复合脉冲雷达技术。应用这种技术，一段经调制的雷达波脉冲信号被同一天线发射和接收，由被测液面返回的脉冲信号不断地与天线发射的固定频段的脉冲信号作比较，其频率差与天线到液面的距离成正比，因此通过测量频率差可间接获得液位高度。

雷达波的频率越高，发射角越小，单位面积上的能量（磁通量或场强）越大，波的衰减越小，雷达式液位计的测量效果就越好。

雷达式液位计属于非接触式测量仪表，从结构上看，可分为杆式天线、喇叭式天线和缆式天线等几种。它操作简单，调试方便，测量准确度高，可达1mm，应用广泛，几乎可以测量所有介质。

三、使用注意事项

(1) 当测量液位时，传感器的轴线和液面应保持垂直。当测量固态料位时，由于固体介质会有一个堆角，传感器要倾斜一定的角度。

(2) 尽量避免有造成假反射的装置。特别要注意在锥形发射区内不应有障碍装置。

(3) 要避开进料口，以免产生虚假反射。

(4) 测量拱形罐内的液位时，最佳安装位置在容器半径的1/2处，以减小虚假回波。

(5) 要避免安装在有很强涡流的地方，否则应采用导波管或旁路管测量。

(6) 导波管内壁一定要光滑，导波管必须达到测量的最低液位。

(7) 若传感器安装在接管上，天线必须从接管伸出来。

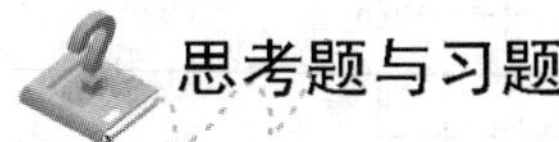

思考题与习题

1. 在火电厂中，常用的水位测量仪表有哪几种？各种水位计的工作原理分别是什么？
2. 汽包水位有哪些特点？什么是虚假水位？
3. 云母水位计有哪些特点？其指示误差与哪些因素有关？
4. 工业电视监视系统一般由哪几部分组成？
5. 画出汽包水位电视监视系统框图。
6. 差压式水位计主要由哪几部分组成？差压式水位计的工作原理是什么？
7. 画出汽包水位的压力校正原理框图，并简述其校正原理。
8. 画出差压式水位测量系统示意图。
9. 电接点水位计的工作原理是什么？该水位计有哪几种显示方式？使用时应注意哪些事项？
10. 智能电接点水位计的特点是什么？

* 11. 雷达式液位计的工作原理是什么？它有什么特点？

第七章　氧　量　测　量

氧化锆氧量计属于成分分析仪表，烟气分析仪表是保证锅炉运行经济性的重要仪表。为了使锅炉保持最佳的燃烧工况，就应保证进入锅炉炉膛的燃料与空气的比例恰当，即保证最佳的过量空气系数 α_{zj}。一般对燃煤锅炉 $\alpha_{zj}=1.20\sim1.30$，对燃油锅炉 $\alpha_{zj}=1.10\sim1.20$。

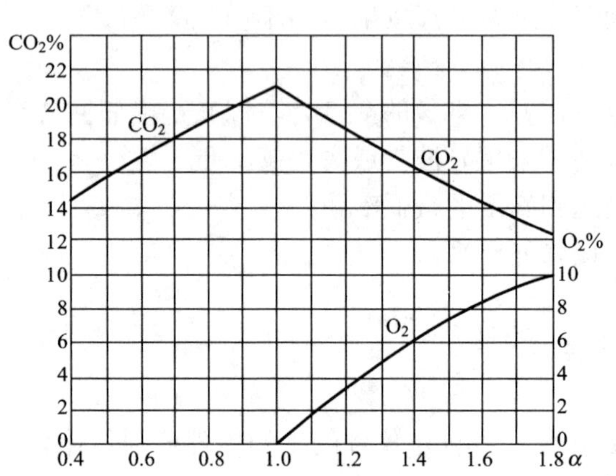

图 7-1　燃烧烟煤时烟气中的氧及二氧化碳的含量与 α 的关系

过量空气系数 α 不容易测量，但过量空气系数 α 与烟气含氧量有确定的关系，如图 7-1 所示。α 与烟气含氧量的关系也可用公式表示，即

$$\alpha=\frac{21}{21-O_2} \tag{7-1}$$

目前常采用氧化锆氧量计来测量烟气含氧量。本章主要介绍氧化锆氧量计的工作原理测量系统、安装、调试、运行维护及常见的故障分析等知识。

第一节　氧化锆氧量计的工作原理

一、工作原理

纯净的氧化锆（ZrO_2）性能受温度的影响较大，不能用于测氧工作。通常在氧化锆中加入一定量（12%～15%克分子数）的氧化钙（CaO）或氧化钇（Y_2O_3），经高温焙烧而成为性能稳定的萤石型立方晶体（称为稳定氧化锆），其中部分锆离子被钙离子或钇离子置换后，出现了氧离子空穴，如图 7-2 所示。稳定氧化锆在高温下（650℃以上）是氧离子的良导体，当两侧氧的浓度不同时，形成氧浓差电池，输出氧浓差电动势 E_O。氧浓差电动势的大小可用能斯特方程表示，即

$$E_O=\frac{RT}{nF}\ln\frac{p_A}{p_C}+C \xrightarrow{\text{两侧气体压力相等时}} E_O=\frac{RT}{nF}\ln\frac{\varphi_A}{\varphi_C}+C \tag{7-2}$$

式中　E_O——氧浓差电动势，mV；

R——气体常数，$R=8.31$J/（mol·K）；

T——氧化锆管的绝对温度，K；

n——一个氧分子输送的电子数，$n=4$；

F——法拉第常数，$F=96500$C/mol；

p_A、p_C——参比气体与被测气体中氧的分压力；

φ_A、φ_C——参比气体（新鲜空气 $\varphi_A=20.8\%$）与被测气体（烟气）中氧的分浓度；

C——电池常数，即本底电动势。

氧浓差电池的形成是一动态平衡过程，但总体效果为含氧量较高一侧的氧分子在铂电极发生还原反应夺得电子形成氧离子，氧离子沿着氧离子空穴泳动至含氧量较低一侧的铂电极上，发生氧化反应释放电子并结合成氧分子析出。随着氧化和还原反应的进行，氧化锆两侧的铂电极由于得失电子而形成氧浓差电动势，如图 7 - 3 所示，其电化学方程为

正极　　$$O_2 + 4e = 2O^{2-} \tag{7-3}$$

负极　　$$2O^{2-} - 4e = O_2 \tag{7-4}$$

氧离子空穴

$O^- \; O^-{-}Zr^+{-}O^- \; O^-{-}Zr^+{-}O^- \square \; Ca^+ {-}O^- \; O^-{-}Zr^+{-}O^- \square \; Ca^+ {-}O^- \; O^-$

$Zr^+ {-}O^- \square \; Ca^+{-}O^- \; O^-{-}Zr^+{-}O^- \; O^-{-}Zr^+{-}O^- \square \; Ca^+{-}O^- \; O^-{-}Zr^+{-}O^-$

$O^-{-}Zr^+{-}O^- \; O^-{-}Zr^+ {-}O^- \square \; Ca^+{-}O^- \; O^-{-}Zr^+ {-}O^- \; O^-{-}Zr^+ {-}O^- \square \; Ca^+$

$O^- \square Ca^+ {-}O^- \; O^-{-}Zr^+ {-}O^- \; O^-{-}Zr^+{-}O^- \square Ca^+{-}O^- \; O^- {-}Zr^+ {-}O^- \; O^-$

$Zr^+{-}O^- \; O^- {-}Zr^+ {-}O^- \square \; Ca^+{-}O^- \; O^-{-}Zr^+ {-}O^- \; O^-{-}Zr^+{-}O^- \square \; Ca^+ {-}O^-$

$\square Ca^+ {-}O^- \; O^- {-}Zr^+{-}O^- \; O^- {-}Zr^+{-}O^- \square Ca^+{-}O^- \; O^- {-}Zr^+ {-}O^- \; O^- {-}Zr^+$

$O^- \; O^- {-}Zr^+ {-}O^- \; O^-{-}Zr^+{-}O^- \square \; Ca^+ {-}O^- \; O^- {-}Zr^+{-}O^- \square \; Ca^+{-}O^- \; O^-$

$Zr^+ {-}O^- \; O^-{-}Zr^+{-}O^- \square \; Ca^+{-}O^- O^- \; {-}Zr^+ {-}O^- \; O^- {-}Zr^+{-}O^- \; O^-{-}Zr^+{-}O^-$

图 7 - 2　掺杂有氧化钙的氧化锆产生氧离子空穴示意

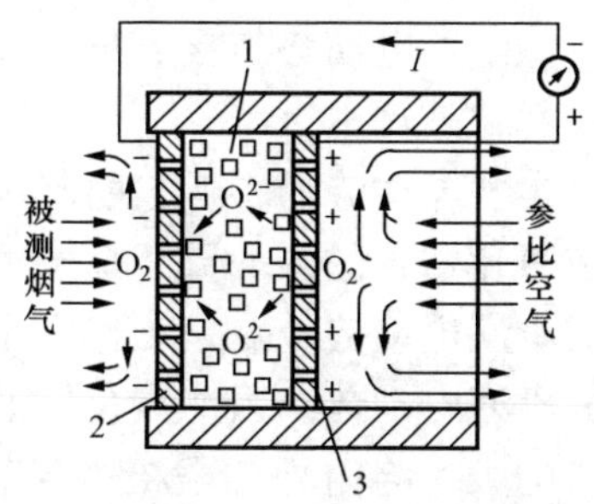

图 7 - 3　氧浓差电池原理

1—稳定氧化锆；2、3—多孔（网状）铂电极

二、氧化锆管的结构

为了便于使用，氧化锆传感器都制成了氧化锆管的形式。目前氧化锆管有两种结构形式：一种是一端封闭，一端开口的结构形式，如图 7 - 4（a）所示；另一种是两端开口的结构形式，如图 7 - 4（b）所示。

在氧化锆管的内外壁上，都牢固地烧结一层多孔（网状）铂电极，电极的引线是金属铂丝。内电极的引线通过氧化锆管上直径为 0.8mm 的小孔引出，构成氧化锆探头。

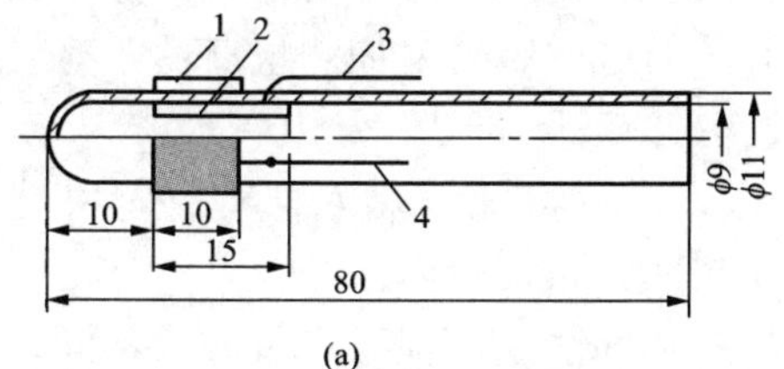

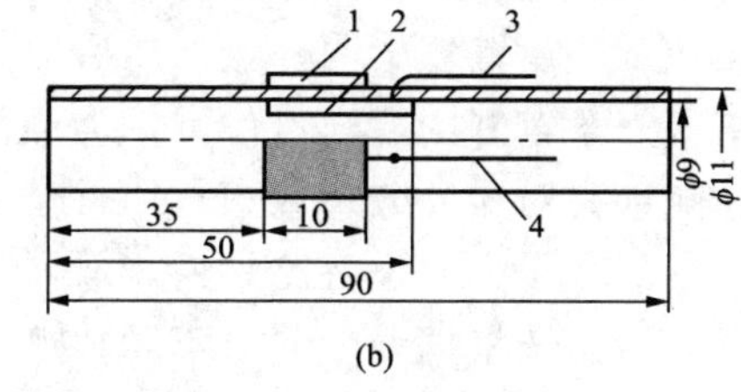

图 7 - 4　氧化锆管结构示意

1—外铂电极；2—内铂电极；3、4—引线

三、使用注意事项

为了准确测量烟气含氧量，氧化锆氧量计在使用时还应注意以下问题：

（1）由于氧浓差电动势与氧化锆管的工作温度成正比，因此氧化锆管应处于恒温下工作或在测量线路中附加温度补偿措施，以使其输出不受温度的影响。

（2）为了保证有足够的灵敏度，氧化锆管的工作温度应选在 600℃以上，但不能过高，否则烟气中的可燃物会出现二次燃烧，使输出电动势增大。目前常用的工作温度为 800℃左右。

（3）根据氧浓差电池的工作原理可知，只有当空气和烟气两侧的总压力相等时，氧浓差电动势才能正确地反映烟气含氧量。因此，使用时应保证被测气体和参比气体的总压力

相等。

(4) 参比气体中氧分压要恒定，同时要求它比被测气体中氧的分压大得多，这样可提高氧浓差电池的灵敏度。

(5) 由于氧浓差电池有使两侧氧浓度趋于一致的倾向，因此必须保证被测气体和参比气体都有一定的流速，以便不断更新。

(6) 氧化锆管不能有孔洞或裂纹，否则氧气会直接通过，使输出电动势减小。

(7) 氧化锆材料的阻抗很高，并随工作温度降低按指数曲线上升，为了正确测量输出电动势，要求二次仪表有较高的输入阻抗。

(8) 氧浓差电动势与含氧量的关系为非线性，若采用氧浓差电动势作为控制信号，应对其进行线性化处理。

(9) 本底电动势的影响。引起本底电动势的原因主要有两个方面，一是由于制造工艺的原因，在氧化锆管的内外壁上附着一些金属颗粒，在高温下金属颗粒与铂电极构成化学电池，形成本底电动势；二是工作中由于外电极比内电极温度高，氧离子由高温侧向低温侧扩散，形成本底电动势。因此氧化锆的输出电动势为氧浓差电动势与本底电动势的代数和。本底电动势的大小与内外铂电极的温差、工作温度及氧化锆管是否干净有关，若此电动势过大，则应老化处理，并加补偿装置。

第二节 氧化锆氧量计测量系统

炉烟成分正确分析的首要条件是分析的气样有代表性，因此取样点应设置在燃烧过程已结束，烟气不存在分层、停滞，以及烟气温度为取样装置所能耐受的地方。由于烟气处于负压下，特别要防止空气漏入而影响测量的准确性。取样装置一般安装在高温省煤器出口烟气侧，也可安装在过热器出口烟气侧。实验证明，对于大截面积的烟道，同一横截面上各处烟气成分是不同的，有明显分层倾向，而且在各排不同喷燃器投入运行的情况下，分层情况也不同。因此最好设置多个取样点，然后取其平均值，但这样做会增加测量滞后，有时就用实验方法求取一个较好的取样点位置作为经常测量的取样点。

快速响应是对成分分析仪表的一个突出的要求，应尽可能缩短取样管路，以减少纯滞后，因此最好装设大口径旁路烟道，取样装置可安装在旁路烟道内。

氧量测量系统根据温度要求不同，可分为定温式和补偿式；根据安装方式不同，可分为直插式（氧量计直接安装在烟道内）和抽气式（把烟气抽出来经过滤净化后再测量，因系统复杂、迟延大、测量管路容易堵塞，一般不用）；根据显示仪表的不同，可分为动圈表氧量测量系统和智能氧量测量系统。目前在火电厂中应用较多的是直插定温式智能氧量测量系统。

一、直插补偿式测量系统

氧化锆管直接插入锅炉烟道的高温部分（一般插入过热器后部，烟温约700～800℃），插入深度为1～1.5m。温度补偿方法有两种，一种是局部补偿法，另一种是完全补偿法。

(1) 局部温度补偿法。实验表明，温度在700～800℃之间时，镍铬-镍硅热电偶在冷端温度为0℃时的热电动势 E_K 随热端温度的变化与氧化锆氧浓差电动势 E_O 随温度的变化有近似相同的规律。表7-1列出了当参比气体为新鲜空气，被测气体的含氧量为2%时，E_O

及 E_K 在不同温度下的数值。

表 7-1　　氧浓差电动势 E_O 及镍铬-镍硅热电偶热电动势 E_K 与温度 t 的关系

t（℃）	E_O（mV）	E_K（mV）	E_O-E_K（mV）	显示仪表读数
700	48.96	29.13	19.83	2.000%
720	49.86	29.97	19.89	1.994%
740	50.89	30.80	20.09	1.983%
760	51.90	31.63	20.27	1.971%
780	52.90	32.46	20.44	1.958%
800	54.00	33.28	20.72	1.940%

可见，当温度在 700～800℃之间变化时，E_O-E_K 的差值为 20mV 左右，基本上不随温度而变化。

在一定的温度范围内，用镍铬-镍硅热电偶的热电动势随温度的变化去补偿氧化锆氧浓差电动势随温度的变化，从而减小测量误差，这种方法称为局部温度补偿法，如图 7-5 所示。系统输出信号为

$$E=E_O-E_K \tag{7-5}$$

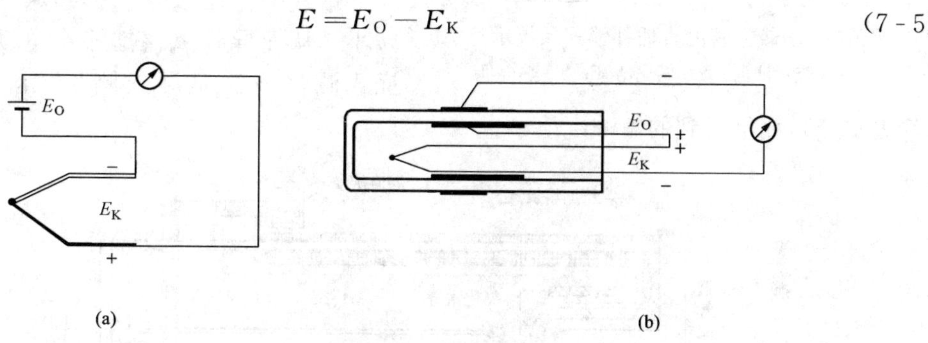

图 7-5　局部温度补偿法

（a）原理；（b）结构示意

这样，当温度变化时，其影响可相互抵消一部分，从而达到部分补偿的目的。

从以上分析可知，虽然使用热电偶进行温度补偿后，误差明显减小，但理论上并未消除，如果工作温度超出温度范围的限制，则误差会更大。所以此方法仅适用于 700～800℃的局部温度范围。

（2）完全温度补偿法。为了彻底消除温度变化对氧量测量的影响，可采用两个变送器分别把氧浓差电动势和热电动势转变为标准电流，再引入除法器，如图 7-6 所示。

设变送器的转换系数均为 1，则除法器的输出为

$$\frac{I_1}{I_2}=\frac{\frac{RT}{nF}\ln\frac{\varphi_A}{\varphi_C}}{KT}=\frac{R}{nKF}\ln\frac{\varphi_A}{\varphi_C} \tag{7-6}$$

由上式可知，显示仪表的输入信号 I_1/I_2 与温度 T 无关，这就从原理上消除了温度对氧量测量的影响，因此该方法称为完全温度补偿法。它和局部温度补偿法相比，测量准确度

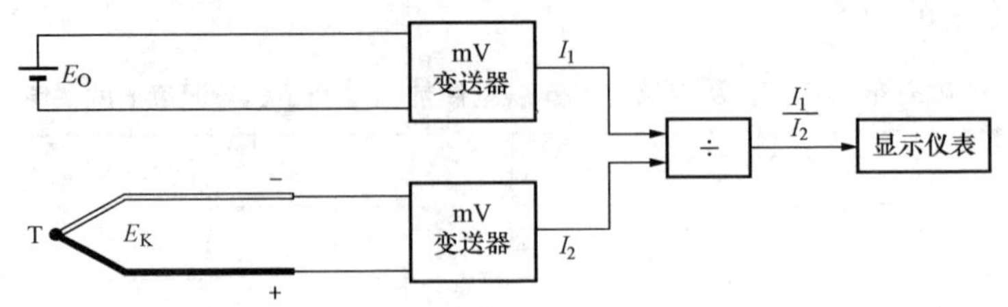

图 7-6 完全温度补偿法

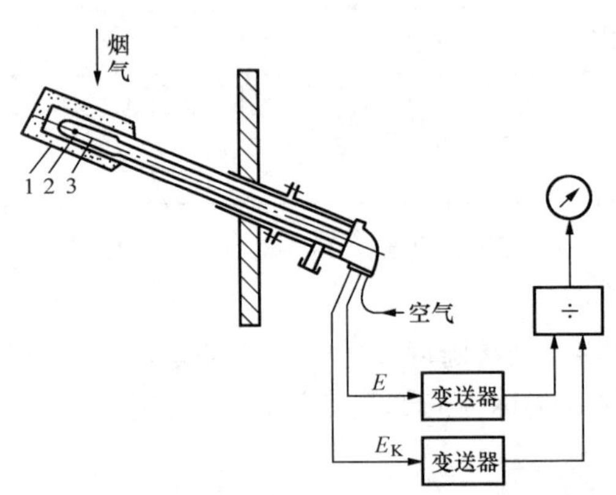

图 7-7 较完善的直插补偿式系统示意

1—陶瓷过滤器；2—氧化锆管；3—热电偶

高，不受温度补偿范围的限制，是一种较完善的温度补偿方法，其测量系统如图 7-7 所示。

二、直插定温式测量系统

定温式氧量测量系统中，氧化锆管处于由电热丝加热、热电偶检测、温控器控温的恒温电炉中，探头结构如图 7-8 所示。

直插定温式测量系统中氧化锆探头的安装位置不受烟气温度的限制，因此该系统应用较广，测量系统如图 7-9 所示。

烟气中存在水分会引起烟气侧氧的分压力减小，从而导致氧化锆输出电动势的降低。直插式测量方法是湿式测量，湿式测量比干式（除去水分）测量得到的氧浓度值小。

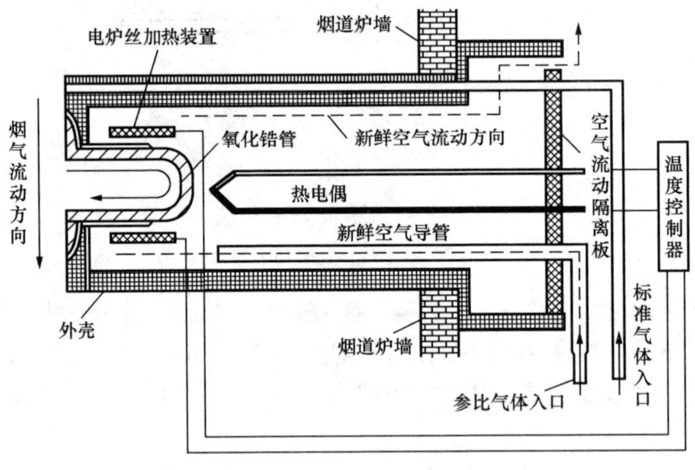

图 7-8 定温式氧化锆探头

*三、智能氧量测量系统

智能氧量测量系统是采用智能仪表组成的测量系统，如图 7-10 所示。智能仪表与普通仪表（动圈表）相比有两方面优点，一是智能仪表可以接受多个输入量，而普通仪表（动圈表）只能接受一个电动势信号的输入，所以在使用普通仪表时总是再三强调环境因素不能变化，否则将产生误差；二是智能仪表可以对输入量进行任意运算，而动圈表只能进行比例运算（仪表示值和输入的电动势成正比）。

图 7-10 虚框中的电路是动圈仪表对测量信号的运算过程。当动圈表的回路电阻固定后，在回路中产生的电流（该电流正比于仪表指针的偏转角度 α）和回路电动势成比例。当环境温度变化时，回路电阻也发生变化，从而导致测量误差，该误差是动圈表本身无法克服的。在氧化锆的测量原理表达式中，R、n、F、φ_A 均为常数，T、E_O 虽然不是常数，但可以准确测量，只要将常数和测得的参数送入智能仪表，就可按预先设定的运算过程自动计算并显示出烟气含氧量 φ_c。

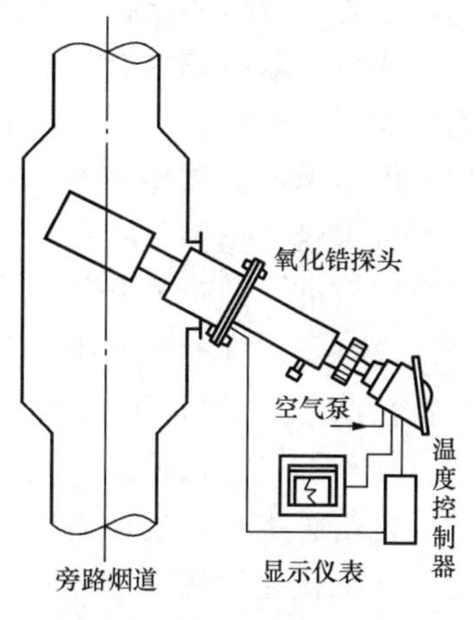

图 7-9 直插定温式测量系统示意

目前应用较多的智能氧量计是氧化锆分析仪（它一般采用直插定温式氧化锆探头），它的核心部件是单片机，工作原理如图 7-11 所示。

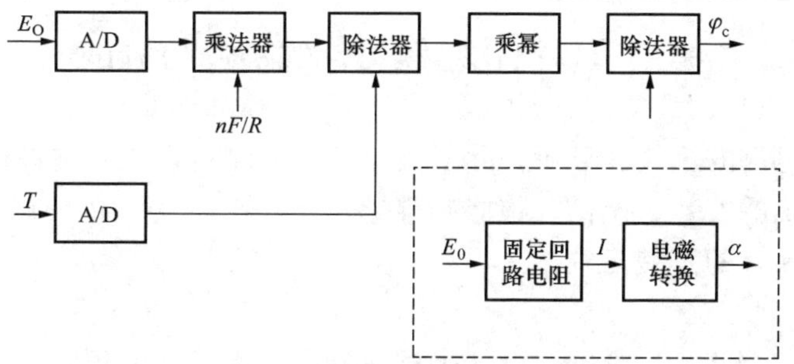

图 7-10 智能氧量测量系统原理框图

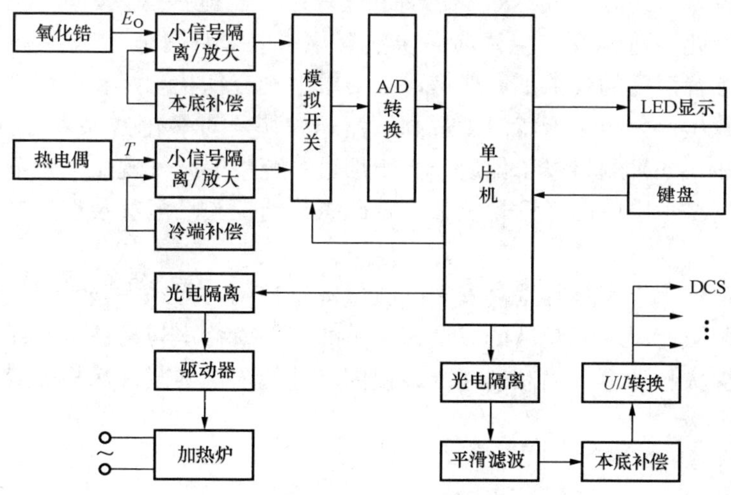

图 7-11 单片机氧量测量系统原理框图

经本底电动势补偿后的氧浓差电动势和冷端温度补偿后的热电动势由小信号隔离放大器将微小的电动势信号放大成 0～5V 的电压信号，再通过模拟切换开关及 A/D 转换器，将氧浓差电动势和热电动势输送到单片机预定的单元供相关运算使用。小信号的隔离是为了防止现场信号对单片机的干扰。

单片机的输出信号有两路，一路经光电隔离电路输送给电炉驱动器，使氧化锆的工作温度稳定在（750±2）℃。另一路通过光电隔离、滤波电路后变成和氧浓度成比例的电流或电压信号供显示和调节使用。

通过键盘操作不仅能显示环境温度、氧浓差电动势、回路内阻等相关信息，还可以实现现场空气校准、故障诊断等。

现场空气校准时不用拆卸仪表，只需打开现场的标准空气入口阀门，然后按下键盘上的“空气检查”键，当显示数值为20.8%时，检验完毕，关闭标准空气入口阀门后，按键盘上的“启动”即可投入使用。

氧化锆管本身的使用寿命较短，质量较差的氧化锆管使用几个月后就需更换，比较好的氧化锆管也仅能使用一年左右。氧化锆管长时间使用后，内部电阻变化较大，如果没有采取相应补偿措施，会产生较大的测量误差。所以氧化锆氧量计还是正在发展和完善之中的测量仪表。

第三节 氧化锆氧量计的检修与调试

为了获得准确可靠的烟气含氧量，除了设计完善的测量系统和选择合适的氧量计外，还应对氧量计进行正确的安装、调试、检修和维护。

一、氧化锆氧量计的安装与调试

1. 测点的选择

氧化锆应安装在烟气流通良好、流速平稳无旋涡、烟气密度正常及烟气温度能满足要求的区域。对于水平烟道，由于热烟气流向上，烟道底部烟气变稀，故氧化锆探头应处于上方；对于垂直烟道，其中心区域不如靠近烟道壁好；在烟道拐弯处，烟气流可能形成旋涡，导致检测不准，因此不适合安装。目前大多数氧化锆氧量计都制造成带有恒温装置的直插型，所以对安装位置温度的要求不太严格，只要求烟气流动状态好和操作方便即可。但如果测点过于靠近炉膛出口，由于烟气温度过高，流速较快，对氧化锆探头有较大的冲刷腐蚀，将减短其使用寿命；如果测点过于偏后，由于烟道系统中的漏气现象，将造成测点处氧量值偏高，不能如实反映炉膛中的烟气含氧量，因此氧化锆探头一般安装在过热器后和省煤器之前的区域。

氧化锆在烟道中水平安装与垂直安装的测量效果相同，但水平安装的抗震能力较差，且易积灰；垂直安装虽能减少氧化锆的震动，但带酸性的凝结水容易往下流而腐蚀铂电极。因此，宜将氧化锆探头从烟道侧面倾斜插入，使内高外低，这样凝结水只能流到氧化锆管的根部，不会影响到电极。

2. 安装前的检验

安装氧化锆氧量计前，应对其进行检查和静态试验。

（1）外观应完好无损，配件齐全。氧化锆管内应清洁，管子无破裂、弯曲，无严重磨损和腐蚀现象，铂电极引线完好；无机黏结剂不脱落，氧化锆管及其封接处不漏气；过滤器无磨损，法兰接合面无腐蚀，石棉垫圈完好无破损。

（2）锆管内阻。锆管内阻常温下应为10MΩ以上；在探头温度为700℃时，其内阻一般不大于 100kΩ。当氧化锆内阻偏大时，可拆下过滤器，轻轻取出锆管，细心锉去氧化物，并更换内部弹簧，然后仔细复原。

（3）探头加热电炉的电阻值应为 140～170Ω。

（4）热电偶两端的电阻值应为 5～10Ω。

（5）探头绝缘电阻。常温下用 500V 绝缘表测时，热电偶对外壳的绝缘电阻应大于 100MΩ，加热丝对外壳的绝缘电阻应大于 500MΩ。

（6）接通电源，按下数显及自检按钮，能显示某一氧量值（一般为 5%±0.2%）并相应地输出电流，说明运算器与转换电路正常。

（7）做联机试验。将二次仪表与氧探头一一对应地接好线，检查无误后开启电源，按下加热键。一般在 30min 内温度可恒定在（780±10)℃，此时可显示加热炉温度，说明温控系统正常。

（8）通入标准气体。标准气体流量控制在 400～600mL/min，若氧量指示超出允许误差范围，则应进行调整，使其指示出标准气体的含氧量。校验完毕后将标准气体接口封堵好。

3. 氧量变送器的调试

检查接线正确后接通电源，由一电位差计送入氧化锆探头工作温度（如 700℃）所对应的热电动势信号 29.13mV；由另一电位差计分别送入含氧量为 10%和 5%时的氧浓差电动势 15.15mV 和 29.68mV，输出应分别为 20.00mA 和 12.00mA。

4. 氧化锆探头的安装

氧化锆探头一般采用法兰安装方式，烟道法兰和探头法兰之间装入石棉密封垫，用螺栓固定密封。安装时，探头应超过烟道内壁 10cm 以上，并使过滤器的陶瓷暴露部分背气流方向。参比气和标准气接口应朝下。

氧化锆探头可直接安装于主烟道内，也可安装在旁路烟道内。后者应将探头安装在旁路烟道的扩大管上，如图 7-12 所示。旁路烟道选用内径不小于 100mm 的钢管，其取样管插入烟道部分的材质应根据烟气温度选取，插入深度应大于烟道的 2/3。取样管的引入端封闭，在其侧面均匀地开有取样小孔，小孔的总面积应不小于旁路烟道的内截面积。旁路烟道

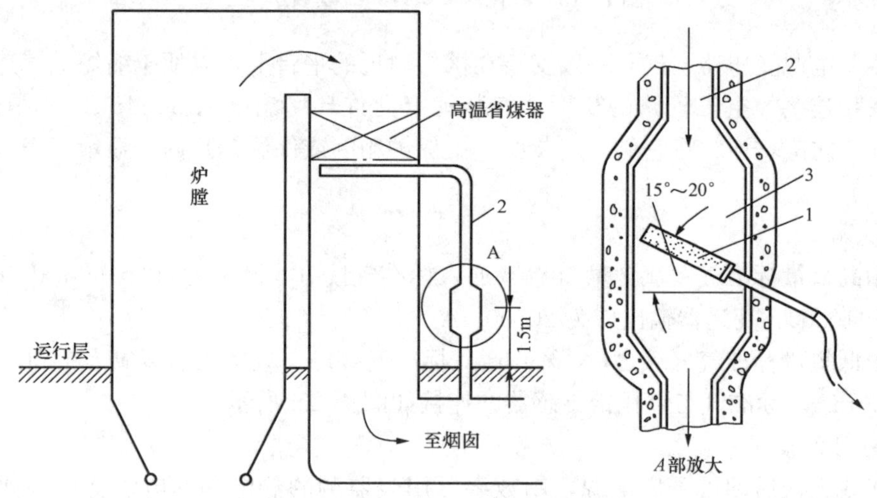

图 7-12 旁路烟道安装示意

1—氧化锆探头；2—旁路烟道；3—扩大管

的水平部分应有一定坡度，向烟道倾斜，以使凝结水流回烟道。旁路烟道安装完毕后应进行保温，扩大管应安装在便于安装探头和维护的区域。

氧化锆氧量计一般采用空气作为参比气体。如果测点处烟道内能始终保持较大的负压，则空气可以通过接线盒上中间小孔直接抽入氧化锆管内。否则（如正压锅炉），就需用专用的气泵将空气打入氧化锆管内（如 DH - 6 型氧化锆氧量计就配有专用的气泵），也可从空气预热器出口引出热风，并经节流后，由接线盒上的小孔送进去。

氧化锆探头所处部位烟气温度很高，烟道内外温差大，因此在运行的锅炉上安装或取出氧化锆探头时，应缓慢进行，以 2～4cm/min 为宜，以防因温度剧变而引起锆管破裂。对于定温式氧化锆探头，在取出探头前应先停加热炉电源，等加热炉冷却到与烟温相同时再慢慢取出来。

氧化锆氧量计的成套仪表包括探头、温度控制器、变送器、电源变压器、气泵、显示仪表等，系统安装如图 7 - 13 所示。从探头到变送器的布线，应注意屏蔽，且加热炉的电源线与氧浓差电动势、热电偶的四根线应分开布置，以免影响氧浓差电动势和热电动势。

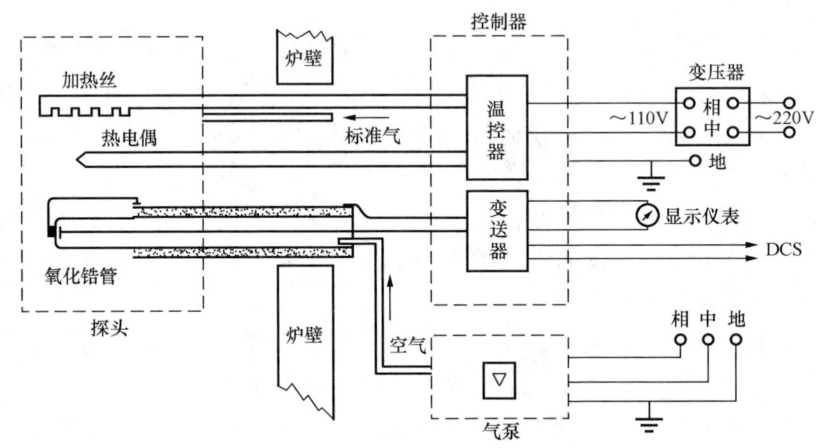

图 7 - 13 氧化锆氧量计系统安装示意

控制器、电源变压器、气泵一般安装在探头附近的平台上，以便于缩短电气连接线以及气泵与探头相连接的空气管路的长度。安装地点允许环境温度为 5～45℃，周围无强电磁场。为防雨、防冻，通常将它们一起装在一个保护箱（或保温箱）内。显示仪表一般安装在控制盘上。

5. 系统调试

（1）用高氧量标准气（氧含量 10%）通入标准气接口，流量为 400～600mL/min，氧量显示值应为 10.00，变送器输出应为 20.00mA。

（2）用低氧量标准气（氧含量 1%）通入标准气接口，氧量显示值应为 1.00，变送器输出应为 5.60mA。标准气与氧化锆传感器的连接如图 7 - 14 所示。

6. 氧量计的投运

检查接线无误后即可开启电源，用数字万用表监测的热电偶的电动势应缓慢上升，约 20min 温度可升至 700℃。当温度稳定后，按下测量键，仪表应指示出烟气含氧量。此时可能指示出很高的含氧量（超过 21%），这是由于探头中水蒸气和空气未排尽所致。可用洗耳球慢慢地将空气吹入“空气入口”，以加速更新参比侧的空气，一般半天后仪表指示即可正常。

燃烧稳定时，在最佳风煤比下，氧量指示一般应在3%～5%之间变化。

*二、氧化锆氧量计的故障分析

氧化锆氧量计的常见故障有显示为0、显示停留在21%或远比预计的值高、显示跳变或超出测量范围、氧量显示不准且变化缓慢、电流输出不正确、系统参数丢失等。

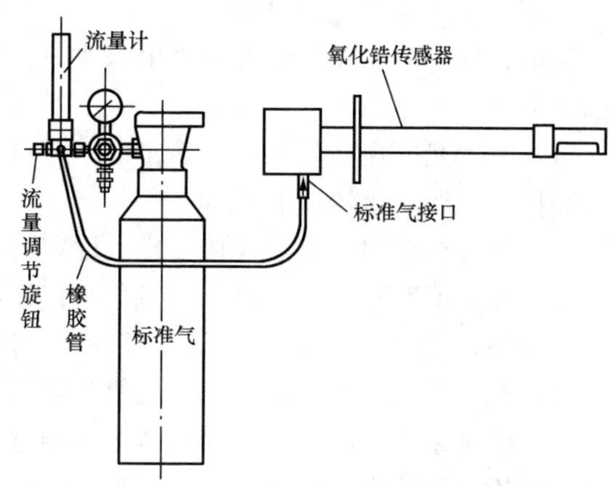

图7-14 标准气与氧化锆传感器的连接示意

1. 被测气体含氧浓度不为零时，氧分析仪显示为0

（1）温度故障。查看氧分析仪所显示的探头温度值（正常时大于650℃），氧浓差电池温度低可能导致氧浓度显示为零。温度低的原因如下：

1）加热器损坏。切断电源，断开传感器与氧分析仪的连接，测量加热器的电阻，正常为110Ω左右。测量加热器的引线与探头外壳间绝缘电阻，应大于2MΩ。

2）热电偶损坏。测量热电偶电阻，正常为2～80Ω。

3）热电偶或加热器引线接触不良。

（2）引线及分析仪故障。在传感器接线盒内用数字万用表直接测量氧浓差电池的输出电动势，如果电动势的数值与被测气体含氧浓度大致相对应，证明故障发生在氧分析仪。

（3）探头内电极接触不良。断开传感器与氧分析仪的连接线（从传感器接线盒端断开），直接测量电池的输出电动势，若超出－25～＋150mV的正常范围，其原因可能为氧电池信号没有输出或引线接触不良。需松开固定螺钉，小心地取出传感器的内部元件，用刀片刮去内电极引线上的锈层，再重新装入内部元件，接好引线，用标准气体对系统进行校验。若毫伏值仍然很高，其原因可能是探头内积聚大量可燃物。

（4）探头内积聚大量可燃物。若大量的可燃性气体聚集在传感器中，处理方法是用试验空气长时间冲洗传感器。

1）当传感器输出接近0mV，氧分析仪显示氧浓度接近21%时，氧分析仪系统恢复正常。这时，系统最好重新校准一次。

2）当探头刚装上或从停炉断电的冷态重新上电工作时，由于探头内有可燃物或成分复杂的冷凝沉积物，氧浓差电动势很高，一般通电一到两天会恢复正常。

2. 氧分析仪电流输出不正确

断开外部与氧分析仪电流输出连线，用万用表电流档测量输出电流：

（1）若端子排输出电流与氧分析仪的显示电流值相符，则故障不在氧分析仪。

（2）若端子排输出电流与氧分析仪的显示电流值不相符，应检查氧分析仪量程设置和输出电流设置（0～10mA还是4～20mA）。

（3）检查与电流有关的变换参数，恢复缺省值。

（4）输出电路出现故障，需更换电路板。

3. 显示跳变或超出测量范围

测量氧浓差电池和热电偶的输出毫伏值，若毫伏值未发现跳变而氧浓度值发生跳变，其原因如下：

（1）电子元件在高温下运行不正常。若打开仪表门散热降温后故障消失，则应将氧分析仪安装在环境温度比较低的地方。

（2）氧分析仪内电路板焊接不良（虚焊）或传感器接线端子接触不良（松动）。

（3）探头温度不正常。可能是氧分析仪温度控制部分损坏，也可能是系统参数丢失。

4. 氧量显示停留在21%或远比预计的值高

（1）检查参比空气，无参比空气氧量测量值将向21%漂移。

（2）检查系统参数，用试验气体通入传感器，若氧分析仪显示正确，则需检查处理所有密封处和传感器的进气阀门，看有无泄漏的可能。

（3）若氧浓度仍不能恢复正常值，可能是氧化锆管断裂，此时须更换氧化锆管。

5. 氧量显示不准且变化缓慢

如果通入标准气时仪器显示正确，说明探头由于长期运行导致过滤器被烟尘堵塞，烟气交换困难。解决方法如下：

（1）从探头尾部校验进气口通入压缩气体，吹通堵塞的过滤器，气体压力要求小于100kPa。

（2）旋下探头前端固定过滤器的螺钉，清除内部积存的灰尘。

如果传感器输出的毫伏值不变化或变化很慢，且当直接从探头尾部校验进气口通入标准气后，需数分钟或更长的时间才能接近标准气的标称值，这表明氧化锆电池已老化，需更换新的探头。

6. 系统参数丢失

仪表内参数丢失的可能性很小，如果参数丢失，可以通过恢复缺省参数的方法解决。具体方法是将微动开关SW1的1路置左边ON状态，然后重新开机上电，恢复缺省值，再将微动开关SW1的1路拨回右边OFF状态。

注意：恢复缺省值后，量程、电流输出缺省设置可能与实际要求不符，需要重新设置；探头校准参数已改变，也需要重新设置或校准。

7. 氧量计其他故障

（1）开机时保险丝熔断。

1）测量探头加热丝的电阻值，判断是否短路。

2）测量探头加热丝与探头外壳金属件之间的电阻值，判断绝缘是否破坏。

3）检查加热变压器，看其是否短路。

（2）氧分析仪显示混乱或者按键输入不起作用。

1）如果主电路3只发光管工作正常，则主电路板无故障，除了参数设置和校准的操作外，仪器可带探头继续工作。此时应断开主电路板与显示电路板的连接。

2）如果主电路3只发光管工作不正常，则断开主电路板与显示电路板的连接后再开机，如果3只发光管正常工作，说明故障出现在显示板或扁平电缆，主电路板可继续工作。

总之，为了准确地测量烟气含氧量，除对氧量计进行正确的安装、调试、维护外，还应定期进行校验，一般每隔3个月，可用标准气体（1%、5%、10%含氧量）校对一次。

思考题与习题

1. 氧化锆氧量计的工作原理是什么？使用时应注意哪些问题？
2. 对氧化锆管的工作温度有什么要求？为什么？
3. 氧化锆氧量计的测量系统主要有哪几类？
4. 怎样调试氧化锆氧量计？
5. 氧化锆氧量计的常见故障有哪些？
6. 安装氧化锆氧量计时应注意哪些问题？
7. 氧化锆氧量计测量时产生误差的原因主要有哪些？
8. 氧化锆探头的本底电动势如何测量？

第八章　机 械 量 测 量

机械量指的是以位移量为基础的量。机械量测量对电厂的安全运行，有着十分重要的意义，图 8-1 所示为某电厂汽轮机的机械量测量总图。

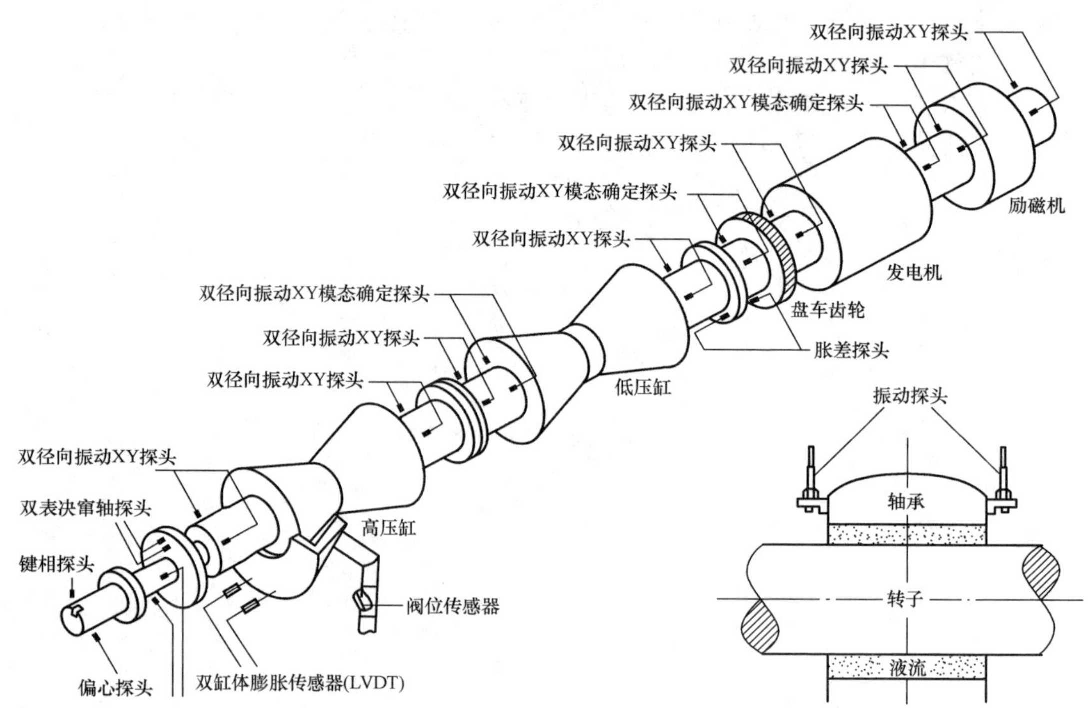

图 8-1　某汽轮机的机械量测量总图

电厂中的机械量测量项目主要有四类。

1. 汽轮机各部位的位移测量

主要测量转子的轴向位移、转子与汽缸之间的相对膨胀（膨胀差）以及汽缸的热膨胀等参数。

2. 汽轮机轴状态的测量

主要测量轴的挠度（通常是测量高压转子轴伸出前轴承外自由端的偏心值）、轴承的振动、轴的振动、振动的相位角（通常是测量在轴的圆周上出现最大振动的位置与指定参比点之间的角度，以确定产生振动的不平衡点在轴上的位置）等。

3. 汽轮机转动状态的测量

主要测量转速、加速度（速度的导数，将测得的转速信号通过微分电路即可得到，用于汽轮机升速过程中控制速度变动率）、零转速（在停机时，测量转速传感器输出脉冲的周期，当周期增大到一定值时，即可认为转速已接近零转速，通过触发电路送出零转速开关量信号）等参数。

4. 行程测量

主要测量汽轮机调速系统的位移指示，如调速汽门开度、油动机行程、同步器的行程、功率限制器的位置指示等。

第一节　机械位移量测量仪表

机械位移量测量仪表用于测量汽轮机转子的轴向位移、汽缸与转子之间的相对膨胀以及汽缸热膨胀量。根据仪表的工作原理不同，机械位移量测量仪表一般有机械式、液压式、电感式及电涡流式等几种测量方法。

一、机械式位移测量原理

机械式位移测量仪表的结构如图 8-2 所示。

仪表安装在固定体（例如汽轮机轴承盖）上，滑动触点 1 与被测位移部件（例如转子）上的特制凸缘相接触。当被测部件位移时，带动触点 1 移动，使传动轴 2 偏转，传动轴又带动调整杆及传动杆使扇形齿轮偏转，由扇形齿轮带动中心齿轮及指针偏转，使指针指示出位移量的大小，完成对汽轮机转子位移的监测。

当被测位移量超过设定值时，与指针同步偏转的凸轮 8 使接点 9、10 闭合，仪表输出相应的保护信号。此类仪表一般只能就地测量显示，其信号不能远传。长期使用时，滑动触点易磨损，影响测量准确度，一般只用于小型汽轮机组的转子轴向位移及汽缸热膨胀的测量。

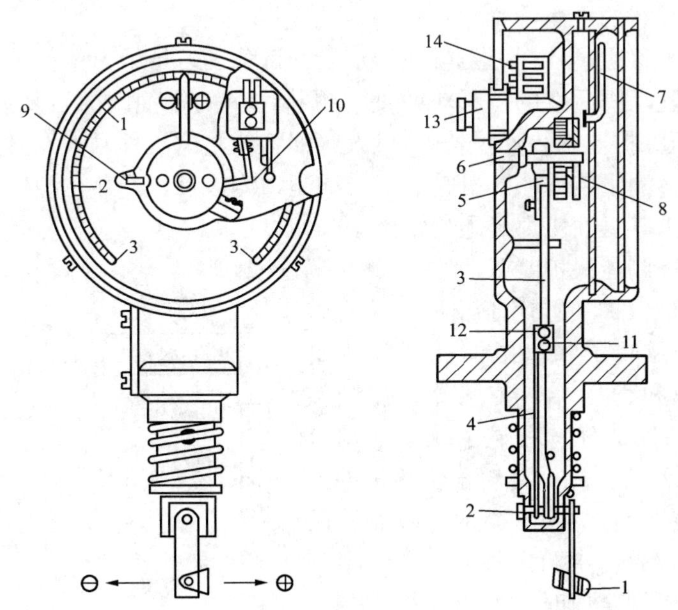

图 8-2　机械式位移测量仪表结构示意

1—滑动触头；2—传动轴；3—传动杆；4—调整杆；5—扇形齿轮；6—指针轴；7—指针；8—凸轮；9—信号接点；10—掉闸接点；11—螺丝；12—调整螺丝；13—电缆进线口；14—接线端子

二、液压式位移测量原理

液压式位移检测装置-液压随动阀的结构如图 8-3 所示。

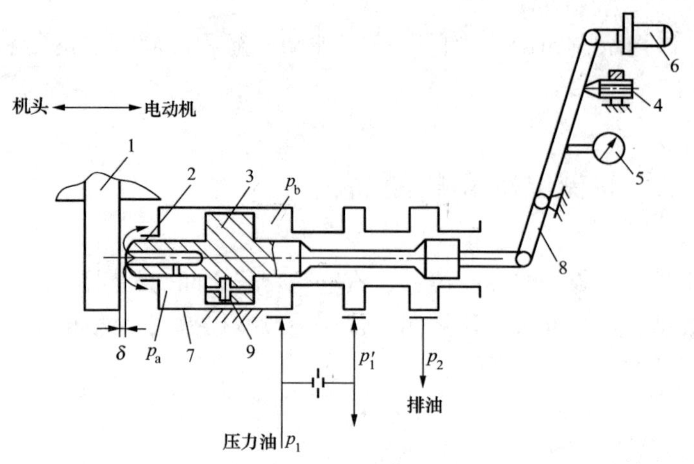

图 8-3 液压随动阀结构示意

1—被测物体凸缘；2—喷油嘴；3—随动阀活塞；4—调节螺丝；5—指示表；6—位移传感器；7—随动阀油缸；8—杠杆；9—节流孔

液压式位移检测装置是利用喷油嘴与轴端平面（或转轴上凸缘平面）之间的间隙随转轴的轴向位移改变，从而引起油压变化来实现位移测量与保护的。

其工作过程为：压力为 p_1 的油进入油缸后，经随动阀活塞节流孔 9 进入到活塞左侧，然后经喷油嘴向被测部件（例如汽轮机转子）凸缘处喷出。当喷油嘴与凸缘之间的间隙保持某一定值 δ 时，随动阀活塞左右两侧的油压 p_a 及 p_b 对活塞的作用力相等，活塞保持平衡状态，此时有

$$p_aA_1 = p_bA_2 \tag{8-1}$$

式中 A_1、A_2——随动阀活塞左右两侧的油压面积。

当被测物体产生位移，例如向左移动时，间隙 δ 增大，泄油量增加，p_a 下降，这时在油压差产生的力（$p_aA_1 - p_bA_2$）的作用下，随动阀活塞向左移动，使 δ 恢复原值，p_a 升高，随动阀活塞又保持在新的平衡位置。

随动阀活塞的位移通过杠杆可由就地指示表（百分表）指示出位移量，也可由位移传感器转变为电信号。随动阀活塞的位移将改变右侧排油口的排油间隙，从而使油压 p_1' 变化。将 p_1' 信号送入液压保护控制装置，若 p_1' 过大（即物体左向位移过大），保护装置就会动作。

由于液压式位移测量装置的测量触点不与被测物体接触，不存在磨损问题，因此测量准确可靠。该方法要求其供油压力必须稳定。

三、电感式位移测量保护装置

电感式位移测量保护装置用于监视汽轮机转子的轴向位移，以及转子和汽缸的相对膨胀量等。它主要由磁饱和稳压器、传感器、控制器（包括测量部分和保护部分）和显示仪表等部分组成，如图 8-4 所示。传感器将转子位移量的变化转变为感应电压的变化，一方面通过控制器的测量部分供给显示仪表，指示出轴向位移；另一方面当轴向位移大于规定值时，通过保护部分发出报警或停机信号，从而起到对轴向位移的监视和对汽轮机的保护作用。

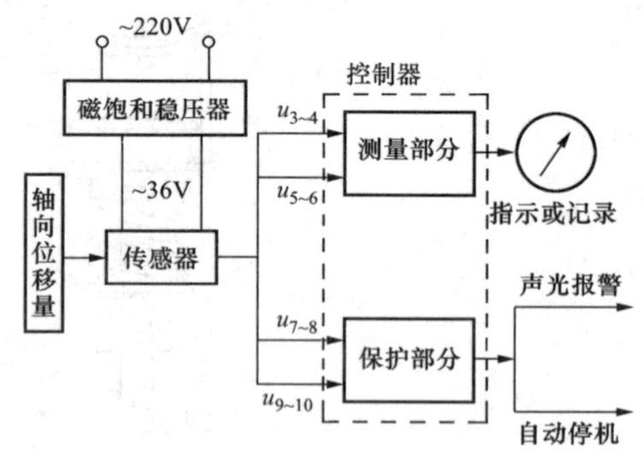

图 8-4 感应式轴向位移装置方框图

传感器由“Ⅲ”型硅钢片叠成的铁芯和绕组构成。汽轮机转子凸缘位于铁芯中，如图 8-5 所示。传感器铁芯中间柱上绕一个初级绕组 W0，由稳压器供给稳定的交流电源（36V）时，绕组产生的主磁通分左右两部分。当汽轮机转子发生位移时，转子凸缘和传感器左右两侧铁芯

的气隙发生变化而使磁阻变化，于是传感器左右铁芯柱上的次级绕组中感应出大小不同的电动势。这样，就能使机械位移量转化成电压变化量。次级绕组 W1、W2 的感应电压由输出端子⑤—⑥和③—④分别接控制器测量部分的两个整流电桥，整流后进行比较，然后送到指示表（毫安表）上，指示出相应的轴向位移值。传感器的次级绕组 W4 与 W5、W3 与 W6 的差电压由端子⑦—⑧、⑨—⑩输出，送到控制器的保护部分。

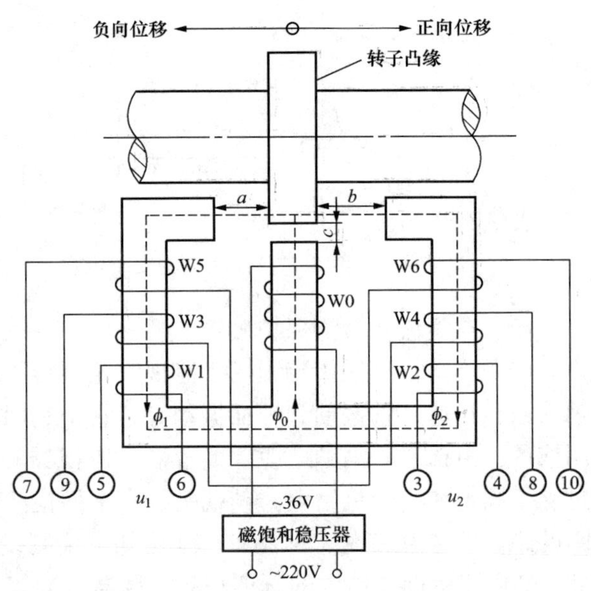

图 8-5 电感式轴向位移传感器结构

四、线性位移差分变压器

线性位移差分变压器（linear voltage differential transformer，LVDT）由线圈、铁芯、线圈骨架、外壳及信号调理电路等组成，如图 8-6 所示。初级线圈由正弦波信号源激励，两侧次级线圈是反向串联绕制的，活动铁芯的移动可改变线圈之间的耦合磁通，使得输出交流电压信号的变化量与铁芯的位移变化量成正比。

信号调理电路可位于 LVDT 内部，构成一体化结构，也可位于 LVDT 外面，单独安装。信号调理电路由振荡器、解码器、解调器等部分组成。它一方面向初级线圈提供激磁电流，另一方面把次级输出的交流信号按比例地转换成直流信号。此外，利用信号调理电路还可实现对零位、灵敏度及相位偏移的调整。

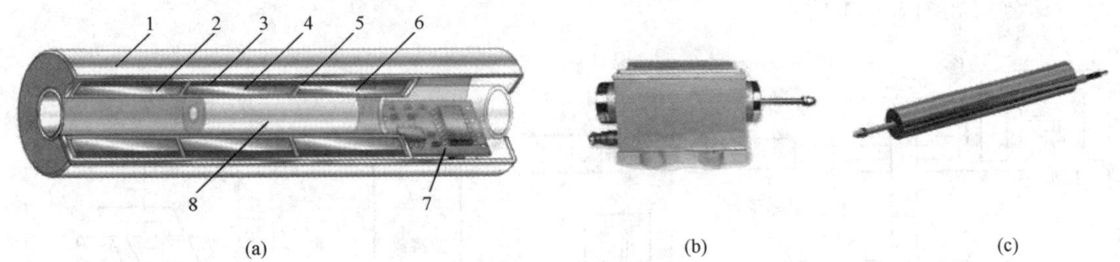

图 8-6 LVDT 的基本结构

(a) 结构图；(b) 外形一；(c) 外形二

1—不锈钢外壳；2、6—次级线圈；3—高导磁材料；4—初级线圈；5—线圈框架；7—信号调理电路；8—铁芯

安装时，首先将传感器壳体放在参照物（基准）的安装支架孔里，使传感器壳体和被测对象的移动方向保持一致，根据传感器的量程，估算大致的间隙，然后用螺母将拉杆和被测物体固定起来，给传感器接通电源后再慢慢地移动传感器壳体，使传感器的输出零位对应于被测物体的机械零位，然后将传感器壳体夹紧固定，如图 8-7 所示。LVDT 的引出线如图 8-8 所示。

LVDT 结构简单、行程大、准确度高、稳定性好、安装使用方便，具有较强的抗干扰能力。可用于汽轮机汽缸热膨胀，调节阀的阀位开度和油箱油位等大范围的位移测量。

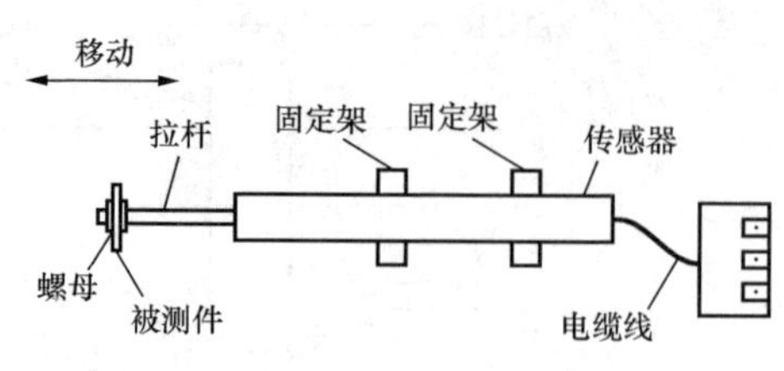

图 8-7 LVDT 的安装示意

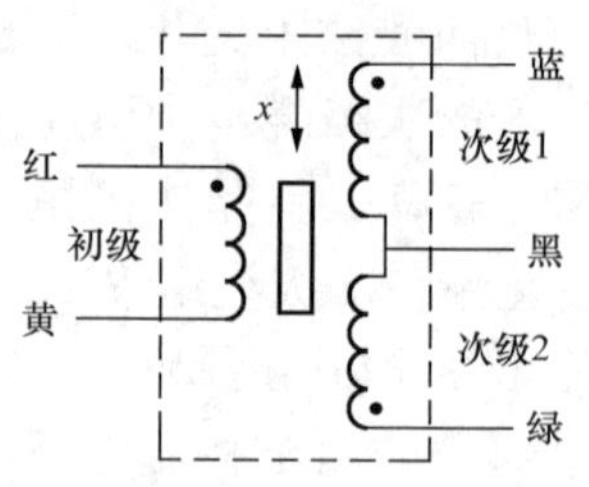

图 8-8 LVDT 的引出线

五、电涡流式检测保护装置

电涡流式检测保护装置用于监视汽轮机转子的轴向位移、转子和汽缸的相对膨胀量、主轴偏心、转速、轴振动和轴瓦振动等。它是利用高频电磁场与被测导体间的电涡流效应原理制成的，由探头、高频电缆、前置器、监视器和稳压电源等组成，如图 8-9 所示。探头通过支架固定在汽轮机组上，其端头绕有平面检测线圈。当转子发生位移时，转子凸缘与探头间的距离 d 发生变化。从图 8-10 可知，检测线圈电感 L 与电容 C 组成 LC 并联谐振回路，此 LC 回路由前置器内的石英高频振荡器（频率为 1MHz）通过耦合电阻 R 提供一个稳定的高频电流。当检测线圈附近无金属物时（$d=\infty$），LC 回路处于谐振状态，输出电压 U 为最大；当检测线圈附近有金属物时，检测线圈产生的高频磁通就会在金属物表面感应出电涡流，从而改变线圈的电感量，LC 并联回路失谐，输出电压降低。检测距离 d 越小，输出电压越低。此电压 U 经前置器放大和检波处理后，在前置器输出端输出与间隙变化成正比的电压信号，并送至监视器、TSI 或 DCS，进行指示与报警等。

该装置既可以测量位移，也可以测量轴的振幅。测量位移时，测其输出的平均直流电压，测量振幅时，则测其输出的反映间隙动态变化的交流电压。电涡流探头又称电涡流式传感器，其结构如图 8-11 所示。

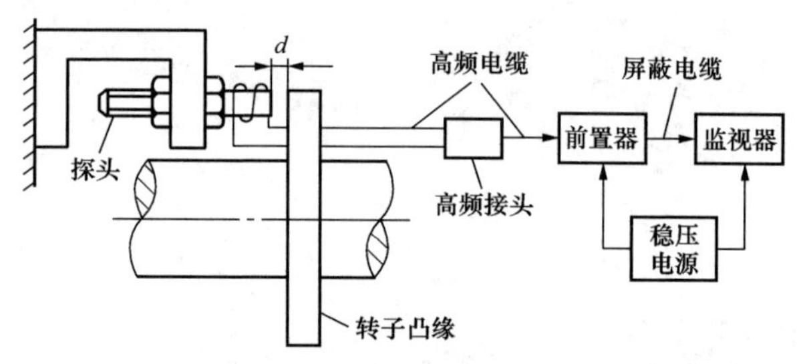

图 8-9 电涡流式轴向位移测量装置的组成

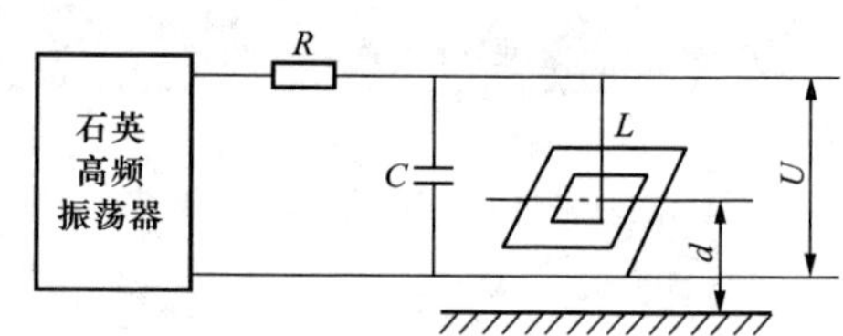

图 8-10 电涡流式仪表的工作原理

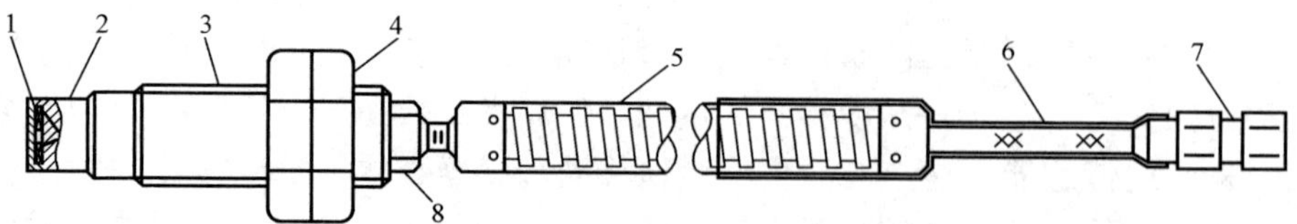

图 8-11 电涡流式传感器的结构

1—线圈；2—头部；3—螺纹；4—锁紧螺母；5—铠装（可选）；6—高频电缆；7—高频接头；8—调整螺栓

电涡流式位移探头可以安装在轴的端部、推力盘内侧或外侧，但其安装位置距离推力盘应不大于 300mm (否则因热膨胀等因素会导致错误的测量结果)，同时探头头部侧边与被测轴端侧边或测量凸缘侧边的距离不小于 4mm，如图 8-12 所示。

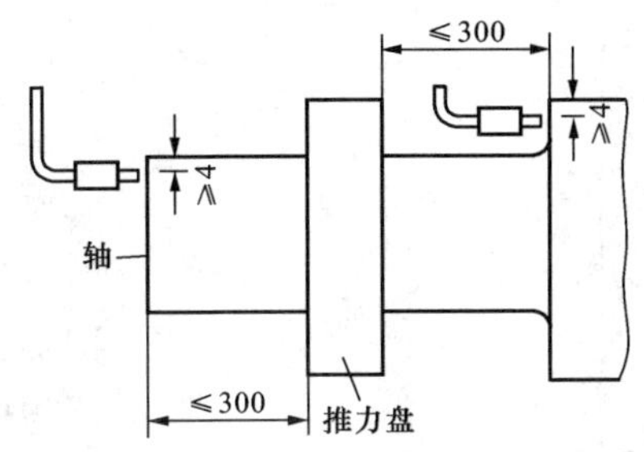

图 8-12 轴向位移探头的安装位置

探头通过支架固定在汽轮机的轴承座上，支架要求有足够的强度，以防变形或振动。探头安装方向应使轴位移为正值时，检测间隙增加。探头与被检测金属间的安装间隙，应根据探头—前置器输出特性曲线所标定的线性零位来决定。探头—前置器的输出特性可利用如图 8-13 所示的静态位移校验架进行测试，校验接线如图 8-14 所示。校验架上的被测金属盘应选用与汽轮机主轴相同的材料，采用碳钢或合金钢也可以，因为这些钢材对探头输出灵敏度影响都很小。但不能用不锈钢、铸铁、铜、铝或表面镀铬的金属等做检测盘，因为这些材料将大大改变探头的输出灵敏度。校验时，由校验架上的螺旋千分尺调整位移，以十分之一量程为间隔，从起点开始测量传感器输出电压，并绘制输入输出特性曲线。延伸电缆用于增加探头头部到前置器之间的长度，使用时带有延伸电缆的探头，一定要把延伸电缆和探头自身的高频电缆用高频接头接在一起进行校验。

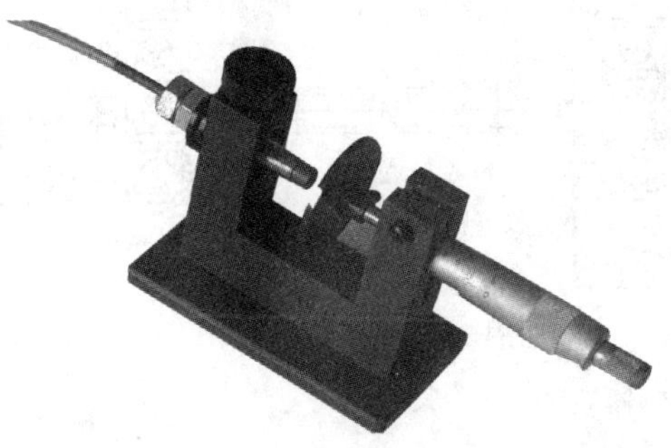

图 8-13 静态位移校验架及探头安装

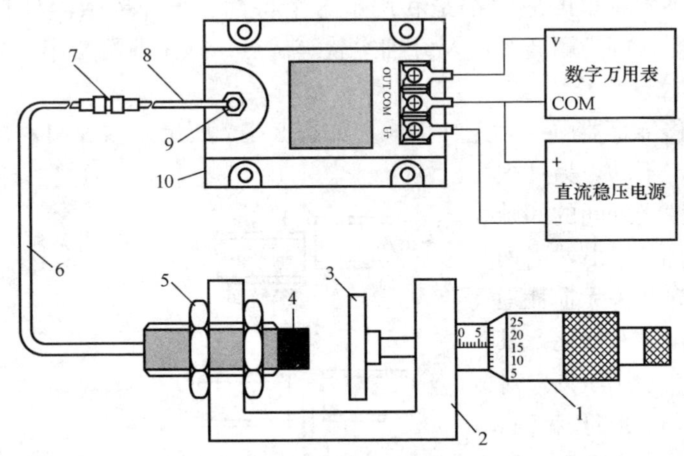

图 8-14 位移传感器校验接线

1—螺旋千分尺；2—校验架；3—金属盘（试件）；4—探头；5—锁紧螺母；6—高频电缆；7—转接头；8—延伸电缆；9—高频接头；10—前置器

例如，某探头—前置器输出特性曲线如图 8-15 所示。设机组要求位移指示值为 −1.5～+1.5mm，根据特性曲线，取线性段为 0.7～3.7mm，相应的前置器输出电压为 4.428～11.776V。由于本例中正反向位移量相等，因此安装间隙为线性中点位置的间隙，

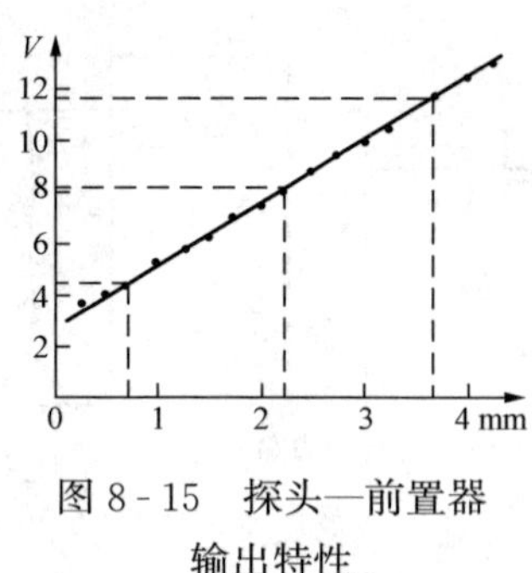

图 8-15　探头—前置器输出特性

即为 2.2mm，此时输出电压为 8.102V，轴向位移为零。由于线性度超过实际使用范围，允许安装间隙有一定的偏差，只要保证仪表工作在线性段即可。其间隙可用塞尺测量，也可在该装置单独送电后，通过测量前置器输出电压来确定。

探头安装完毕后，要进行系统连接。系统连接包括传感器探头、延伸电缆、前置器以及检测仪表之间的电气连接。前置器与检测仪表之间用三芯屏蔽电缆连接。通常红色线接电源，黑色线接信号地，黄色线接信号输出。屏蔽电缆的屏蔽层需在检测仪表一端单点接信号地，系统连接如图 8-16 所示。

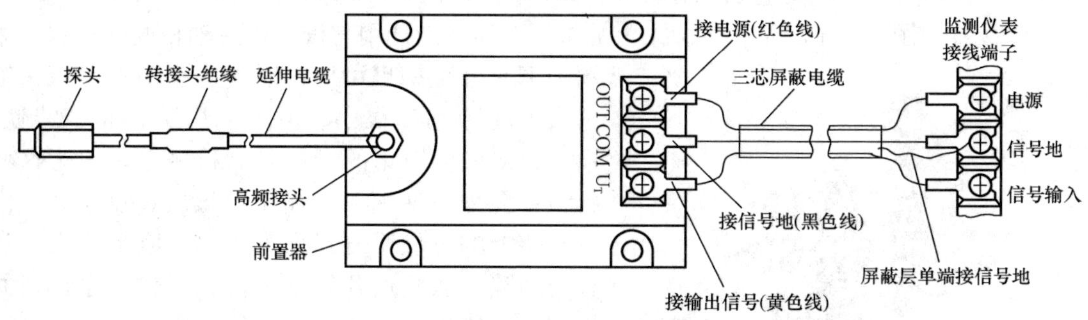

图 8-16　电涡流式传感器系统

*六、光纤式位移检测原理

光纤（即光导纤维）可以把光的信息（光强、光脉冲、光的相位变化等）从一端传递到另一端，光纤在传感领域里的应用都是利用了这个特性。光纤传感器具有不受电磁场的干扰、绝缘性好、防爆性好、耐腐蚀以及纤细柔软等优点，在工业测量中得到了广泛应用。

1. 遮光式光纤位移传感器

遮光式光纤位移传感器由一对光纤组成，如图 8-17 所示。图 8-17（a）所示为光纤移动式，一根光纤固定不动，另一根光纤相对移动，两根光纤间的间隙仅有 1～2μm。由于间隙小，当两光纤轴线重叠时，光几乎无损耗地通过。当两轴线错位时有损耗，其损耗量与位移量的大小有关。对芯径为 50μm 的多模光纤来说，若相对位移为 1μm，可得到 2% 的光强变化。图 8-17（c）所示为位移（芯径 D 的倍数）与相对光强之间的关系曲线。图 8-17（b）为遮光板式光纤位移传感器，它的优点是光纤系统调整好后固定不动，通过移动遮光板来改变输出光强的大小，因而工作较可靠，但光纤之间的距离比较大，因而传送的光强较弱。

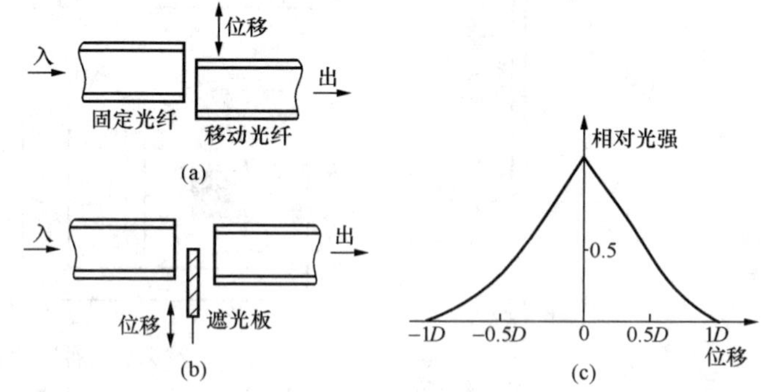

图 8-17　遮光式光纤位移传感器

(a) 光纤移动式；(b) 遮光板式；(c) 位移与相对光强的关系曲线

2. Y形光纤位移传感器

Y形光纤传感器由两支光纤束（多根光纤组合成一束）构成，如图8-18（a）所示。其中一束为传送光纤束，把光源发出的光传送到反射面；另一束为接收光纤束，把反射面的反射光传送给光电元件。当反射面与光纤束端面之间的距离d（位移量）改变时，其输出的反射光强也随之改变，如图8-18（b）所示。曲线有一个峰值，峰值两边各有一线性段AB和CD，这种传感器就是利用此线性段来工作的。

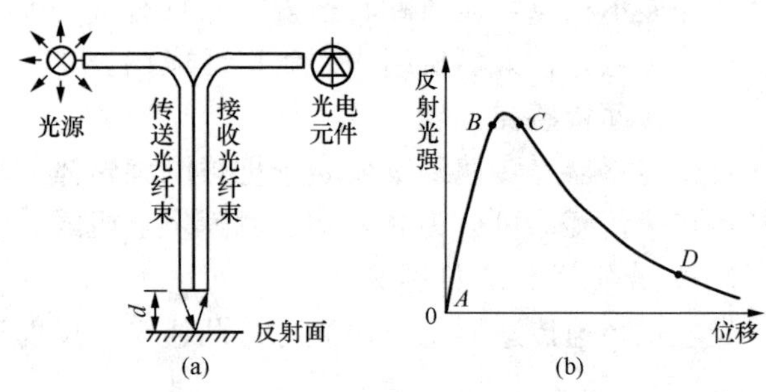

图8-18　Y形光纤传感器的原理及输出特性曲线

（a）Y形光纤传感器的原理；（b）位移与反射光强的关系曲线

光纤传感器的应用范围较广，它不仅可以测量位移，还可以测量温度、压力、流量、转速、振动等参数。

第二节　转速测量仪表

电厂中的汽轮机、给水泵、给煤机、给粉机等旋转机械均需测量和控制转速。转速是指旋转物体的转数与时间之比的物理量。转速的符号是n，转速的法定单位名称是转每分，单位符号是r/min。用来测量旋转机械转速的仪表称为转速表。

一、转速表的分类

转速表的类型很多，有固定式和手持式，接触式和非接触式，一体式和分体式等。根据工作原理不同可分为机械式、磁电式、频闪式和电子计数式等类型。

1. 机械式转速表

（1）离心式转速表。当转速表表轴转动时，离心器上重物在离心力作用下离开轴心，并通过传动机构带动指针偏转。当弹簧反力矩与惯性离心力矩平衡时，指针指示出转速值。

（2）定时式转速表。根据在一定时间间隔内测量旋转体转数的方法确定转速的平均值，该值通过指针在表盘上直接指示出来。

2. 磁电式转速表

（1）磁感应式转速表。根据电磁感应原理，转速表轴上永久磁体转动所形成的旋转磁场与敏感元件切割磁力线感应电流之间产生相互作用力，当旋转力矩即涡流电磁力矩与游丝反作用力矩平衡时，转速表表盘上的指针即指示出被测转速值。

（2）电动式转速表。利用测速发电机与被测旋转轴相连接，并输出电压信号，由转速指示器指示出被测转速值。

磁感应式和电动式转速表通常都称为磁电式转速表。

3. 频闪式转速表

频闪式转速表是利用人眼的视觉暂留现象来测量转速的方法所制成的转速表。

4. 电子计数式转速表

电子计数式转速表是利用转速传感器将机械旋转频率转换为电脉冲信号，通过电子计数器计数并显示相应转速值的转速表。它具有准确度高、量程宽、可提供记录和保护信号、便于维护等优点，在大型机组中得到广泛应用。

二、转速传感器

转速传感器是转速测量仪表中把被测旋转体的转速转变为电信号的装置。根据工作原理不同，转速传感器可分为光电式、测速发电机式、磁电式和电涡流式等。

（一）光电式转速传感器

光电式转速传感器主要由光源、凸透镜、反射透光玻璃、光敏管等组成，如图 8-19 所示。光源产生的光束经反射透光玻璃射到光码盘上，光码盘安装在被测转速的转轴上。光码盘的表面有一些呈辐射状并间隔布置的反光面及不反光面条纹。所以当转轴转动时，光码盘将间隔的有反射光照射到光敏二极管上，使光敏二极管的电阻值产生交替变化，其变化频率为

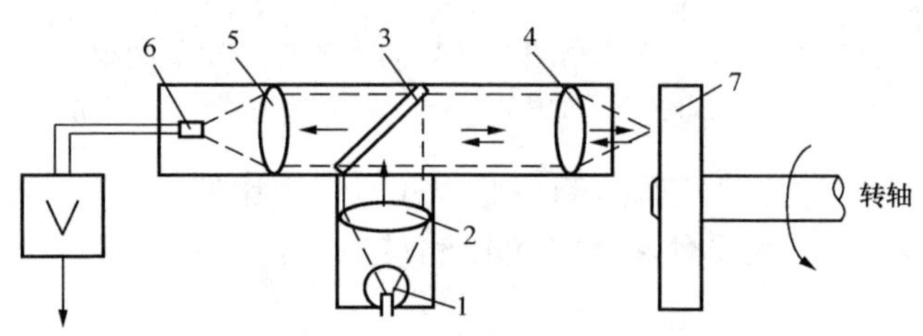

图 8-19 光电式转速传感器的结构示意

1—光源；2、4、5—凸透镜；3—反射透光玻璃；6—光敏管；7—光码盘

$$f=\frac{n}{60}z \tag{8-2}$$

式中 n ——转轴转速，r/min；

z ——光码盘反射条纹数。

光敏二极管输出的频率经转换电路转变为电压信号，并送至显示仪表进行显示。

（二）测速发电机转速传感器

测速发电机为永磁式交流三相同步发电机，其转子为永久磁钢，如图 8-20 所示。测速发电机的转子通过弹簧联轴节与汽轮机转子前端相连接。定子有三个绕组，各绕组的电阻为 27.5Ω，当转速为 3000r/min 时，其输出电动势为 44V。

测速发电机输出的电动势与转速的关系为

$$E=C\quad n \tag{8-3}$$

式中 C ——常数，取决于发电机绕组结构与磁极对数；

——磁通量，取决于磁钢的磁感应强度；

n ——转速。

可见在测速发电机结构一定的条件下，其输出电动势 E 与被测转速 n 成正比。

（三）磁电式转速传感器

磁电式转速传感器主要由永久磁钢、铁芯、线圈等组成，其结构如图 8-21 所示。

它是根据磁路中磁阻变化引起磁通变化，从而在线圈中产生感应电动势的原理工作的。当被测轴带动齿轮转动时，齿轮的齿顶与齿间交替靠近铁芯，使磁路中的磁阻产生周期性变化，从而引起线圈的磁通周期性变化，线圈中就感应出交变电动势。感应电动势的频率为

$$f=\frac{n}{60}z \tag{8-4}$$

式中 z——齿轮的齿数。

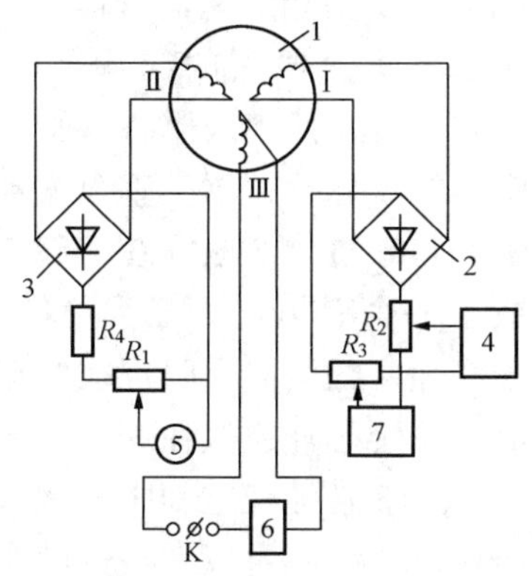

图 8-20 测速发电机转速测量电路

1—测速发电机；2、3—整流器；4—表盘转速表；5—机头转速表；6—电压继电器；7—记录表；K—开关

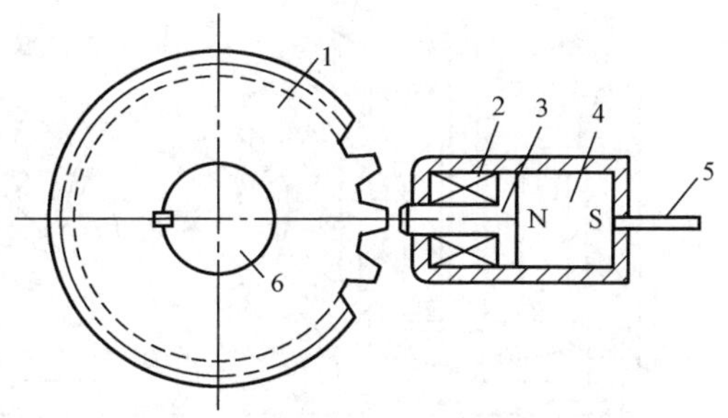

图 8-21 磁电式转速传感器的结构

1—齿轮；2—线圈；3—铁芯；4—磁钢；5—输出电缆；6—被测轴

可见，当测速齿轮的齿数为 60 时，传感器输出脉冲电压的频率与被测转速相等，因此，生产中一般选择齿数为 60 的测速齿轮。

因感应电动势的大小与磁通的变化率成正比，即 $E=-W\frac{\mathrm{d}}{\mathrm{d}t}$（$W$ 为感应线圈的匝数），因此磁电式传感器不能测量低转速。国产 SZMB 系列磁电式转速传感器每转对应的输出脉冲数为 60，测量范围为 50～5000r/min。

（四）电涡流式转速传感器

电涡流式传感器的安装位置和磁电式转速传感器相仿，当齿轮转动时，齿顶、齿间交替靠近传感器的端部，由于电涡流效应，传感器的前置放大器输出一个个脉冲，测量单位时间内通过的脉冲数就可知道旋转机械的转速。它的测量范围很宽，从 $1\sim10^5$r/min 都可测量。磁电式传感器和电涡流式传感器都采用数字式转速表来显示转速。转速传感器的现场安装如图 8-22 所示。

图 8-22 转速传感器的现场安装

第三节 振动与偏心测量仪表

转动机械的振动，特别是汽轮机等重型高速设备的振动，对机组安全运行有很大影响。振动过大，会加速轴封磨损，使转动部分的疲劳强度下降，调速系统不稳定，甚至引起严重事故。通常规定汽轮机的振动幅度不得超过 0.05mm。为了确保汽轮机的安全，在低转速时需监测轴的偏心，在高转速时需监测轴的振动。

一、振动测量仪表

测量振动的仪表目前主要有电磁式和电涡流式两大类。

（一）电磁式振动测量仪表

电磁式振动测量仪表一般由拾振器、积分放大器及显示仪表三部分组成。拾振器是仪表的传感部件，它装于转动机械的轴承座上，将振动的幅值转换为相应电信号输出。

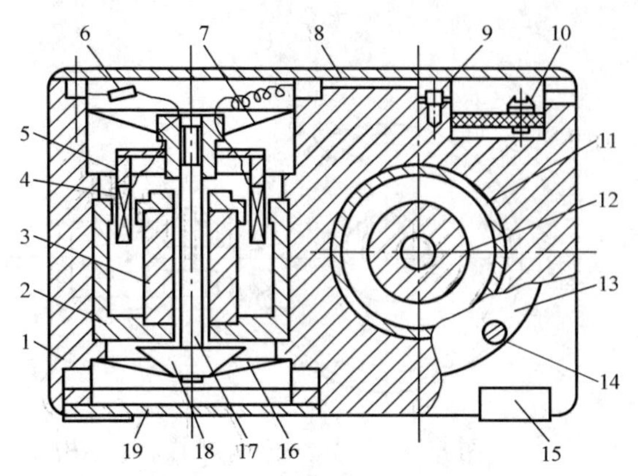

图 8-23 双向拾振器结构

1—外壳；2、11—导磁体；3、12—磁钢；4—线圈；5—阻尼线圈架；6—灵敏度调节电阻；7、16—弹簧片；8—上盖；9—接地螺钉；10—引线端子；13—侧盖；14—侧盖螺钉；15—安装固定角；17—活动系统芯杆；18—配重体；19—下盖

电磁式拾振器的结构如图 8-23 所示。它是装有两个线圈（水平线圈及垂直线圈）的双向拾振器。垂直振动拾振部分磁钢 3 与导磁体 2 胶牢在一起，它们之间形成了一个有恒定磁场强度的空气间隙。处于气隙中的线圈、阻尼线圈架及配重体用活动系统芯杆连接在一起，并被两片弹簧片 7、16 悬挂在空间中。因此在垂直外力作用下，线圈可以在空气隙中做上下往复运动。由于导磁体被固定在外壳内，外壳固装于被测物体（如汽轮机）上，因此当被测物体做垂直振动时，磁钢也随之振动。但被弹簧片悬吊的活动线圈系统因弹簧片的吸振作用，在一定振动频率下处于静止状态，因此线圈不断地切割磁力线而产生感应电动势，其大小为

$$E = BLv = BL\frac{\mathrm{d}A}{\mathrm{d}t} = BL\frac{\mathrm{d}A_{\max}\sin\omega t}{\mathrm{d}t} = BL\omega A_{\max}\cos\omega t \tag{8-5}$$

式中 B——气隙内的磁感应强度；

L——线圈绕线长度；

v——线圈与磁钢的相对运动速度；

ω——振动的角速度；

A——瞬时振幅，$A=A_{\max}\sin\omega t$；

$A_{\max}$——最大振幅。

为了测出瞬时振幅，需采用积分放大器对感应电动势进行积分，即

$$\int E\mathrm{d}t = \int BL\omega A_{\max}\cos\omega t = BLA_{\max}\sin\omega t = BLA \tag{8-6}$$

可见，在 B、L 一定的情况下，电动势的积分与瞬时振幅呈线性关系。把积分放大器的输出送至显示仪表即可显示出振动幅值。

拾振器线圈 4 有一个灵敏度调节电阻 R，由于磁钢性能不完全一致，用 R 可调节输出的大小。阻尼线圈架用纯铜制成，它在磁场中因切割磁力线而产生一个阻尼力，可改善仪表性能。

拾振器水平测振部分的结构与垂直测振部分相同，仅是水平放置而已。

（二）电涡流式振动测量仪表

电涡流式振动测量仪表是利用高频电磁场与被测导体的涡流效应原理制成的，整套仪表主要由电涡流探头、前置器、显示仪表及高频电缆组成，如图 8-24 所示。探头通过支架固定在机体上，当轴振动时，将周期性地改变轴和探头间的距离，从而使传感器输出电压产生周期性变化，此电压经前置器放大和检波处理后，输出与轴的振幅成正比的电压信号，并送

至显示仪表、TSI 或 DCS，进行指示和报警等。

测量轴的径向振动时，轴的直径应大于探头直径的三倍，探头监测的表面（正对探头中心线的两边 1.5 倍探头直径宽度的轴的整个圆周面）应无裂痕，或其他任何不连续的表面现象（如键槽、凸凹不平、油孔等），且在这个范围内不能有喷镀金属或电镀，其表面粗糙度应不大于 0.8μm。探头应尽可能地靠近轴承安装，否则轴的挠度会影响到测量结果。对于每个振动测点，应在同一个轴截面上安装两个互相垂直的探头，探头中心线应与轴心线正交，安装在水平方向的常称为 X 探头，安装在垂直方向的常称为 Y 探头。

电厂中，由于轴承盖一般是水平分割的，因此通常将两个探头分别安装在垂直中心线两侧各 45°方向，即从原动机端看，X 探头安装在垂直中心线的右侧，Y 探头安装在垂直中心线的左侧，两者夹角保持 90°±5°，如图 8-25 所示。

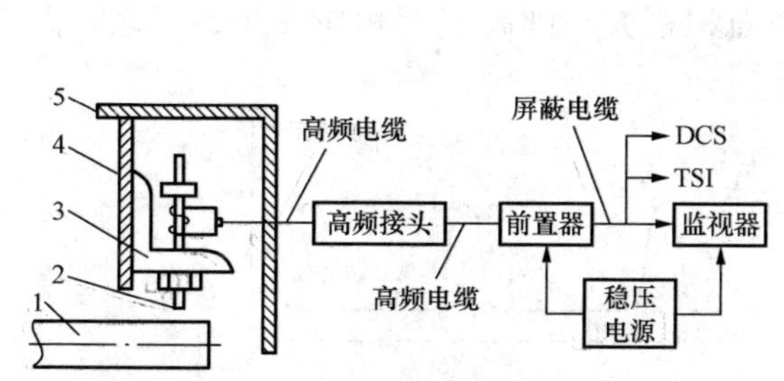

图 8-24　电涡流式测振装置原理示意

1—被测轴；2—探头；3—罩壳；4—支架；5—机体

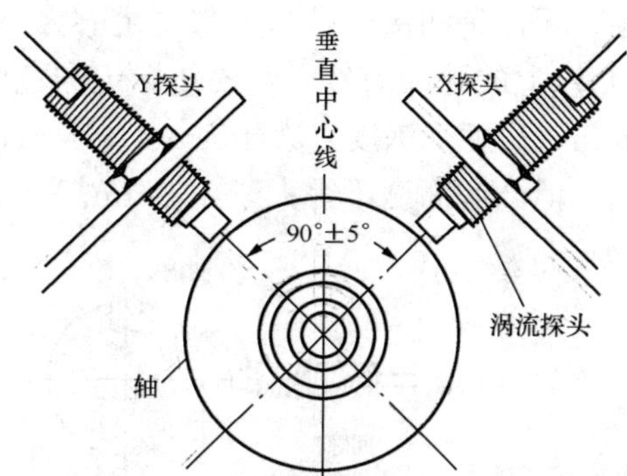

图 8-25　测量径向振动探头的安装方向

电涡流测量方法不仅可以测量振动，还可以测量位移、转速、主轴偏心等。

二、偏心测量仪表

偏心测量仪表用于监视主轴弯曲情况。一般规定汽轮机主轴弯曲值应小于冷态基准值 0.05～0.07mm。冷态基准值是指在冷态盘车时，转子弯曲的偏心值。

偏心测量方法主要有千分表测量法、电涡流测量法和电感测量法。

1. 千分表测量法

千分表测量法如图 8-26 所示。在汽轮机主轴轴端位置装一块千分表，当主轴转动时，轴端的上下晃摆将使千分表指针左右摆动，主轴的偏心值等于指针左右摆动差值（即主轴晃动度）的一半。该方法可用于汽轮机安装、检修及停机后对轴偏心的检查。这是监视主轴弯曲程度的最简单的方法。

2. 电涡流测量法

该方法是在主轴端部侧面设置一平面线圈，如图 8-27 所示。当线圈中通以一定频率的交流电流 i 时，其所产生的磁通 ϕ_i 将使靠近线圈的主轴表面产生电涡流。电涡流产生的磁通 ϕ_e 又对平面线圈产生作用，使线圈的有效磁通发生变化。因此，主轴转动时，由于其有偏心，线圈与主轴的距离 d 将产生周期性大小变化，从而引起线圈的有效磁通周期性变化，即线圈电感 L 周期性变化。该变化经前置器放大并转变为相应的电压或电流信号，送至显示仪表即可显示出轴的偏心值。

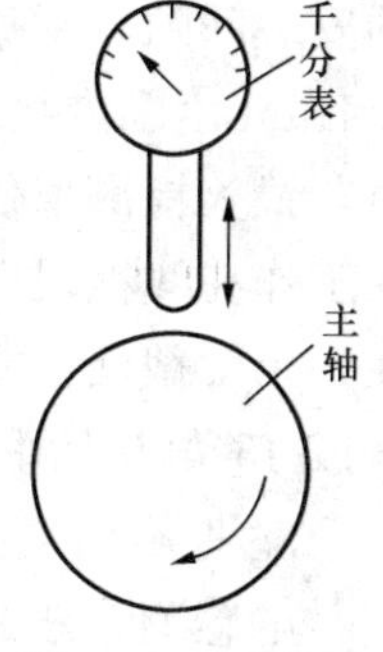

图 8-26　千分表测量法

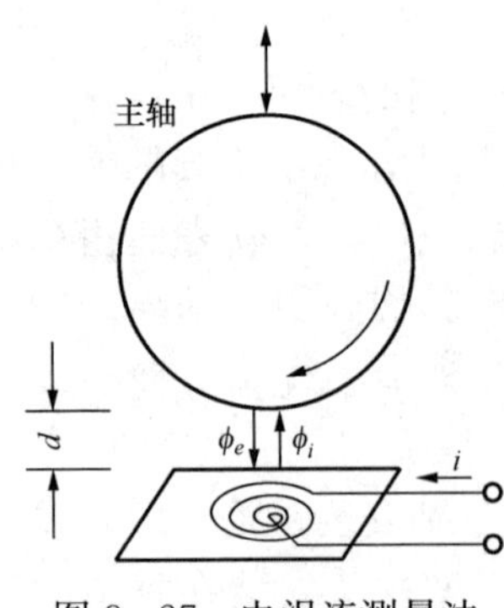

图 8-27　电涡流测量法

目前，火力发电厂中常用电涡流探头测量转动机械的偏心度。为了标定振动相位的零位，从而确定各处振动的相对相位，需将偏心探头、振动探头与键相探头一起安装。下面简单介绍电涡流键相与偏心探头的安装。

键相探头可采用电涡流式。键相探头应径向安装，在被测轴上须做标记，轴标记可以是凹槽（钻孔或开槽），也可以是凸起（镶键或贴金属片），如图 8-28 所示。当轴标记为凹槽时，探头的安装间隙应按探头到轴的平滑面（不在凹槽处）的距离来确定；当轴标记为凸起时，间隙应按探头到凸起面的距离来确定。不要在轴旋转时调整探头与凸起面之间的间隙，以免碰坏探头。无论是凹槽还是凸起都要足够大，以 HZ-85700-01 型键相装置为例，要产生 3V（峰值）以上的脉冲信号，就要使标记的宽度（沿轴的径向）大于 7mm，长度（沿轴向）大于 10mm，高度（深度）大于 1mm。若轴标记面积稍大，则高度可相应减小；反之，高度应增加，但凸起高度不得大于 1.5mm。

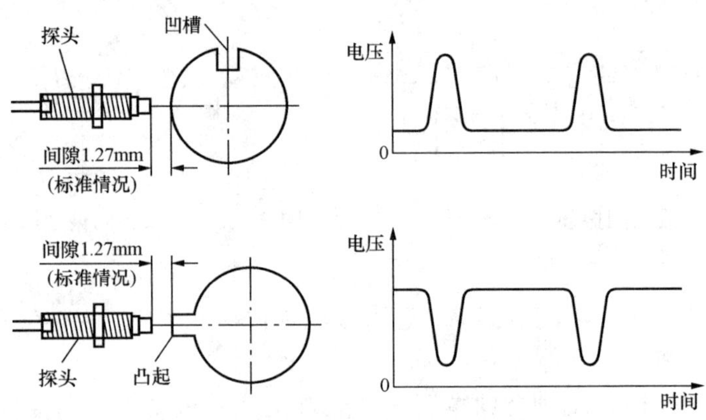

图 8-28　电涡流键相探头的安装及标准输出信号

偏心探头应安装在轴向两个轴承跨度的中间，即远离轴承处。偏心探头不用做轴标记，只需定好探头与轴的间隙即可。

轴偏心探头和轴振动探头的安装方法是相同的，如图 8-29 所示。探头与被检测金属间的安装间隙，根据探头—前置器输出特性曲线所确定的线性中点位置决定。若探头在 0.7～2.1mm 范围内线性度较好，则线性中点 1.4mm 即为探头理想安装间隙。实际上在测量振动时，最大检测值仅为 0.20mm，故实际安装探头时，间隙允许误差可以很高，只要能保证探头工作在线性段即可，这就大大方便了探头的安装工作。其他安装要求与位移探头相同。若在一个轴截面上安装两个互相垂直的探头，则可在垂直、水平两个方向安装，也可以按与水平成 45°角互相垂直安装。

3. 电感测量法

电感测量法的原理如图 8-30 所示。将两个 Π 形铁芯安装于主轴上下，当主轴旋转时，由于主轴有偏心，主轴与铁芯之间的上、下气隙大小将交替发生变化，绕在 Π 形铁芯上的线圈即可感应出反映该变化大小的电动势，从而测出主轴的偏心值。

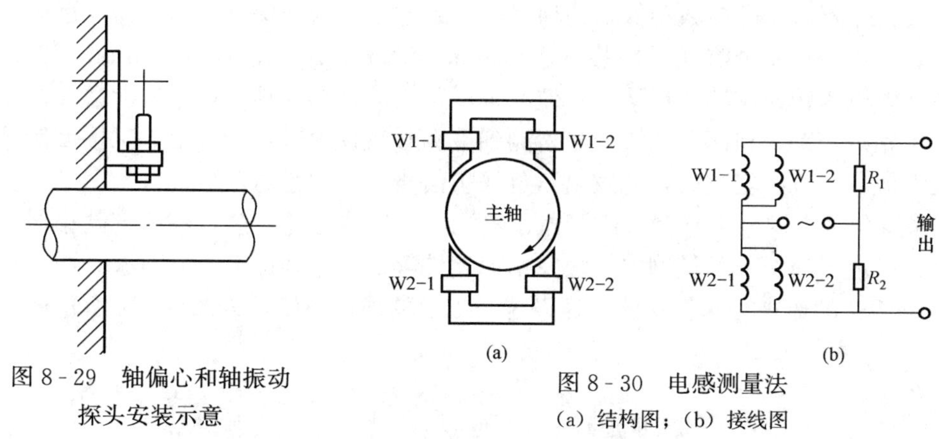

图 8-29 轴偏心和轴振动探头安装示意

图 8-30 电感测量法
(a) 结构图；(b) 接线图

每个Π形铁芯上的两个线圈相并联，上、下两组并联线圈相串联后与放大器中的电阻 R_1、R_2 组成电桥，并由 220V、400Hz 的电源供电，如图 8-30（b）所示。电桥输出电压的幅值取决于主轴的偏心值，频率取决于主轴的转速。该信号送入放大电路放大后输出至显示仪表。

*第四节 汽轮机安全监视保护装置

汽轮机是在高温、高压下工作的高速旋转机械，为提高机组的热经济性，汽轮机的级间间隙、轴封间隙都比较小。在启、停和运行过程中，如果控制不当，很容易造成汽轮机动静部件互相摩擦，引起叶片损坏、主轴弯曲、推力瓦烧毁甚至飞车等严重事故。为保证汽轮机组安全、经济运行，必须对汽轮机及其辅助设备的重要参数进行监视。

随着汽轮机容量的不断扩大，蒸汽参数越来越高，热力系统也越来越复杂，汽轮机本体

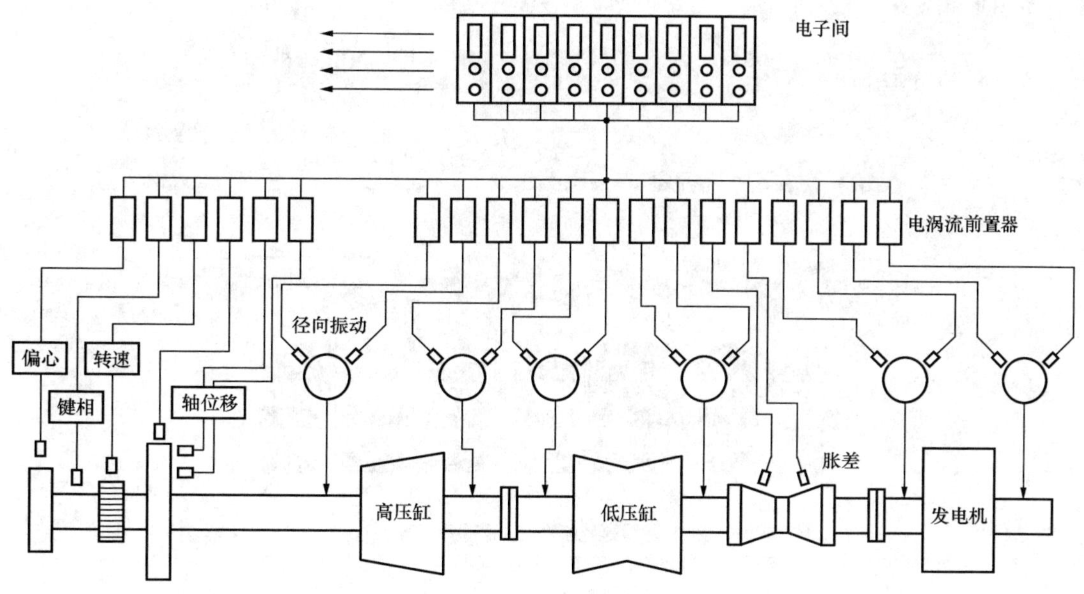

图 8-31 TSI 测控系统

及其辅助设备需要监测的参数和保护的项目也越来越多。为确保汽轮机的安全运行，电厂普遍安装成套的汽轮机安全监视保护装置（turbine supervisory instrumentation，TSI），它除用来监视汽轮机的转速、轴向位移、胀差、轴承盖振动、轴振动、偏心等参数外，还可提供超限信号送到报警系统和保护系统。当检测到被测参数越限时，能发出热工报警信号，当参数超过极限值危及机组安全时，能发出紧急停机信号，实现紧急停机。

TSI 系统包括电源、传感器、前置器、监视器、延伸电缆、接口模块、键相器模块、监测器模块、继电器模块、通信网关模块及组态软件等部分，如图 8-31 所示。

为实现 TSI 的监视与保护功能，还设置了配套的通信系统，如图 8-32 所示。

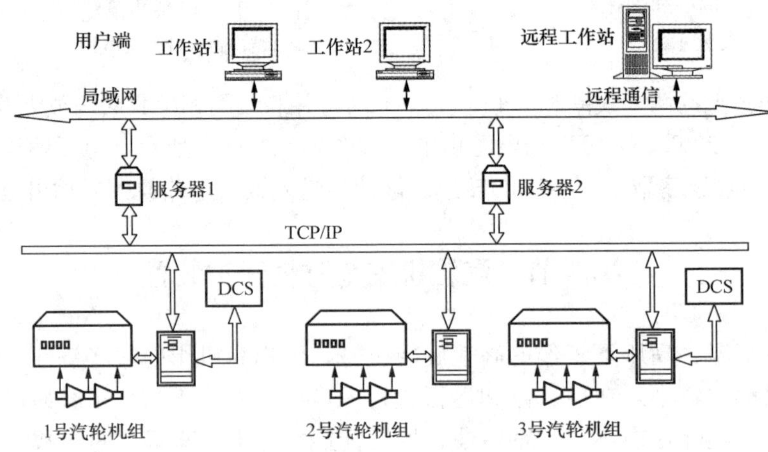

图 8-32　TSI 的通信简图

TSI 系统除用其配套的监视器显示外，还可与 DCS 相连，通过操作员站的监视器显示。某监控画面如图 8-33 所示。

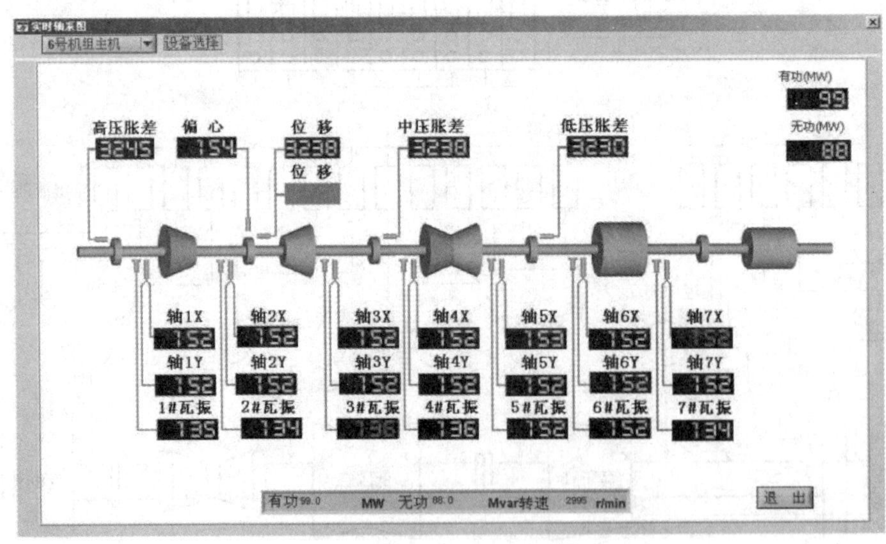

图 8-33　某机组的监控画面

为提高热工保护的安全可靠性，避免信号误动作，必须对生产中检测到的有关信号进行表决，即信号组态。比如安装 4 个轴向位移探头，分别为 1A、1B、2A、2B，如图 8-34 所示，取报警与保护的开关量输出＝（1A＋1B）＊（2A＋2B）。如果安装了 3 个轴向位移探头，可采用三取二逻辑。这样，既保证了信号的可靠性，又保证了保护系统的正确动作。

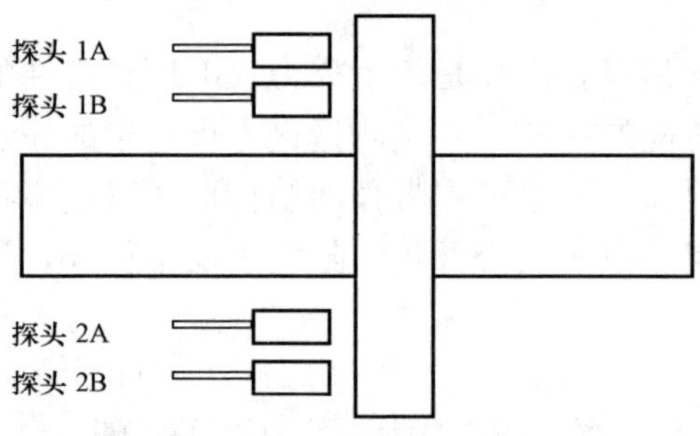

图 8-34　位移探头多台安装示意

思考题与习题

1. 电厂中的机械量测量项目主要有哪些？

2. 机械位移量测量原理主要有哪些？

3. 转速测量仪表的传感器有哪些？简述磁性转速传感器的工作原理。

4. 振动测量仪表主要由哪几部分组成？

5. 简述 LVDT 的工作原理，并说明其特点。

6. 用电涡流传感器测量轴的径向振动时，应如何安装？

*7. 在测量轴的径向振动时，为什么要在同一个轴截面上安装两个互相垂直的探头？为什么探头中心线应与轴心线正交？

*8. TSI 主要由哪几部分组成？简述 TSI 的功能。

第九章　输 煤 量 测 量

火力发电厂的主要燃料是煤，煤耗是衡量火力发电厂经济性的一个重要指标。为准确测定单位发电量或供热量所对应的煤耗，必须测量进入煤仓中的原煤量。目前，火力发电厂大都采用电子皮带秤来测量原煤量。电子皮带秤的结构形式有很多种，例如：模拟式电子皮带秤，利用微处理机进行控制的电子皮带秤等。除电子皮带秤外，用于原煤量测量的还有核子皮带秤和电子轨道衡等。

第一节　电 子 皮 带 秤

一、电子皮带秤的工作原理

电子皮带秤主要由称量框架、荷重传感器、速度传感器和显示仪表组成，如图 9-1 所示。

输煤皮带的瞬时输煤量是指在单位时间内通过皮带输送的煤的数量，一般用质量流量 q_m 来表示：

$$q_m = q_l v_t = \frac{1}{L_0 g} G v_t \tag{9-1}$$

式中　q_m——瞬时输煤量，kg/s；

q_l——单位长度皮带上煤的质量，kg/m；

v_t——皮带速度，m/s；

L_0——有效称量段长度，$L_0 = \frac{AA_1 + AA_2}{2}$，m；

g——当地重力加速度，m/s^2；

G——有效称量段上煤的重量，$G = q_l L_0 g$，N。

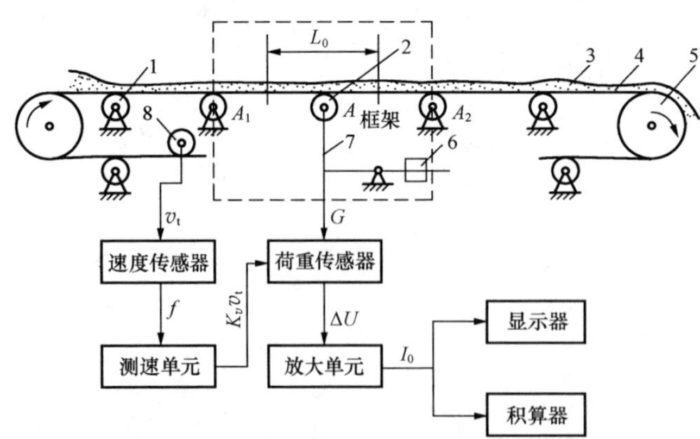

图 9-1　电子皮带秤测量原理

1—支撑托辊；2—计量托辊；3—煤层；4—皮带；5—皮带轮；6—重锤；7—传力杆；8—测速滚轮

煤通过皮带秤称量段时，煤的重量 G 由计量托辊、传力杆等传给荷重传感器。皮带运行速度 v_t 由速度传感器检测，并经测速单元转换后送入荷重传感器。荷重传感器相当于乘法器，其输出信号为 ΔU，即

$$\Delta U = K_G G K_v v_t = K_G q_l L_0 g K_v v_t = K_G K_v L_0 g q_m = K q_m \tag{9-2}$$

式中　K_G——荷重比例系数；

K_v——测速比例系数；

K——电子皮带秤的结构常数，$K = K_G K_v L_0 g$。

可见，传感器的输出电压 ΔU 成比例的反映了皮带的瞬时输煤量 q_m，这就是电子皮带秤的工作原理。若配用相应的显示仪表，电子皮带秤可指示出皮带的瞬时输煤量与累计输煤量。

图 9 - 1 框架中的重锤用于平衡皮带、计量托辊及传力杆等产生的重力。

二、电子皮带秤的传感装置

电子皮带秤的传感装置包括荷重传感器和速度传感器两大类。

（一）荷重传感器

荷重传感器是将煤的重量转变为相应电压输出的装置。荷重传感器的种类很多，主要有电阻应变式荷重传感器和压磁式荷重传感器两大类。

1. 电阻应变式荷重传感器

电阻应变式荷重传感器是利用粘贴在应变弹性体上的应变电阻的阻值随荷重变化而变化的性质来实现荷重测量的。

应变电阻一般粘贴在应变弹性体上能产生最大应变的位置，应变弹性体的结构主要有简支梁、等强度悬臂梁、环形体和圆筒体四种，如图 9 - 2 所示。应变式荷重传感器实例如图 9 - 3 所示。

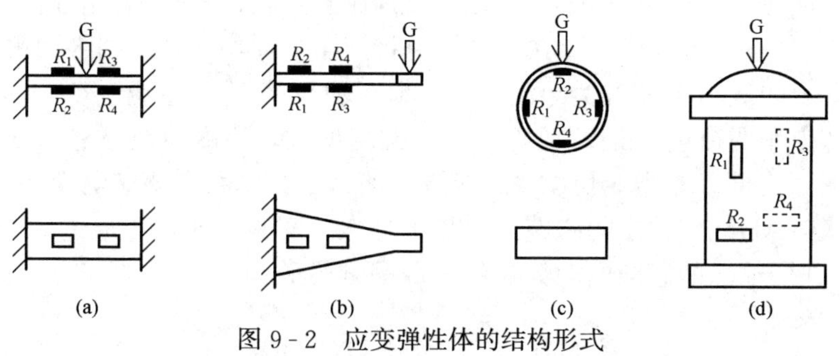

图 9 - 2　应变弹性体的结构形式

（a）简支梁；（b）等强度悬臂梁；（c）环形体；（d）圆筒体

为便于测量，通常把应变电阻连接成测量电桥，如图 9 - 4 所示。

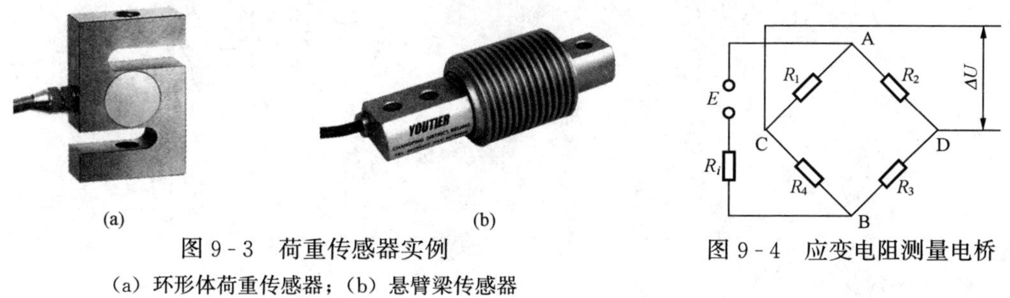

图 9 - 3　荷重传感器实例

（a）环形体荷重传感器；（b）悬臂梁传感器

图 9 - 4　应变电阻测量电桥

当应变弹性体不受力时，不产生应变，$R_1=R_2=R_3=R_4$，电桥处于平衡状态，输出电压 $\Delta U=0$。当应变弹性体受到荷重 G 的作用时，产生应变 ε，应变电阻的阻值随之发生变化（R_1、R_3 阻值减小，R_2、R_4 阻值增大），电桥失去平衡，输出电压 ΔU。

应变电阻变化与应变的关系为

$$\frac{\Delta R}{R}=K_1\varepsilon \tag{9-3}$$

应变与荷重 G 的关系为

$$\varepsilon=K_2G \tag{9-4}$$

电桥输出电压为

$$\Delta U = U_{AB}\frac{R_2R_4 - R_1R_3}{(R_1+R_4)(R_2+R_3)}$$
$$= U_{AB}\frac{(R+\Delta R)^2-(R-\Delta R)^2}{4R^2}$$
$$= U_{AB}\frac{\Delta R}{R} = U_{AB}K_1\varepsilon = U_{AB}K_1K_2G = K'U_{AB}G \tag{9-5}$$

式中 U_{AB}——测量电桥的上桥电压；

K'——与应变弹性体的尺寸、材料及有效称量段长度有关的常数。

可见电桥的输出电压 ΔU 正比于有效称量段上煤的重量 G 及上桥电压 U_{AB}。若上桥电压由测速单元给出，则通过测量 ΔU 的大小，就可得到瞬时输煤量。

2. 压磁式荷重传感器

铁磁体受到力的作用后，在应力方向上的磁通量将发生变化，这一现象称为铁磁体的磁弹性效应。压磁式荷重传感器就是根据这一原理工作的，如图 9-5 所示。铁磁体由若干硅钢片叠成，在铁磁体的两对角线方向分别钻有两对孔。通过孔绕入两组线圈 AB 与 CD，当 CD 线圈中通过恒定的激磁电流时，在铁磁体中将产生方向与 AB 线圈平面平行的交变磁场 H。由于磁场的磁力线不穿过 AB 线圈，所以 AB 线圈不会产生感应电动势，如图 9-5（a）所示。当铁磁体上承受荷重 G 时，荷重方向的磁阻增大，使磁力线呈椭圆分布，如图 9-5（b）所示。这时因有部分磁力线切割 AB 线圈，使得 AB 线圈有感应电动势输出。G 越大，磁力线变形越大，AB 线圈输出的感应电动势也越大。实验证明，当通过 CD 线圈的激磁电流恒定时，AB 线圈输出的感应电动势与荷重 G 呈线性关系。

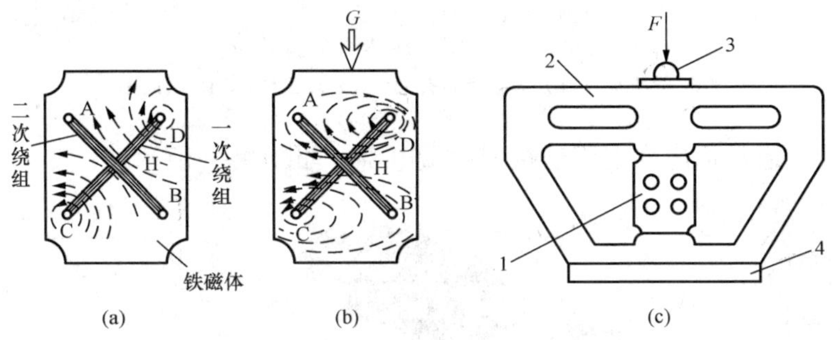

图 9-5 压磁式荷重传感器原理结构

（a）无载荷时；（b）有载荷时；（c）结构图

1—铁磁元件；2—弹性支架；3—传力钢球；4—底座

（二）速度传感器

速度传感器是把皮带运行速度转变为电信号的测量装置。电子皮带秤一般采用变磁阻式速度传感器，其原理如图 9-6 所示。

转子和定子均采用工业纯铁制成，沿其圆周开有若干均匀分布的矩形齿。当皮带运行时，测速滚轮带动传感器转子旋转，使转子与定子之间的气隙大小交替变化。当定子齿顶与转子齿顶相对时，气隙减小，磁阻减小；齿顶与齿间相对时，气隙增大，磁阻增大，从而使定子线圈磁通产生周期性变化，定子线圈便感应出交变电动势，该电动势的幅值 e 及频率 f 取决于皮带的运行速度 v_t。感应电动势的幅值及频率分别为

$$e = -W\frac{d\phi}{dt} \quad (9-6)$$

$$f = \frac{z}{\pi D}v \quad (9-7)$$

式中　W——定子线圈匝数；

$\frac{d\phi}{dt}$——磁通变化率；

z——定子（或转子）上的齿数（定子、转子齿数相同）；

D——皮带测速滚轮直径，πD 为其周长。

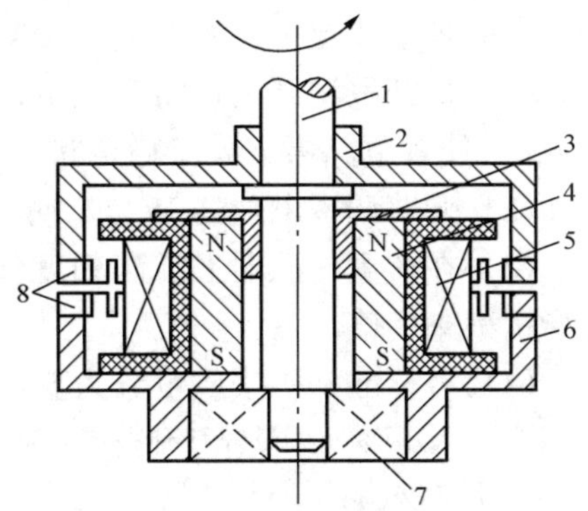

图 9-6　速度传感器原理结构图
1—转轴；2—转子；3—压块；
4—磁钢；5—线圈；6—定子；
7—轴承；8—矩形齿

速度传感器输出的感应电动势幅值或频率信号送至测速单元，转换为直流电压信号 U_{AB}，此信号加到荷重传感器应变电阻组成的电桥上，使电桥输出电压 ΔU 反映瞬时输煤量。

除变磁阻式速度传感器外，还可以采用测速发电机测量皮带的运行速度。

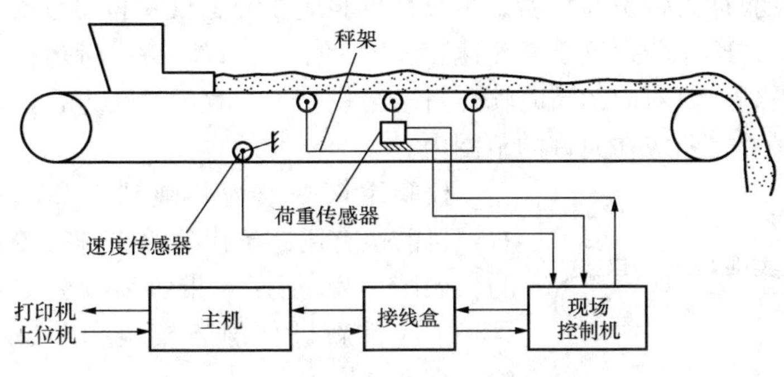

图 9-7　带微处理机的电子皮带秤测量原理

目前生产中采用较多的是带微处理机的电子皮带秤。它的原理框图如图 9-7 所示。它采用了双杠杆多组托辊的称量框架，荷重传感器装在输煤皮带的下部，应变电桥的输出电压送往现场控制机中。速度传感器将皮带的运行速度转变为一系列的脉冲信号后，也送往现场控制机中。

现场控制机主要由单片机、A/D 转换器和存储器组成，具有多种处理现场信号的功能，是双杠杆多托辊秤架系统与主控制计算机之间的中间环节。它向荷重传感器应变电桥提供上桥电压，并将应变电桥输出的电压转换成数字信号送往主控制计算机；由速度传感器送来的脉冲信号经过现场控制机转变成数字信号后也送往主控制机。主控制机可与 DCS 相连，以实现输煤量的数据采集、控制与管理，同时主控制机还具有故障诊断、自动调零、断电保护、多种信号输出及控制功能。

三、电子皮带秤的型号

根据国家标准 GB/T 7721—2007《连续累计自动衡器（电子皮带秤）》，电子皮带秤的型号表示如图 9-8 所示。

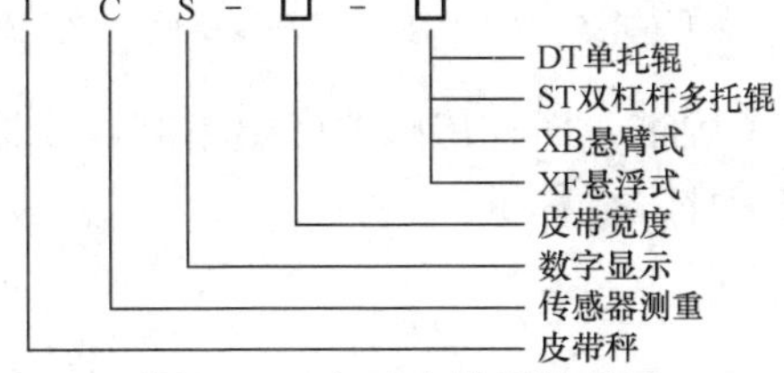

图 9-8　电子皮带秤的型号

四、电子皮带秤的校验

生产中，为了保证输煤量测量的准确度，必须定期对电子皮带秤进行校验。电子皮带秤一般要进行静态校验、动态校验及带负荷校验，校验合格后才能投入使用。

1. 静态校验

电子皮带秤的静态校验是在皮带秤安装后，皮带不载煤、不运转的情况下对其零点、量程及中间各示值点进行的校验。校验步骤如下：

（1）打开电源开关，将开关 K_{402} 置于“校正”位置，采用皮带速度的模拟信号；预热30min，使各电路参数处于稳定状态。

（2）调节调零电位器 W_{401}，使显示仪表指零。

（3）在荷重传感器上加满刻度值所对应的标准砝码，调节量程调整电位器 W_{402}，使仪表指示满刻度值。

（4）将标准砝码按质量分为五等份，对相应各示值点进行校验。

注意：①调零及调量程互有影响，应反复进行几次；②校验应在正、反行程两个方向进行。

2. 动态校验

动态校验是在皮带空运行时校验皮带秤的动态零位。

动态校验时，将开关 K_{402} 置于“测速”档，开关 K_{403} 置于“预调”档，观察皮带运行时计数器、调零指示表及红、绿灯的显示情况。调整调零电位器 K_{401}，使调零指示表的指针在零点附近摆动，红灯不亮，绿灯时亮时暗，皮带运行 1～2 圈计数器不应跳字。

3. 带负荷校验

皮带秤在皮带载煤运行时的校验称为带负荷校验。带负荷校验应在静态校验和动态校验合格之后进行。校验时将开关 K_{402}、K_{403} 分别置于“测速”及“工作”位置，待皮带运行平稳后，将事先称好的煤以皮带秤满刻度值对应的瞬时输煤量送至皮带上，直至送完为止，这时皮带秤显示的累计煤量与实际煤量之差应在允许的范围内。

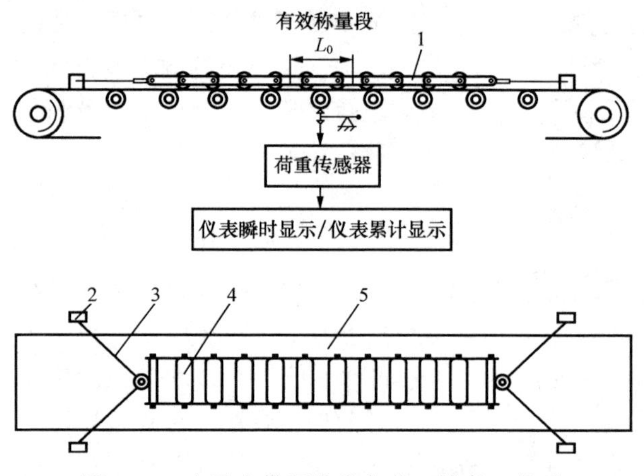

图 9-9 电子皮带秤的带负荷（链条）校验

1—链条；2—立柱；3—软绳；4—链条托辊；5—皮带

校验用煤一般为几吨到十几吨左右，目前也有用链条代替原煤进行校验的，如图 9-9 所示。带负荷校验如不合格，应重新进行静态校验和动态校验，直至合格为止。

带负荷校验不常进行，但静态校验和动态校验应经常（定期）进行，特别是动态调零，一般每天调整一次，以保证测量的准确性。

电子皮带秤在电厂中使用很普遍，它属于直接接触称量法。但在长期运行中的皮带，由于拉伸、磨损、抖动、偏斜以及过载等，给直接称量法的应用带来了困难，而且传感器磨损率高，仪器维修、校准工作量很大，因此有些部门开始采用核子皮带秤进行称量。

*第二节 核 子 皮 带 秤

一、工作原理

γ 射线在穿过物料时部分射线被物料吸收，导致其放射性活度减弱，有下列关系式：

$$A = A_0 e^{-\mu \frac{m}{W}} \tag{9-8}$$

式中 A——透过被测物料后γ射线的放射性活度；

A_0——照射到空皮带上γ射线的放射性活度；

μ——与放射源及被测物体成分有关的常数；

m——单位长度皮带上的物料质量；

W——物料所占皮带宽度。

由上式可知，测出 A 就可得到单位长度皮带上的物料质量 m，进而得出皮带的输送量。

二、测量系统

核子皮带秤主要由γ射线放射源、探测器、前置放大器、恒温套、测速传感器、主机、稳压电源及秤体框架组成，如图9-10所示。核子秤的放射源稳定地放射出γ射线，在秤体框架构成的平面内呈扇形照射，物料从秤体框架中间穿过，放射源射出的γ射线，一部分被物料吸收，其余部分穿透物料，照射到γ射线探测器上，并形成电离电流。

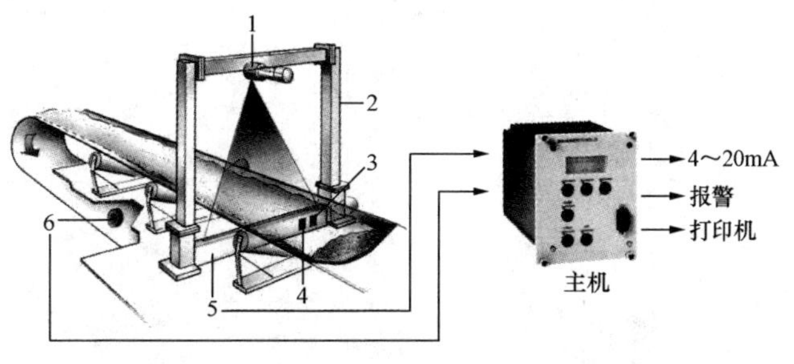

图9-10 核子皮带秤测量系统示意

1—放射源；2—框架；3—稳压电源；4—前置放大器；5—γ射线探测器；6—测速传感器

放射源一般采用铯137，它能放射γ射线，因此需封装在具有防护作用的铅罐内。当防护室的门打开后，放射源就以40°×20°的楔状射线向皮带照射。

γ射线探测器是由两只通有高电压的电极板构成的高压气体电离室。当射线γ进入电离室后，气体介质被电离，在电场力的作用下正负离子分别向两极板移动，形成弱电离电流。该电流经前置放大器放大后送入主机，作为反映皮带荷重的信号。为提高核子皮带秤的稳定性，减少由于环境温度变化引起的漂移，需保证γ射线探测器和前置放大器整体恒温，因此采用了恒温套。

由测速传感器检测到的皮带运行速度信号，和由γ射线探测器检测到的皮带荷重信号，在主机内进行运算后，即可显示出皮带的瞬时输送量与累计输送量。

三、特点

核子皮带秤安装方便、简单，无需改变原有设备；没有移动部件，机械维护量很小；具有与上位机的通信接口，便于组成集散控制系统；属于非接触测量法，避免了秤及传输装置的磨损，不受皮带张紧度、跑偏的影响，不受振动、机械冲击、过载等因素的影响，尤其适用于环境恶劣的工业现场。

*第三节 电子轨道衡

电子轨道衡是用来计量火车车皮中装载质量的一种仪表，其原理如图9-11所示。当列车通过台面时，台面受力，传感器将重力信号转换为电压信号送入模拟量通道，经过放大、滤波、模数转换，进入微处理机。同时，车轮信号进入开关量通道，经过整形送入微处理机。系统工作时，计算机对送入的信号进行采集和处理，得出每节车皮的质量，并进行显示、打印等。打印内容包括：年、月、日、时、分、列车号，每节车皮的毛重和煤量净重等。同时这些数据还被存入磁盘，以供管理人员进行检查、分析和统计使用。

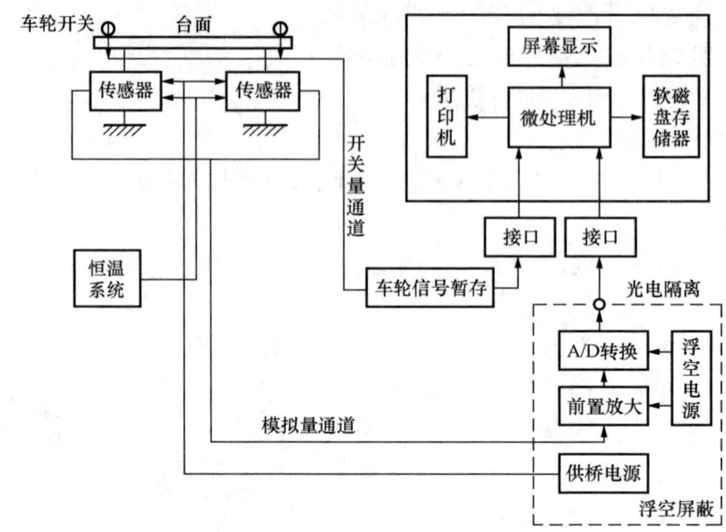

图 9-11 电子轨道衡原理示意

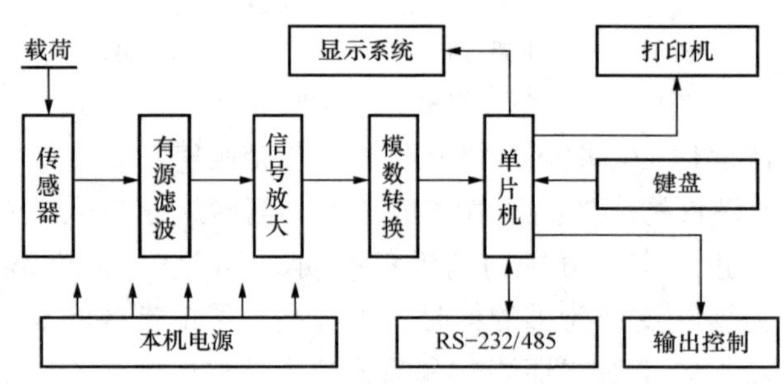

图 9-12 电子轨道衡的工作原理

电子轨道衡属于由单片机控制的具备数据处理和管理能力的智能化设备，其工作原理如图 9-12 所示。

载荷作用于传感器，传感器在供桥电源的激励下，将载荷成比例地转换成电压信号。此信号经有源滤波电路滤掉高频干扰后进入放大器进行放大，然后在单片机的控制下，把放大后的电压信号转换成数字信号，送入单片机进行运算和处理，进而显示出称量结果并打印输出。

电子轨道衡既可进行称重计量，又能进行多种方式的统计计算及资料管理。

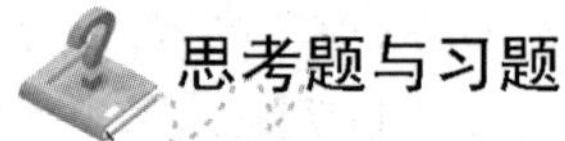

思考题与习题

1. 原煤量测量仪表主要有哪些？
2. 电子皮带秤的工作原理是什么？
3. 电子皮带秤的传感装置主要有哪些？
4. 荷重传感器的作用是什么？

*5. 核子皮带秤的工作原理是什么？有什么特点？

*6. 电子皮带秤与核子皮带秤的工作原理有何异同？

*7. 画出电子轨道衡的原理框图，并简述其工作原理。

*第十章　开 关 量 测 量

第一节　开关量测量仪表概述

开关量变送器是直接把热工参量或机械量转化为开关量信号输出的测量设备。开关量变送器的基本工作原理是，将被测参数的限定值转换为触点信号，并根据顺序控制系统的要求给出规定电平（也可由顺序控制装置的输入部分转换为规定电平）。一般来说，把开关量变送器的接点闭合或输出高电平称为有信号状态，接点断开或输出低电平称为无信号状态。由于开关量变送器只瞬间转换接点闭合或断开的信号，是一种具有继电特性的部件，因此也称为一种继电器。此外，根据它的开关特性，习惯上称其为开关，并在前面冠以某个物理量的名称，如温度开关、压力开关等。

开关量变送器也称逻辑开关或二位式控制器，它的任务是将被测物理量转换成开关形式的电信号，它是为顺序控制装置提供操作条件和回报信号的部件。开关量变送器的结构简单、造价低廉、体积较小、中间转换环节少、可靠性高，因此被广泛地应用在开关量控制系统中。

开关量变送器主要用于检测介质的压力、压差、流量、液位和温差等物理量，输出是开关量触点信号或电平。开关量变送器主要有压力开关、差压开关、流量开关、液位开关、温度开关和位置开关等。

第二节　开关量变送器的常用术语

1. 动作值与复原值

当被测参数上升（或下降）到某一规定值时，开关量变送器输出触点的状态发生改变，这个规定值称为它的动作值（也称上切换值）。输出触点的状态改变后，在被测参数重又下降（或上升）到达原动作值或比原动作值稍小（或稍大）的另一个数值时，触点恢复原来的状态，这个值称为复原值（也称下切换值）。

对于开关量变送器，其输入量是连续变化的物理量，输出量只有开或关两种突跳状态。

2. 切换差

为了使开关触头不致发生误动作，开关触点的切换是突跳的，即在微动开关中装有起突跳作用的簧片，因此，在开关量变送器中总会存在切换差。所谓切换差，是指被测物理量（如介质的压力、温度等）上升时的开关动作值与下降时的开关复原值之差，切换差也称死区。如图 10-1（a）所示，Δp 为切换

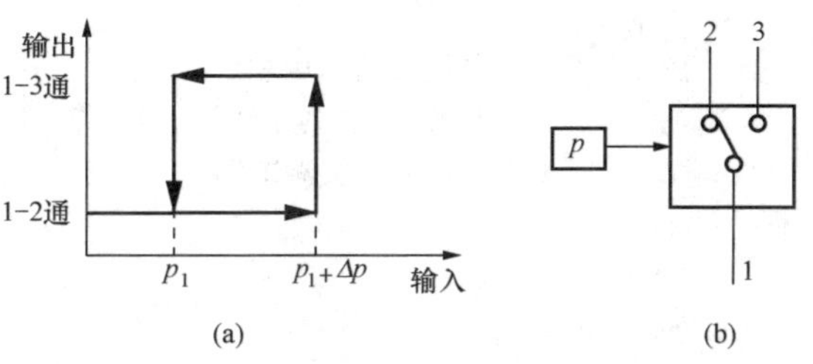

图 10-1　开关量变送器的开关特性

（a）开关量变送器的输入—输出特征；

（b）开关量变送器的开关示意

差，p_1 为下切换值，$p_1+\Delta p$ 为上切换值。

这里说的切换差不同于模拟测量中的误差概念，测量误差应越小越好，但切换差并不是越小越好，而应根据使用要求来确定。一般在干扰信号大的场合，应选用切换差大的开关量变送器，而在干扰信号小的地方，选用切换差小的开关量变送器，开关示意如图 10 - 1（b）所示。

3. 设定值

设定值是指在开关量控制系统中，用来设定被控量的预期值的参比信号，如上下限幅、不同的报警值等。它可以是动作值，也可以是复原值，由使用者根据实际需要确定。

4. 重复性误差

在相同条件下，输入变量按照同一方向变化时，连续多次测得的切换值之最大变化值称为重复性误差。它反映了开关量变送器动作值和复原值的稳定性。使用时，应选择重复性误差小的开关量变送器。

第三节 常用的开关量仪表

一、压力开关

1. 压力开关的工作原理

压力开关用来将被测压力转换成开关信号，图 10 - 2 所示为压力开关的结构示意。

传感器部分的主要功能是将介质压力或差压变换成力 F_1，作用于杠杆 4 的右下端，设定值调节弹簧的压缩力为 F_2，作用于杠杆 4 的右上端。当 F_1 产生的作用力矩小于 F_2 产生的力矩时，微动开关的 1、2 触点接通，如图 10 - 1（b）所示。当 F_1 产生的作用力矩等于或大于 F_2 产生的力矩时，微动开关的触点突跳，由原来的 1、2 触点接通切换到 1、3 触点接通，于是压力开关发出动作信号。

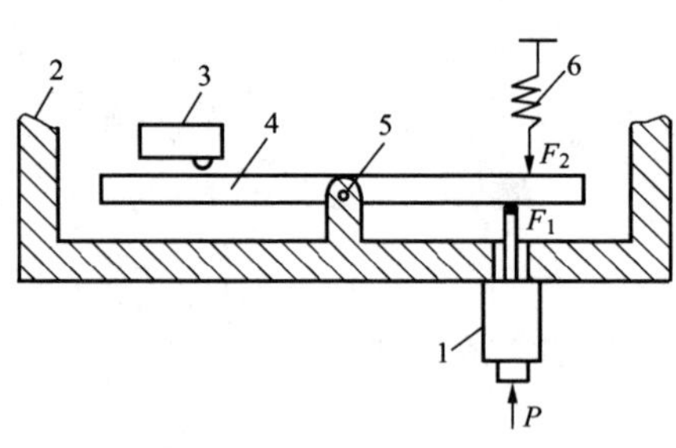

图 10 - 2 压力开关结构示意

1—传感器；2—外壳；3—微动开关；4—杠杆；5—支点；6—设定值调节弹簧

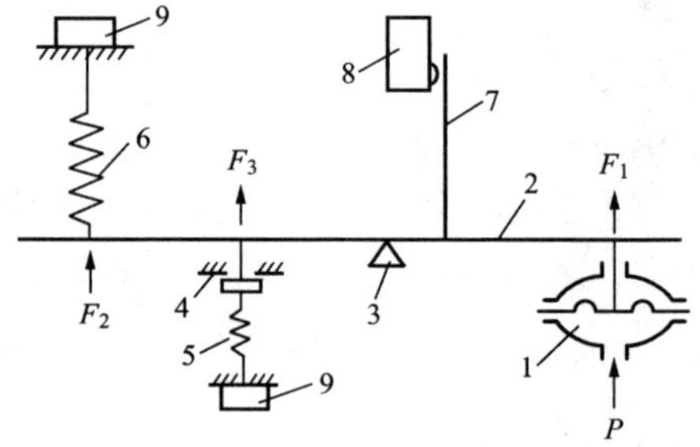

图 10 - 3 压力开关工作原理举例

1—测量元件；2—杠杆；3—支点；4—限位器；5—差值弹簧；6—复位弹簧；7—缓冲簧片；8—微动开关；9—调整螺钉

2. 压力开关的特点

该压力开关具有以下特点：

（1）传感器产生的作用力与设定值调节弹簧的作用力作用于杠杆的同一端，且距离很近。在工作时杠杆所承受传感器及压缩弹簧的作用力可以较大，而对杠杆产生的力矩并不大。这样可使杠杆与轴承的应力减小，抗干扰能力增加。

（2）轴位于杠杆的中心位置，自由端左右对称，这样可减少外界振动的影响，提高抗振性能。

（3）传感器内部有过载保护装置（限位器）。

（4）微动开关接通或断开均为突跳式，因而触点不易烧损，触点容量大、寿命长。

图 10－3 所示为另一种结构的压力开关。

二、差压开关

差压开关也称差压控制器或差压继电器。其传感器采用膜片或波纹管，使用时将高、低压介质分别引入膜片或波纹管的高、低压侧，其差压作用在敏感元件上，使其发生位移，然后根据力平衡原理推动微动开关，输出差压开关量信号。差压开关的工作原理与压力开关相似，它们的区别仅仅在于压力开关传感器的测量元件是单室的，而差压开关的测量元件是双室的。差压开关与压力开关一样，选用不同型号的开关，可满足中性、腐蚀性的气体或液体介质的测量要求。

三、流量开关

流量开关也称流量控制器或流量继电器。流量开关的种类很多，按其工作原理不同，可分为差压式、电磁式、活塞式、浮子式、翼板式和叶片式等。

火电厂中大部分水和蒸汽的流量都是采用差压方法测量的。利用孔板或喷嘴等标准节流装置，将流量信号转换成差压信号，并输入到差压开关，根据节流装置的流量—差压特性整定差压开关的流量动作值，即可得到流量的开关量信号。

管道中滤网前后的差压大小反映滤网的堵塞程度，将滤网前、后的差压信号输入到差压开关。当差压增大时，发出滤网堵塞信号。

火电厂的断煤信号通常是由装在给煤机上的断煤开关提供的，其工作原理如图 10－4 所示。断煤开关由一个可以绕轴摆动的挡板、连在轴端的压板以及行程开关组成。当存在煤流时，挡板被煤推起，带动轴和压板转动，这时行程开关不被压而断开；当煤断流时，挡板在重力作用下返回，带动压板按压行程开关，输出断煤信号。

对于管道内水或油的断流信号，可根据被测管道的大小采用不同的方法来获取。例如对于大直径管道，常采用浮子式流量开关，如图 10－5 所示。当管内没有流体时，浮子由于自重处于垂直位置，这时磁钢靠近舌簧管使舌簧管的触点闭合，送出断流信号；当管内有流体流动时，浮子由于受到液体的浮力和冲击力而向流体流动方向摆动，磁钢离开舌簧管，舌簧管的触点断开，切断了断流信号。

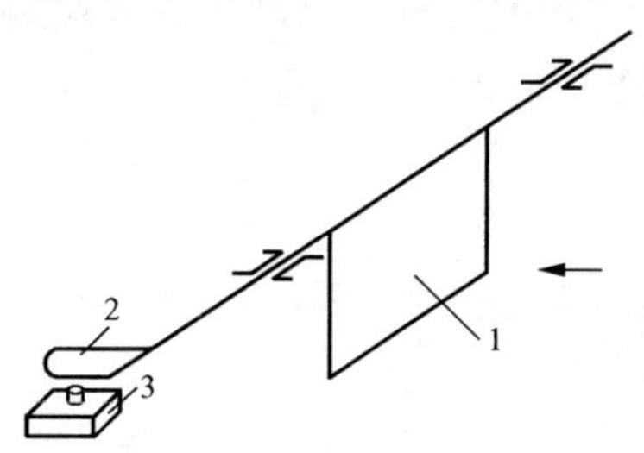

图 10－4　断煤开关原理

1—挡板；2—压板；3—行程开关

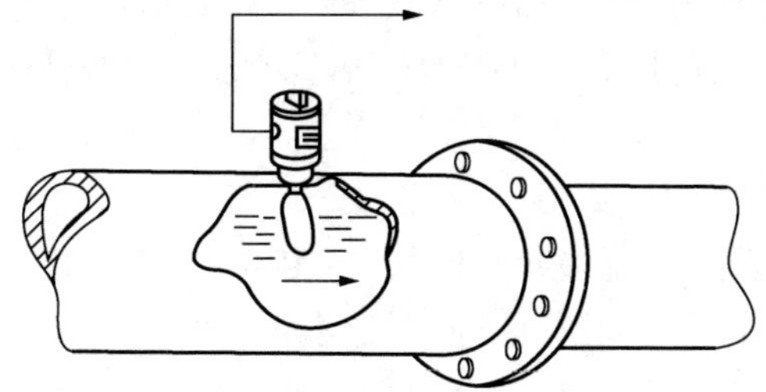

图 10－5　浮子式流量开关

四、液位开关

液位开关也称液位控制器或液位继电器。液位开关的种类很多，如浮子式、电接触式、超声波式和电容式等。

浮子式液位控制器适用于各种容器内液体的液位控制，当液位达到上、下切换值时，发出开关量信号。

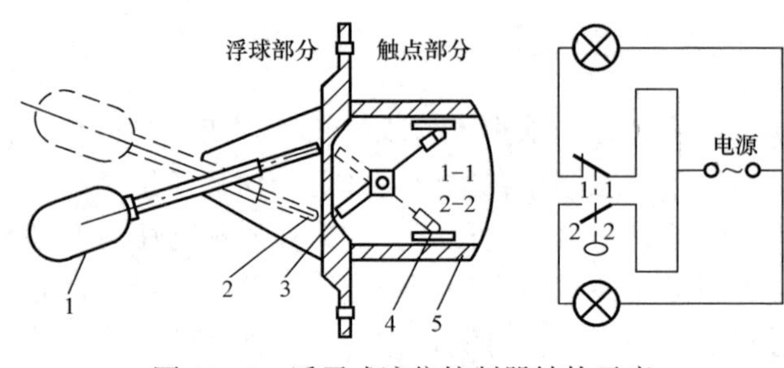

图 10-6 浮子式液位控制器结构示意

1—浮球；2、3—相同磁极磁钢；4—动触点；5—外壳

图 10-6 所示为浮子式液位控制器结构示意，它由互为隔离的浮球和触点两大部分组成。当被测液位升高或降低时，浮球 1 随之升降，使其端部的磁钢 2 上下摆动，通过磁力作用，推斥安装在外壳 5 内相同磁极的磁钢 3 上下摆动，使其另一端的动触点 4 在静触点 1—1 及 2—2 间接通或断开。

高温高压容器内的液位通常采用平衡容器输出的差压信号，配合差压开关而输出液位开关量信号。

五、温度开关

温度测量范围不同时，选用温度开关的结构形式也不同。如测温范围为 0～100℃时，一般选用固体膨胀式温度开关；测温范围为 100～250℃时，通常选用气体膨胀式温度开关；而当测温范围在 250℃以上时，一般都采用热电阻甚至热电偶温度计，通过桥路转换或温度变送器转换成模拟量电信号，再通过电量转换电路转换成开关量信号。

固体膨胀式温度开关的工作原理是：利用不同固体受热后长度变化的差别而产生位移，从而使触点动作，输出温度开关信号。例如有一种温度开关的感受件是双金属片，如将黄铜片压在铟钢片上，构成双金属片，当温度升高时，由于黄铜的伸长较铟钢大，双金属片的自由端将向下移动而使触点接通，发出温度高的开关信号。双金属温度控制器结构示意如图 10-7 所示。

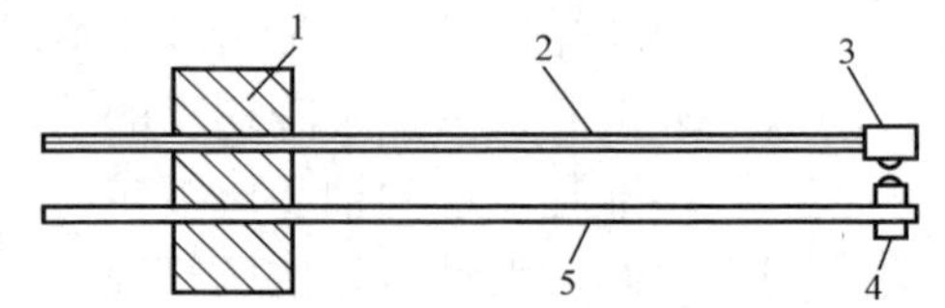

图 10-7 双金属温度控制器结构示意

1—绝缘子；2—双金属片；3—触点；4—调节螺钉；5—基片

气体膨胀式温度开关是基于查理气体定律设计的，即气体定容时，其绝对压力随气体热力学温度的升高而增大。气体膨胀式温度开关由温包和压力开关两部分组成。温包内通常充以氮气，因为氮气的化学稳定性好、黏性小、比热容低且容易获得。温包通过密封的毛细管将压力传到压力开关的测量元件中。当被测温度变化时，温包内充气的压力相应变化。压力开关按照温包内充气压力的变化而送出开关量信号。

六、行程开关

行程开关也称限位开关。它装在预定的位置上，靠物体接触时的碰撞压力使触点动作，引起电路的通断，其原理与按钮相似。

行程开关是一种主令电器，用来将机械信号转换为电信号，以控制运动部件的行程。

常用的行程开关有滚动式和直动式两种，图 10-8 所示为滚动式行程开关结构图。当运动部件上的挡铁压到行程开关的滚轮 1 上时，传动杠杆 2 连同转轴 3、凸轮 4 一起转动，并推动撞块 5。当撞压到一定位置时，调节螺钉 6 使微动开关 7 的触点动作，运动部件停止运行或反转。当滚轮离开挡铁后，复位弹簧使行程开关各部分复位。

在某些电气控制系统中，还经常采用一种微动开关式行程开关，其结构如图 10-9 所示。

这种行程开关由于簧片具有杠杆放大作用，推杆 1 只需有较小的压力便可使触点 3、4 快速动作，故又称微动开关。开关的快速动作是靠弯形片状弹簧 2 中储存的能量得到的；开关的复位由复位弹簧 5 来完成。

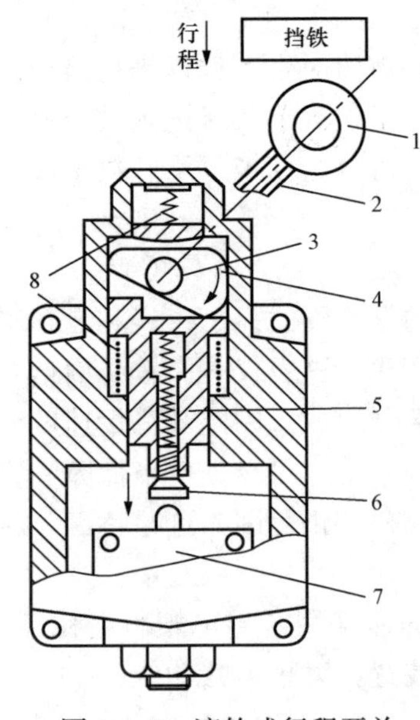

图 10-8　滚轮式行程开关

1—滚轮；2—杠杆；3—转轴；4—凸轮；5—撞块；6—调节螺钉；7—微动开关；8—复位弹簧

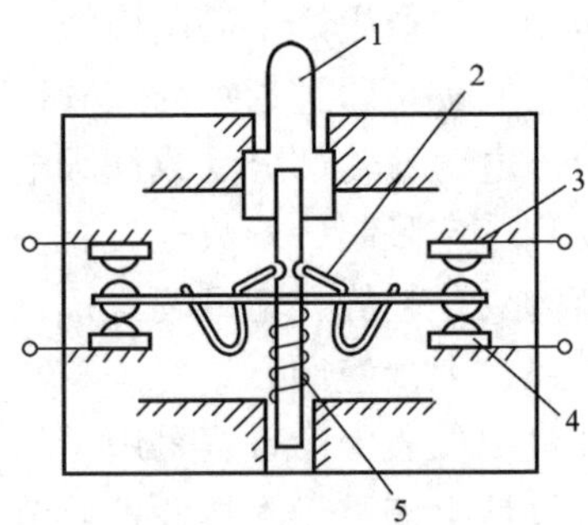

图 10-9　LXW2-11 型微动开关

1—推杆；2—弯形片状弹簧；3—常开触点；4—常闭触点；5—复位弹簧

此外，还有非接触式的行程开关，也称为接近开关，如光电式、高频电感式和超声波式接近开关等。

思考题与习题

1. 什么是动作值与复原值？
2. 什么是切换差和设定值？
3. 常用的开关量仪表有哪些？
4. 压力开关的工作原理是什么？
5. 流量开关主要有哪些类型？
6. 液位开关主要有哪些类型？
7. 温度开关主要有哪些类型？

第三篇 热 工 显 示 仪 表

第十一章 热 工 显 示 仪 表

在工业生产中，不仅需要用各种传感器、变送器把被测量转变为相应的信号，而且还要把这些信号加以显示或记录，以便运行人员能根据这些数值对生产过程进行监控。对各种参数进行指示、记录或累积的仪表称为显示仪表。有些显示仪表还具有记录或报警功能。

显示仪表的分类方法很多，根据显示方式的不同，可分为模拟显示、数字显示和屏幕显示仪表。

一、模拟显示仪表

早期的工业生产中采用模拟式显示仪表，最常用的是动圈式显示仪表和自动平衡式显示仪表，它们都是通过指针的连续位移指示被测参数的变化。这类仪表一般是由信号放大及转换部分、电磁偏转部分（或伺服电动机）和指示记录部分组成。因此其测量速度、测量准确度都受到一定限制，读数也具有多值性。其优点是结构简单、可靠、价格低廉，容易反映出测量值的变化趋势，记录装置记录的曲线便于观察和保存。正是因为这些特点，所以模拟仪表现在还在大量使用。

在模拟仪表中已普遍采用了集成运算放大器，有的还采用了导电塑料电位器等新元件。在仪表设计上侧重于附加各种调节、计算、程序控制装置，以扩大其功能。

二、数字显示仪表

在工业自动化中采用的另一类显示仪表是数字显示仪表。它与各种检测元件相连接，可以对温度、流量、液位、压力等参数进行测量，并以数字的形式显示出来。

这类仪表由于没有使用电-磁偏转机构或伺服电动机等机械结构，而是将被测信号转换成数字量进行显示，因此它的测量速度快、准确度高、读数直观、重现性好、便于和计算机连接。配上打印机，可打印记录；配上采样部件可组成巡回检测仪，对多点温度、压力、流量等巡回检测及报警。

数字显示仪表显示的是断续的数字量，而工业过程中的参数是随时间变化的模拟量，因此必须通过模-数转换器将模拟量转换成对应的数字量，然后通过数字转换器件显示出来。有时，还需要用数-模转换器将数字量转换成模拟量，便于进行模拟量控制或画出模拟曲线。

三、屏幕显示仪表

在工业控制系统中，随着被控设备的日趋大型化，需监控的参数日益增多，集中显示成为一个迫切需要解决的问题。计算机屏幕显示就是在计算机技术日益发展，集中显示问题亟待解决的形势下被引进到工业自动化系统中的。

显示器是计算机的重要外部设备之一。它可以直接显示数值及各种复杂的图形。此外，显示器还可和鼠标、键盘等构成人—机对话实时系统，可以对显示内容和控制系统直接干预，进行画面切换、参数设置、报警处理、控制方式变更、网络通信等操作。

第一节 动圈式显示仪表

动圈式显示仪表（简称动圈表）是一种磁电式直流电压（或电流）测量仪表，也称为磁电式毫伏计。各种热工参数，只要通过传感器或变送器转变为相应的直流电信号，都可以用动圈表显示出来。在动圈表内增加一些附加调节控制电路，还可以实现报警及简单的调节功能。

动圈式显示仪表按输入信号的不同分为 XC 和 DX 两大系列。XC 系列的输入信号是电压或电阻信号，它分为指示型（XCZ）和指示调节型（XCT）两类；DX 系列的输入信号是电流信号，它分为指示型（DXZ）和指示报警型（DXB）两类。

动圈表的型号由两节组成，各代号的意义见表 11 - 1。

表 11 - 1　　动圈式仪表的型号

<table>
<tr><th colspan="6">第一节</th><th colspan="6">第二节</th></tr>
<tr><th colspan="2">第一位</th><th colspan="2">第二位</th><th colspan="2">第三位</th><th colspan="2">第一位</th><th colspan="2">第二位</th><th colspan="2">第三位</th></tr>
<tr><th>代号</th><th>意义</th><th>代号</th><th>意义</th><th>代号</th><th>意义</th><th>代号</th><th>意义</th><th>代号</th><th>意义</th><th>代号</th><th>意义</th></tr>
<tr><td rowspan="5">X</td><td rowspan="5">显示仪表</td><td rowspan="3">C</td><td rowspan="3">动圈式磁电系</td><td rowspan="5">Z
T</td><td rowspan="5">指示仪
指示调节仪</td><td rowspan="5">1</td><td rowspan="5">单标尺</td><td rowspan="5">0
1
2</td><td rowspan="5">—
单限报警
双限报警</td><td>1</td><td>配接热电偶</td></tr>
<tr><td>2</td><td>配接热电阻</td></tr>
<tr><td>3</td><td>毫伏输入式</td></tr>
<tr><td rowspan="2">F</td><td rowspan="2">带放大器</td><td>4</td><td>电阻输入式</td></tr>
<tr><td>5</td><td>电流输入式</td></tr>
<tr><td rowspan="2">D</td><td rowspan="2">电动单元
组合仪表</td><td rowspan="2">X</td><td rowspan="2">显示单元</td><td>Z</td><td>指示仪</td><td>1</td><td>单标尺</td><td>1
2</td><td>单针
双针</td><td>0
0</td><td>—
—</td></tr>
<tr><td>B</td><td>指示报警仪</td><td>1</td><td>单标尺</td><td>1</td><td>单针</td><td>1
2
3</td><td>上限报警
下限报警
上、下限报警</td></tr>
</table>

一、动圈式显示仪表的工作原理

动圈表测量机构的核心是一个磁电式表头。表头由永久磁铁和软铁芯组成的磁路系统及用张丝支承而处于磁场气隙中的可动线圈（动圈）构成，如图 11 - 1 所示。磁路系统中的磁场呈均匀辐射状分布，处于气隙中的动圈由上、下张丝（张丝为具有弹性的铍青铜薄带）张紧，动圈的首尾线头分别与上、下张丝接通。

当输入电流 I 由张丝引入动圈时，处于气隙磁场中的线圈导线与磁场相互作用，产生电磁力 F，大小为

$$F = BnIL \tag{11 - 1}$$

式中 B——气隙中的磁感应强度；

n——动圈匝数；

I——通过动圈的电流；

L——动圈在磁场中的有效长度。

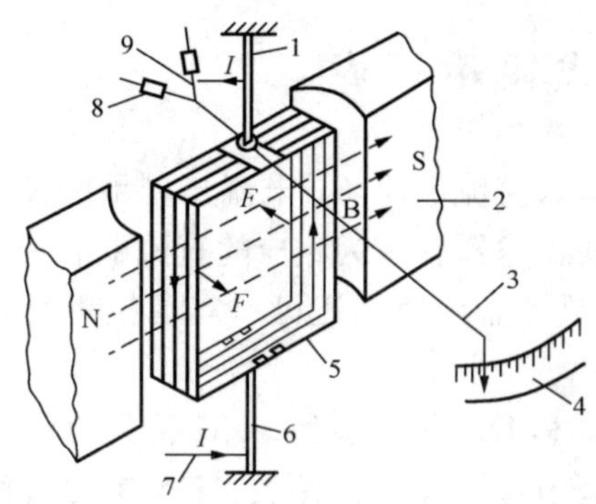

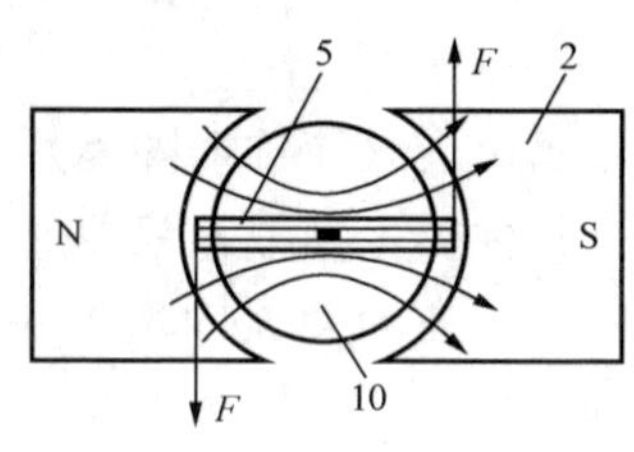

图 11-1　动圈式仪表的工作原理

1—上张丝；2—永久磁铁；3—指针；4—刻度盘；5—动圈；6—下张丝；
7—电流引线；8—平衡锤；9—平衡杆；10—软铁芯

电磁力 F 将使动圈绕轴线偏转，偏转力矩 M_D 为

$$M_D = F \cdot 2r = 2BnILr \tag{11-2}$$

式中　r——动圈旋转半径。

由于支承动圈的上、下张丝的另外两端是固定的，因此动圈偏转时将使上、下张丝产生扭转变形，从而使张丝产生一个抗扭的弹性力矩 M_n。在一定的扭转角度范围内，该弹性扭矩与扭转变形的角度（也就是动圈的偏转角度 α）成正比，即

$$M_n = K\alpha \tag{11-3}$$

式中　K—— 张丝的弹性系数。

动圈的电磁转矩 M_D 将使动圈偏转，而随着偏转角度 α 的增大，张丝产生的抗扭弹性力矩亦增大，且 M_n 与 M_D 的方向相反。当两者平衡时，动圈停止偏转，此时 $M_n = M_D$。由此可以求得动圈偏转角度与动圈电流的关系为

$$\alpha = \frac{2BnILr}{K} \tag{11-4}$$

当磁路系统及动圈结构一定时，B、n、L、r、K 都为常数，则动圈偏转角度 α 与通过动圈的电流 I 成正比，即

$$\alpha = CI \tag{11-5}$$

式中　C——常数，$C = \frac{2BnLr}{K}$。

仪表指针是固定在动圈上的，动圈偏转角即指针偏转角。因此，动圈式显示仪表就是利用磁场中载流线圈的电磁转矩与支承部分的弹性反力矩平衡时电流与偏转角成正比的关系来工作的仪表。

二、动圈式显示仪表的基本结构

动圈表的基本结构由表头机械部分，表头串、并联电阻，动圈温度补偿电阻等组成。表头机械部分包括转动系统、支承系统及磁路系统。

1. 转动系统

动圈表中能够转动的部分统称为转动系统，转动系统主要包括动圈和指针两大部分。

动圈是采用 0.08mm 的高强度漆包铜线绕成的无骨架的矩形线框，分 8 层，共绕 292

匝，内框尺寸为 19mm×20mm。动圈电阻 R_D 在 20℃时为 (80±5) Ω。

在动圈上装有一个很轻的铝制指针，它随动圈一起转动，以显示被测量的大小。指针尾部的燕尾为平衡杆，杆上装有平衡锤，移动平衡锤在平衡杆上的位置，可调节可动部分重心的位置，使之与转轴重心重合，以减小由于可动部分的不平衡而产生的误差。

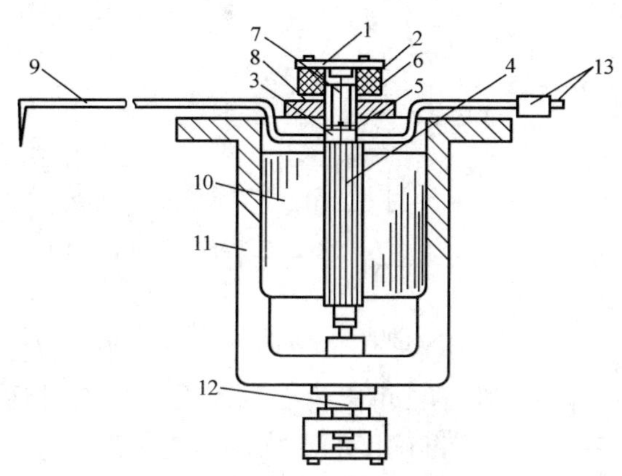

图 11-2 张丝支承结构

1—簧片；2—簧片座；3—轴座；4—动圈；5—销子；6—上限位器；7—张丝；8—簧架片；9—指针；10—铁芯；11—花篮架；12—下限位器；13—平衡锤、杆

2. 支承系统

动圈采用张丝支承结构，在动圈的上、下张丝座上各固定一根张丝，张丝的另一端通过簧片、簧片座等固定在非磁性的框架（统称花篮架）上，如图 11-2 所示。此外，为防止因振动等使动圈摆动过大而拉断张丝，在支承系统中还装有上、下限位器。

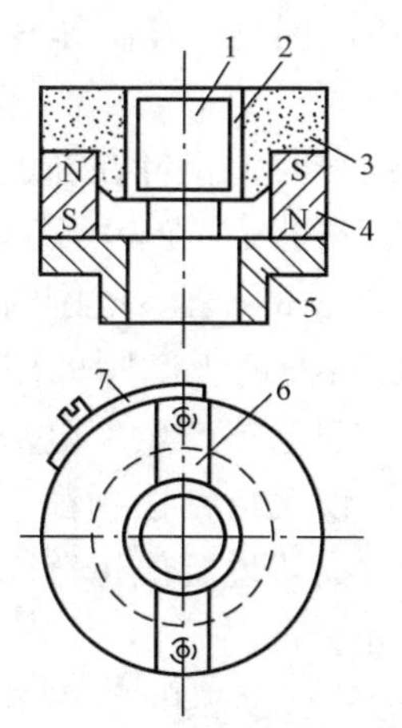

图 11-3 磁路系统示意

1—铁芯；2—空气隙；3—极靴铁；4—磁铁；5—接铁；6—压铸铝或铜；7—磁分路调节片

张丝是一根拉紧的薄金属带，靠张丝的张力将动圈拉紧。张丝除用于支承动圈和产生反力矩外，还起导入电流至动圈的作用。张丝支承具有无摩擦、灵敏度高、抗震性能好及寿命长等优点。

张丝的材料一般为锡锌青铜、磷青铜、铍青铜等，XC 系列动圈表常采用铍青铜张丝。张丝的抗扭弹性力矩除了与张丝材料及结构尺寸有关外，还与其张力有关，张力越大，弹性系数就越大，一般仪表的张丝张力可取 0.85～1.36N。

3. 磁路系统

磁路系统由两块弧形永久磁铁、接铁和极靴铁构成，中心形成一圆柱形空腔。空腔中部有一圆柱形软铁芯，它放置在花篮架中，从而使极靴铁与铁芯之间构成一环形气隙，如图 11-3 所示。磁路气隙中的磁感应强度约为 0.3T，气隙中的磁力线相对动圈旋转中心呈均匀辐射状分布，因而动圈通过电流时所产生的电磁转矩不随动圈转角而变，使得转角与电流成正比关系。

由于成批生产时空气隙中的磁感应强度差异较大，一般都设有磁分路调节片，用来调整空气隙中的磁感应强度，因而可用来微调仪表的量程和线性。

4. 基本测量电路

动圈表具有相同的基本测量电路，如图 11-4 所示。

(1) 量程电阻 R_S。动圈的偏转角度 α 与被测电动势的关系为

$$\alpha = CI = C\frac{E}{\sum R} = C\frac{E}{R_i + R_o} \tag{11-6}$$

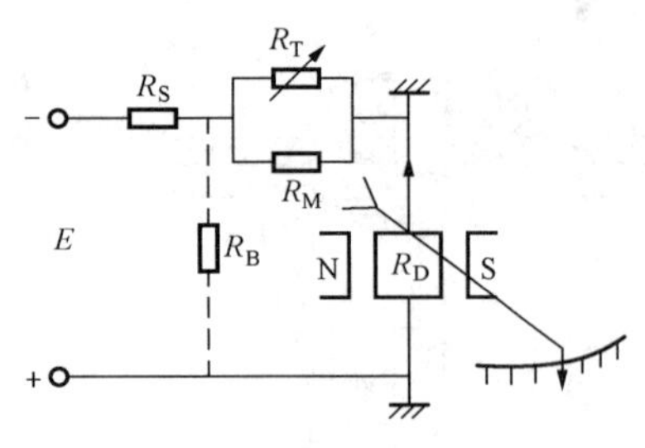

图 11-4 动圈表测量电路

式中 $\sum R$——测量电路总电阻；

R_i——动圈表内阻；

R_o——外电路总电阻。

由于 XC 系列动圈表具有相同的表头结构，其最大偏转角 α_{max}（$\alpha_{max}=52.2°$）及通过动圈的最大电流 I_{max}（$I_{max}=50\sim100\mu A$）均已确定，因此，当仪表用于不同量程测量时，可以在测量电路内串联不同阻值的锰铜电阻 R_S。R_S 称为量程电阻。

量程电阻不仅可以改变仪表量程，而且使仪表内阻增大，因而也减小了仪表外部电阻 R_o 变化对测量准确度的影响。一般 XC 系列动圈表的量程电阻为 200～1000Ω。

（2）动圈温度补偿电阻。动圈表的动圈是用铜线绕制的，因此线圈电阻 R_D 会随仪表使用环境温度的变化而变化，从而影响测量的准确度。而温度系数很小的锰铜丝电阻率大，用它绕制动圈将使仪表灵敏度下降，因而不宜采用。为了解决铜线动圈电阻随温度变化对测量准确度的影响，在测量线路中串入了 $R_T/\!/R_M$ 并联电阻。其中 R_T 为热敏电阻，其阻值随温度上升而呈指数关系下降。当它与一适当阻值的锰铜电阻 R_M 并联后，其并联电阻值在一定的温度范围（0～50℃）内随温度的变化，将与动圈电阻随温度的变化数值相近而且方向相反，使得总电阻 $R_D+R_T/\!/R_M$ 基本不受温度影响，起到了补偿作用。因此，R_T、R_M 称为动圈温度补偿电阻。

（3）阻尼电阻。动圈表头十分轻巧，转动惯量很小，所以加入信号时，指针在新的平衡位置要经过一段时间的左右晃摆之后才能稳定下来。通常把从向仪表加入一个相当于 50% 量程的阶跃信号时开始，至指针在新的平衡位置晃动量不超过标尺弧长的 ±1% 范围时为止的时间段称为阻尼时间，用来衡量仪表阻尼的大小。仪表的阻尼时间决定于动圈的阻尼力矩。动圈转动时要切割磁力线，从而产生反电动势，反电动势通过外部电路产生反电流，反电流与磁场作用就产生了阻止动圈旋转的阻尼力矩。阻尼力矩过小，仪表指针达到稳定的时间太长，对测量不利。特别是动圈指示调节仪表，还会因指针晃摆过头超过定值指针而产生错误的报警或调节动作。因此，规定 XC 系列动圈表的阻尼时间不超过 7s。

在动圈结构及磁场的磁感应强度确定之后，动圈的阻尼力矩就只与仪表的回路电阻有关。回路电阻越大，则阻尼电流就越小，阻尼力矩也越小；反之，回路电阻小，则阻尼力矩就增大。

动圈表设置了较大阻值的量程电阻后，必然使仪表阻尼减小，为了加大阻尼力矩，缩短阻尼时间，通常对输入信号大于 40mV 的仪表表头，均装有一个并联电阻 R_B，如图 11-4 中的虚线所示。R_B 阻值的选取，应以取得较好的阻尼特性为原则，一般使仪表的回路电阻保持在 450Ω 左右。

三、动圈表 XCZ-101 配热电偶的测量电路

动圈表 XCZ-101 是专门与热电偶配套的温度指示仪表，仪表标尺是根据热电偶分度表按温度值分度的，因此指针偏转角的大小就代表被测温度的数值。

配热电偶的测量电路如图 11-5 所示，热电偶的热端置于被测对象处，其冷端经补偿导线与冷端温度补偿器相连接，以实现热电偶冷端温度的自动补偿。冷端温度补偿器与仪表之间用普通铜导线连接。

当被测温度为 t，冷端温度为 t_0 时，热电偶所产生的热电动势为 $E_{AB}(t,\ t_0)$。该热电动势作为测量机构的输入信号，于是，流过动圈的电流为

$$I=\frac{E_{AB}(t,\ t_0)}{R_i+R_o} \tag{11-7}$$

式中　R_i——仪表的内阻，$R_i=R_D+\frac{R_TR_M}{R_T+R_M}+R_S$；

R_o——仪表的外接线路电阻。

外接线路电阻为热电偶和仪表端子之间的总阻值。由图 11-5 可看出，它包括热电偶电阻、补偿导线电阻、冷端温度补偿器等效电阻、铜导线电阻及调整电阻 R_W。

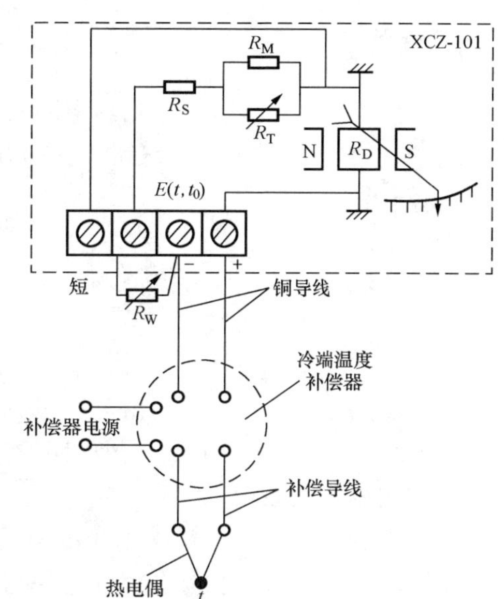

图 11-5　动圈表 XCZ-101 配热电偶的测量电路

根据动圈表的工作原理可知，其指针的偏转角与流过动圈的电流成正比。因此，偏转角可表示为

$$\alpha=CI=C\frac{E_{AB}(t,\ t_0)}{R_i+R_o} \tag{11-8}$$

由式（11-8）可看出，要使指针偏转角度只与被测电动势成正比，必须使总电阻为固定值，这样，仪表才能直接刻度成温度值。

量程电阻 R_S 用于改变动圈表的量程，一旦量程确定后 R_S 就是定值；动圈电阻 R_D 采取温度补偿措施后也是定值，即（$R_D+R_T\ /\!/\ R_M$）为定值；因此仪表的内阻 R_i 为定值。

当外电阻 R_o 也为定值且等于仪表刻度时所要求的数值时，仪表的示值才准确。一般规定 R_o 为 15Ω。为了使用方便，一般在仪表输入端装有一支可调的锰铜电阻 R_W，在仪表安装时，可通过调整该电阻值，使 R_W 与外电路电阻之和为 15Ω。

使用仪表时应注意以下几点：

（1）为了减小系统在工作状态下，外电阻变化对测量准确度的影响，调外电阻时，热电偶阻值应取工作温度下的电阻值，连接导线电阻应取常温下的电阻值，否则将产生测量误差。

（2）热电偶、补偿导线、冷端温度补偿器及仪表之间必须互相配套，正、负极性要接正确，否则会带来很大的误差。

（3）若冷端温度补偿器电桥平衡时温度为 20℃，则配接动圈表的机械零点应调至 20℃。

（4）仪表搬运时应将动圈（即图 11-5 中“+”端与“短”端）用导线短接，以产生阻尼作用，防止搬运时指针晃摆，碰坏指针。使用时再将短路线打开。

四、动圈表 XCZ-102 配热电阻的测量电路

动圈表作为热电阻的显示仪表时，必须附加一个“电阻—电压”转换电路，将热电阻值转化为相应的电压值才能送入表头显示。转换电路通常采用不平衡电桥。

1. 不平衡电桥的工作原理

不平衡电桥的工作原理如图 11-6 所示，桥臂电阻 R_1、R_2、R_3 为锰铜电阻，R_t 为热电阻，电桥电压 U_{ab} 由电源 E 供给。电桥输出电压 U_{cd} 接入动圈表头。

当热电阻处于刻度起始点温度 t_0 时，电阻值为 R_{t0}，这时电桥处于平衡状态，即

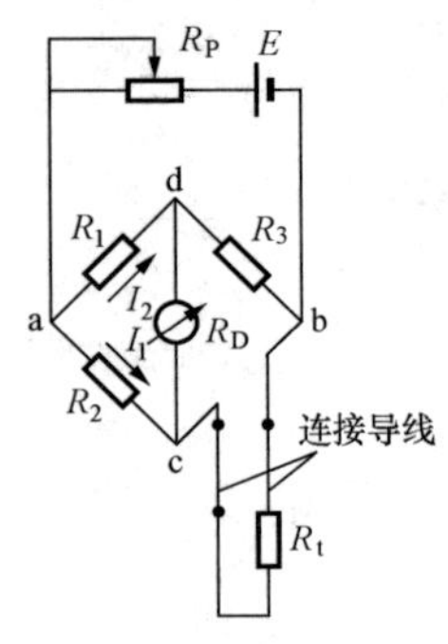

图 11-6　不平衡电桥原理电路

$$R_{t0}R_1=R_2R_3 \tag{11-9}$$

$$U_{cd}=0 \tag{11-10}$$

当热电阻所处温度上升时，$R_tR_1\neq R_2R_3$，电桥失去平衡，c、d 端有电压 U_{cd} 输出

$$\begin{aligned}U_{cd}&=I_1R_t-I_2R_3\\&=\frac{U_{ab}R_t}{R_2+R_t}-\frac{U_{ab}R_3}{R_1+R_3}\\&=U_{ab}\frac{R_tR_1-R_2R_3}{(R_2+R_t)(R_1+R_3)}\end{aligned} \tag{11-11}$$

由上式可知，当上桥电压 U_{ab} 恒定时，桥路输出不平衡电压 U_{cd} 与热电阻 R_t 呈单值函数关系，电压 U_{cd} 送入动圈表 R_D，即可指示出被测温度的数值。

2. 动圈表 XCZ-102 配热电阻的测量电路

动圈表 XCZ-102 是专门与热电阻配套的温度指示仪表，仪表标尺是根据热电阻分度表按温度值分度的，配热电阻的测量电路如图 11-7 所示。它由动圈表头基本电路、不平衡电桥电路及供给电桥的稳压电源三部分组成（图中虚线框部分）。热电阻 R_t 采用三线制接法接入仪表。

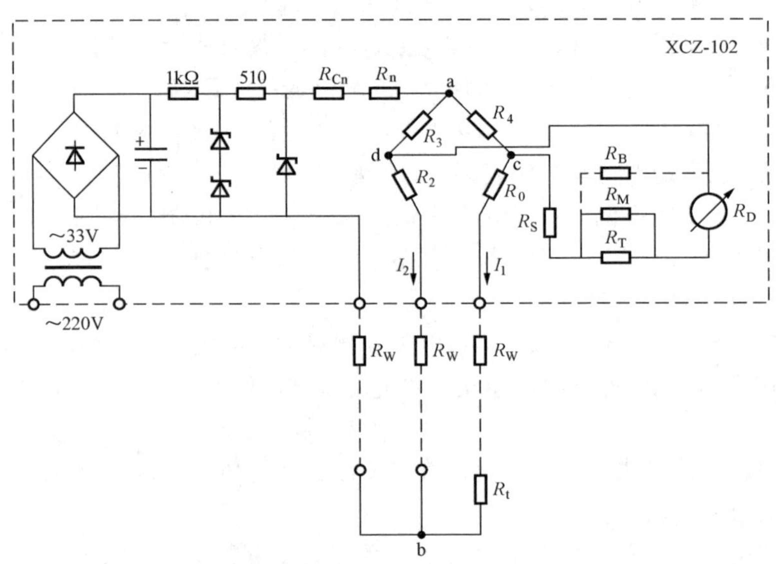

图 11-7　动圈表 XCZ-102 配热电阻的测量电路

220V 交流电源由电源端子接入仪表的电源变压器，经降压、桥式整流及电容滤波后，再经两级稳压管并联稳压，由 a、b 点供给电桥。铜电阻 R_{Cu} 用以补偿硅稳压管因环境温度变化引起的稳压值的变化，使上桥电压更为稳定。分压电阻 R_n（锰铜电阻）使上桥电压达到规定要求。一般上桥电压为 4V，电流约为 10mA。

不平衡电桥由锰铜电阻 R_0、R_2、R_3、R_4、R_W 及测温热电阻 R_t 组成，其中 $R_3=R_4$。热电阻 R_t 处于起始测量温度 t_0 时的电阻值为 R_{t0}，此时 $R_{t0}+R_0=R_2$，故热电阻温度为 t_0 时电桥平衡。为了避免因桥路电流过大，使热电阻 R_t 通电发热而产生测量误差，通常规定流过 R_t 的电流应不大于 6mA。

为了使仪表得到接近于线性的刻度，要求桥路输出电压 U_{cd} 与热电阻值 R_t 的变化呈线性关系，而且要求电桥的等效电阻及其变化应尽可能小。因此应对不平衡电桥各桥路电阻进行合理的选取。

3. 线路电阻的温度补偿

热电阻与动圈表的不平衡电桥之间是通过铜导线连接的，当环境温度变化时，线路电阻的变化必然使电桥输出产生变化，从而引起测量误差。为此热电阻 R_t 与动圈表之间一般采用三线制接法（见图 11-7），这样，就使热电阻的两根连接导线分别处于电桥的两个不同桥臂上。当环境温度变化引起线路电阻变化时，电桥两输出端 c、d 电位同时升高或降低，相互抵消，桥路输出电压 U_{cd} 基本不变，从而克服了两线制接法（见图 11-6）的缺点。计算表明，当环境温度由 0℃变化到 50℃时，对于两线制接法，由于线路电阻随温度变化引起的附加误差约 0.5%。采用三线制接法后，上述误差不超过 0.2%。

锰铜电阻 R_W 为线路调整电阻，其作用与配热电偶动圈表的 R_W 相同，调整 R_W 阻值使得由热电阻至动圈表入口，每段线路的总阻值均为 5Ω，从而使仪表使用条件与分度条件一致。调整 R_W 时，连接导线电阻应取常温下的阻值。

五、动圈表的校验

动圈表在使用过程中必须定期进行校验，校验方法是将被校仪表的温度示值换算成相应的毫伏值后与标准直流电位差计的示值相比较。校验用的毫伏信号由毫伏信号发生器供给，用电阻箱代替仪表的外接调整电阻。

校验前先将仪表放置水平，并调好仪表的机械零点。再缓慢增加仪表的输入毫伏信号，使仪表指针缓慢移至刻度上限，然后再缓慢地将输入毫伏信号调至零。观察仪表指针动作是否灵活，有无卡滞跳动现象，并检查回零是否良好。

校验时，按照仪表的标尺刻度选取不少于 5 个校验点，其中应包括刻度的起点和终点，并查出各校验点所对应的毫伏值。每个校验点都应作上、下行程校验，用毫伏信号发生器缓慢增加或减小仪表的输入毫伏，使指针慢慢地从上升或下降方向靠近校验点的刻度线，用标准直流电位差计测出各校验点的仪表输入毫伏值。根据校验记录计算出被校仪表各校验点上、下行程示值的基本误差和变差，并判断该被校仪表是否合格。

第二节 平衡式显示仪表

平衡式显示仪表是利用平衡法测量原理测量未知电信号的，它可分为手动平衡式和电子自动平衡式两大类。电子自动平衡式仪表主要由输入电路、测量桥路、放大器、可逆电机及指示机构组成，有的还附有记录、报警、调节等附属机构。仪表的组成框图如图 11-8 所示。

被测参数经传感器转化为电信号后，送入电子自动平衡式仪表。输入电路能够把输入的电信号转化为直流待测电压；测量桥路为待测电压与标准电压的比较机构；放大器为判定平衡机构；可逆电机则根据放大器判别情况改变测量电路中的标准电压；指示机构用来指示测量数值；记录机构则把被测参数记录下来。

平衡式显示仪表种类很多，本节重点介绍工业生产中常用的电子自动电位差计和电子自动平衡电桥。

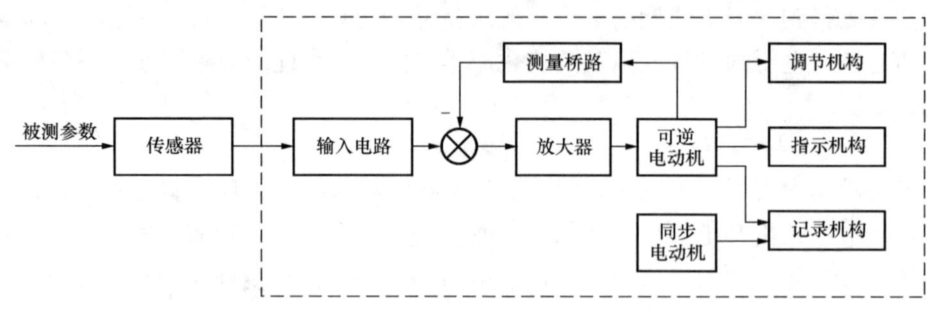

图 11 - 8 电子自动平衡式仪表组成框图

一、电子自动电位差计

电子自动电位差计的输入信号是直流电压或直流电流。当电子自动电位差计作为温度测量的显示仪表时，它可直接与热电偶配套使用，此时仪表刻度盘按相应热电偶分度表直接刻上温度数值。

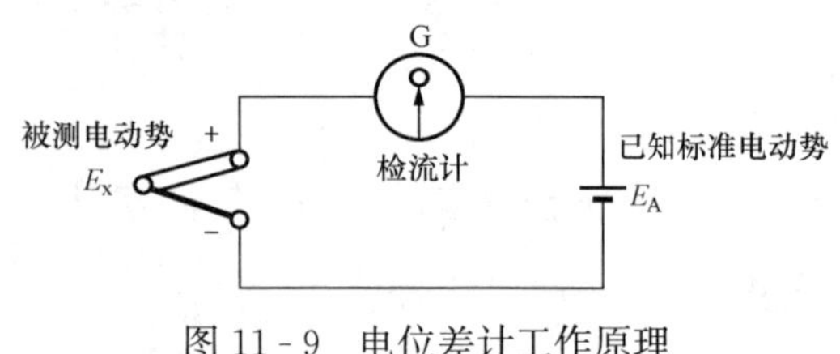

图 11 - 9 电位差计工作原理

1. 电位差计的工作原理

电位差计是根据电压平衡原理工作的，如图 11 - 9 所示，将被测电动势 E_x 与已知的标准电动势 E_A 反向串联，用检流计检测回路中有无电流，当检流计指零时，标准电动势与被测电动势达到平衡，此时被测电动势在数值上等于标准电动势。

2. 手动电位差计

由于被测电动势是可变的，这就要求标准电动势也要连续可调。为此就设计了直流分压电路，如图 11 - 10 所示。

工作电源 E、滑线电阻 R_P、R_S 及标准电阻 R_B 组成工作电流回路。工作电流 I 流过滑线电阻 R_P 时产生一定的电压降，因此由滑线电阻滑动触点 A 和固定点 B 之间可以取出电压 U_{AB}，即

$$U_{AB}=IR'_P \tag{11-12}$$

式中 R'_P——滑线电阻 R_P 中 A、B 段的电阻值，R'_P值与动触点 A 的位置呈线性关系。

如果电流 I 为一恒定的已知量，则 U_{AB} 值仅取决于 R'_P 值，也即与滑线电阻动触点 A 的位置呈线性关系。因此可以在 A 点的各相应位置上直接按式（11 - 12）刻出电压值。

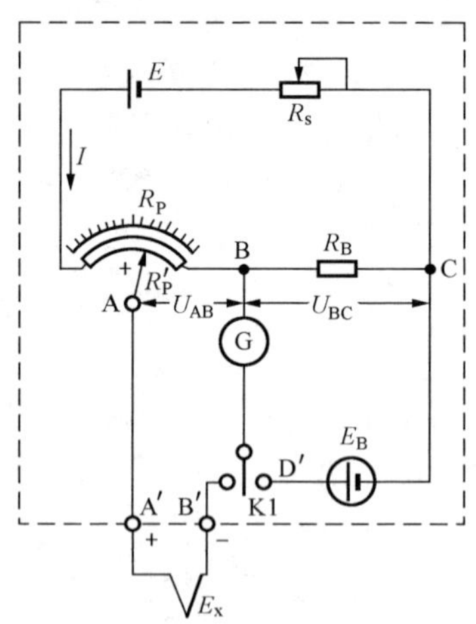

图 11 - 10 手动电位差计原理

被测电动势 E_x（图中以热电动势表示）按图 11 - 10 所示的“+”、“-”极性接入仪表输入端 A′、B′，将开关 K1 掷于 B′位置后，则在由 E_x、R'_P、检流计 G 所组成的测量回路中，电压 U_{AB} 与 E_x 是反向串接的，无论 $U_{AB}>E_x$ 还是 $U_{AB}<E_x$，回路中都将有电流流过，并使检流计指针偏转。根据检流计指针偏转的“+”、“-”方向，操作滑线电阻 R_P 使滑动触点 A 的位置向左或向右移动，改变 U_{AB} 值，使检流计指针回零，这时 $E_x=U_{AB}$。根据

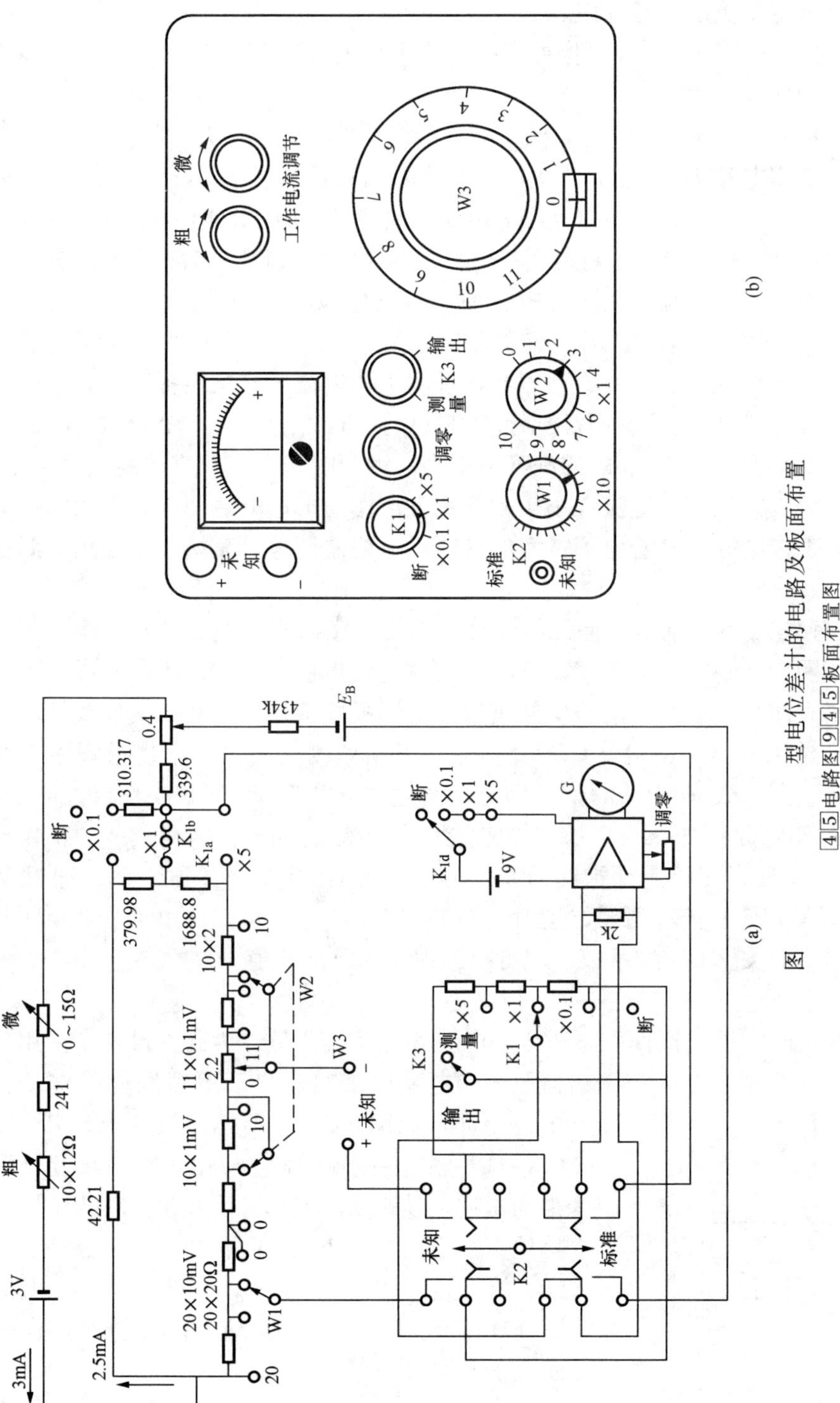

图 型电位差计的电路及板面布置

45电路图945板面布置图

滑臂 A 的停留位置就可以读出被测电动势的数值。

由于检流计是检测微小电流的高灵敏度仪表，故 U_{AB} 与被测电动势 E_x 的平衡精度很高，仪表测量的准确度主要决定于已知电压 U_{AB}，也就是工作电流 I 及滑线电阻 R_P 的准确度。随 I 及 R_P 值的准确度不同，一般电位差计的准确度等级可达 0.2～0.001 级，它是用于实验室直流电压测量的标准仪表。

由式（11-12）可知，只有工作电流 I 保持准确的定值时，U_{AB} 与 R'_P 刻度的对应关系才能得以保证。但由于工作电源 E 的电动势是随着电源的消耗而逐步减小的，因此在仪表中设置了工作电流 I 的标准化电路，以保证 I 值的恒定。电流标准化电路由标准电池 E_B、标准电阻 R_B、检流计 G 及开关 K1 组成（图 11-10 的右下部分），当开关 K1 掷向 D′侧时，工作电流 I 在标准电阻 R_B 上的电压降 $U_{BC}=IR_B$，它与标准电池电动势 E_B 是反向串联的。如果 $U_{BC}=E_B$，则标准化回路中电流为零，检流计 G 指零，工作电流 I 则保持为规定值 $I=E_B/R_B$。如果 $U_{AB}\neq E_B$，检流计指针将产生偏转，说明工作电流 I 已偏离标准值，这时可以通过调节滑线电阻 R_S，使工作电流 I 回复到标准值（由检流计是否指零来判断）。

由于标准电池 E_B 及标准电阻 R_B 的准确度都很高，因而工作电流 I 准确地保持恒定。

标准电池的价格很贵，且容许电流很小，故不宜直接作为工作电源使用。手动电位差计一般采用干电池作为工作电源。随着电子技术的发展，电位差计也可直接采用稳压电源作为工作电源。

实验室常用的 UJ-33a 型手动电位差计的电路及板面布置如图 11-11 所示。仪表量程分为三档，可测电压范围为 0.001～1050mV。该仪表在检流计前增设了前置放大器，因而提高了检差灵敏度。仪表使用时欲测电动势信号按板面所标极性接入“未知”两接线柱端，然后调整检流计上的机械调零器，使检流计指针指零。根据被测电动势大小将量程倍率开关 K1 置于相应档上，将开关 K3 置于“测量”档上，通过“调零”旋钮调好检流计的电气零点。测量前先将开关 K2 掷向“标准”一侧，根据检流计指针的偏转方向，调节“工作电流调节”“粗”、“微”电位器，使检流计指针回零。再将开关 K2 掷向“未知”侧，通过 W1、W2、W3 电位器的调整，使检流计指零，这时由 W1、W2、W3 上可读出电动势数值，将这些数值的和再乘以倍率开关 K1 所指系数，即可得到被测的电动势值。

3. 电子自动电位差计

手动电位差计测量时需手工操作，不适合生产现场的连续测量。为此，设计了采用放大器及可逆电动机来实现自动平衡操作的电子自动电位差计，如图 11-12 所示。被测电动势 E_x 与 U_{AB} 的不平衡差值信号送入放大器，通过放大后推动可逆电动机 M 旋转，可逆电动机带动传动机构使滑线电阻滑动触点 A 移动，以改变平衡电压 U_{AB} 值，直至平衡（即 $U_{AB}=E_x$）时，放大器输入、输出均为零，可逆电动机停止转动，仪表指示出被测电动势的数值。

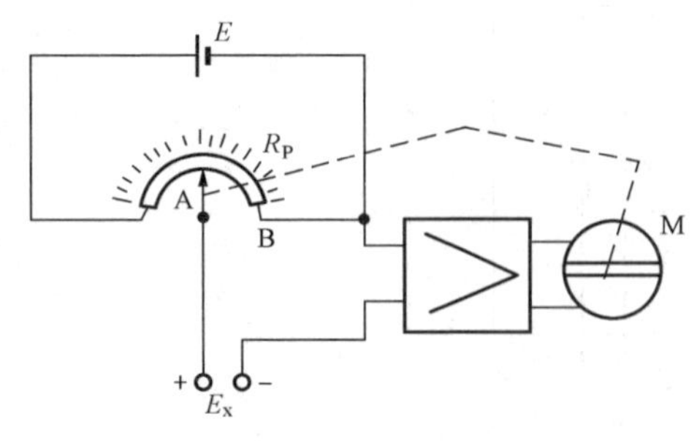

图 11-12　电子自动电位差计工作原理示意

电子自动电位差计的比较电压 U_{AB} 的产生电路与手动电位差计有所不同，它是由锰铜丝绕制的固定电阻 R_G、R_2、R_3、R_4 及滑线电阻 R_P 组成的桥式电路，如图 11-13 所示。

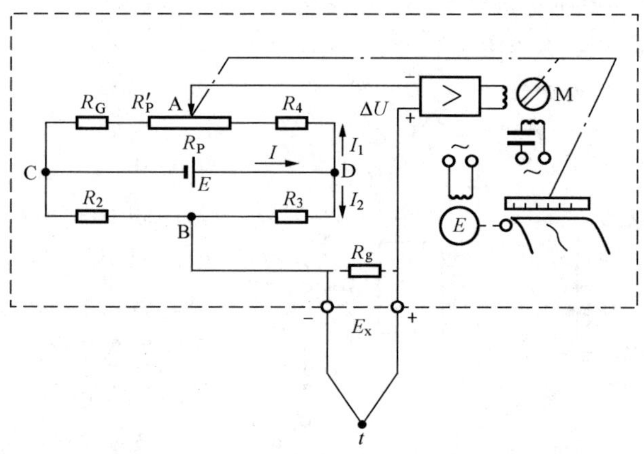

图 11-13　电子自动电位差计桥式测量电路的基本形式

电桥工作电流 I 由稳压电源 E 供给，输出的比较电压由滑线电阻滑动触点 A 及电桥另一臂的 B 点之间取出，其值为

$$\begin{aligned} U_{AB} &= U_A - U_B \\ &= U_{AC} - U_{BC} \\ &= I_1(R_G + R'_P) - I_2R_2 \end{aligned} \tag{11-13}$$

式中　U_A、U_B——A 点和 B 点的电位；

U_{AC}、U_{BC}——A、C 两点的电位差及 B、C 两点的电位差；

I_1、I_2——电桥上、下支路电流；

R'_P——滑线电阻 R_P 滑动触点 A 左段的电阻值。

由于电桥中各桥臂电阻以及上桥电源 E 都为恒定值，故 I_1、I_2 也为恒定值。因此，电压 U_{AB} 只与 R'_P值即滑动触点 A 的位置有关，当 A 点处在 R_P 的最左端时，输出的比较电压最小，即

$$U_{ABmin} = I_1R_G - I_2R_2 \tag{11-14}$$

当 A 点处在 R_P 最右端时，输出的比较电压最大，即

$$U_{ABmax} = I_1(R_G + R_P) - I_2R_2 \tag{11-15}$$

因此，仪表的测量范围为 U_{ABmin}～U_{ABmax}，仪表量程为

$$\Delta U_{AB} = U_{ABmax} - U_{ABmin} = I_1(R_G + R_P) - I_2R_2 - I_1R_G + I_2R_2 = I_1R_P \tag{11-16}$$

采用桥式测量电路有以下优点：

(1) 由 $U_{ABmin} = I_1R_G - I_2R_2$ 可知，适当选择 R_G 及 R_2 值，就可以使仪表测量的起始值 (U_{ABmin}) 为零、为正值或为负值，十分灵活。

一般总是通过改变 R_G 值来改变电压测量起始值，故 R_G 称为量程起始点调节电阻。

(2) 由于比较电压 $U_{AB} = U_{AC} - U_{BC}$，当工作电源 E 有微小波动时，引起的 I_1、I_2 变化方向相同，可以互相抵消，因此比较电压 U_{AB} 受电源 E 的影响小，所以电子电位差计可采用稳压电源供电。

(3) 如果仪表配热电偶测量温度，还可利用测量桥路来实现热电偶冷端温度补偿，因而可省去专用的冷端温度补偿装置。

利用测量桥路实现热电偶冷端温度补偿的方法，是将桥路电阻 R_2 换成恰当阻值的铜电阻，并将热电偶冷端用补偿导线接至仪表输入端，R_2 也置于仪表输入端位置，使铜电阻 R_2 与冷端温度一致。因此当冷端温度变化，例如上升时，热电偶热电动势 E_x 虽然减小，但 R_2 值因温度上升而增大，使B点电位上升，比较电压 U_{AB} 相应减小。只要两者减小的数值相等，就可使仪表原平衡位置A点不变，即仪表指示保持不变，从而实现了冷端温度补偿要求。

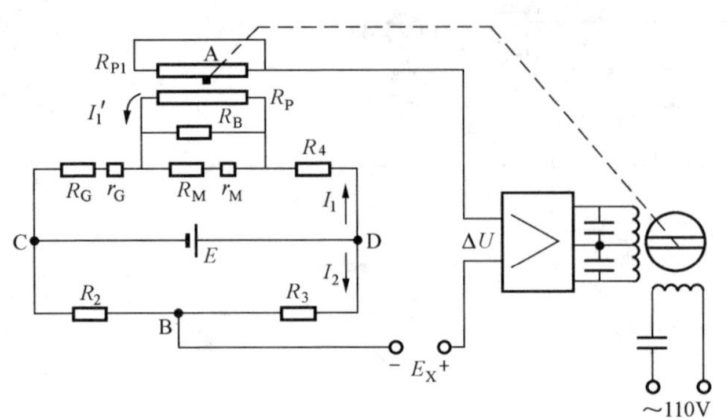

图 11-14 电子自动电位差计的实际测量桥路

为了使仪表的重要平衡元件 R_P 实现标准化、系列化生产，R_P 电阻的绕制规格及电阻值有统一的标准。因此，对于量程不同的仪表，可以通过在 R_P 侧并联电阻 R_M 来实现量程的调整，这时仪表量程为

$$\Delta U_{AB}=I_1'R_P=I_1(R_P//R_M) \tag{11-17}$$

式中 I_1'——上支路电流 I_1 在滑线电阻 R_P 上的分流部分。

并联电阻 R_M 越小，通过 R_P 的分流量就越小，则仪表量程也越小。

电子自动电位差计的实际测量桥路如图 11-14 所示。

在图 11-14 中：

R_G——起始电阻，一般分 R_G 和 r_G 两部分绕制，r_G 用来微调测量的起始点；

R_M——量程电阻，也分 R_M 和 r_M 两部分绕制，r_M 用来微调量程的上限；

R_P——滑线电阻，它是测量系统中一个很重要的部件，通常有 90Ω 和 300Ω 两种阻值规格；

R_B——工艺电阻，由于工艺上的原因，R_P 电阻在保证绕制尺寸规格前提下，阻值规格较难保证，故配一适当电阻 R_B 与 R_P 并联，使 R_B 和 R_P 并联的电阻值等于 90±0.1Ω（或 300±0.5Ω）的阻值要求，以解决 R_P 阻值工艺分散性问题，有利于成批生产；

R_4——上支路限流电阻，在确定了 R_G、R_M 之后，通过选配 R_4 的阻值，使上支路电流 I_1 为定值，一般上支路电流 I_1=4mA（或 2mA）；

R_2——下支路电阻，若仪表配用热电偶，则采用铜电阻，以实现热电偶冷端温度补偿，此时 R_2 可称为冷端温度补偿电阻；

R_3——下支路限流电阻，R_2 选定后，通过选配 R_3 的阻值，使下支路电流 I_2 为定值，一般 I_2=2mA（或 1mA）；

E——桥路电源，通常为 1V 直流稳压电源。

为了保证电阻的温度稳定性，除 R_2 在仪表直接配热电偶测温情况下采用铜电阻外，各电阻均采用锰铜丝无感绕制。

除上述桥路电阻之外，还与滑线电阻 R_P 平行安装有一个结构与 R_P 相同的滑线电阻 R_{P1}，其作用主要是使滑动触点A（滚子）在结构上便于支承。此外，还可以抵消滑动点A

在 R_P 上运动摩擦发热而产生的附加热电动势，以免产生附加测量误差。

当仪表输入信号为直流毫安信号时，仪表输入端应并联一个标准电阻 R_g（图 11 - 13 中虚线所示），以将电流信号变换为毫伏信号。因此，电位差计除与热电偶配合测量温度外，还可与其他传感器或变送器配合测量并显示其他的参数。

二、电子自动平衡电桥

电子自动平衡电桥的输入信号为电阻，常与热电阻配用，作为电阻温度计的显示仪表。其他热工参数通过传感器转变为电阻信号后，也可采用电子自动平衡电桥作为显示仪表。电子平衡电桥与电子电位差计除了测量桥路外，其他部分几乎是相同的，这里只介绍测量桥路的工作原理。

1. 平衡电桥的测量原理

手动平衡电桥又称惠斯顿电桥，如图 11 - 15 所示。电桥由锰铜固定电阻 R_2、R_3、滑线电阻 R_P 以及欲测量的未知电阻 R_t 组成。E 为桥路电源，电桥输出端 a、b 接检流计 G。

该电桥的平衡条件为 $R_PR_2=R_tR_3$，当未知电阻 R_t 接入桥路后，可以根据检流计 G 的指针偏转方向，调节滑线电阻 R_P 的滑臂，使电桥达到平衡（G 的指针返零），于是可得

$$R_t=\frac{R_2}{R_3}R_P \tag{11-18}$$

由式（11 - 18）可知，被测电阻 R_t 与滑线电阻 R_P 呈线性关系。因此，可在 R_P 滑动臂的相应位置直接刻上对应的被测电阻 R_t 值，以便测量时直接读数。

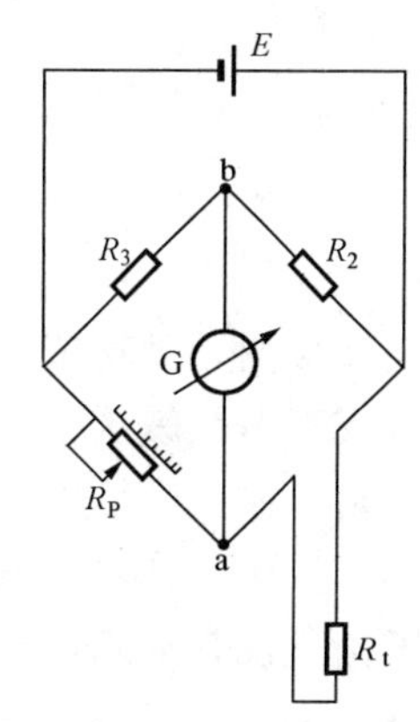

图 11 - 15 平衡电桥测电阻的原理

与电子自动电位差计一样，当用放大器代替检流计检差，用可逆电动机代替手工操作来调节滑线电阻 R_P，即构成了电子自动平衡电桥。

2. 电子自动平衡电桥的测量电路

电子自动平衡电桥原理电路如图 11 - 16 所示。热电阻 R_t 采用三线制接法，直接接入测量桥路上支路内。三线制接法可以抵消热电阻与仪表之间连接导线线路电阻因环境温度变化而产生的附加测量误差。因为三线制连接时，连接导线分别处于电桥上、下支路，连接导线电阻的变化将使电桥 A、B 两点电位同时同方向变化而互相抵偿，在上、下支路电流相同时则可全部抵消。

电子自动平衡电桥测量电路中，上支路电阻 R_G 称为起始电阻，它用于改变仪表的刻度起始值。R_P 为滑线电阻，R_B 为工艺电阻，$R_B//R_P=90\Omega$（或 300Ω），R_P 的结构要求与电子自动电位差计中相同。R_4 为上支路限流电阻，R_2、R_3 为下支路电阻。上桥电源 E 可以采用直流（一般为 1V），也可采用交流（一般为 6.3V，50Hz）。采用直流桥路电源的称为直流电桥；采用交流桥路电源的则称为交流电桥。R_S 为限流电阻，用以调整上桥电流。R_W 为线路调整电阻，调整 R_W 使其与外接导线的总电阻均为仪表分度时的规定值（通常为 2.5Ω）。

电子自动平衡电桥与电子自动电位差计，除测量电路有差异外，其检差放大器、可逆电动机及传动记录指示等部分都基本相同。从测量电路来看，电子自动电位差计是由测量桥路产生一个不平衡电压 U_{AB} 与桥路外的未知电动势 E_x 相比较，仪表平衡结果是 $U_{AB}=E_x$，即

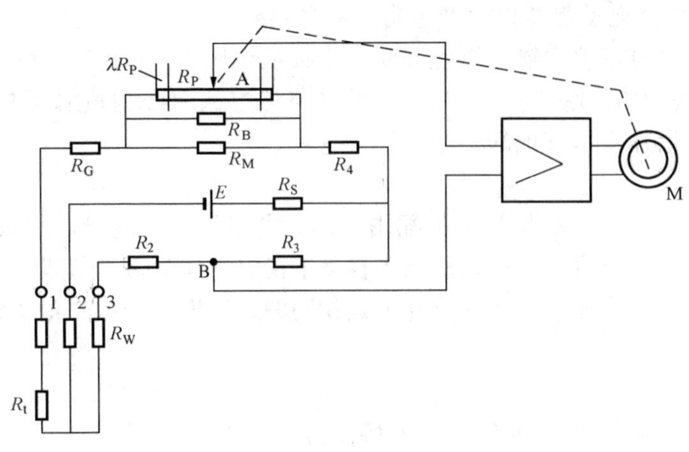

图 11-16 电子自动平衡电桥原理电路

$\Delta U = E_x - U_{AB} = 0$；电子自动平衡电桥是将未知电阻接入桥内作为一个桥臂，仪表平衡结果是桥路输出 $U_{AB}=0$。另外在图 11-16 中，电子自动平衡电桥量程上、下限值所对应的滑线电阻 R_P 滑动触点 A 的停留位置与电子自动电位差计中恰好相反，即量程下限时，滑动触点 A 的停留位置在 R_P 的最右端。

电子自动平衡式显示仪表由于采用平衡法测量，基本上不消耗被测元件功率，对被测信号影响小，测量准确度高；由于采用电子放大器作为检差装置，仪表不灵敏区小；由于平衡时，检测元件基本上无电流输出，故对仪表外接电阻的要求不严格。在火电厂中，电子自动平衡式显示仪表一般用于较重要的温度参数的显示与记录。成分、流量等参数，通过变送器转变为直流电压、直流电流或电阻信号后，也可采用电子自动平衡式仪表显示。

第三节 数 字 显 示 仪 表

直接用数字显示被测量值的仪表称为数字显示仪表。实现数字显示的基本过程是将连续变化的被测物理量（模拟量）通过 A/D 转换器先转换为与其成比例的断续变化的数字量，然后再进行数字编码、传输、存储、显示或打印。一般来说，电量，特别是直流电压和频率，易于实现数字化。因此，在实际测量中总是将各种被测热工参数先通过传感器（或变送器）转换为电量信号，然后再送入数字显示仪表。

一、数字显示仪表的组成

实现数字显示的关键是把连续变化的模拟量变换成数字量，完成这一功能的装置称为模数（A/D）转换装置，因此，数字显示仪表中应有 A/D 转换部件。有的仪表还有将数字量变为模拟量（D/A）的转换装置。

在生产过程中，大多数传感器的输入参数和输出电信号之间呈非线性关系，这在模拟显示仪表中可以采用非线性刻度和不同量程标尺的方法来解决，而在数字显示仪表中，不可能用非线性刻度的方法，因为二/十进制数码是通过等量化取得的，是线性递增或递减的，所以要消除非线性误差，必须在仪表中加入线性化补偿装置。

为了将数字仪表的显示值和被测原始物理量统一起来，即转换成数字显示仪表能直接显示的工程值，还需将测量值乘以某常数，即进行标度变换。

由此可知，数字显示仪表一般应包括 A/D 转换、非线性补偿和标度变换三大部分。三者之间相互结合可组成适用于各种不同场合的数字显示仪表，如图 11-17 所示。

图 11-17（a）方案是把模拟信号线性化，其优点是可直接输出线性化了的模拟信号；

图 11-17（b）方案是利用非线性的模数转换装置，使模数转换及非线性补偿在同一部件内完成，因而结构简单，准确度较高，缺点是只适用于特定的非线性补偿，且被测参数范围较窄，因此多用在固定面板型仪表中；图 11-17（c）方案是使用数字式非线性补偿及标度变换装置，它可以组成多种变换方案，适用面广，准确度较高，但结构复杂，主要用于直接数字控制系统及计算机设定系统等较大规模的控制及测量系统中。

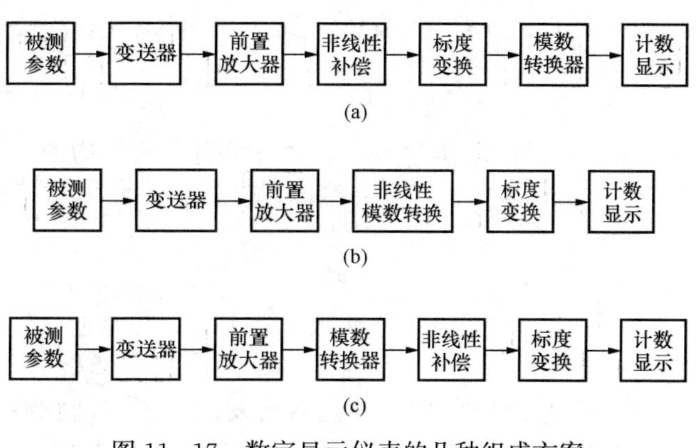

图 11-17 数字显示仪表的几种组成方案

（a）模拟非线性补偿方案；（b）非线性 A/D 变换补偿方案；（c）数字式非线性补偿方案

二、前置放大器

被测参数经变送器变换后的信号一般只有毫伏数量级，而模/数转换器一般要求输入电压为伏级，所以必须采用放大器。

由于前置放大器的性能直接影响整机的质量指标，因此用于数字仪表中的放大器必须满足下列要求：①线性度好。一般要求非线性误差要小于全量程的 0.1%。②具有高精度和高稳定性的放大倍数。③有高输入阻抗和低输出阻抗。④抗干扰能力要强。⑤具有较快的反应速度和过载恢复时间。

三、模数转换

电模拟量的 A/D 转换器主要有双积分型（U-t 转换型）、电压频率转换型（U-f 转换型）、脉冲宽度调制型和逐次比较电压反馈编码型四种。

前三种属于间接法，电模拟量不是直接转换成数字量，而是首先转换成某一中间量，再把中间量转换成数字量。该中间量目前多数为时间间隔（U-t 型）或频率（U-f 型）两种。对这两种中间量再利用测定周期或频率的方法是很容易转换成数字量的。第四种转换器是把被测电压直接与基准电压进行比较，中间不需要转换成其他量，故属于直接型转换器。它具有测量准确度高、速度快、稳定性好等优点。但它的电路复杂，抗干扰性能差，要求采用的精密元件多，因而成本也高。在此只介绍双积分型模数转换器。

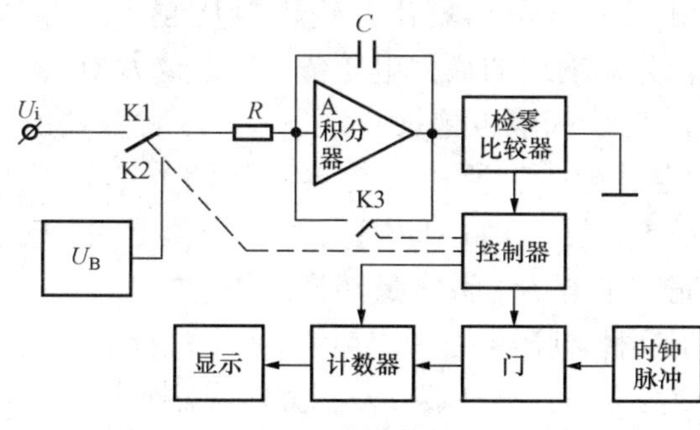

图 11-18 双积分模数转换原理框图

双积分型模数转换器是将输入模拟量（如电压）变换成与平均值成正比的时间间隔量，然后由脉冲发生器和计数器来测量此时间间隔量从而得到数字量。工作原理如图 11-18 所示。

工作过程分为采样积分时间与比较测量时间两个阶段。在采样积分时间内，开始时由控制器发出指令脉冲，使计数器置零，零信号使开关 K2、K3 断开，K1 闭合。输入电压 U_i 接到积分器输入端进行固定时间 t_1 的积分（预先规定 t_1 为 20ms 或 100ms）。积分器

从原始状态$U_o=0V$开始积分，经t_1时间积分后其输出电压U_o为

$$U_o=-\frac{1}{RC}\int_0^{t_1}U_i\mathrm{d}t=U_A$$

令$\overline{U}_i$为输入模拟电压U_i在t_1时间间隔内的平均值，即

$$\overline{U}_i=\frac{1}{t_1}\int_0^{t_1}U_i\mathrm{d}t$$

所以

$$U_A=-\frac{1}{RC}\overline{U}_i t_1 \tag{11-19}$$

当经历了t_1时间后，控制器再发出一个驱动脉冲，使K2闭合、K1断开、K3仍保持断开，这时计数器开始计数，进入比较测量时间阶段。

比较测量时间又称反向积分时间。由于K2闭合、K1断开，极性与输入模拟电压U_i相反的基准电压U_B接入积分器。积分器进行反向积分，输出电压U_o下降，积分器开始复原。当输出电压U_o过零时，检零比较器动作，推动控制器发出以下指令：①闭合K3，使积分电容C上的电荷为零，等待下一次积分再充电；②使K2开路，基准电压不再接入积分器，停止积分，同时使计数器不再计数，这时计数器显示数为N。在一段时间t_2内，是用基准电压U_B与积分电容C上已有电压U_A进行比较，所以

$$U_o=U_A-\frac{1}{RC}\int_{t_1}^{t_1+t_2}(-U_B)\mathrm{d}t=0$$

即

$$U_A+\frac{1}{RC}U_B t_2=0$$

解得

$$t_2=\frac{-U_A}{\frac{1}{RC}U_B} \tag{11-20}$$

把式（11-19）中的U_A值代入式（11-20）中，可得

$$\overline{U}_i=\frac{t_2}{t_1}U_B \tag{11-21}$$

由式（11-21）可知，比较测量时间间隔t_2与输入电压U_i在t_1时间间隔内的平均值$\overline{U}_i$成正比，也就是与计数器显示值N成正比。

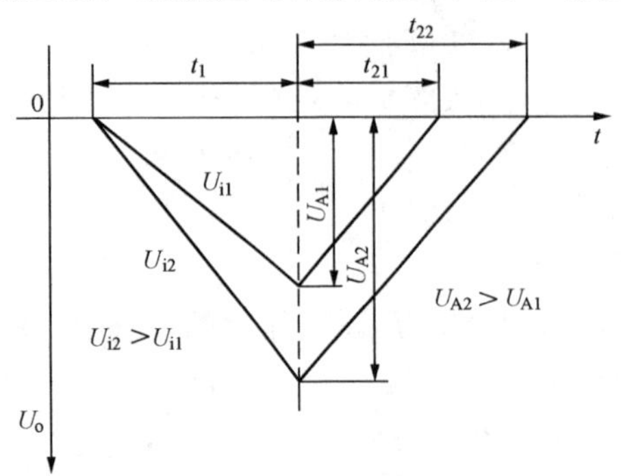

图11-19 积分器输出电压U_o波形

从图11-19可以看出，输入电压越大（$U_{i2}>U_{i1}$），积分器输出的最大电压值U_A也越大（$U_{A2}>U_{A1}$），t_2时间间隔也越长（$t_{22}>t_{21}$），计数器所计的数N也就越大。所以计数器所计的数N，就是输入电压U_i在t_1时间间隔内的平均值$\overline{U}_i$的数字值，即完成了电压—数字量转换。

由于这种转换器在一次转换过程中进行了两次积分，故称为双积分转换器。双积分转换器的特点是：

（1）输入模拟量平均值$\overline{U}_i$与R及C值无关，因而对电路元件参数要求不苛刻。

（2）从式（11-20）中可以看出，t_1 的稳定性保证了 t_2 的准确度，故要求时钟脉冲在一个转换时间（t_1+t_2）内保持相对稳定就行，而对时钟脉冲的长期稳定性无要求。

（3）从电路中可以看出，每次从采样积分时间 t_1 开始时，积分器输出电平与上次测量结束时的检零电平有关，即积分是从上一次检零器动作电平开始的。这样每次测量输入信号通过零值二次，因而检零器的长期漂移会在正反向二次积分中自动补偿掉。

（4）具有很强的抗工频干扰能力。双积分模数转换器是将被测信号在 t_1 时间内的平均值准确地转换成数字量，如果选取 t_1 为工频电源干扰的周期或其整倍数，则测量结果只与被测电压 U_1 有关，而工频电源干扰在积分中的积分值为零。所以这种转换原理具有很强的抗工频干扰能力。从理论上讲，它具有无穷大的抑制能力。即使工频干扰幅度大于被测直流信号，也仍能得到良好的抑制。由于市电频率为 50Hz，故采样的时间一般采用市电周期的整数倍，如 20、40ms 或 100ms 等。

（5）由于转换一次必须要有足够的时间（t_1+t_2），因而不宜用于快速测量采样系统。

四、电信号的标准化与标度变换

要测量和显示的物理量多种多样，因此显示仪表输入信号的类型和性质也是千差万别的。以测温为例，用热电偶作测温元件，其输出的是电压信号；用热电阻作测温元件，其输出的是电阻信号；采用温度变送器时，变送器输出的是电流信号。不仅信号的类别不同，而且电平高低也相差悬殊。有的高达伏级，有的低至微伏级。为了便于测量，需要将这些不同性质的信号或不同电平的信号统一起来，这个过程称为输入信号的规格化，或称为电信号的标准化。

这种规格化的统一输出信号可以是电压、电流或其他形式的信号。由于各种信号变换为电压信号比较方便，因此很多情况下是将各种不同信号变换为直流电压信号。国内采用的统一直流电压信号电平有 0～10mV，0～30mV，0～50mV 等。统一信号电平高低的选择应根据被显示信号参数的大小来确定。

当统一电平选定后，对于一般的数字电压表，电平经模数转换后就能以电压量的形式输出。而对于过程检测用的数字显示仪表，其输出往往要用被测量的量纲形式表示。这就是量纲还原问题，通常称为标度变换，实际上也就是比例尺的变更。

图 11-20 为一般数字仪表组成的框图，其刻度方程可以表示为 $y=S_1S_2S_3x=Sx$。式中 S 为数字仪表的总灵敏度或标度变换系数，S_1、S_2、S_3 分别为模拟部分、模数转换部分、数字部分的灵敏度或标度变换系数。

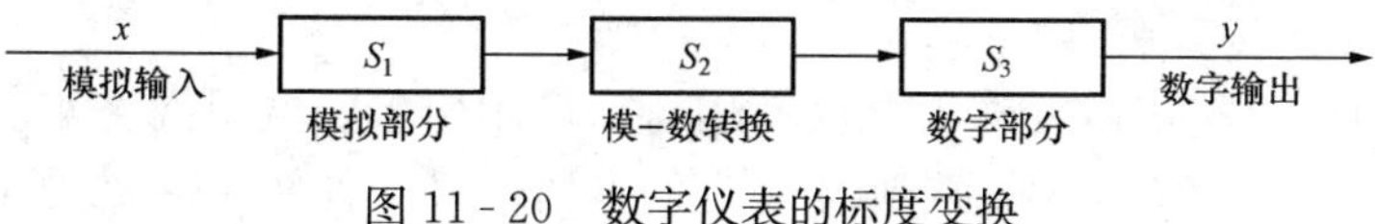

图 11-20 数字仪表的标度变换

标度变换可以通过改变 S 来实现，以使所显示数字值的单位与被测物理量的单位相一致。改变 S 可通过改变 S_1 或 S_3 来实现。前者称模拟量的标度变换，后者称数字量的标度变换。

（一）模拟量标度变换

1. 电势信号的标度变换

某一数字测温仪表配用镍铬—镍硅热电偶（分度号为 K），满度显示数字为 1023，此时放大器的输出为4V，而镍铬—镍硅热电偶1000℃时的电势值为41.276mV，即要求1023数字能代表温度值。标度变换是通过选取放大器的放大倍数来解决的。由

$$\frac{1000}{1023}=\frac{41.276K}{4000}$$

得$K=94.73$，即当前置放大器的放大倍数为94.73时，数字显示值与热电偶所测温度值一一对应，这样所显示的数字值可直接用温度单位来表示。以上计算中是把热电势和温度之间当作线性关系来处理的，因而准确度不高。

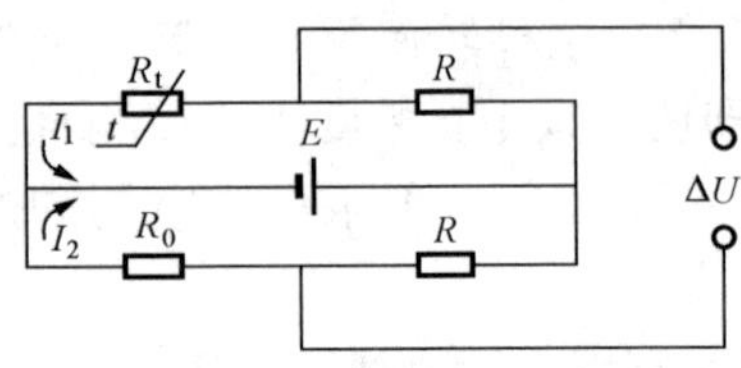

图11-21 电阻信号的标度变换

2. 电阻信号的标度变换

为了将热电阻的电阻变化转换为电压信号输出，通常采用不平衡电桥线路。按不平衡电桥的测温原理（见图11-21），有

$$\Delta U=\frac{E}{R+R_t}R_t-\frac{E}{R+R_0}R_0 \tag{11-22}$$

当被测温度处于下限时，$R_t=R_{t0}=R_0$，即桥路平衡，此时输出$\Delta U=0$，桥路设计时使$R\gg R_t$，故有

$$\frac{E}{R+R_t}\approx\frac{E}{R+R_0},\quad I_1=I_2=I$$

则

$$\Delta U=\frac{E}{R+R_t}(R_t-R_0)=I(R_t-R_0)=I\Delta R_t \tag{11-23}$$

上式说明可通过改变桥路参数来实现标度变换。

例如用Pt100型热电阻测温，所测温度0～100℃，电阻变化为38.50Ω，为了显示“100”的数字值，可这样进行设计。设数字表的分辨能力为100μV，即末位跳一个字需100μV的输入信号，因此在满度显示“100”时，就需要100μV×100=10mV的信号，即电阻变化38.50Ω时，应产生10mV的信号，于是可得

$$I=\frac{\Delta U}{\Delta R_t}=\frac{10}{38.50}=0.26(\text{mA})$$

I值可通过适当选取E或R来得到。当仪表分辨能力或显示位数改变时，桥路参数也要适当予以调整。

由于这种变换也是把热电阻和温度之间当作线性关系来处理的，因此准确度也不高。

3. 电流信号的标度变换

数显仪表与有标准输出的变送器配套使用时，可用简单的电阻网络实现标度变换，即将变送器送出的标准直流毫安信号，转换为规定的电压信号。如图11-22所示，从R_2上取出的电压作为数字仪表的输入信号。该方法对R_2的准确度要求较高，而且此电阻网络还需满足前、后所接部件的阻抗匹配要求。

（二）数字量标度变换

数字量标度变换是在模数转换完成之后，进入计数器计数前，通过系数运算来实现的。进行系数运算（即乘以某系数，扣除多余的脉冲数）可使被测物理量和显示数字值的单位得到统一。

系数运算的原理如图11-23所示。从“与”门真值表可知，当A、B都是高电位时，F输出才是高电位。这样，控制A、B端任一端的电位，就可以扣除进入计数器的脉冲数。图

11-23 所示为每 10 个脉冲扣除 2 个脉冲的情况，即相当于乘了一个 0.8 的系数。

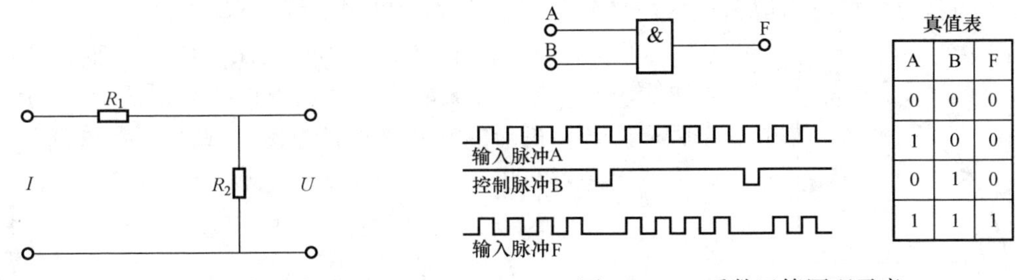

A	B	F
0	0	0
1	0	0
0	1	0
1	1	1

图 11-22　电流信号的标度变换　　图 11-23　系数运算原理示意

数字量的标度转换可采用集成数字电路来进行。例如采用三位标度变换装置，使总的设定范围在 0.001～0.999 之间，第一位设定系数为 0.1～0.9，第二位设定系数为 0.01～0.09，第三位设定系数为 0.001～0.009。这些标度值可预先设定在整定盘上。图 11-24 所示的三位标度运算由三个二/十进制系数乘法器（5G671）串联组成。如标度系数为 0.879，则第一位 D（最高位）、C、B、A（最低位）为 1000，第二位为 0111，第三位为 1001。送入一千个脉冲后，从第三位输出 879 个脉冲。上述为标度系数小于 1 的情况。若需标度系数大于 1，则可用乘 10 来实现。如 0.879×10＝8.79，即标度系数变为 8.79。在电路上将送入 C_P 的频率提高 10 倍即可。

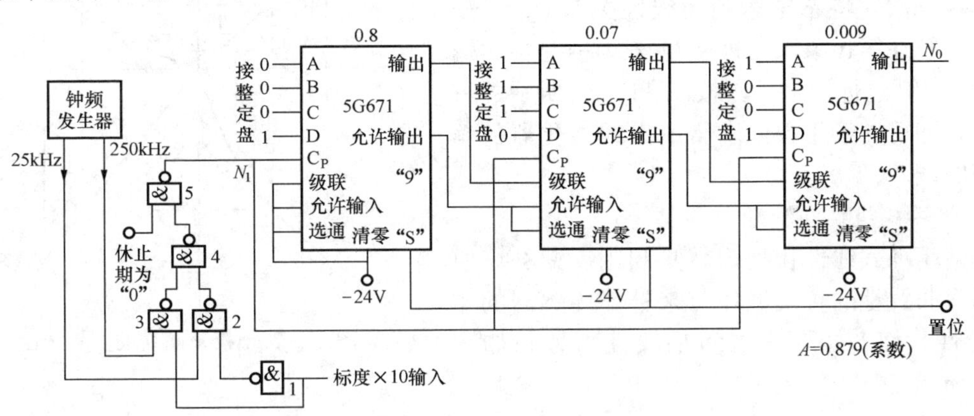

图 11-24　三位标度系数换算器原理

五、非线性输入特性的线性化

线性化处理有多种方式，在此仅介绍数显仪表中常采用的模拟线性化处理法及非线性 A/D 转换补偿法。

（一）模拟线性化处理

模拟线性化处理是在模拟信号转换为数字量之前进行的，它分为开环式和闭环式两类。

1. 开环式线性化处理

开环式线性化处理装置的原理框图如图 11-25 所示。传感器是非线性的，电压 U_1 和 x 之间存在非线性关系。放大器为线性的，但经放大后的 U_2 和 x 之间仍为非线性关系，因此需加入线性

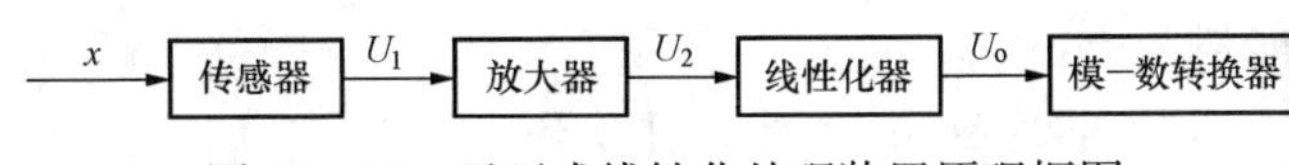

图 11-25　开环式线性化处理装置原理框图

化器。利用线性化器的非线性静态特性来补偿传感器的非线性特性，使模数转换之前的U_o与x之间具有线性的对应关系。线性化器的静态特性可用图解法求取。

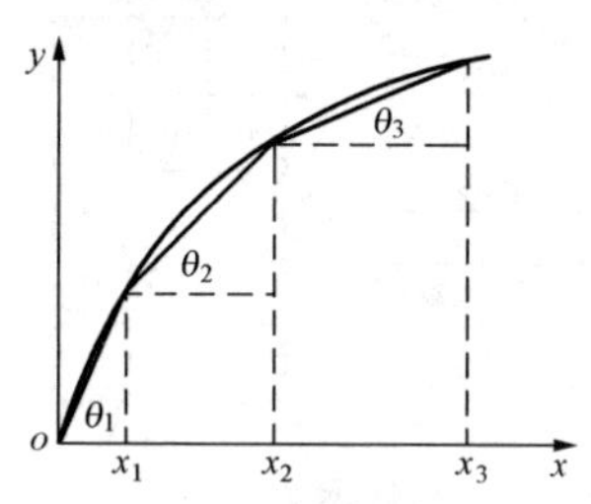

图 11-26 对非线性静态特性逼近的图解法

(1) 对非线性静态特性逼近的图解法。将非线性静态特性曲线$y=f(x)$分成数段，分别用折线来逼近原来的曲线，然后根据各转折点的斜率来设计电路，如图 11-26 所示。

于是可写出

$$y=K_1x_1+K_2(x_2-x_1)+K_3(x_3-x_2)+\cdots+K_n(x_n-x_{n-1}) \tag{11-24}$$

式中 K_1，…，K_n——各段折线斜率，$K_1=\tan\theta_1$，$K_2=\tan\theta_2$，…，$K_n=\tan\theta_n$。

采用这种方法，转折点越多，准确度越高。但转折点过多时电路也随之复杂，由此带来的误差也随之增加。

(2) 静态校正曲线的图解求法。线性化器中的静态校正曲线可用图解的方法求取，如图 11-27 所示。将传感器的非线性特性曲线$U_1=f_1(x)$绘在直角坐标的第Ⅰ象限，横坐标为被测量x，纵坐标为传感器的输出电压U_1。其次，将线性放大器特性曲线$U_2=kU_1$绘在第Ⅱ象限，放大器的输入量U_1为纵坐标，输出量U_2为横坐标。再次，将希望达到的线性关系$U_o=Sx$特性曲线绘在第Ⅳ象限，被测量x为横坐标，输出量U_o为纵坐标。最后，按图 11-27 所示的方法作图，即可在第Ⅲ象限求得所需线性化器的静态校正曲线$U_o=f(U_2)$。

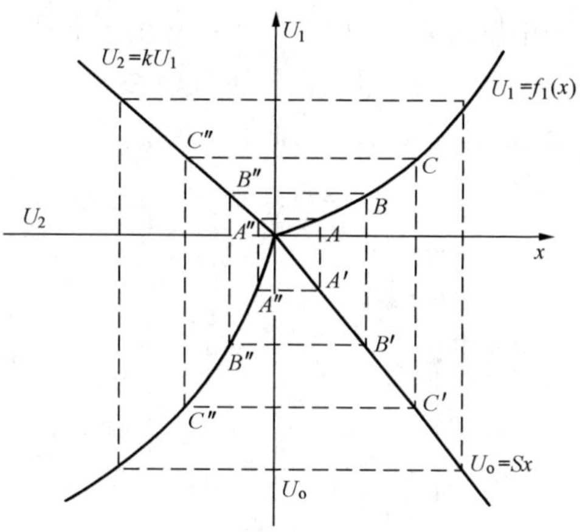

图 11-27 校正曲线的图解求法

2. 闭环式线性化处理

所谓闭环式线性化处理就是利用反馈补偿原理，引入非线性的负反馈环节来补偿传感器的非线性特性，使U_o和x之间呈线性特性，如图 11-28 所示。

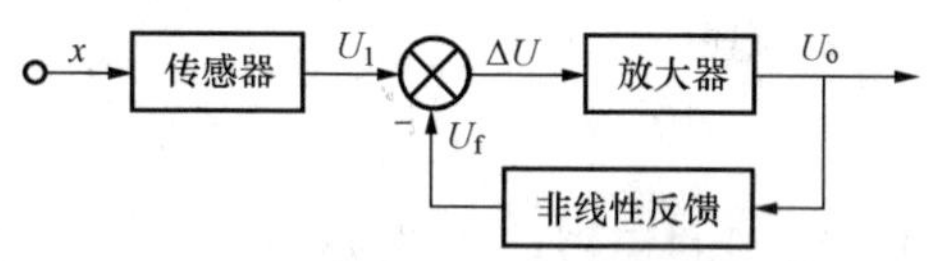

图 11-28 闭环式线性化处理装置原理框图

非线性反馈环节的静态特性可用图解法求取。如图 11-29 所示，首先，将传感器的非线性特性$U_1=f_1(x)$绘在第Ⅰ象限，横坐标为被测量x，纵坐标为传感器的输出U_1；其次，将希望得到的线性关系$U_o=Sx$特性曲线绘在第Ⅳ象限，x是横坐标，U_o是纵坐标。再者，由于主通道放大器的放大倍数K很大，可保证$U_1 \gg \Delta U$，因此$U_1 \approx U_f$，故可将U_1坐标轴兼作U_f的坐标轴，然后将x轴分为若干段，按图 11-29 所示方法作图，就可在第Ⅱ象限求出负反馈环节的非线性补偿特性曲线，其横坐标是U_o，纵坐标是U_f。必须指出，上述图解法的前提是放大器的放大倍数足够大，这样才能满足$U_1 \approx U_f$。

(二) 非线性 A/D 转换补偿法

这种方法是在模拟量变成数字量的过程中完成非线性补偿的。现以双积分 A/D 变换原理为例说明如何实现这一补偿。

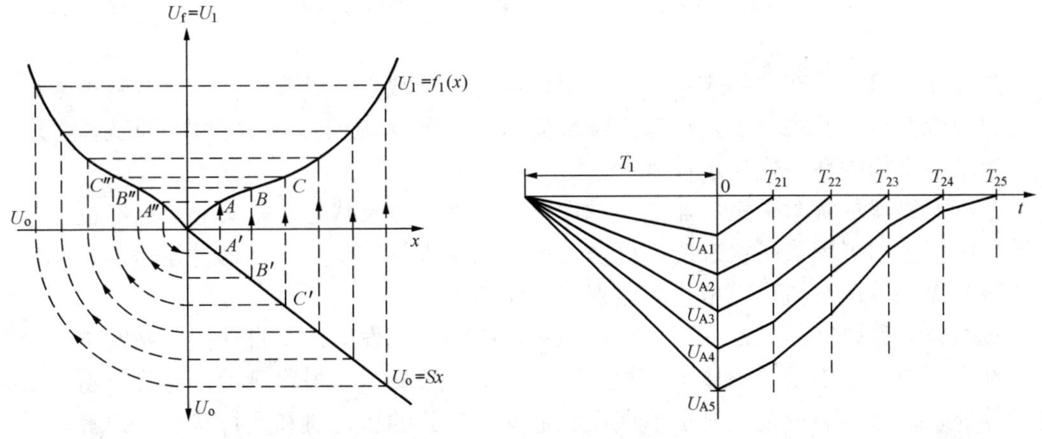

图 11-29 负反馈非线性补偿特性的图解求法

图 11-30 非线性双积分原理

双积分模数转换在数字仪表中应用较为普遍，只需附加适当的线路，就能在转换的同时兼有线性化功能。

双积分的反向积分时间，如果标准电压 U_B 的大小是分档改变的，积分器输出电压就会沿折线变化，折线的段数足够多时，可以认为积分器的输出电压沿曲线变化。图 11-30 中由 U_{A5} 反积分到零的过程，就是分成五段折线进行的。

如果标准电压 U_B 始终保持不变，在反积分期间，分档改变积分电阻的阻值，也可以达到同样的效果。

六、数字显示器

数字显示仪表要将测量和处理的结果直接用十进制数的形式显示出来，所以许多集成显示器都包含二一十进制译码电路，将 A/D 转换器输出的二进制数先转换成十进制数，再通过驱动电路使显示部分显示出十进制的测量结果。

数字显示器从原理上可分为发光二极管（LED）、液晶（LCD）和等离子显示器等。

数字显示器从尺寸上可分为小型、中型、大型和超大型四类。小型显示器用于电子手表一类的小型仪表中；中型显示器则用于常见的数字式仪表中；大型或超大型的数字显示器主要用于交通枢纽、文化场所等设施中。

若在 A/D 转换器之前加上采样系统，即可构成数字巡回测量仪表（简称巡测仪）。巡测仪能对多个热工测点进行巡回测量显示，实现一表多用。采样系统包括采样脉冲源、采样控制电路、采样开关、采样保持器、点序显示等组成，如图 11-31 所示。自动采样时，采样控制电路在采样脉冲的作用下控制采样开关的动作，使相应的被测信号进入前置放大器；同时由点序显示电路显示点序。手动选点采样时，手动点序号，采样控制电路接收点序号，控制采样开关，将被选参数送至 A/D 转换器。

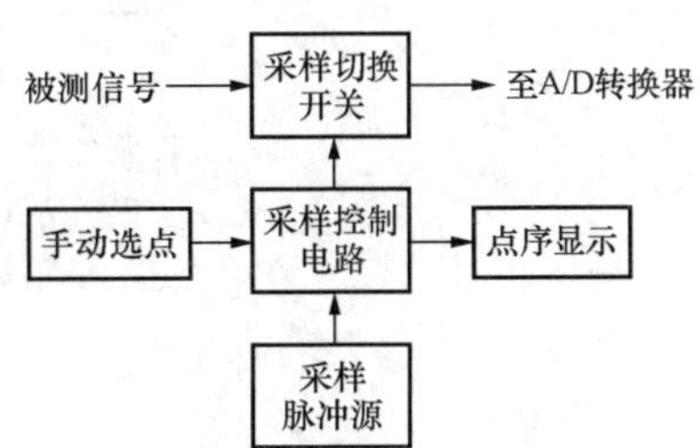

图 11-31 数字巡测仪的采样系统

第四节 屏幕显示仪表

随着计算机在生产中的应用，可利用计算机对反映生产工况的信号进行数据采集，对生产过程进行全工况监视。于是计算机屏幕显示逐渐取代了模拟显示和数字显示等盘装仪表，成为生产中常用的新一代显示仪表。

数据采集就是实时采集工业生产过程中的各种参数及状态。采集的数据经过计算机处理后转换成相应的工程量或状态值，可送入控制系统进行控制，也可通过显示器、打印机或报警装置等提供给运行值班人员作为监视和操作的依据。

数据采集系统（data acquisition system，DAS）是发电机组自动控制系统中一个重要的组成部分。数据采集系统的显示功能主要有系统参数显示、报警显示、趋势显示、历史数据显示等。系统参数显示是指显示单点或成组现场参数的运行值和运行状态；报警显示是当系统运行发生异常时通过报警一览显示、报警历史显示、按优先级报警显示、按系统报警显示等形式来实现；在趋势显示中，用横向（表示时间）、纵向（表示数值）组成的坐标轴在显示屏幕上用曲线的方式显示模拟量参数的变化，一般允许 8 条不同的颜色的曲线（代表 8 个现场参数）同时显示。历史数据显示也是进行趋势显示，即显示已经过去的某段指定时间内现场参数的变化过程。

一、数据采集系统的组成

数据采集系统由分散处理单元、数据高速通道、操作员站、工程师站等构成，如图 11 - 32 所示。

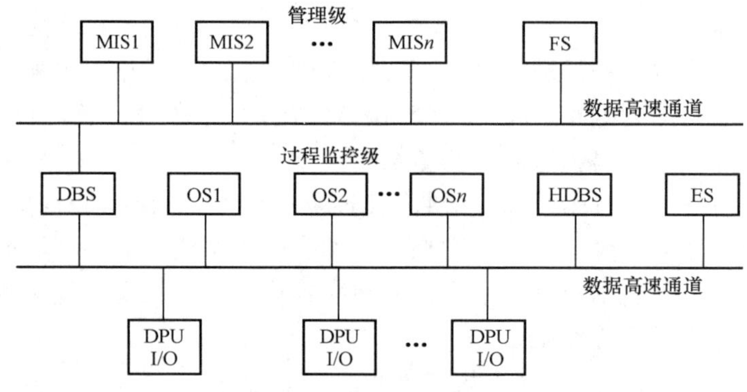

图 11 - 32 DAS 组成示意

FS—文件服务器（file server）；OS—操作员站（operator's station）；ES—工程师站（engineer's station）；HDBS—历史数据站（historical database station）；MIS—管理信息站（management information station）；DBS—数据存取服务器（database server）；DPU—分散处理单元（distribution processing unit）

分散处理单元具有数据采集和处理功能，可以通过过程通道从现场采集各种过程变量，并将采集到的数据先进行初步的数据处理，然后送到数据高速通道。

过程通道是一个在生产过程与数据采集系统之间进行信息交换和传输的电路。过程通道按信息的传输方向可分为输入通道和输出通道；按信息类型可分为模拟量通道、数字量通道和脉冲量通道。模拟量是指随时间连续变化的量，如温度、压力、电流、电压等，模拟量通常要按比例经过量化和编码转换成数字量才能输入计算机；开关量是指两个对立的稳定的物理状态，在逻辑上用“0”和“1”来表示，如开关的“断开”与“闭合”，信号的“有”与“无”等，开关量要经过电平转换和按计算机字长进行分组才能输入计算机；脉冲量是指随着时间的推移周期性重复出现短暂起伏的过程量，如转速传感器输出的代表转速的一定频率的脉冲信号等，计算机要对单位时间内的脉冲进行计数才能知道该数值的大小。一般情况下，过程通道包括模拟量输入（AI）通道、模拟量输出（AO）通道、数字量输入（DI）通道、数字量输出（DO）通道、脉冲量输入（PI）通道、脉冲量输出（PO）通道六种类型。

高速数据通道负责分散处理单元和上一级计算机之间的联络通信，是数据采集系统的神经中枢，也是数据采集系统向分布式发展的基础。

操作员站从高速数据通道上获取全部信息，经复杂的数字处理后经人机接口装置——显示屏、键盘（或鼠标等其他光电输入设备）、记录数据站、打印机等实现显示、打印、备份等功能，并建立数据库。

工程师站用于系统的组态和修改，也可作为操作员站的后备。

二、数据采集系统的功能

数据采集系统是机组启停、正常运行和事故处理工况下的主要监视手段，通过显示器和打印机等人机接口向操作员提供各种实时和历史数据及信息以指导运行操作。数据采集系统的主要功能包括：数据采集与处理、屏幕显示、打印记录、历史数据存储与检索、性能计算等。此外，针对火电厂的特点和要求还可实现设备的寿命管理、能量损耗分析和运行操作指导等高级处理功能。

1. 数据采集与处理

数据采集与处理是由计算机对发电机组的各种参数及设备状态按一定周期进行测量和检查，并采入计算机内进行处理，以保证采入参数的正确性和准确性。一旦发生参数越限或设备状态异常，则以适当的形式报警。经过采集和处理过的数据还可供性能计算、报警分析、机组自启停和控制等方面使用。

2. 屏幕显示

数据采集系统主要是利用显示器进行图形显示（如可显示模拟图、趋势图、棒状图、曲线图、成组图等）、参数显示（如一览表显示、选点显示等）以及人机会话内容的显示，每个显示器均可将全部过程变量的实时数据和运行设备的状态，以适合运行人员监视的方式显示出来，屏幕上显示的内容统称为画面。一套系统一般包含若干台显示器，可同时显示几个不同的画面。显示器屏幕显示已成为实现集中监视的重要工具和人机联系的主要手段，它可以采用多种生动明确的表现形式来显示生产过程中参数的变化和状态。

3. 打印记录

记录的打印输出是数据采集系统的基本功能之一，通过汉字打印可准确、及时地打印各种记录报表。用计算机制表打印代替手工抄表大大减轻了运行人员的劳动强度，并为生产过程的管理提供准确的文字资料，以使今后分析、研究和查证。

4. 历史数据存储与检索

历史数据是机组运行管理的重要依据，对历史数据进行存储是计算机数据采集系统的主要功能之一。存储历史数据的方式有本机存储、异机存储和分布存储等几种。

5. 性能计算

机组的在线性能计算功能是利用DCS数据共享的优势，再根据热力系统正、反平衡的方法计算出机组主辅设备的性能，并将结果用于显示、打印、存储、归档等。通过对单项设备乃至全厂效率的监视，为运行人员和管理人员提供操作和运行管理信息。借助于机组性能的连续监视，通过运行人员的调整，可使整个机组处于最佳运行工况，实现整个机组的经济运行。

机组性能计算的主要内容包括厂用电率、汽耗率、机组热耗率、锅炉效率、汽轮机效率、发电机效率、机组效率、锅炉给水泵效率、锅炉给水泵小汽轮机效率、凝汽器效率、高压加热器效率、空气预热器效率、汽轮机寿命管理等。

6. 事件顺序记录

机组运行中的事件顺序记录（SOE）功能是指利用事件顺序记录仪（SER），运行人员可以方便、迅速地确定事故发生的直接或间接原因，及时采取措施消除机组的故障或事故。SER可分为组件式和独立式两种形式。组件式必须依赖DCS运行，独立式则可脱离DCS单独运行。

SOE可按信号的重要程度，用不同的分辨率进行事件记录。对于主燃料跳闸（MFT）、锅炉跳闸、汽轮机跳闸、电气跳闸、控制电源丧失等一些直接导致机组故障停机的事件，不但需要完整地反映出事件发生前的所有可能的因素，还要完整地记录下事件发生后的操作情况，以便检验执行事故程序的正确性。

三、显示画面

电厂的所有显示画面都存储在每一个操作终端的本机磁盘存储器内，操作终端具有完整的人机接口功能。通过终端总线，操作终端能访问存储在所有的短期文档或长期文档内的数据，从而可以完成电厂中所有的操作和监视任务。

人机接口通过功能软件为全厂提供统一的全图形用户界面，具有先进的窗口平台显示方式，可以通过不同的显示方式来满足运行人员的监视要求。

1. 显示画面的结构

显示器屏幕（包括大屏幕）显示画面从总体上可以划分为两个区域：主要显示区域和屏幕边框（屏幕头标和屏幕脚注）。

（1）主要显示区域。主要显示区域位于显示器屏幕中央，是显示被监控设备运行工况的区域，其显示内容可根据操作人员的要求或运行设备的工况而变化，在主要显示区域内可以选择一种基本显示以及选择显示一个或若干个窗口。

（2）屏幕边框。屏幕边框由屏幕头标和屏幕脚注组成。屏幕边框的内容包括显示日期、时间和某些操作按键。按键用于选择或取消某项功能或启动某个操作，由代表操作功能的字母或符号组成。按键有两种状态，即可操作状态和不可操作状态。在屏幕顶部所看到的按键总是可操作的，登录后就可使用。屏幕脚注中的各键通常总是可见的，但并不总是可操作的。

2. 电厂显示

通过管道和测量图，电厂显示系统将电厂的情况全部或部分地显示出来。显示形式包括状态信息、数字、棒图、颜色等。

3. 过程显示

过程显示以曲线或条形图等形式将运行过程当前的或历史的状态显示出来。过程显示通常采用基本显示的形式。过程显示的分层组织与电厂显示类似。

4. 报警顺序显示

报警顺序显示按时间先后顺序列出了系统中出现的报警情况。最新出现的报警优先显示在报警画面的顶部或底部，每一个报警点可有 6 个不同的优先级，每个优先级用不同的颜色显示该点的标签来加以区分。操作员可根据以时间排序的报警显示来分析故障。

报警信息以表格的形式显示，主要内容包括点的标识号、用途描述、带工程单位的当前值、带工程单位的报警限值、报警状态（高、低）及报警发生的时间。

从热控技术的发展上看，计算机技术特别是微计算机技术和网络技术促进了电厂过程监控系统的发展，同时，电力系统的发展也使分散控制系统有着广阔的应用前景，而作为分散控制系统组成部分的数据采集系统也将得到更好的发展。

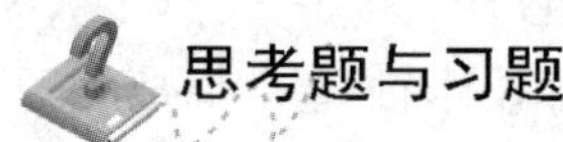

思考题与习题

1. 动圈式显示仪表的工作原理是什么？主要由哪几部分组成？
2. 电位差计的工作原理是什么？
3. 平衡电桥的工作原理是什么？
4. 数字显示仪表主要由哪几部分组成？各部分的作用分别是什么？
5. 什么是数据采集系统？
6. 数据采集系统主要由哪几部分组成？
7. 数据采集系统的功能主要有哪些？

第四篇　热工仪表的安装

本篇主要介绍热工检测系统图的识绘、热工仪表的安装原则及注意事项、盘内配线等知识。

第十二章　热工检测系统图

热工检测系统图，又称为 P&ID 图，是电厂热工人员必备的基本知识。生产中无论是对设备的检修维护还是对系统进行技术改造，都离不开热工检测系统图。本章主要介绍 P&ID 图的图形符号、字母代号、标注方法等识绘 P&ID 图的基础知识和基本技能。

第一节　基础知识

一、制图规定

热工过程检测控制系统图中，被测系统和设备应按有关工艺的简化系统和设备图形符号表示，并标注设备名称或代号，与检测和控制系统有关的部分应表达完全。热工检测和控制设备的图形符号应表示在热力系统的附近，仪表和设备用细实线圆圈表示，设备代号标注在圆圈中，示例如图 12 - 1 所示。

说明：

（1）系统图中的机械连线、仪表能源线、通用的不分类的信号线和仪表至热力设备或管道的连线均采用细实线。

（2）系统图中连接线（或导线）的连接点可用小圆点表示，也可不用小圆点表示，但在同一工程中宜采用一致的表达形式。

（3）当有必要区别仪表能源类别时，可按表 12 - 1 的规定将能源代号标注在相应的能源线上。能源代号为：AS—空气源；GS—气源；SS—蒸汽源；ES—电源；WS—水源。

（4）当有必要标明信息传递方向时，可在信号线上加箭头。

表 12 - 1　　信号线类别和图形符号

信号线类别	图形符号	备　注
电信号线	—E—E—E—	
气压线	—//——//—	当介质不是空气时，应在信号线上注明介质气体或气体代号
液压信号线	—L—L—L—	

续表

信号线类别	图形符号	备　　注
毛细管	—✕—✕—✕—	
电磁或声波信号	∽∽∽	电磁信号包括无线电波、核辐射、光和热等

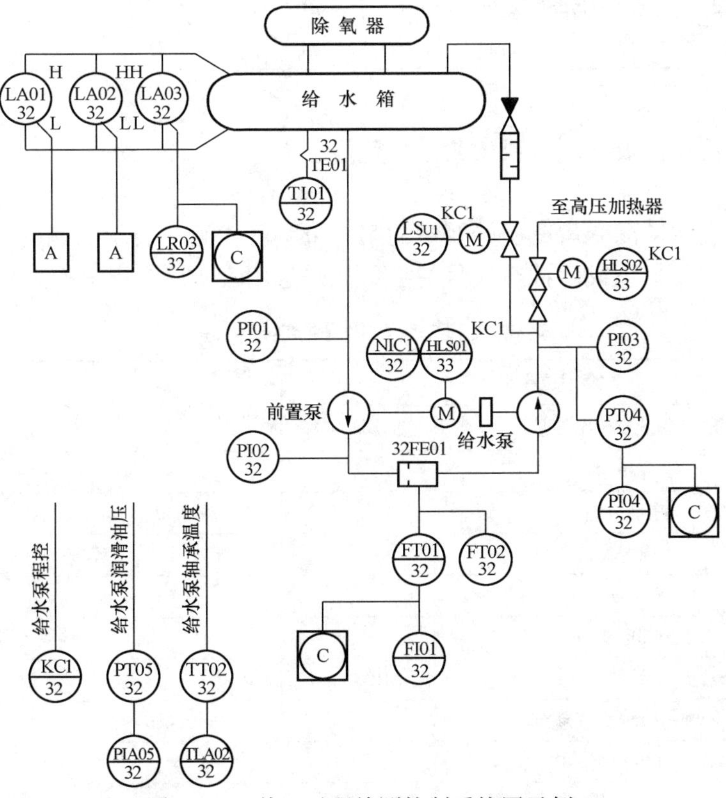

图 12-1　热工过程检测控制系统图示例

二、设备代号及标注

热工过程检测和控制设备代号由 5 部分组成，并按图 12-2 所示的方式表示。

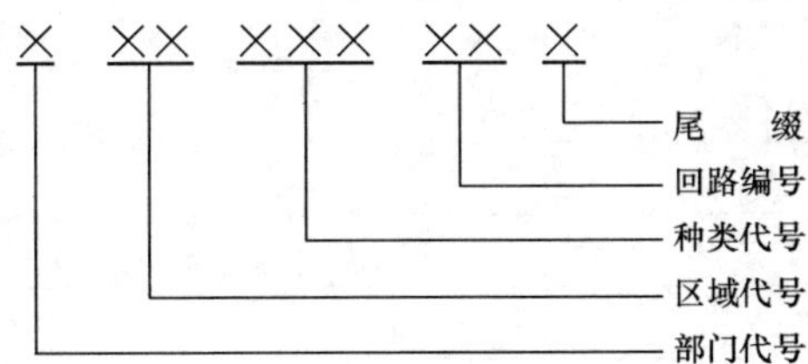

图 12-2　热工过程检测和控制设备代号

1. 部门代号

部门代号一般用其英文名称的缩写或国际通用符号表示，也可以省略。火力发电厂工程部门代号的示例见表 12-2。

表 12-2 火力发电厂工程部门代号

符号	中文名称	英文名称	符号	中文名称	英文名称
B	锅炉	Boiler	A	除灰	Ash
T	汽机	Turbine	C	化学	Chemistry
E	电气	Electricity	V	暖通	Ventilation
H	水工	Hydraulic engineering	P	公用	Public
F	燃料	Fuel	M	维修	Maintenance

2. 区域代号

区域代号宜用工艺设备代号或工艺系统代号。

3. 种类代号

种类代号由表示被测变量或初始变量的第一位字母代码和表示功能的后继字母代码（可接有一个或多个字母）组成。种类代号的字母代码选用表 12-3 规定的大写英文字母。

表 12-3 热工设备种类代号的字母代码

字母	第一位字母		后继字母(5) 或输出功能
	被测变量或初始变量	修饰词	
A	分析(1)		报警
B	喷嘴火焰		状态显示（例如电动机转动）
C	电导率		控制（调节）(10)
D	密度	差(4)	
E	全部电变量		检测元件
F	流量	比率(4)	
G	尺度、位置或长度(1)		
H	手动操作（电动阀、电磁阀）		
I	电流		指示(8)
J	功率	扫描	选线
K	时间或时间程序		操作器
L	物位		灯
M	水分或湿度(1) 检漏		
N	手动操作（电动机）		供选用(2)
O	供选用(2)		
P	压力或真空		试验点（接头）
Q	质量、浓度	积算或累计(4)	积算、累计(4)、开方
R	核辐射		记录(9) 打印
S	速度或频率		开关(10)
T	温度		变送
U	多变量(6)		多功能(7)
V	黏度		阀门、挡板、执行元件，未指定校正器

续表

字母	第一位字母		后继字母[5] 或输出功能
	被测变量或初始变量	修饰词	
W	重量或力		
X	未分类[3]		未分类[3]
Y	手动操作（调节阀、调节挡板）		继动器
Z	位置		紧急或安全动作

注　表中上角括号“()”中的数字为该表注释的序号。

表 12-3 的注释：

(1) 第一位字母“A”、“G”、“M”等项目，在仪表符号的右上角标注下列具体项目字母代码，以表明项目的名称。“A”（分析）项目字母代码：pH—酸、碱度；O_2—氧量；CO_2—二氧化碳；H_2—氢量；PO_4—磷酸根；SiO_3—硅酸根；Na—钠；Fe—铁；Cu—铜；N_2H_4—联氨；NH_3—氨；CO—一氧化碳。“G”（尺度、位移或长度）项目字母代码：AS—轴向位移；DF—挠度；TE—热膨胀；RE—相对膨胀；BV—振动；SP—同步器行程；PP—油动机行程。“M”（水分或湿度）项目字母代码：LM—检漏。

(2)“供选用”的字母代码适用于在一项设计中多次使用而表 12-3 未作规定的被测变量或功能。当采用“供选用”的字母代码时，它作为第一位字母代码和后继字母代码应有不同的意义，并应在工程设计的图例中予以说明。

(3)“未分类”的字母代码适用于一项设计仅一次或几次使用而表 12-3 未做规定的被测变量或功能。“X”既可以作为第一位字母代码，又可以作为后继字母代码，它在不同地点可有不同的意义，其使用的意义应标注在仪表符号外的右上方。

(4) 第一位字母的修饰词字母（应为小写）“d”（差）、“f”（比）、“q”（积算、累计）之一与被测变量（或初始变量）的字母组合起来构成另一种意义的被测变量，因此应视为一个字母代码。例如“TdI”为温差指示，其中的“Td”应视为一个字母代码，代表温差这一被测变量。

(5) 后继字母代码表示的意义可以是名词、动词、形容词，如“I”可以是指示仪、指示或指示的。后继字母代码字母的书写顺序为 IRCTQSA。

(6) 第一位字母代码“U”（多变量）可代替一系列第一位字母代码，用来表示送到一个单独装置的多个不同变量输入。

(7) 当表示有多个功能时，后继字母代码可用“U”表示。

(8)“I”（指示）仅适用于实际测量的读数，不适用于无被测量输入仅供手动调整变量的标尺。

(9) 当仪表同时具有指示和记录功能时，字母代码只写 R（记录），不必再写出 I（指示）。

(10) 后继字母代码 C（控制）和 S（开关）与第一位字母代码 H、N 或 Y 组合使用时应正确区别和选用，凡是二位式操作的用 S 表示；反之则用 C 表示，用于正常操作控制。

4. 回路编号编制应符合下列规定

(1) 同一区域中相同被测变量或初始变量的仪表和控制设备用阿拉伯数字自 01 开始按顺序编号，但允许中间有空号。

(2) 若两个或多个回路共用 1 台仪表，这 1 台仪表应有分属于各回路的编号，例如流量双笔记录仪的编号为×××－FR01/×××－FR02。

（3）带有修饰词“d”、“f”、“q”的被测变量（或初始变量）应与不带修饰词的被测变量（或初始变量）一起顺序编号，不作为单独的被测变量（或初始变量）另行编号。

（4）不同区域的多个检测元件共用一台仪表时，检测元件的回路编号应按所属区域相同被测变量（或初始变量）的顺序编号（见图 12－3）。

5. 尾缀

如果一个回路有两个及以上字母代码相同（即被测变量或初始变量和功能相同）的仪表，应在这些仪表的回路编号之后加尾缀（可用大写拉丁字母或短划线后的阿拉伯数字）以示区别。多个检测元件共用一台仪表（不是多笔或多针仪表）时，应在检测元件回路编号之后隔以短划，加阿拉伯数字顺序号作为尾缀，例如多点切换温度表×××－TI01 的测温热电偶的编号为×××－TE01－1，×××－TE01－2，×××－TE01－3，…

热工过程检测控制系统图中标注设备代码的圆圈内，一般上半部分写仪表的种类代号和回路编号；下半部分写仪表的部门代号及区域代号，如图 12－4 所示。

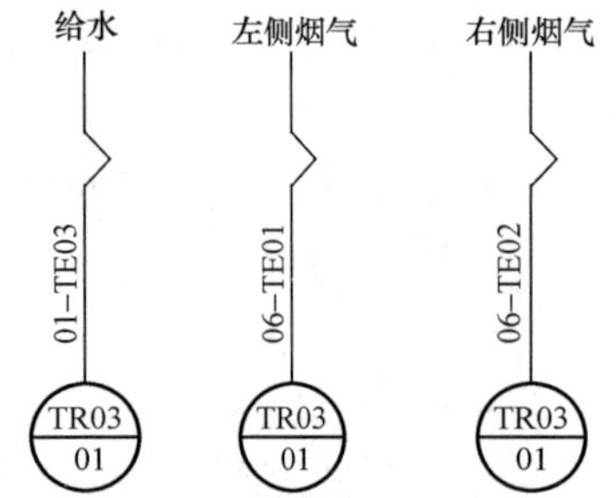

图 12－3 不同区域合用一台仪表时检测元件编号标注

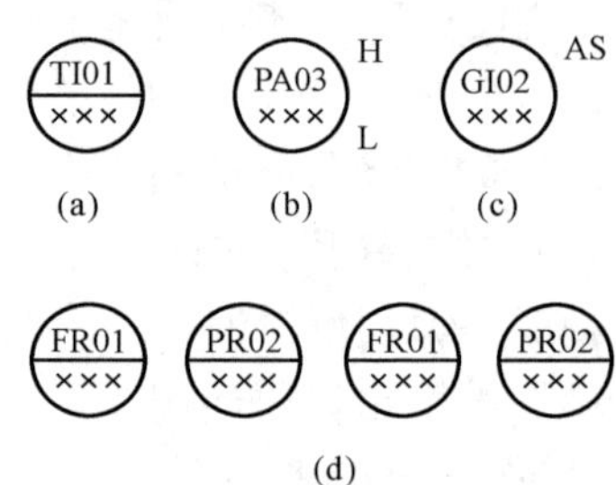

图 12－4 仪表设备代号的标注实例

（a）盘装温度指示表；（b）发高、低值信号压力表；（c）就地轴向位移指示表；（d）盘装附有压力记录的双笔流量记录表

说明：①当有必要表示高、中、低信号时，可在表示仪表的圆圈外的右上方、右下方、右方中部分别标注 H（高）、L（低）、M（中）或 HH（高高）、LL（低低）字母代号，如图 12－4（b）所示；②当有必要表明分析仪表、位置仪表或尺度仪表的具体测量项目的名称时，应在仪表符号的右上方标注其代码，如图 12－4（c）所示；③具有两个及以上功能的仪表，应按其全部功能给出仪表编号，如图 12－4（d）所示。

第二节 热工检测系统图

热工检测系统图是用文字符号和图形符号的形式表示仪表安装的位置、针对的参数和设备以及所具有的功能，也称为管道仪表流程图或带控制点的工艺流程图，生产中常称为 P&ID 图（piping and instrument diagram）。

一、图形符号

（1）检测仪表和变送器的图形符号见表 12－4。

表 12-4　**检测仪表和变送器的图形符号**

名　称	图形符号	名　称	图形符号
控制盘（台）面安装的仪表		控制盘（台）面安装的双笔或双针仪表	*
就地盘面安装的仪表		就地盘面安装的双笔或双针仪表	
控制盘内安装的仪表		就地安装的仪表或变送器	
就地盘内安装的仪表		就地安装的双笔或双针仪表（就地安装的复式仪表）	
就地安装的双笔或双针仪表（就地安装的复式仪表）	*	就地盘面安装的双笔或双针仪表	*
控制盘（台）面安装的双笔或双针仪表			

注　*用于 2 个测点在图纸上相距较远或不在同一图纸时。

（2）检测元件的图形符号见表 12-5。

（3）执行机构、仪表附件和其他装置的图形符号参见有关资料。

二、文字符号

1. 热工设备或参数的字母代号

热工设备或参数的字母代号见表 12-3。例如：A—分析；F—流量；L—物位；P—压力或真空；T—温度；Pd—压差；Td—温差等。

2. 功能的字母代号

表示功能的字母代号见表 12-3。例如：E—检测元件；I—指示；R—记录；T—变送；A—报警；S—开关等。

三、应用实例

示例如图 12-5 所示。

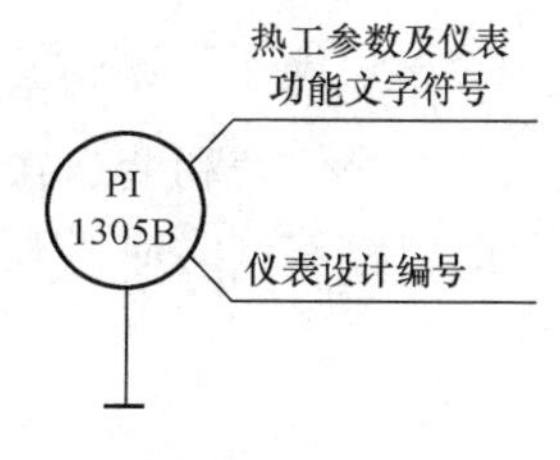

图 12-5　示例

圆中上半部分：①第一个字母代表设备或参数，P 表示压力；②后面的字母代表仪表或设备的功能，I 表示指示功能。

圆中下半部分：①“13”位置为工艺系统代号，13 表示锅炉排污系统；②“05”位置为仪表流水号，仪表流水号可为 00～99；③“B”位置为（辅助）同类仪表的区分代号，可在 A～Z 之间选择。

因此，图 12-5 表示安装在锅炉排污系统的就地压力指示表，编号为 05B。

表 12-5 **检测元件图形符号**

名　称	图形符号	名　称	图形符号
单支热电偶		孔板	
双支热电偶		文丘里管	
表面热电偶		转子流量计	
热电偶（随设备供应时）		电磁流量计	
单支热电阻		容积式流量计	FQ
双支热电阻		任何其他流量一次元件	F
热电阻（随设备供应时）		嵌在管道中的其他流量检测元件	（圆圈内应标注设备编号）
喷嘴		测量点	测量点

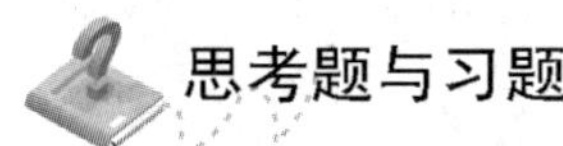

思考题与习题

1. 什么是热工检测系统图？
2. 检测仪表和变送器的图形符号是如何规定的？
3. 回路编制时应符合哪些规定？

第十三章　取源部件和敏感元件的安装

敏感元件又称为一次元件或检出元件，是直接感知被测量，并将它转换成便于测量的信号的元件。本章介绍的敏感元件是指安装在主设备或管道上的测温元件、节流装置、取样装置等。

取源部件是测量系统中的一个附件，它直接与热力设备或管道连接。取源部件不包括敏感元件或检测仪表本身，仅指敏感元件（或测量管路）与热力设备（或管道）连接时，在它们之间使用的一个安装部件。例如，安装测温元件用的插座或法兰、取压时与热力设备或管道连接用的短管及取源阀门、差压水位计测量用的平衡容器、安装节流装置用的法兰及节流件上下游侧的直管段等均属于取源部件。

敏感元件和取源部件的安装地点（以下简称仪表测点）均在热力设备或管道上，直接或间接地与被测介质相接触。因此，应根据被测介质的压力和温度参数选择相应的结构与材质，且安装后应随同热力设备或管道一起作严密性试验。

承压部件加工前，应查明其材质钢号并核对出厂证书，不得用错。合金钢部件不论有无证书，在安装前均应经光谱分析，安装后还须经光谱分析复核并提出分析报告。

敏感元件和取源部件安装后应挂有标志牌，标明设计编号、名称及用途等（差压测量取源阀门还应标明正负），以便运行和检修时查对。

第一节　仪表测点的开孔和插座的安装

一、测点开孔位置的选择

测点开孔位置应按设计要求或制造厂的规定进行，如无规定，可根据工艺流程系统图中测点和管道、设备、阀门等的相对位置，按下列规定选择。

（1）测孔应选择在直管段上。因在直管段内，被测介质的流束呈直线状态，最能代表被测参数。测孔应避开阀门、三通、弯头、大小头、人孔、挡板、手孔等对介质流束有影响或会造成泄漏的地方。

（2）不宜在焊缝及其边缘上开孔及焊接。

（3）取源部件之间的距离应大于管道外径，且不能小于 200mm。压力和温度测孔在同一地点时，压力测孔必须开在温度测孔之前（按介质流动方向而言，下同），如图 13-1 所示，以防因温度计阻挡使流体产生涡流而影响测压。

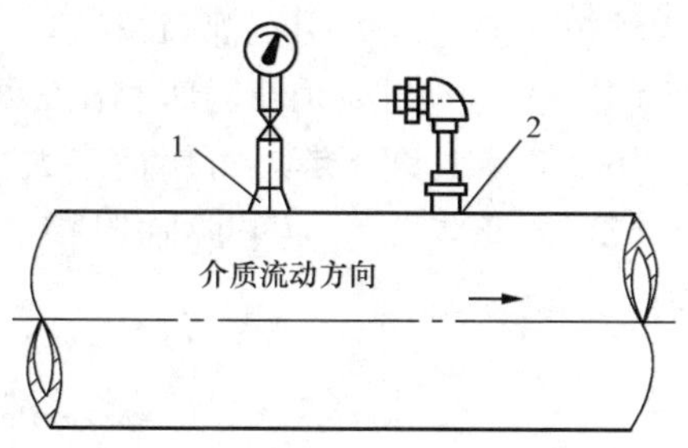

图 13-1　压力和温度的测孔同时在管道上的布置

1—压力测点；2—温度测点

（4）在同一处的压力或温度测孔中，用于自动控制系统的测孔应选择在前面。

（5）自动控制、保护与监测用的仪表测点一般不合用一个测孔。

（6）严禁在检查蒸汽管道蠕变情况的监察管段上开凿测孔和安装取源部件。

（7）高压等级以上管道的弯头处不允许开凿测孔，测孔离管道弯曲的起始点的距离应不小于管道的外径，且不小于100mm。

（8）取源部件及敏感元件应安装在便于维护和检修的地方。

二、测孔的开凿

测孔的开凿一般在热力设备和管道正式安装前或封闭前进行，禁止在已冲洗完毕的设备和管道上开孔。若必须在已冲洗完毕的管道上开孔时，需证实其内没有介质，并应有防止金属屑粒掉入管内的措施。当有异物掉入时，必须设法（如用小块磁铁吸出铁屑或重新冲洗管道等办法）取出。测孔开凿后一般应立即焊上插座，否则应采取临时封闭措施，以防异物掉入孔内。

对于压力、差压测孔，因测量的是静压力，严禁取源部件端部超出被测设备或管道的内壁。测孔的内径不得小于取压插座或取压装置的内径。

三、插座的选择和安装

插座的形式、规格与材质必须符合被测介质的压力、温度及其他特性（如黏度、腐蚀性等）的要求。测量中高压介质的压力、流量和水位时应采用加强型插座；测量超临界参数时，加强型插座的壁厚还应加大；测量低压时，可用与测量导管相当的无缝钢管制成的插座。带螺纹固定装置测温元件的插座安装前，必须核对其螺纹尺寸（应与测温元件相符）。

插座与热力设备或管道的固定和密封采用电焊时，应遵照焊接与热处理的有关规定及下列各项要求进行。

（1）插座应有焊接坡口，焊接前应把坡口及测孔的周围用锉或砂布打磨出金属光泽，并清除掉测孔内边的毛刺。

（2）插座的安装步骤为找正、点焊、复查垂直度、施焊。焊接过程中禁止摇动焊件。

（3）合金钢焊件点焊后，必须先经预热才允许焊接。焊接后的焊口必须进行热处理，预热和热处理的温度根据钢号的不同按规定进行。常用的、简单的热处理方法是在焊口加热后用石棉布缠包作自然冷却。

（4）焊接用的焊条应根据不同的钢号按规定选择。

（5）插座焊接或热处理后，其内部不应有焊瘤存在；测温元件插座焊接时应有防止焊渣落入丝扣的措施（如用石棉布覆盖）；带螺纹的插座焊接后应用丝锥重修一遍。

（6）低压的测温元件插座和压力取出装置应有足够的长度，使其端部能露在保温部分外面（如果插座长度不够，可用适当大小的钢管接长后再焊）。

（7）插座焊接后应采取临时措施将插座孔封闭，如拧上临时丝堵等，以防异物掉入孔内。

第二节 测温元件的安装

测温元件安装前，应核对其型号、规格。测温元件应装在能代表被测温度、便于维护和检查、不受剧烈振动和冲击的地方。

一、测量介质温度的测温元件的安装

测量介质温度的测温元件均有保护套管和固定装置，通常采用插入式安装方法，保护套管直接与被测介质接触。

1. 测温元件的基本安装形式

根据测温元件固定装置结构的不同，一般采用以下几种安装形式。

(1) 固定装置为固定螺纹的热电偶和热电阻等，可将其固定在有内螺纹的插座内，如图 13-2 所示。

(2) 固定装置为可动螺纹的双金属温度计，其安装形式如图 13-3 所示。

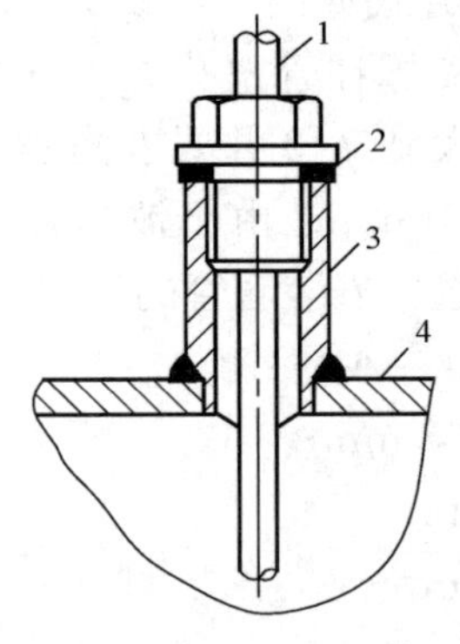

图 13-2　固定螺纹安装形式

1—测温元件；2—密封垫片；3—插座；4—被测介质管道或设备外壁

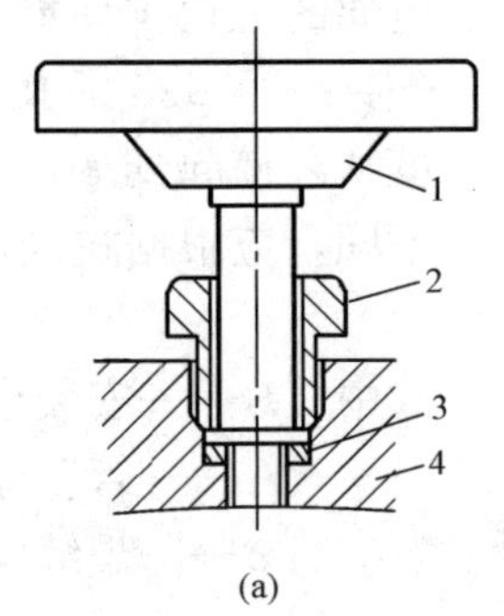

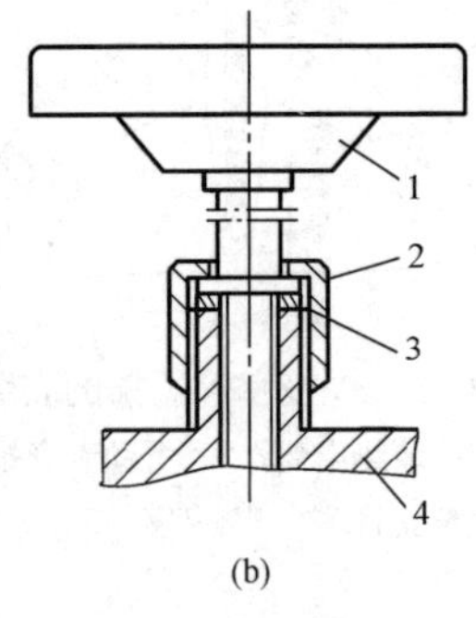

图 13-3　可动螺纹安装形式

(a) 可动外螺纹；(b) 可动内螺纹

1—双金属温度计；2—可动螺纹；3—密封垫片；4—被测介质管道或设备外壁

(3) 固定装置采用活动紧固装置，如压力式温度计、无固定装置的热电偶和热电阻（需另外加工一套活动紧固装置），其安装形式如图 13-4 所示。测温元件安装前缠绕石棉绳，由紧固座和紧固螺母压紧石棉绳，以固定测温元件。这种形式只适用于工作压力为常压的情况，其优点是插入深度可调。

(4) 固定装置为法兰的热电偶和热电阻等，可将其法兰与固定在短管上的法兰用螺栓紧固，它们之间的垫片起密封作用，其安装形式如图 13-5 所示。

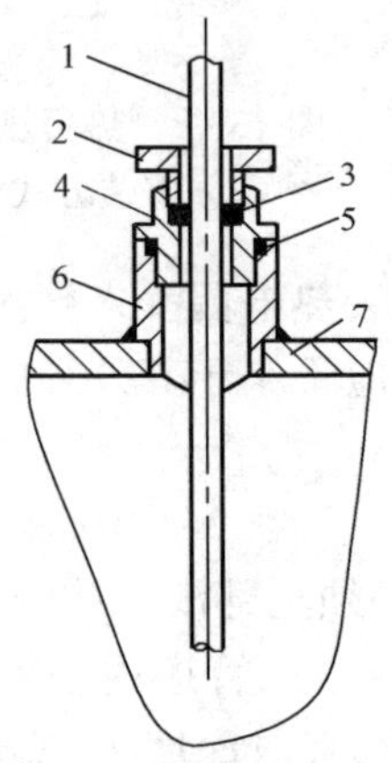

图 13-4　活动紧固装置安装形式

1—测温元件；2—紧固螺母；3—石棉绳；4—紧固座；5—密封垫片；6—插座；7—被测介质管道或设备外壁

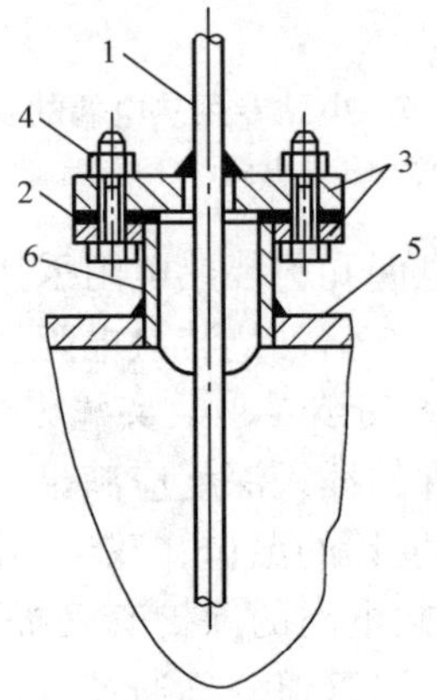

图 13-5　法兰安装形式

1—测温元件；2—密封垫片；3—法兰；4—固定螺栓；5—被测介质管道或设备外壁；6—短管

(5) 保护套管采用焊接的安装方式。

1) 用于测量高温高压主蒸汽温度的铠装热电偶，可采用焊接套管短插的安装方式，如图 13-6 所示。

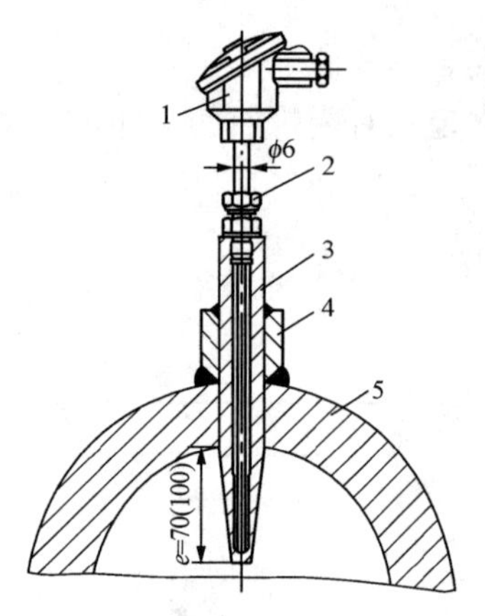

图 13-6　焊接套管短插的安装方式
1—铠装热电偶；2—可动卡套接头；3—保护套管；4—固定座；5—主蒸汽管

2) 电站专用的中温中压和高温高压热电偶，其保护套管采用焊接安装方法，如图 13-7 所示。

3) 热套热电偶的安装方式如图 13-8 所示。为使热电偶的三角锥面能可靠地支撑在管壁孔上，可在管壁上先钻一个 $\phi 38$ 的孔，再扩大到 $\phi 42$ 并要求同心，扩孔深度从内壁起到 $\phi 42$ 孔底为 10mm。由于被测管道的壁厚不同，应根据式 (13-1) 选择安装套管的长度。

$$B = 150 - A - 2\delta \tag{13-1}$$

式中　B——安装套管长度，mm；

A——管壁厚度，mm；

δ——焊缝厚度，mm。

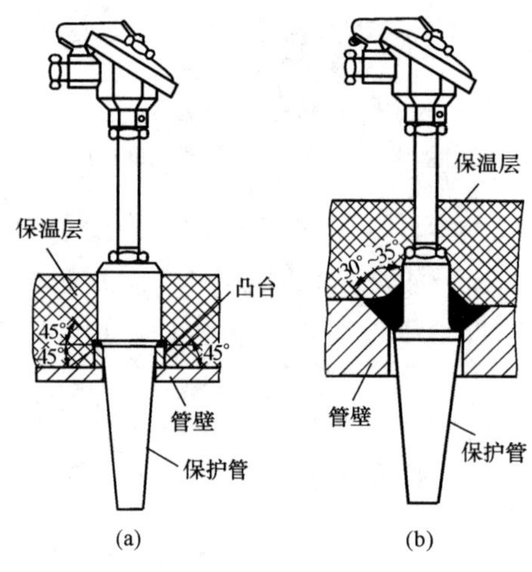

图 13-7　电站专用热电偶的安装方式
(a) 中温中压热电偶；(b) 高温高压热电偶

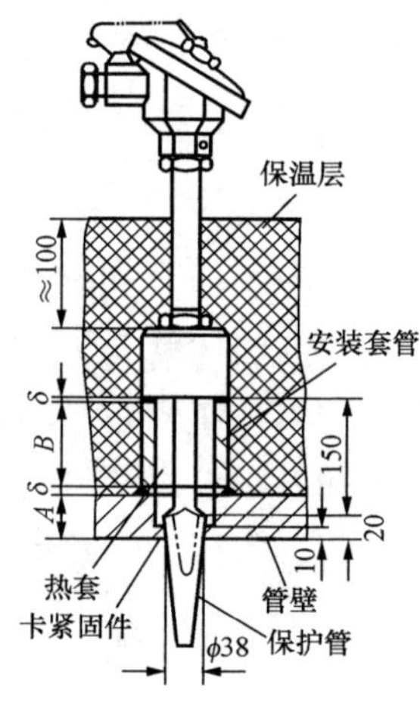

图 13-8　热套热电偶的安装方式

(6) 铠装热电偶和铠装热电阻采用卡套固定装置。铠装热电偶浸入被测介质的长度应不小于其外径的 6～10 倍；铠装热电阻浸入被测介质的长度应不小于其外径的 8～10 倍。

2. 测温元件的安装要求及实施方法

(1) 测温元件的插入深度应满足下列要求：

1) 压力式温度计的温包、双金属温度计的感温元件必须全部浸入被测介质中。

2) 热电偶和热电阻的保护套管插入介质的有效深度 e (从管道内壁算起) 为：介质为高温高压主蒸汽，当管道公称通径等于或小于 250mm 时，有效深度为 70mm；当管道公称通径大于 250mm 时，有效深度为 100mm。对于管道外径等于或小于 500mm 的汽、气、液体介质，有效深度约为管道外径的 1/2；外径大于 500mm 时，有效深度为 300mm。对于烟、风及风粉混合物介质，有效深度为管道外径的 1/3～1/2。

(2) 测温元件应安装在能代表被测介质温度处，避免装在阀门、弯头以及管道和设备的死角附近。但对于压力小于或等于 1.6MPa 且直径小于 76mm 的管道，一般应装设小型测温元件，此时若测温元件较长，可加装扩大管或沿管道中心线在弯头处迎着被测介质流向插入，如图 13-9 所示。对于轴承回油温度，由于油不能充满油管，为使测温元件的感温端能全部浸入被测介质中，除使用上述方法外，也可在测温元件的下游端加装挡板，以提高测温元件处的油位，如图 13-10 所示。

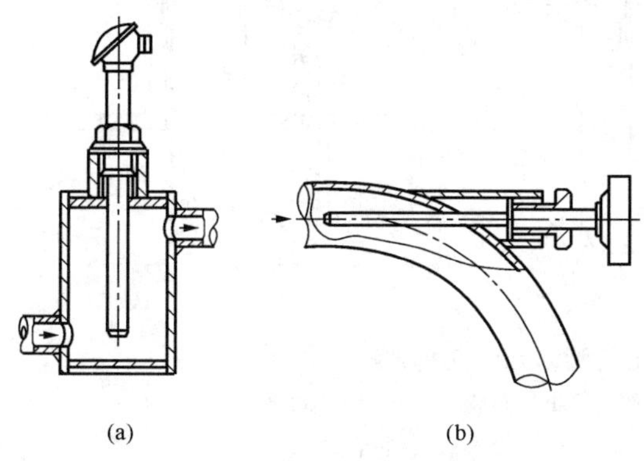

图 13-9　在小直径管道上安装测温元件
(a) 加装扩大管；(b) 装在弯头处

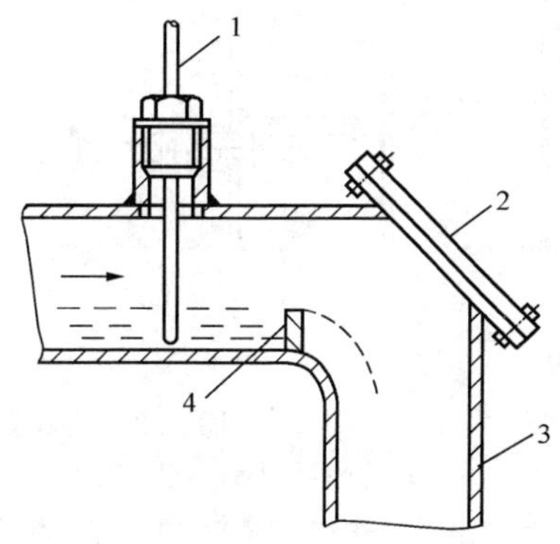

图 13-10　在轴承回油管道上安装测温元件
1—测温元件；2—观察孔；3—油管道；4—挡板

(3) 当测温元件插入深度超过 1m 时，应尽可能垂直安装，否则应有防止保护套管弯曲的措施，如加装支撑架（见图 13-11）或加装保护管。

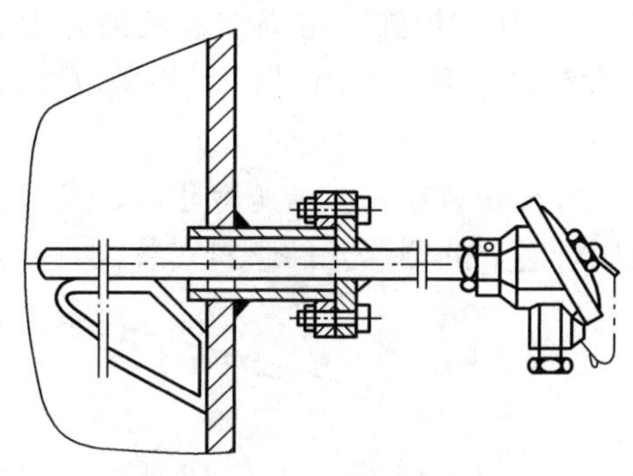

图 13-11　支撑架的安装方式

(4) 在介质流速较大的低压管道或气固混合物管道上安装测温元件时，应有防止测温元件被冲击和磨损的措施（见图 13-12）。例如，在锅炉烟道、送风机出口风道、汽轮机循环水管道上安装测温元件时，可加装图 13-12 (a) 所示的保护管；在锅炉有钢球除灰的烟道上安装测温元件时，可加装图 13-12 (b) 所示的保护角钢；在煤粉系统的气粉混合物管道上安装测温元件时，可加装图 13-12 (c) 所示的可拆卸角钢或图 13-12 (d) 所示的保护圆棒。对于振动较大的场合，温度计保护管内的感温元件应选用铠装热电偶或铠装热电阻。

(5) 测量煤粉仓温度的热电阻的插入方向应与煤粉下落方向一致，以避免煤粉的冲击，一般是在煤粉仓顶部垂直安装。由于煤粉仓很深，其插入深度可分上、中、下三种，以测量不同断面的煤粉温度。安装较长的热电阻时往往受到空间高度的限制，这时可采用图 13-13 所示的安装方式，先安装保护管，保护管露出煤粉仓混凝土面处应密封，安装过程中严防杂物落入煤粉仓。然后，将热电阻的感温元件与保护套管分别安装。保护套管由数段公称直径为 15mm 的水煤气管组成，每段用接头连接，一段一段插入煤粉仓内，然后用紧固螺母固定。最后将感温元件及引线穿入保护套管内。

(6) 对于承受压力的插入式测温元件，采用螺纹或法兰安装方式时，必须严格保证其接合面处的密封。为此，各接合面应先使用凡尔砂和专用磨具进行研磨，擦净后垫入垫

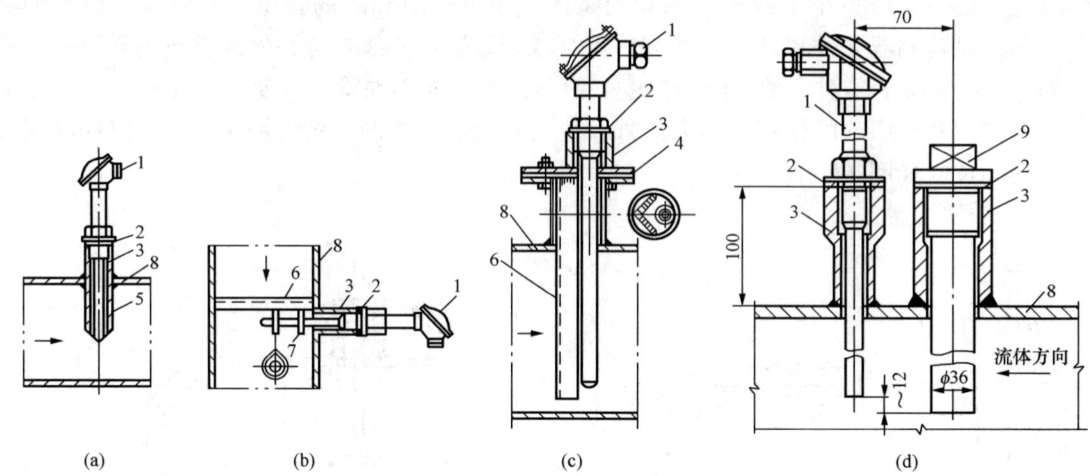

图 13 - 12 避免介质流体冲击的测温元件安装方式

(a) 加装保护管；(b) 加装保护角钢；(c) 加装可拆卸角钢；(d) 加装保护圆棒

1—测温元件；2—密封垫片；3—插座；4—法兰；5—保护管；

6—保护角钢；7—保护环；8—被测介质管道；9—保护圆棒

片。金属垫片和测温元件的丝扣部分应涂擦防锈或防卡涩的涂料（如二硫化钼或黑铅粉等），以利于拆卸。带固定螺纹的测温元件，在安装时应使用合适的呆扳手，以防安装中损坏六角螺母。紧固时，可用管子加长扳手的力臂，切勿用手锤敲打，以免震坏测温元件。

（7）安装在高温高压汽水管道上的测温元件应与管道中心线垂直，如图 13 - 14 所示。低压管道上的测温元件倾斜安装时，其倾斜方向应使感温端迎向流体，如图 13 - 15 所示。

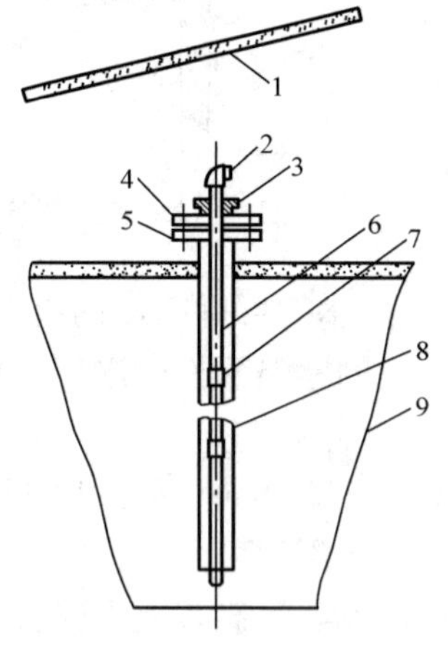

图 13 - 13 煤粉仓热电阻的安装方式

1—屋顶；2—热电阻；3—紧固螺母；4—紧固法兰；5—固定法兰；

6—热电阻保护套管；7—水煤气管接头；8—保护管；9—煤粉仓

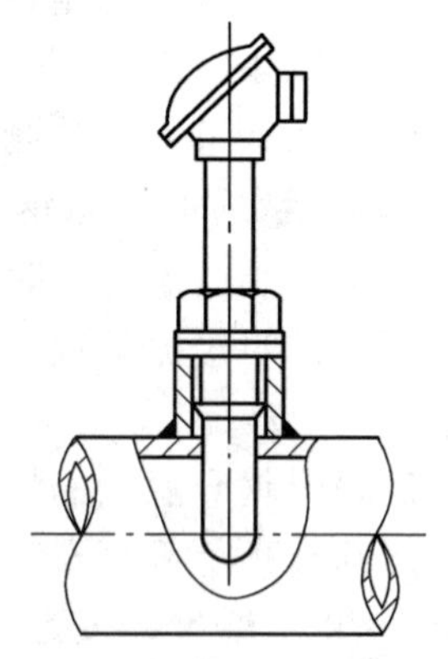

图 13 - 14 测温元件的垂直安装

（8）双金属温度计为就地指示仪表，应装在便于观察和不受机械损伤的地方。

（9）充蒸发液体的压力式温度计安装时，其温包应立装，不应倒装。其显示仪表应尽可能和温包安装处保持同一水平位置或稍高于温包的位置。压力式温度计毛细管的敷设路径应尽量避免过热、过冷和温度经常变化的地点，否则应采取隔离措施。毛细管的敷设应尽量减少弯曲，其弯曲半径不应小于 50mm。毛细管应有保护措施，以防损伤或折断，例如可将毛细管置于槽盒或开槽钢管内，剩余部分应盘绑固定。

（10）水平装设的热电偶和热电阻，其接线盒的进线口一般应朝下，以防杂物等落入接线盒内，接线后，应将进线口封闭。接线时应注意热电偶的极性（热电阻无极性）。

在隐蔽处装设测温元件时，应将接线盒引至便于检修处。例如，汽轮机本体的测温元件应将保护套管加长，将接线盒引至保温层外等。若接线盒设在高温场所，应将胶木接线柱换为瓷接线柱。

（11）测温元件安装后，应按图 13 - 16 的形式进行补充保温（可用碎保温砖填充后抹面），以防散热影响测温准确度。拆卸测温元件时，只需清除后加的保温部分，不致破坏原有保温层。

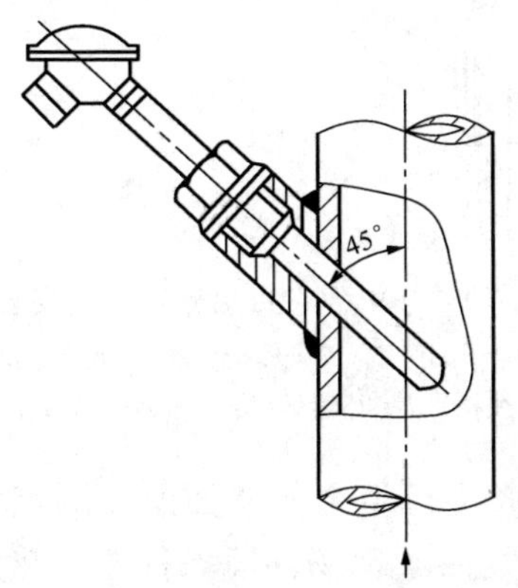

图 13 - 15 测温元件的倾斜安装

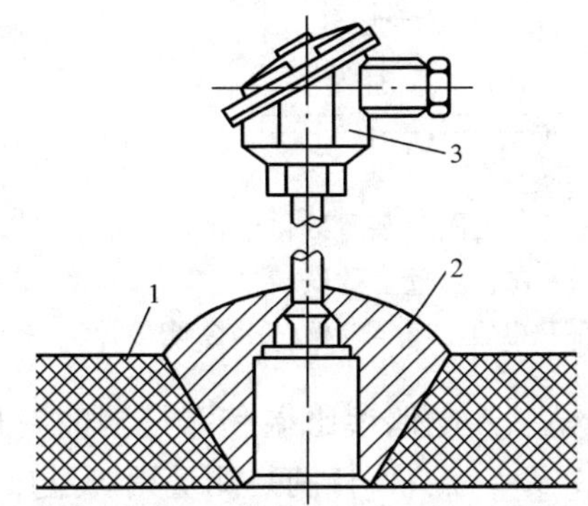

图 13 - 16 插入式测温元件安装后的保温

1—原有保温层；2—后加的保温部分；3—测温元件

二、测量金属壁面温度的测温元件的安装

用于测量金属壁面温度的测温元件有铠装热电偶和专用热电阻两大类，前者用于测量锅炉的汽包壁、过热器管壁、汽轮机的汽缸内外壁和加热法兰、螺丝以及主蒸汽管壁等的温度，后者用于测量汽轮机推力瓦块，大型发电机、电动机的铁芯和线圈以及大型转动机械的轴瓦等温度。

金属壁面温度是运行中重要的监视参数，测量时最容易出现的故障是测温元件和引出线断线或短路，而这种故障一般要在停机、停炉时才能处理。因此，应采用正确的安装方法，确保安装质量。安装过程中要特别小心，安装后应反复进行检查。

1. 铠装热电偶的安装

铠装热电偶的测量端直接与金属壁面接触。为了使测量准确，应先用锉刀或砂布将被测金属壁面打光。安装时应使测量端与金属壁面紧密接触并一起保温。

（1）热电偶的安装固定形式。根据铠装热电偶的固定装置和被测部位的不同，一般采用以下安装形式。

用无固定装置的铠装热电偶和电站专用的炉壁热电偶测量金属壁面或管壁温度时，可采用图 13 - 17 所示的焊接安装形式。

对于大型锅炉的过热器管壁等温度测量，由于炉顶一般有罩壳，罩内温度高达 400℃以上，若采用电站专用炉壁热电偶，安装示意图如图 13-18 所示，热电偶应引出至炉顶罩外低温区的汇线槽内，再用延伸型补偿导线引至接线盒。在选择保护管的内径时，其值应大于热电偶参比端接头的外径最大值（10mm），为阻隔炉顶罩内的热量从保护管散出，可在保护管与线槽接口处用隔热密封胶泥封堵。

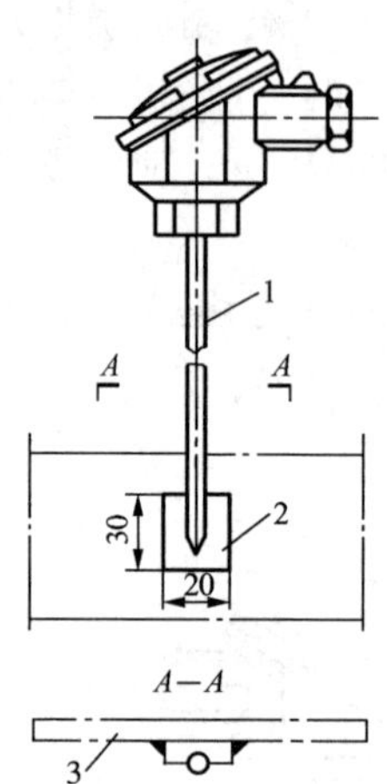

图 13-17 无固定装置的铠装热电偶在金属壁上的安装

1—铠装热电偶；2—固定板；3—金属壁

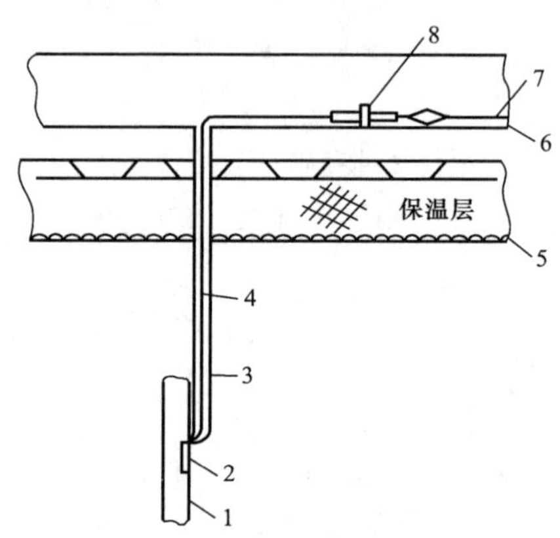

图 13-18 锅炉炉壁热电偶在过热器管壁上安装

1—过热器管；2—热电偶测量端；3—保护管；4—铠装热电偶；5—炉顶罩；6—汇线槽；7—补偿导线；8—热电偶参比端

（2）铠装热电偶参比端和测量端的封口处理。随着大型机组金属壁面温度测点的增多（多达 200～300 点），特别是测量锅炉过热器管壁温度时，由于现场环境条件差，热电偶安装后被损坏的数量较多，需进行处理。下面简单介绍参比端和测量端的处理方法。

1）若参比端损坏（引线从根部折断），由于铠装热电偶封头完好，绝缘未被破坏，可现场就地处理。将参比端封头割下（注意在整个处理过程中，需用电吹风机对参比端端部的铠装热电偶加热，防止内部氧化镁吸入潮气），套入扩径管套，再将热偶丝与补偿导线（引线）用银乙炔焊连接，然后将扩径管套固定在焊点的适当位置，检查绝缘符合要求后，向扩径管套内灌入环氧树脂，待 24h 后凝固。

2）若测量端损坏，先测量热偶丝绝缘电阻，若铠装热电偶内部绝缘已被破坏，则需拆下，将测量端端部割下 1～2m 弃之，剩余部分放入恒温炉（200℃左右）干燥数小时。测量绝缘电阻符合要求后，用乙炔焰焊接热偶丝两极，灌满氧化镁粉后，用乙炔焰封头。然后回装到曲面导热板内（该板已焊接在过热器管壁上），从其面板孔内点焊固定。

（3）测点检查。由于过热器管壁测点数量多，安装接线后，除查线外，还应进行复核，最直接可靠的方法是在测量端加低温（如用电吹风机等），在仪表侧（参比端）观察温度指示值的变化，据此判断测点编号、接线的正确性和测温元件的完好性。

2. 专用热电阻的安装

测量金属温度的热电阻采用插入或埋入的安装方式。根据热电阻的结构和被测部位的不同，一般有以下几种安装形式。

（1）测量电机绕组和铁芯温度的热电阻已由制造厂埋设并用导线引至接线盒，配制线路调整电阻时，应根据制造厂提供的数据考虑这段导线的电阻值。

(2) 电站专用的测量转动机械轴承温度的热电阻，可采用如图 13 - 19 所示的安装形式。

(3) 端面热电阻的安装方式如图 13 - 20 所示。

在火电厂中，用热电阻测量金属温度多为转动机械的轴承瓦和汽轮机推力瓦块的乌金面温度。以推力瓦块温度测量为例，热电阻安装在推力瓦块的测孔内，测孔位置在轴的转动方向的回油侧，离乌金面约 0.5mm。热电阻的引出线如图 13 - 21 所示，引出线应使用耐温耐油的氟塑料线和耐高温的绝缘管作保护。测量推力瓦的热电阻连接导线由于振动、位移、油冲击等原因很容易折断，安装时要注意不使其受机械损伤和摩擦。导线与热电阻连接要焊牢固，并留有适当伸缩量，然后从瓦的背面线槽引出，并用卡子固定牢。上、下瓦块各点连接线分别用航空插头引至轴承座侧壁，以便于推力瓦块的拆装。若引线直接从轴承座侧壁打孔引出，接头处可用环氧树脂密封。在汽轮机扣轴承盖时，应复核热电阻及引线的完好情况。

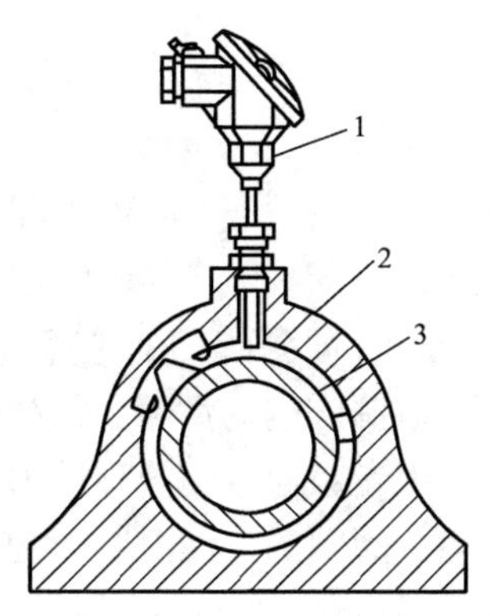

图 13 - 19　电站专用测轴承温度的热电阻的安装方式

1—热电阻；2—轴承座；3—轴瓦

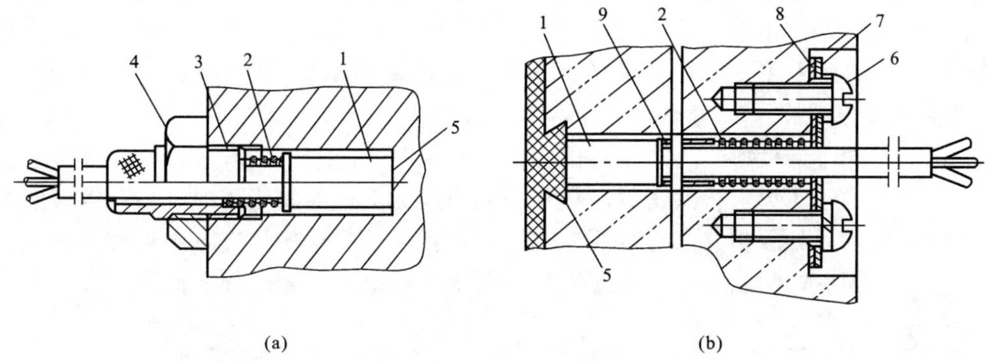

图 13 - 20　端面热电阻的安装方式

(a) 螺栓固定；(b) 螺钉固定

1—热电阻；2—弹簧；3—螺栓；4—螺母；5—被测端面；6—螺钉；7—固定板；8—垫片；9—衬套

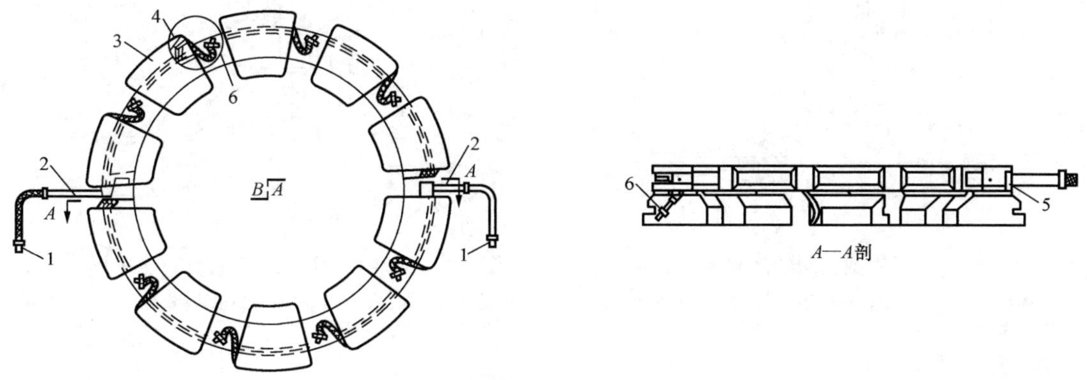

图 13 - 21　推力瓦块温度计引出线

1—航空插头；2—引出线；3—推力瓦块；4—热电阻；5—线槽；6—引线固定卡子

第三节 取源阀门的选择与安装

从热力设备或导管内直接引出汽、水、油等介质的取源部件，必须在其插座或延长管上安装截止阀门，该阀门称为取源阀门。

一、取源阀门的选择

取源阀门的型号、规格应符合设计要求。若无设计，主要根据温度和压力参数选择。阀门的压力参数通常用公称压力 PN 表示，公称压力是指在阀门的设计介质温度下的最高允许工作压力。阀门的工作温度不应超过允许的最高温度，阀门的工作压力一般均低于公称压力。此外，还应选择合适的阀门公称直径 DN（如 $\phi10$、$\phi20$ 等）、结构形式和连接形式（DN＝6mm 及以下，一般选用外螺纹连接形式；DN＝6mm 及以上，一般选用焊接连接形式）等。

二、取源阀门与插座的连接方式

取源阀门与插座（或导压管）连接的方式根据不同型号的阀门而异，常用的方式有以下几种。

1. 焊接连接

焊接连接适用于连接形式为焊接的截止阀。其焊接形式如图 13 - 22 所示，若连接管直径与截止阀焊接口外径相接近，可直接对焊（如图 13 - 22 左侧所示）；若连接管外径小于截止阀焊接口外径，应采用变径管过渡（如图 13 - 22 右侧所示）。

2. 法兰连接

法兰连接适用于连接形式为法兰的截止阀，连接时应遵守下列规定。

(1) 法兰平面间应垫入垫片密封，垫片安装前应涂上机油黑铅粉混合物，以方便拆卸。

(2) 法兰螺丝应分数次并以对称的方式拧紧，拧紧后，丝扣均应露出螺帽 3 扣左右。

(3) 法兰紧固后，两法兰的平面应平行，其平面误差不得超过规定值。

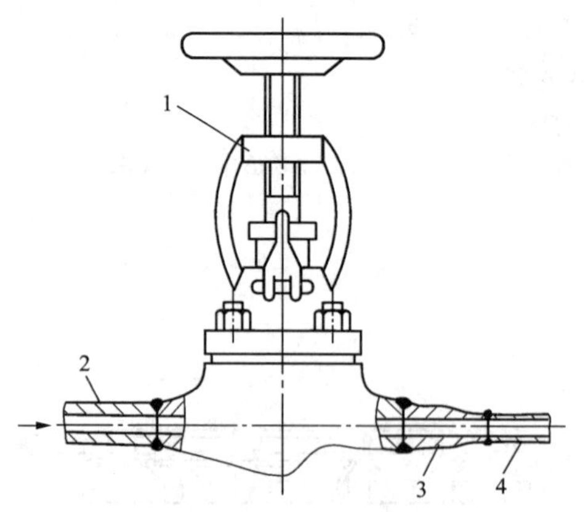

图 13 - 22 焊接截止阀的连接形式

1—阀门；2—取压管；3—变径管；4—导压管

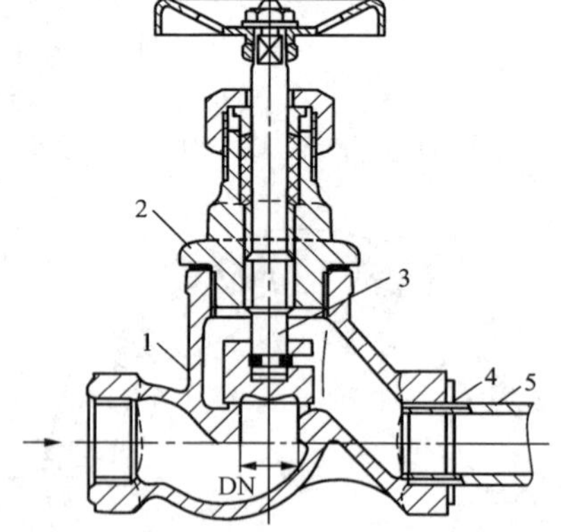

图 13 - 23 内螺纹铸铁截止阀的连接形式

1—阀座；2—阀盖；3—阀杆；4—接口管螺纹；5—接管

3. 螺纹直接连接

螺纹直接连接适用于连接形式为管内螺纹的铸铁截止阀。其连接形式如图 13 - 23 所示，接管为水煤气管，其端部套有管螺纹，可直接拧入阀门的接口螺纹内。连接时应满足下列要求。

(1) 拧入前，管子的螺纹上应缠密封材料，如聚四氟乙烯密封带（生料带）。

(2) 拧入阀门两端的管子长度应等于阀门两端六角体的厚度，误差不应大于±2mm。

(3) 管子拧入阀门两端后，在六角体上应露出丝扣2～3扣。

(4) 管子拧入阀门时，应用扳手夹紧该端的六角体。

4. 压垫式接头连接

压垫式接头连接适用于连接形式为内螺纹或外螺纹的碳钢或合金钢截止阀。外螺纹截止阀的连接形式如图13-24所示，在阀门和接管嘴的平面间垫入垫片，用接头螺母压紧，使接触面得到密封。在拧紧接头螺母时，应使用两个扳手分别夹紧阀门和接头螺母，或分别夹紧阀门两侧的接头螺母，同时紧固。内螺纹截止阀的连接形式如图13-25所示，增加了接管座作为过渡接头，以便于拆卸。在阀门与接管座平面间也要垫入密封垫片。

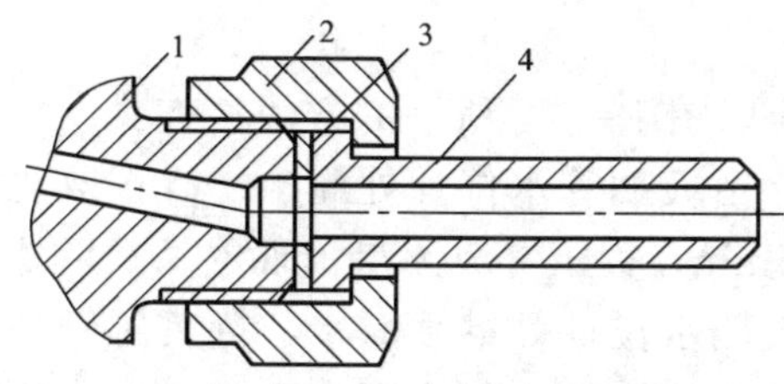

图13-24　外螺纹截止阀的连接形式

1—阀体；2—接头螺母；3—垫片；4—接管嘴

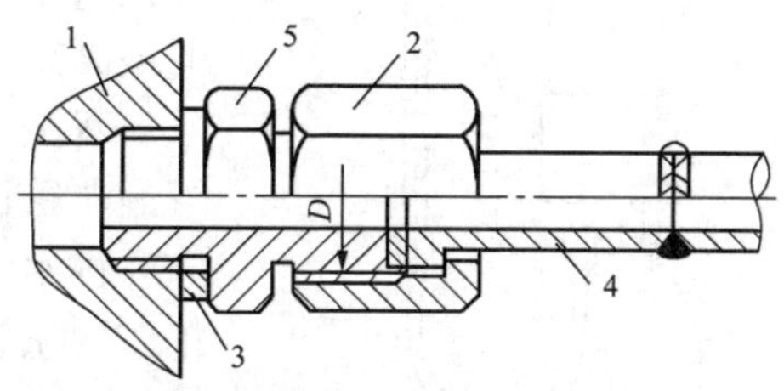

图13-25　内螺纹截止阀的连接形式示意

1—阀体；2—接头螺母；3—垫片；4—接管嘴；5—接管座

取源阀门安装前应进行严密性试验，对于严密性试验不合格或设计温度为450℃及以上的阀门，需进行解体检查和研磨（合金钢阀门还应进行光谱分析）。检查合格后回装时，阀瓣必须处于开启位置方可拧紧阀盖螺丝。阀门解体复装后应作严密性试验，当阀门制造厂确保产品质量且提供产品质量及使用保证书时，可不作解体和严密性检查。

三、取源阀门的安装

取源阀门的安装应符合下列要求：

(1) 安装取源阀门时，应使被测介质的流向由阀芯下部导向阀芯上部，不得反装。

(2) 安装取源阀门时，其阀杆应处在水平线以上的位置，以便于操作和维修。

(3) 取源阀门应安装在便于维护和操作的地点；取源阀门（包括法兰、接头等）应露出保温层。

(4) 当焊接阀门直接焊在加强型插座上时，阀门可不必另做支架固定。否则，阀门必须用抱箍固定在阀门支架上或将阀门两端的管子用管卡固定在支架上。阀门支架可按下列方式固定：

1) 在低温低压容器或管路上固定支架时，可采用焊接。

2) 在高温高压及合金钢材料制成的容器或管路上固定支架时，应用抱箍卡接。

3) 固定在其他结构物（如钢平台等）上的支架可采用焊接，此时，插座与取源阀门间的连接管必须有S形或U形的弹簧弯。阀门抱箍与支架间的螺丝孔应采用椭圆形长孔，以免影响运行时本体的膨胀。

第四节 水位取源部件的安装

在火力发电厂的水位测量中，差压式水位计和电接点水位计应用较多。前者的取源部件主要是平衡容器，后者的取源部件是测量筒，故本节着重介绍平衡容器及测量筒的安装方法和要求。

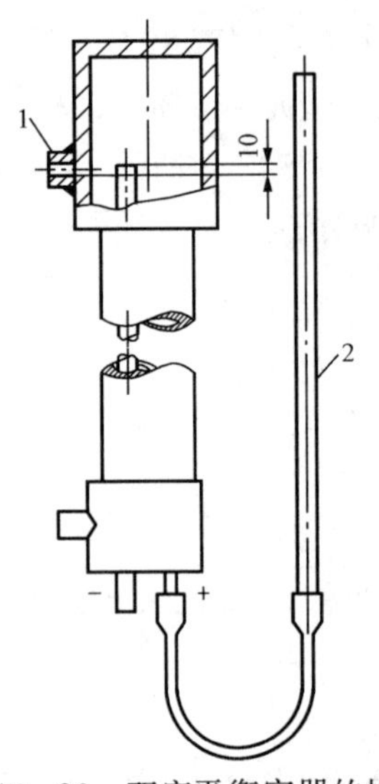

图 13-26 双室平衡容器的检查
1—正取压管口；2—玻璃水位计

一、水位平衡容器的安装

1. 安装前的准备工作

(1) 平衡容器安装水位线的确定。平衡容器制作后，应在其外表面标出安装水位线。单室平衡容器的安装水位线应为平衡容器取压孔内径的下缘线；双室平衡容器的安装水位线应为平衡容器正、负取压孔间的平分线；蒸汽罩补偿式平衡容器的安装水位线应为平衡容器正压恒位水槽的最高点。

双室平衡容器应以图 13-26 所示的方法检查其内负压管的严密性和高度。由玻璃管水位计处灌水，待正取压管向外排水时，静置 5min，负压管应无渗水现象。然后堵住正压取压管口，在玻璃水位计处继续灌水，待负压管往外排水时止，观察玻璃水位计的水位高度应高出正取压管口的内径下缘约 10mm。

用同样方法检查蒸汽罩补偿式平衡容器的安装水位线。

(2) 水位测点位置的确定。水位测点的位置可根据显示仪表刻度的量程选择（正、负压测点应在同一垂直线上）。

1) 对于零水位在刻度盘中心位置的显示仪表，应以被测容器的正常水位线向上加上仪表的正方向最大刻度值为正取压测点高度；被测容器正常水位线向下加上仪表的负方向最大刻度值为负取压测点高度。

2) 对于零水位在刻度起点的显示仪表，应以被测容器的玻璃水位计零水位线为负取压测点高度；被测容器的零水位线向上加上仪表最大刻度值为正取压测点高度。

3) 当制造厂安装的取压装置无法满足显示仪表刻度时，可采用如图 13-27 所示的具有连通管的连接方式。

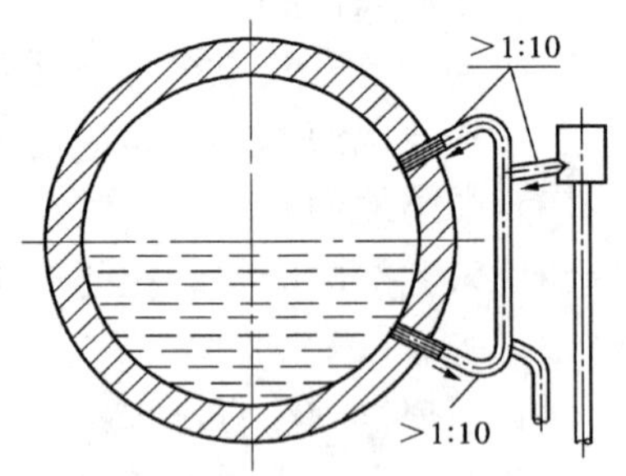

图 13-27 带有连通管的平衡容器安装形式

(3) 平衡容器安装高度的确定。

1) 对于零水位在刻度盘中心位置的显示仪表，如采用单室平衡容器，其安装水位线应为被测容器的正常水位线加上仪表的正方向最大刻度值；如采用双室平衡容器，其安装水位线应和被测容器的正常水位线相一致；如采用蒸汽罩补偿式平衡容器，其安装水位线应比负取压口高出 L 值。

2) 对于零水位在刻度盘起点的显示仪表，如采用单室平衡容器，其安装水位线应比被测容器的玻璃水位计的零水位线高出仪表的整个刻度值；如采用双室平衡容器，其安装水位线应比被测容器的零水位线高出仪表刻度值的 1/2。

2. 平衡容器的安装及要求

安装水位平衡容器时，应遵照下列要求：

（1）水位取压测点的位置和平衡容器的安装高度按上述规定进行。

（2）平衡容器与容器间的连接管应尽量缩短，连接管上应避免安装影响介质正常流通的元件，如接头、锁母及其他带有缩孔的元件。

（3）如在平衡容器前装取源阀门应横装（阀杆处于水平位置），以避免阀门积聚空气泡而影响测量准确度。

（4）一个平衡容器一般供一个变送器或一只水位表使用。

（5）平衡容器必须垂直安装，不得倾斜。

（6）工作压力较低和负压的容器，如除氧器、凝汽器等，其蒸汽不易凝结成水，安装时，可在平衡容器前装取源阀门，顶部加装灌水管或灌水丝堵，以保证平衡容器内有充足的凝结水，使水位计能较快地投入使用；或者在平衡容器前装取源阀门、顶部加装放气阀门，打开放气阀门，利用负压管的水，经过仪表处的平衡阀门从正压管反冲至平衡容器，不足部分从平衡容器顶部的放气孔（或阀门）处补充。

（7）平衡容器及连接管安装后，应根据被测参数决定是否保温。若进行保温，为使平衡容器内蒸汽加快凝结，其上部不应保温。

（8）蒸汽罩补偿式平衡容器的安装如图13-28所示，安装时应注意以下几点：

1）蒸汽罩补偿式平衡容器较重，其重量由槽钢支座7承受，但应有防止因设备热膨胀产生位移而被损坏的措施。因此，钢板8与钢板9接触面之间应光滑，便于滑动。

2）蒸汽罩补偿式平衡容器的疏水管应单独引至下降管，其垂直距离约为10m左右，且不宜保温，在靠近下降管侧应装截止阀。

3）蒸汽罩补偿式平衡容器的正、负压引出管应在水平引出超过1m后才向下敷设，其目的是使水位变化时正、负管内的温度梯度在这1m水平管上得到补偿。

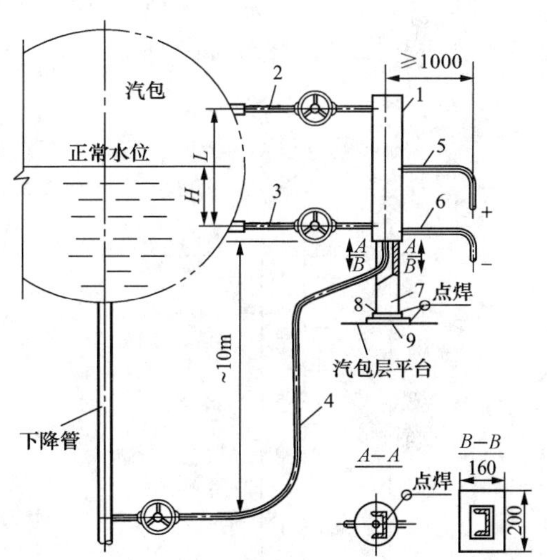

图13-28　蒸汽罩补偿式平衡容器的安装

1—平衡容器；2、3—汽、水侧连接管；4—疏水管；5、6—正、负压引出管；7—槽钢支座；8、9—钢板

二、电接点水位计测量筒的安装

电接点水位计测量筒品种较多，但安装方法基本相同，现以DYS-19型和GDR-1型电接点水位计为例，简述其安装要点。

1. DYS-19型电接点水位计

测量汽包水位用的DYS-19型电接点水位计的测量筒如图13-29所示，测量筒由筒体（又称水位容器）与电接点组成。筒体采用20号无缝钢管，周围四侧A、B、C、D方位开有19个电接点取样孔，按直线排列。接点螺孔为M16×1.5，筒体全长的中点为零位，最低接点至最高接点的距离为600mm，各点直线距离以零位为基准时，分别为

A侧：0，±75，±250；B侧：+200，+50，−15，−100，−300；C侧：±30，±150；

D侧：+300，+100，+15，−50，−200。

筒体安装孔设于C侧，安装孔开孔口径为24mm，开孔距离根据实际需要而定。

电接点使用时应加装紫铜垫圈旋入筒体接点孔，要旋紧密封好，其绝缘电阻应大于100MΩ。

测量筒必须垂直安装，垂直偏差不得大于2°。当测量汽包水位时，筒体中点（零水位）必须与汽包的正常水位线处于同一水平面上，即与云母水位计的零水位对准。

测量筒与汽包的连接管不能过长、过细或弯曲、缩口。测量筒距汽包越近越好，应使测量筒内的压力、温度、水位尽量接近汽包内的真实情况。测量筒体底部应安装放水阀门和放水管，以便冲洗。

测量筒上的引线应使用耐高温的氟塑料线引至接线盒。测量筒处应使用瓷接线端子连接，不得用锡焊。测量筒筒体应接地，并由此引出公用线。

2. GDR-1型电接点水位计

GDR-1型电接点水位计的测量筒带恒温套，用于测量汽包水位，测量筒的安装系统如图13-30所示。其安装要点除按上述测量筒的要求外，为使热套测量筒在工作状态下充满饱和蒸汽，疏水管应紧靠着水侧连接管下面敷设，至汽包近处再往下弯接至下降管，并将两管水平段一起保温，其余部分裸露。

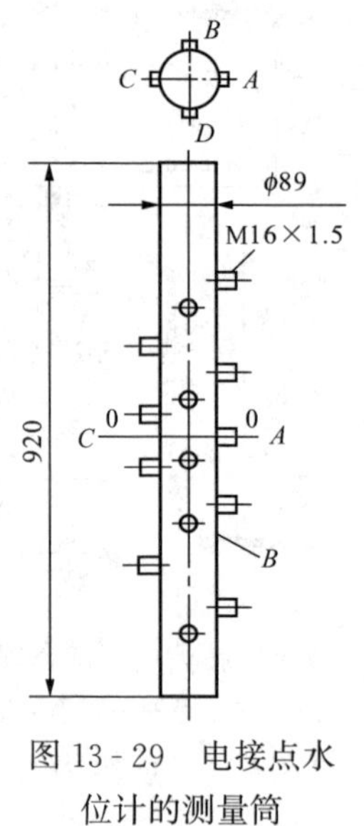

图13-29 电接点水位计的测量筒

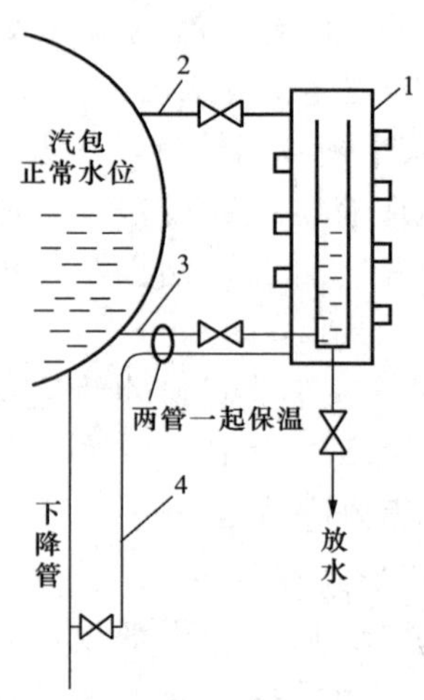

图13-30 GDR-1型电接点测量筒安装系统
1—热套测量筒；2—汽侧连接管；
3—水侧连接管；4—疏水管

思考题与习题

1. 仪表测点开孔位置的选择原则是什么？
2. 测温元件的安装要求及实施方法是什么？
3. 水位平衡容器安装前应做哪些工作？

第十四章　就地检测和控制仪表的安装

仪表和设备的安装是热工人员必备的基本技能。本章主要介绍盘内配线、电缆敷设、盘上仪表和就地仪表的安装知识和安装工艺。

第一节　盘　内　配　线

一、控制电缆接线

控制电缆接线主要包括电缆终端头的制作及排线、接线和校线等工序。

（一）控制电缆终端头的制作

电缆敷设完后，其两端要剥出一定长度的线芯，以便与接线端子连接，这道工序叫终端头制作。制作电缆终端头是电缆施工最重要的一道工序，既与安全运行有关，又直接影响设备的美观。

以聚氯乙烯绝缘钢带铠装控制电缆为例，电缆终端头的制作工艺如下所述。

1. 剥切外护层

在剥切电缆外护层前，应在选定的钢甲位置打上一道卡子，以防钢甲松散。打卡子前，若钢甲松弛，应先扭紧，并做临时绑扎。用喷灯预热钢甲打卡子处，并用汽油面纱或破布将此处的沥青擦干净。

打好卡子后，在卡子外缘1～2mm处的钢甲上，用锯弓或专用的电缆刀具锯出一个环形深痕，深度为钢甲厚度的2/3，千万不要锯透而伤及内护层。再用同样方法剥去第二层钢带。两层钢带撤下后，用锉刀修饰钢带切口，使其圆滑无毛刺。

2. 剥切内护套

在露出的内护套离钢甲卡子边缘20～25mm处，用电工刀切一环形深痕，其深度不超出内护套厚度的1/3，以免伤及线芯绝缘。然后沿电缆纵向用电工刀在内护套上割一直线深痕，深度不超过内护套厚度的1/2。用螺丝刀将内护套切口挑起，轻轻地把内护套扯下来，切口应修正，使之圆滑无毛刺。

3. 分芯和作头

内护套剥除后，即露出带绝缘的线芯。散开线芯，用钳子将线芯一根根拉直。拉直线芯时用力不得过猛，以免使机械强度降低，截面变小。

分芯后，可用塑料带包扎线芯根部和内护层一小段（35～45mm），使成橄榄形、花瓶形等，既美观，又增加电缆头根部的机械强度和绝缘强度。在成形的电缆头上，可夹上用碳素墨水书写（或号码烫印机打印）有电缆编号、规格、去向的小白纸片，外包透明塑料固定，这样可代替电缆牌。在同一盘（台）内包扎形式和颜色均应一致，使之美观。

控制电缆终端头也可用热收缩管缩封，施工更为简便，且美观。使用时，将相应规格的热缩管裁成长50mm左右，套于电缆护套与剥除护套的线芯之间，用电吹风机对热缩管四周均匀加热，使其收缩成形。若要增加接头的密封防水性，在热缩管加热前，可先在热缩管内壁涂上热熔胶或将热熔胶带绕在需密封的部位，然后加热。

对于屏蔽电缆，作头时应将屏蔽层以“线”的形式引出，以备接地。

（二）排线和接线

包缠好绝缘后，应把每根控制电缆的线芯单独绑扎成束。备用线芯应按最长线芯的长度排在线芯束内。线芯束一般排成圆形，因为这样排比较简单、美观。线芯束可用0.3～0.5mm厚、5～8mm宽的铝带咬口捆孔（铝带外可穿套塑料管），也可用白线绳、白尼龙绳、塑料固定带或钢精轧头绑扎。捆绑不要过紧，每挡间距应匀称。

各线芯束排列时，应相互平行，横向线芯束或线芯应与纵向线芯束垂直。线芯束与线芯束间的距离应匀称，并尽量靠近。

排好线束后，即可分线、接线。如在分芯时已刻号，可根据两端的端子排图，确定对应号码，将刻号标在两端的端子排图上。如在分芯时未刻号，接线前应进行校线。当先在盘、台侧进行接线时，可在盘、台侧接好线后，再与就地端子箱或设备侧校线。因盘、台侧电缆较多，这样做在分线时较方便，施工简单，工艺美观。但在校线时还应将端子排上引接的线头卸下来（与其他端子无直接联系者除外），以免串线，造成错误。

校线可使用电话法、通灯法或通灯加电话法。

使用电话法（见图14-1）时，首先将电池的一端用导线连接至电缆导电外皮或接地，另一端接至电话听筒，而电话听筒的另一端接至控制电缆的任一线芯上。此时，可将在控制电缆另一端的电话听筒的一端接至电缆的导电外皮或接地，另一端顺序地接触至电缆的每一根线芯上，当接到同一根线芯时则构成闭合回路，电话听筒内将有响声并可通话。用同样的方法可确定其余的线芯。如电缆没有导电外皮，可借接地的金属结构先找出第一根线芯，然后用这根线芯作为回路的公共部分。

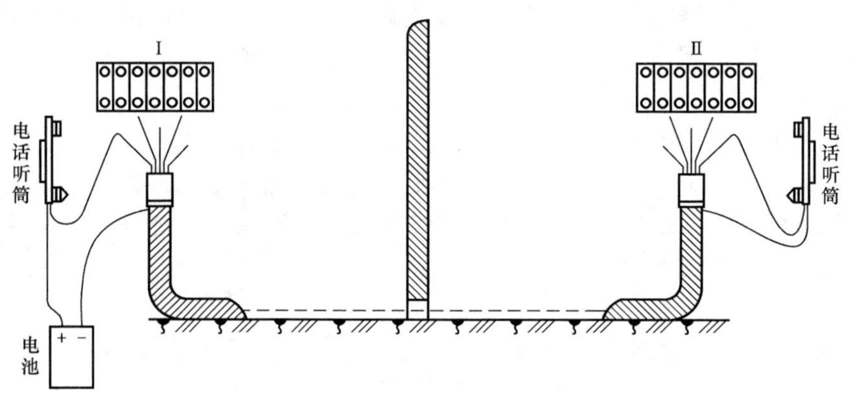

图14-1　用电话法校线

使用通灯法时（通灯用两节干电池和一个小电珠组成，带有两根装有鱼尾夹子或测电棒的引线），一端各设一个通灯，如图14-2所示，将通灯的一端接至电缆的导电外皮或接地的金属结构上，当两个通灯的另一端同时接触到同一根线芯时，两个灯泡同时发亮。但要注意两个通灯的极性不要接反。采用这种方法时，应事先规定好必要的信号，如线芯对上一个后，使灯闪几次等。

图 14-2　用通灯法校线

使用通灯加电话法，最为可靠，适宜于长距离校线，双方发生情况时能及时通话，可以避免差错，加快速度。

校线时，应在线芯上作好标志，可在线芯端部刻号，或将事先准备好的标记牌套上。接线时按设计图纸的标记将线芯接于端子上。

目前，标记牌多采用号码烫印机打印，一般用白色塑料软管（内径与线芯绝缘外径相配）截取适当长度作标记牌使用。

校完线后，就可根据相应端子排的位置，将线芯从线束中一一抽出来。抽线芯时，相互间应保持平行，并留有余度。线芯可暗抽或明抽，根据条件而定，其要求为：整齐、美观、匀称。

抽出来的线芯可根据端子排的位置，将多余部分割掉，用剥线钳或电工刀剥去绝缘层，以便引接。剥线时不应损伤铜芯。线芯上的氧化物和绝缘屑应用刀背刮掉，使之接触良好。线芯处理完毕后，套上标记牌，线头可用尖嘴钳按顺时针方向弯成圆圈（弯圈的方向应跟紧固螺丝旋转时的方向一致，如图 14-3 所示）。圆圈应弯得很圆且根部的长短适当，这样套在螺丝上便越拧越紧。

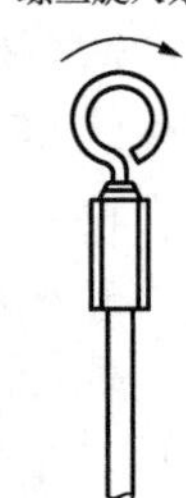

图 14-3　导线端弯圈的方向

当采用直接压线形式的端子排时，线头不必弯圈，应注意不要将绝缘部分压进端子排，而使回路不通；并要防止线头因压接不好而造成开路。接线后，可用手稍用力试拔一下，不应一拔就下来。

多股铜绞线接线时，线头端头可镀锡，使之成整体，像单股线一样。也可使用冷压接线片，导线线芯与接线片的连接，用专用手动压接钳压接。

接到每个端子上的电缆线芯一般不多于一根，只有当需要跨接时，才将两根导线连接到同一个端子上。

（三）接线后的复校

接线完毕后，对每根电缆均应进行复校，以保证接线的正确性。图 14-4 是某根电缆接线示意，校线时在电缆线两端的校线人员一般用对讲机联系，用通灯校对已接的电缆线芯。

校线时以一侧为主（如甲侧），通灯置于某一端子暂不移开，另一侧（如乙侧）用通灯顺序点接与电缆有关的端子，至两侧通灯亮后，先记录此线芯，再继续点接其他端子，点完为止。若发现有两芯以上亮时，应拆下线芯重校（可先拆一侧，不能判断时再拆另一侧），直至只有一根线芯亮为止，以防盘内或设备内有常闭触点将两线芯短接而造成校线错误。例如，图 14-4 中，当甲侧通灯置于“—X1”端子板的端子 1 时，乙侧用通灯顺序点接时会发

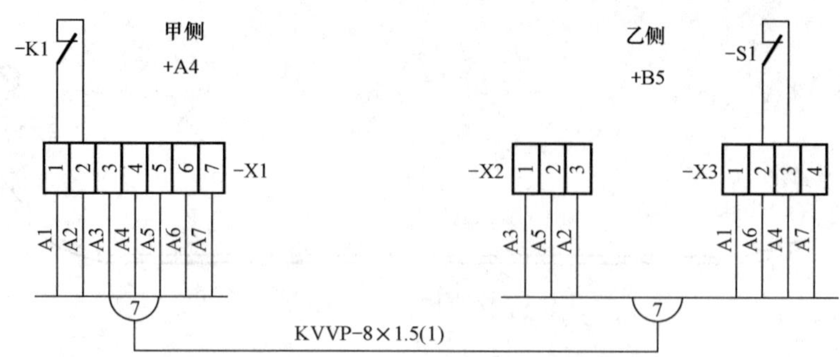

图 14-4 电缆接线示意

现在“－X2”端子板的端子 3 和“－X3”端子板的端子 1 上通灯都亮，原因是“－X1”端子板的端子 1、2 接有常闭触点“－K1”。校核第 2 根线芯时，方法相同，但曾经校对过的线芯在乙侧不必再点接。……以此类推，至该根电缆的线芯接线校对完毕为止。从图 14-4 可看出，当甲侧通灯置于“－X1”端子板的端子 4 时，乙侧通灯点接在“－X3”端子板的端子 2 和端子 3 上通灯都亮，原因是“－X3”端子板的端子 2、3 接有按钮“－S1”的常闭触点。

二、盘内配线

盘内配线的技术要求为：按图施工，接线正确；连接牢固，接触良好；绝缘和导线不受损伤；配线整齐、清晰、美观。对于已配好线的盘（台），在安装时应按此要求进行检验，发现不合格者必须进行处理。

盘内配线的施工步骤：①熟悉盘面布置图及盘后接线图，并与原理图核对；②领出所需的设备、部件与材料；③按设计与实物在盘面上画线，校核部件的高度应与邻盘一致，并应便于运行；④开孔；⑤焊接铁件（用于固定端子排、绑扎导线、固定电缆等）；⑥盘面喷漆；⑦准备标号牌；⑧安装设备与部件；⑨安装端子排；⑩配线、查线；⑪标上各部件的名称或编号。

在盘上开圆孔时，若直径小于 25mm，可用电钻一次开成；若直径大于 25mm，可采用开孔器（开孔直径为 21～76mm）卡在电钻上即可钻孔，若无此专用器具，可沿圆周内侧用电钻打一圈 6mm 的连通孔，然后用锉刀修正。开方形或长方形孔时，可在对角线上用 6mm 钻头各打 5 个小孔，由此伸入锯条，前后两人操作，将孔开成，最后用锉刀修正。

盘内如需堵孔时，应选用与盘面同样厚度的铁板制成比孔洞略小的形状，放在孔内，在盘背后用细焊条点焊。6mm 以下的圆孔可用腻子堵平。

每组端子排前应设有标记型端子，标明所属回路名称。端子排上每隔 5 个端子应标明顺序号，端子排离地面不应小于 150mm。端子排并列安装时，其间隔不应小于 150mm。

设备与导线一般用螺丝连接，若需要锡焊，应采用多股软导线。导线应选用 1.5mm^2 的单股硬铜线或 1.0mm^2 的多股软铜线。

当导线的两端分别连接到活动与固定的部分时，应使用多股软铜线，并在靠近端子排处用卡子固定。

盘内各设备间一般可用导线直接连接，不必经过中间端子，但绝缘导线本身不允许有接头。部件之间的连线应绑扎在导线束内，同一盘内导线的颜色应一致。

盘内同一路线的导线可排列成长方形的导线束（一般用于单股硬铜线）或圆形的导线束（一般用于多股软铜线）。导线应统一下料，一次排成，不要逐根增设。配线的走向力求简捷、明显，尽量减少交叉。若遇特殊情况也可以交叉，但应将其做成使前面部分（或上层）看不到交叉。导线束在转弯或分支时，仍应保持横平竖直，转角弧度一致，导线相互紧靠。转角弧度要求一次弯成，以免损伤绝缘及线芯。弯曲半径一般应不小于导线束直径的 3 倍。图 14 - 5 所示为长方形的导线束，图 14 - 6 所示为圆形的导线束。

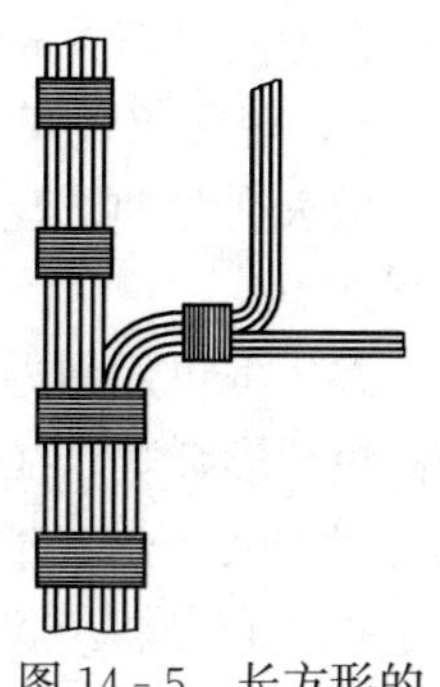

图 14 - 5　长方形的导线束

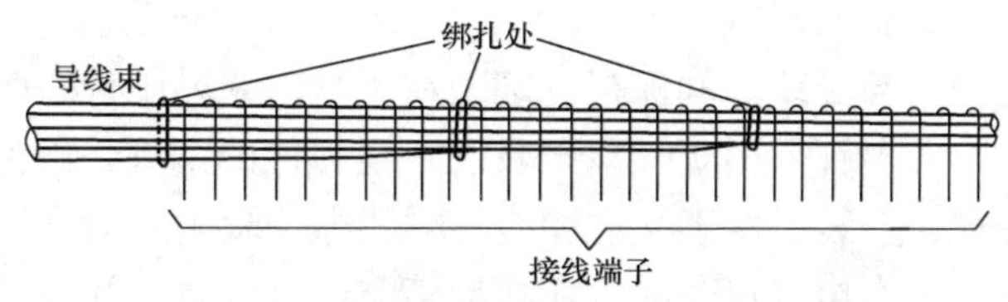

图 14 - 6　圆形的导线束

长方形导线束下料后，可先作临时固定，再沿其全长用小铝带卡子绑扎、固定。导线束分支出来的导线可用钢精轧头绑扎，圆形导线束的绑扎可用尼龙线或塑料固定带。导线束绑扎应匀称，当垂直走线时，间隔为 200mm；水平走线时，间隔为 150mm。转弯处应另增卡子，导线束应固定在预设的铁件上。

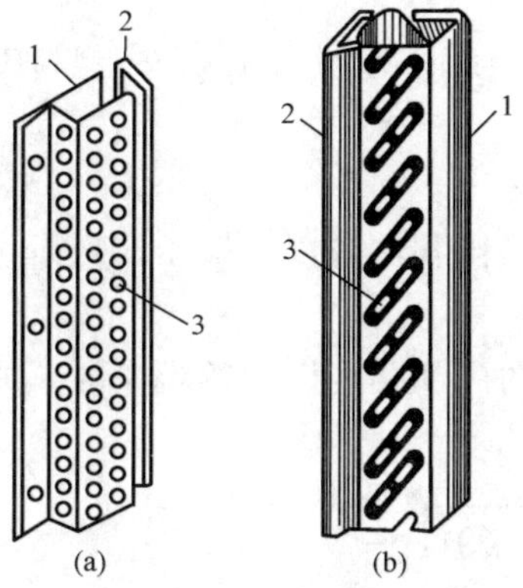

图 14 - 7　穿孔线槽

（a）钢线槽；（b）塑料线槽

1—线槽底座；2—线槽盖；3—穿线孔眼

接到端子排的导线除了跨接线可连接两根导线到同一个端子外，每个端子上的导线不多于一根。若导线多于两根，应增加一个端子，两者间用短路片连接。

修改已配好线的盘（台）时，如要拆除导线，可将两头的导线剪掉，中间一段仍留在导线束内，作为假线；如要增加导线，应与原有配线方式一致，如有可能应包扎在原有导线束内，切忌任意乱接，影响整体。

为了简化配线工作，可将导线敷设在线槽内，如图 14 - 7 所示。敷设时先将线槽固定在盘上，然后将导线放在槽内。导线由线槽旁边的孔眼引出。

当设备接线柱为插接件时，连接导线应为多芯的软铜线。若采用锡焊连接，应使用带有焊剂的焊锡丝（松香焊锡丝），用功率适当的电烙铁进行焊接，切勿使用有腐蚀性的焊剂，同时还应防止过热与虚焊。焊完后，为防止腐蚀，可用酒精擦净。

第二节　盘上仪表和设备的安装

一、盘上仪表的固定

在盘（台）上固定仪表时，应由两人配合，一人在盘前将仪表放入安装孔并夹住仪表，另一人在盘内找正并固定专用卡子或托架。仪表应用水平仪找正。仪表固定后，盘外的人应后退3～4m，观察仪表安装得是否横平竖直。

仪表在盘前、盘后均应设有标志。盘前可使用专用的标志框，或用长方形塑料牌刻上字标明用途等。

标志框可用螺母固定，塑料牌可用黏结剂固定。盘背面可用万能胶粘贴直径为24mm左右的白色圆形纸牌，在纸牌的上半圆内标明设备编号，在下半圆内标明设备型号。

盘上装有仪表时，不得再进行使盘（台）产生剧烈震动的工作。

仪表和导线及表管间的连接不应使仪表承受机械力，为了便于拆卸和检查仪表，导线应留有适当长度。

盘上安装的电气设备绝缘应良好。带电部分与接地金属之间的距离不得小于5mm，最好不要裸露，应加上绝缘，如套上塑料管等。

盘内表管应单独排列，与导线之间保持一定距离。盘内的风压管一般采用$\phi 10$以下的钢管或紫铜管、尼龙管等；压力表管采用$\phi 14$以下具有一定弹性的钢管，以保护表计。盘内的仪表阀门应排列整齐，吹洗嘴的安装应便于吹洗和能临时装卸校验用的标准仪表。

压力表盘内表计下面装有电气设备时，应在导管与电气设备之间安装挡水盘，以保持电气设备的绝缘强度。压力表盘与其他表盘相邻时，中间应有隔板，以防影响邻盘。

二、显示仪表的接线

仪表接线端子与外部导线的连接应按规定的接线图进行，并套标号牌（与电缆接线相同）。工业自动化仪表与表外连接的接线端子的排列和标志有如下规定。

（一）端子编号

端子板上的每个端子应标以阿拉伯数字，并按下列顺序依次编号，数字一般由小到大。

1. 单块端子板

（1）横排的端子板的端子编号按从左向右的顺序。若有两排和两排以上端子时，则编号按先上排后下排的顺序，如图14-8（a）所示。

（2）竖列的端子板的端子编号按从上向下的顺序。若有两列和两列以上的端子时，则编号按先右列后左列的顺序，如图14-8（b）所示。

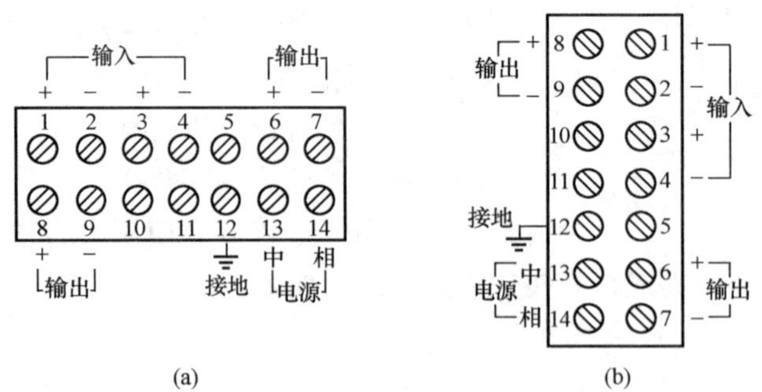

图14-8 单块端子板的端子编号和排列示例

（a）横排端子板；（b）竖列端子板

（3）方阵（横排和竖列的端子数相等）的端子板的端子编号可按上述两种顺序，任选一种。

（4）连接并列输入和输出信号的端子，无论其端子排列的形式如何，只给一个编号。其编号可以是连续的，也可以是不连续的，但编号不得重复。为了接线方便，可将排或列再用拉丁字母加以标识，如 A、B、C…，如图 14-9 所示。

2. 多块端子板

（1）将多块端子板看作由多排或多列的单块端子板组成的整体，其端子予以连续编号。

（2）将每块端子板按横排或竖列的顺序用拉丁字母（A、B、C…）依次标识，然后分别对每块端子板予以独立编号。

（3）兼有横排和竖列的多块端子板，其端子可由端子板主要形式（横排或竖列）予以连续编号，或将每块端子板按端子板主要形式的顺序用拉丁字母依次标识，然后分别对每块端子板的端子予以独立编号，如图 14-10 所示。

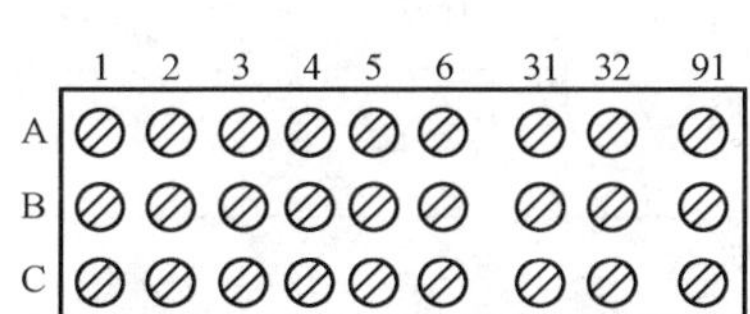

图 14-9　并列信号用的端子排编号示例

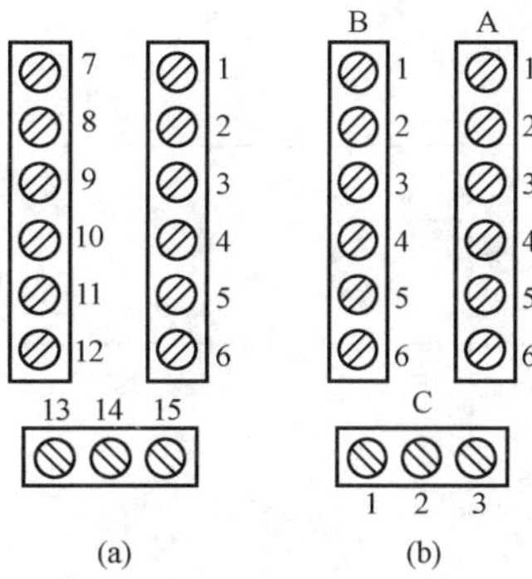

图 14-10　兼有横排和竖列的多块端子板编号示例
（a）连续编号；（b）独立编号

（二）端子排列

1. 输入和输出信号的端子

（1）连接输入信号和输出信号的端子，按先“输入”后“输出”的顺序排列。若同种信号有正、负极性时，则按先“正”后“负”的顺序排列，如图 14-8 所示。

（2）具有一块以上的端子板时，按先输入端子板后输出端子板的顺序排列，如图 14-11 所示。

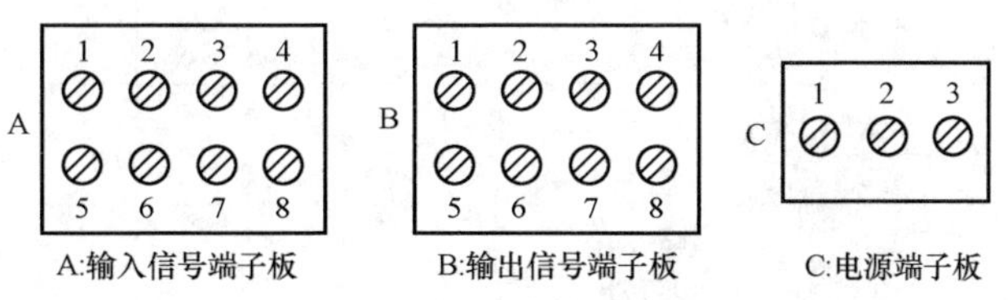

图 14-11　输入、输出信号端子板和电源端子板分别列出的排列示例

2. 辅助信号的端子

连接辅助信号（如检测、校验、输出反馈等）的端子一般按其输入或输出功能，遵循上述（输入和输出的信号）方法顺序排列。必要时，允许作为单独信号考虑，将辅助信号端子置于输入端子前或输出端子后顺序排列，也可作为独立部分另设端子板。

3. 接地和电源的端子

(1) 连接接地和电源的端子是端子板上的最后3个端子，若为交流供电，按地线、中线、相线的顺序排列；若为直流供电，按地线、“正”、“负”端的顺序排列，如图14-8所示。需要时，允许接地端子单独设在表壳上。

(2) 具有一块以上的端子板时，电源端子在最后一块端子板上，且尽量位于单独的一块电源端子板上，如图14-11所示。

(三) 端子标志

端子板上的端子尽量附有连接外部线路的标志，以便识别。编号和标志原则上两者不可缺一，若受结构影响或尺寸位置限制，允许任选一种表示。但在采用编号表示时，其连接外部线路的标志应在产品使用说明书中明确。标志一般用符号或代号表示，部分标志也可用文字替代，常用标志见表14-1。

表14-1 仪表端子常用标志

符号	代号	项目	说明	符号	代号	项目	说明
+		正端				双向晶闸管	
−		负端				熔断器	
		热电偶	粗线表示负端	∼	AC	交流	
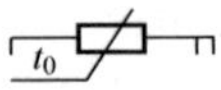 t_0		热电阻	采用三线制		DC	直流	
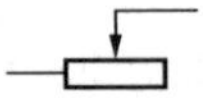		滑线式变阻器			E	接地	
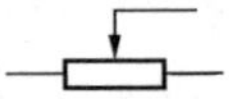		滑动触点电位器			PE	保护接地	
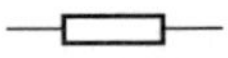		电阻器		或	MM	接机壳或底板	
		正脉冲	也可表示电平开关信号		L	相线	
		负脉冲			N	中性线	
		线圈或绕组			C	公共端	
		动合（常开）触点	也可表示常开状态		FB	反馈	
		动断（常闭）触点	也可表示常闭状态		FF	前馈	
 ＊		电机	＊由下述字母代替：M—电动机；SM—伺服电机；TM—力矩电机		BCD	二-十进制码	

由于目前各制造厂的仪表产品接线端子排列和标志各异，接线时应以制造厂说明书和仪表端子上所标明连接外部的线路标志为准，并按设计图纸进行。

三、盘上设备安装

1. 盘面设备

盘面设备除仪表外还有转换开关、切换开关、按钮、光字牌、信号灯、切换阀等，均要求安装整齐、牢固。

转换开关安装时应用干电池通灯检查处于各不同位置时触点的闭合情况，应与接线图相符，同时应检查各触点的接触是否紧密。触点不符合要求时，应予以更换；触点接触不良者，应予以修理。如解体处理，回装后还应检查触点闭合情况，以保证动作可靠。

切换开关的引出线应焊接良好。切换开关在取盖清理后回装时，应核对其位置是否准确。

按钮应操作可靠，按下后能返回，触点接触良好。按钮接线时应注意不要将开、闭位置接错。

一列光字排应安装在一条直线上，其间距应相等。光字牌两层玻璃之间的白纸上应按设计内容用黑墨水书写仿宋体字，字迹应整齐、美观。

信号灯的灯罩颜色应正确，灯泡电压及与之串联的电阻的电阻值应符合设计要求。

切换阀安装前应解体，清除过多的黄油，以防堵塞。回装后，应检查各嘴对应位置，要与指示相符。

2. 盘内设备

盘内设备的安装分三种情况：

（1）较大设备，如稳压器、电源变压器等，安装在专设的支架上并用螺钉固定。

（2）中型设备，如伺服放大器等，挂装在专设的花槽钢或花角钢上并用螺钉固定。

（3）较小设备，如熔断器、组合开关、继电器、小变压器、小接触器等，安装在电源板上，电源板用螺钉固定在盘内的柱和梁上。

安装在电源板上的设备应根据其位置与尺寸，在电源板上钻眼套丝，以便于拆装。

熔断器与组合开关的安装应便于操作，且应注意其裸露部分与操作人员之间应有足够的安全距离。

熔断器的熔断管应根据设计或实际情况选用电流值。

继电器安装时应检查其使用电压及触点开、闭情况是否与设计相符。对电磁型继电器应检查接点的接触情况，可人为地使继电器断合数次，观察动、静触点是否对正。若有偏斜，可适当改变静触点的位置，使之接触可靠；并应用干电池通灯检查触点是否良好，接触不好时可用细砂布打磨。

盘面设备和盘内设备均应有标志框或标志牌标明用途或编号。

第三节 就地指示仪表的安装

一、压力仪表安装

仪表应安装在便于观察、维护和操作的地方，周围应干燥和无腐蚀性气体。因为仪表内有许多金属部件、电气零件，如果安装地点很潮湿或有腐蚀性气体，就会使传动机构及其他金属部件受到腐蚀，使零件松动和损坏，从而影响仪表的正常运行并缩短其使用寿命。在实际安装中，若环境不够理想，就应采取措施提高仪表的密闭性，如将仪表外壳穿线孔堵塞等。

仪表安装地点应避开强烈震动源，否则应采取防震动措施。

压力仪表（含变送器）的安装位置与测点有标高差时，仪表校验时应通过迁移的方法，消除因液柱引起的附加误差。测量汽轮机润滑油压力的仪表，其安装最佳标高与汽轮机轴中心线重合，以正确反映轴承内的油压。

仪表安装的环境温度应符合制造厂规定。温度太低会使仪表内的介质冻结；温度过高会影响弹性元件的特性。

弹性元件对温度的变化较敏感，如弹性元件与温度较高的介质接触或受到高温的辐射时，弹性特性就要改变，从而使测量产生误差。当被测介质温度大于70℃时，就地压力表阀门前应装环形管或U形管，使仪表与高温介质间有缓冲冷凝液。环形或U形管的弯曲半径不应小于导管外径的2.5倍。

对于测量高温高压介质的压力表，其配管可采用不锈钢毛细管（此方法也适用于就地盘内配管和变送器配管）。

在测量剧烈波动的介质压力时，应在仪表阀门后装设缓冲装置。

就地压力表的安装高度一般为1.5m左右，以便于读数、维修。

玻璃管风压表应垂直安装，表计与导管间可用橡皮管连接。橡皮管应敷设平直，不得绞扭，以免造成误差。

就地仪表如采用无支架方式安装，应符合下列要求：

（1）仪表与支持点的距离应尽量缩短，最大不应超过600mm。

（2）导管的外径不应小于14mm。

（3）不宜在有震动的地点采用此方式。

（4）带有电气接点或电气传送器的压力表不宜采用此方式。

（5）在可以短时间停用的设备或管路上采用此法安装压力表时，可取消其仪表阀门。

压力表与支持点距离超过600mm时，应符合下列要求：

（1）仪表导管可在仪表阀门前或后用支架固定，导管中心线离墙距离应为120～150mm。

（2）当两块仪表并列安装时，仪表外壳间距离应保持30～50mm。

（3）在有振动的地点安装时，应采用铸铁型压力表支架（因铸铁的减震性能较好），并在支架与固定壁间衬入厚度约10mm的胶皮垫。

两块以上压力表安装在同一地点时，应尽量把压力表固定在表板型、表箱型或立柱型的支座上。

表板型支座是用2～3mm厚的钢板作表板，用$\phi8$～$\phi10$的圆钢或$\phi8$的水煤气管作边框（分段点焊在表板上），用40×40×4的角钢或$\phi8$的水煤气管做支撑的。表板固定在墙上或直立于地上，支撑与表板采用螺丝连接或点焊。表板与墙壁间的距离应便于拆装仪表。

表箱型支座见图14-12，其仪表箱用2～3mm厚的钢板制成，后开门，导管由支座的下部引入表箱，支座支撑一般采用$\phi80$～$\phi100$的水煤气管制成。

立柱型支座如图14-13所示，是用$\phi80$～$\phi100$的水煤气管制成，支座高度约1m，导管宜由支座内穿引至各压力表。

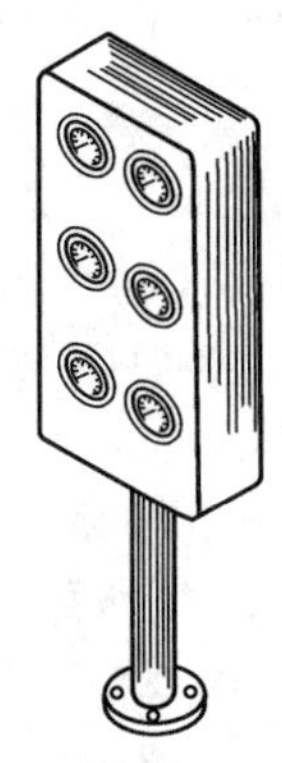

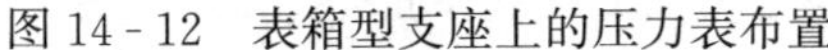

图 14 - 12 表箱型支座上的压力表布置

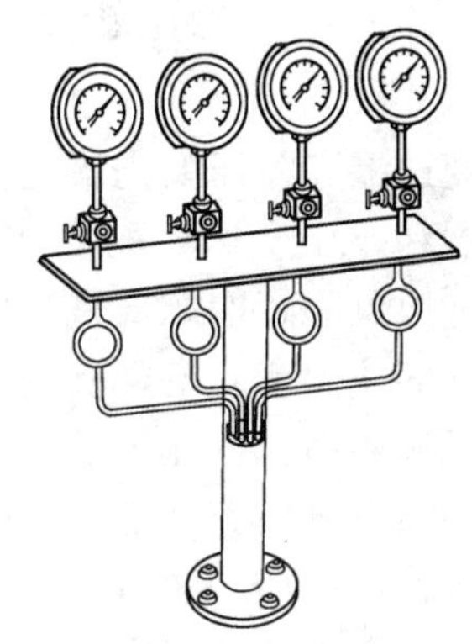

图 14 - 13 立柱型支座上的压力表布置

表板型支座上的压力表可采用镶入式或墙式安装法；表箱型支座上的压力表均采用镶入式安装法。

镶入式安装法适用于安装带前凸边的压力表和无边的压力表。安装前，在板面上开一个大圆孔，其直径比压力表壳的直径大 1～2mm，在孔的外侧面板上间隔 120°均匀钻 3 个小孔。安装带前凸边的压力表时，可将压力表由板面正面镶入圆孔内，而将外露的凸边用 3 只螺丝固定在板面上。

墙式安装法适用于安装带后凸边的压力表和无边压力表。带后凸边的压力表是用螺丝固定在面板上；无边的压力表则用 3 块压板来固定。

导管与压力表连接时，需加装接管嘴、锁母与铜垫。压力表安装时必须使用合适的死扳手，不得用手旋转压力表外壳。

压力表固定后不得承受机械应力，以免损坏或使指示不准。产生应力的原因主要是配制导管时长短、角度不合适，或管路膨胀的缓冲点选择不当，应加以注意。

二、差压仪表安装

差压仪表常用作流量或液位的就地指示表，安装时应按其本体上的水平仪严格找平；当无水平仪时，应根据刻度盘上的垂直中心线进行找正。仪表刻度盘的中心一般离地面 1.2m。

测量管路接至差压计时，管子接头必须对准，不应使仪表承受机械应力。

差压仪表的正、负压侧的管路不得接错。差压仪表前的导管上应安装三通阀门组，或安装由三个针型阀门构成的阀门组。此时，平衡阀应设在两个二次门之后。

流量表和水位计的导管一般应装有排污阀门，且应便于操作和检修。排污阀门下应装有便于监视排污状况的排污漏斗与排水管，排水管引至地沟。

导管内存有空气将造成误差，为避免此误差，可在导管高处设置排气容器或阀门。但由于火力发电厂汽水流量测量介质中空气较少，且可在管路敷设中使水平段保持一定的坡度，并能在投入表计前利用排污阀门进行冲管，因此有时也可不设置排气门，以减少泄漏。

测量黏度大、凝固点低或侵蚀性介质时，在差压表阀门组的正、负压管上均应装隔离容器，内充适当的隔离液。

第四节 变送器和传感器的安装

一、压力变送器和差压变送器的安装

压力变送器和差压变送器的安装一般按照“大分散、小集中、不设变送器小室”的原则，以使其布置地点靠近取源部件。安装地点应避开强烈震动源和电磁场，环境温度应符合制造厂的规定（环境温度对变送器内的半导体元件特性影响较大）。

测量蒸汽或液体微工作压力的压力变送器，其安装位置与测点的标高差引起的水柱压力应小于变送器的零点迁移最大值，否则将无法测量。例如，某汽轮机轴封蒸汽工作压力为20kPa，选用量程为35kPa的1151型压力变送器。由于迁移后的量程上下限均不得超过量程极限，若测点与变送器的标高差大于3.5m时，通过迁移的办法将无法满足测量要求。因此，本例安装时，应使变送器与测点的标高差小于3.5m。

变送器由环形夹环紧固在垂直或水平安装的管状支架上，管状支架直径为45～60mm，如图14-14所示。

对于有防冻（或防雨）要求的变送器，应安装在保温箱（或保护箱）内。根据保温箱（或保护箱）箱体尺寸的大小，可安装1～6台。双层布置时，一般上层安装差压变送器，下层安装压力变送器。箱体内的变送器导压管可以从箱侧壁或箱后壁的预留孔引进。导管引入处应密封，变送器的排污管及排污阀门一律安装在箱体外，如图14-15所示。

对无防冻（或防雨）要求的变送器，可采取支架安装方式。多台变送器的安装一般采取靠椅架方式，其支架在地面上或楼板上，此方法同样适用于保温箱（或保护箱）的固定。

变送器的接线参照有关接线图进行。若变送器采用插接件时，应加端子箱，用软导线引接至插接件，锡焊固定。使用时，应将插接件的连接螺母拧紧，确保插接件接触良好。

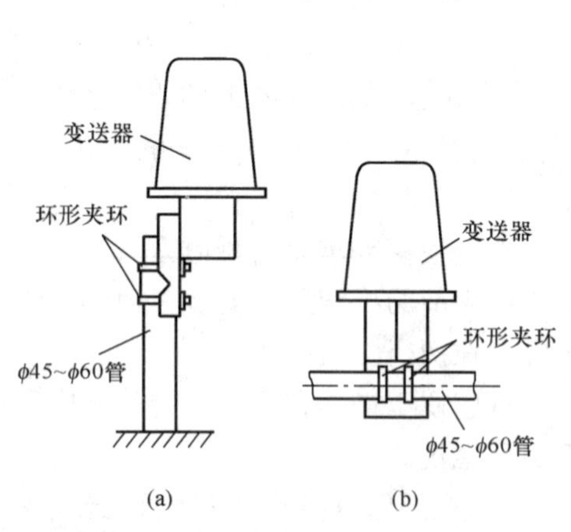

图14-14 变送器的安装方式
（a）安装在垂直管道上；（b）安装在水平管道上

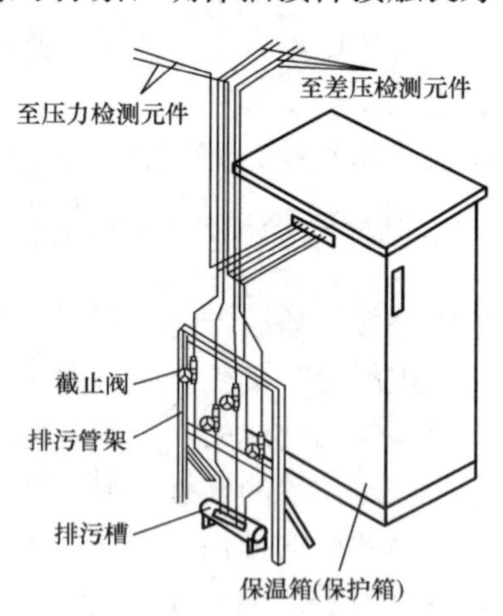

图14-15 导管从保温箱后壁引入箱体的安装示意

二、法兰液位变送器的安装

单法兰液位变送器一般安装在最低液位的同一水平线上，如图14-16所示（变送器前也可增加一个取样阀门）。

图 14-16（a）为测量开口容器液位的情况，变送器负压室通大气。图 14-16（b）为测量汽侧凝结水不多的闭口容器液位的情况，其变送器的负压室必须保持干燥，否则若有冷凝液进入负压室，变送器就不能正确地反映出液位的变化。因此，应在负压室管道低于变送器的地方安装冷凝罐，并定期将罐中的冷凝液排出。

在火力发电厂中，双法兰液位变送器特别适用于导管严密性难以保证的凝汽器水位测量。其特点是，差压信号作用于法兰隔离膜片后，通过毛细管中的硅油传递给主机的测量部件而无需装设测量导管，其安装示意如图 14-17 所示。变送器主机位置可在两法兰接管之间任取。

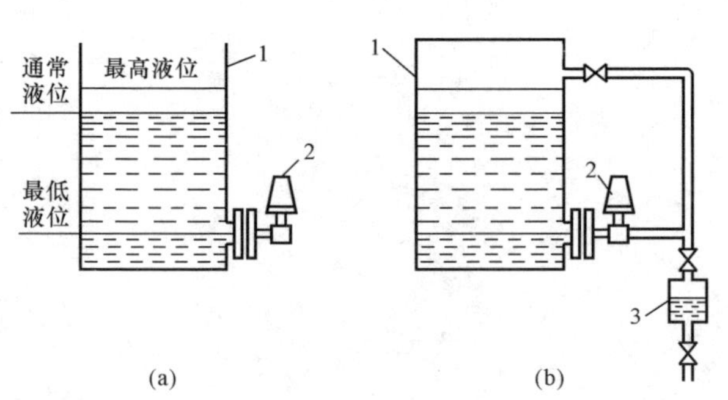

图 14-16 法兰式差压液位变送器安装示意

（a）测量开口容器液位；（b）测量闭口容器液位

1—被测容器；2—法兰式差压液位变送器；3—冷凝罐

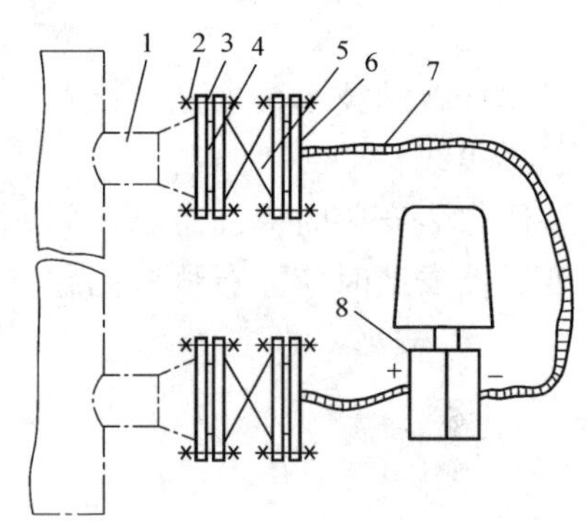

图 14-17 双法兰液位变送器安装示意

1—法兰接管；2—螺母；3—螺栓；4—垫片；5—取源阀门；6—法兰隔离膜片；7—毛细管；8—变送器

三、靶式流量变送器的安装

靶式流量变送器一般安装在水平管道上。若安装在垂直管道上，流体的方向应为由下向上，且流体中没有固体物。

变送器安装时要注意方向（按箭头所示方向），流体应对准靶正面，即靶室较长的一端为流体的入口端。

为了提高变送器的测量准确度，变送器前后的直管段长度不应短于管道内径（D）的 5 倍。

安装变送器的管道最好能设置图 14-18 所示的旁路管。在旁路管和变送器两侧装有截止阀门，以便在变送器检修、拆卸或校验时，保证管道继续正常运行。

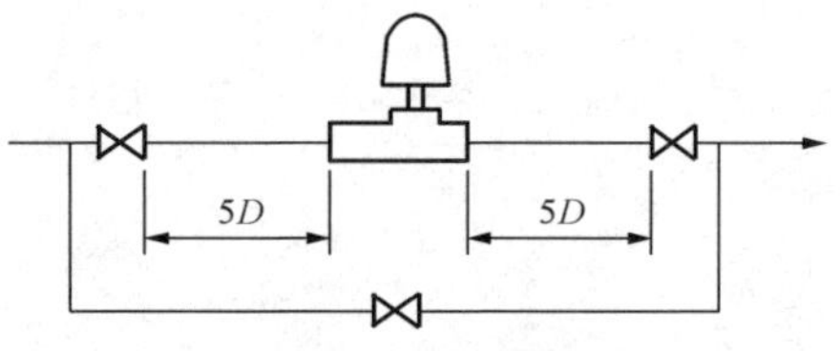

图 14-18 靶式流量变送器安装示意

由于晶体管元件受温度影响较大，因此靶式流量变送器只能安装在介质温度为 70℃及以下的管道上。当介质温度达 100℃时，应采用外部水冷却；当介质温度为 100～400℃时，可采用内部水冷却。

四、汽轮机机械量测量仪表传感器的安装

汽轮机机械量测量仪表的传感器应按制造厂规定的位置和方法安装在汽轮机本体上，经调整试验后再固定牢靠。安装在轴承箱内的传感器，其引出线应使用制造厂提供的专用电线（电缆），若制造厂未供应，则应采用耐油耐温的氟塑料软线，引出口要求密封，以防止渗

漏油。

安装测量轴位移的传感器时，应首先将其固定在轴承箱内的轴承座上。对其定位时，要预先用千斤顶将汽轮机转子顶向制造厂规定的一侧，使转子的推力盘紧靠在非工作面上，或顶向发电机侧紧靠工作面，然后再进行调整。

安装测量汽轮机汽缸热膨胀的传感器时，应在汽轮机冷状态下将其安装于汽轮机前轴承箱旁的基础平台上，其可动杆应平行于汽轮机的中心线。

思考题与习题

1. 盘内配线的技术要求是什么？
2. 怎样校线？
3. 差压仪表安装时应注意哪些问题？
4. 变送器安装时应注意哪些问题？

附　　录

附表 1　　**铂铑 10 - 铂热电偶分度表**

分度号：S（冷端温度为 0℃）

温度（℃）	0	10	20	30	40	50	60	70	80	90
	热　电　动　势（mV）									
0	0.000	−0.053	−0.103	−0.150	−0.194	−0.236				
0	0.000	0.065	0.113	0.173	0.235	0.299	0.365	0.433	0.502	0.573
100	0.646	0.720	0.795	0.872	0.950	1.029	1.110	1.191	1.273	1.357
200	1.441	1.526	1.612	1.698	1.786	1.874	1.962	2.062	2.141	2.232
300	2.323	2.415	2.507	2.599	2.692	2.785	2.880	2.974	3.069	3.164
400	3.259	3.355	3.451	3.548	3.645	3.742	3.840	3.938	4.036	4.134
500	4.233	4.332	4.432	4.532	4.632	4.732	4.833	4.934	5.035	5.137
600	5.239	5.341	5.443	5.546	5.649	5.753	5.857	5.961	6.065	6.170
700	6.275	6.341	6.485	6.593	6.699	6.806	6.913	7.020	7.128	7.236
800	7.345	7.454	7.563	7.673	7.783	7.893	8.003	8.114	8.226	8.337
900	8.449	8.562	8.674	8.787	8.900	9.014	9.128	9.242	9.357	9.472
1000	9.587	9.703	9.819	9.935	10.051	10.168	10.285	10.403	10.520	10.638
1100	10.757	10.875	10.994	11.113	11.232	11.351	11.471	11.590	11.710	11.830
1200	11.951	12.071	12.191	12.312	12.433	12.554	12.675	12.798	12.917	13.038
1300	13.159	13.280	13.402	13.523	13.644	13.766	13.887	14.009	14.130	14.251
1400	14.373	14.494	14.615	14.736	14.857	14.978	15.099	15.220	15.341	15.461
1500	15.582	15.702	15.822	15.942	16.062	16.182	16.301	16.420	16.539	16.658
1600	16.777	18.895	17.013	17.131	17.249	17.366	17.483	17.600	17.717	17.832
1700	17.947	18.061	18.174	18.285	18.395	18.503	18.609			

附表 2　　**镍铬 - 镍硅（镍铬 - 镍铝）热电偶分度表**

分度号：K（冷端温度为 0℃）

温度（℃）	0	10	20	30	40	50	60	70	80	90
	热　电　动　势（mV）									
−200	−5.891	−6.035	−6.158	−6.262	−6.344	−6.404	−6.441	−6.458		
−100	−3.554	−3.852	−4.138	−4.411	−4.669	−4.913	−5.141	−5.354	−5.550	−5.730
−0	0.000	−0.392	−0.778	−1.156	−1.527	−1.889	−2.243	−2.587	−2.920	−3.243
0	0.000	0.397	0.798	1.203	1.612	2.023	2.436	2.851	3.267	3.682
100	4.096	4.509	4.920	5.328	5.735	6.138	6.504	6.941	7.340	7.730
200	8.138	8.539	8.940	9.343	9.747	10.153	10.561	10.971	11.382	11.795
300	12.209	12.624	13.040	13.457	13.874	14.293	14.713	15.133	15.554	15.975
400	16.397	16.820	17.243	17.667	18.091	18.516	18.941	19.366	19.792	20.218
500	20.644	21.071	21.497	21.924	22.350	22.776	23.203	23.629	24.055	24.480
600	24.905	25.330	25.755	26.179	26.602	27.025	27.447	27.869	28.289	28.710

续表

温度（℃）	0	10	20	30	40	50	60	70	80	90
	热 电 动 势（mV）									
700	29.129	29.548	29.565	30.382	30.798	31.213	31.628	32.041	32.453	32.855
800	33.275	33.685	34.093	34.501	34.908	35.313	35.718	36.121	36.524	36.925
900	37.326	37.725	38.124	38.522	38.918	39.314	39.708	40.101	40.494	40.885
1000	41.276	41.665	42.053	42.440	42.826	43.211	43.595	43.978	44.359	44.740
1100	45.119	45.497	45.873	46.249	46.623	46.995	47.367	47.737	48.106	48.473
1200	48.838	49.202	49.565	49.926	50.286	50.644	51.000	51.355	51.708	52.060
1300	52.410	52.750	53.106	53.451	53.795	54.138	54.479	54.819		

附表 3 **铜-康铜热电偶分度表**

分度号：T（冷端温度为0℃）

温度（℃）	0	10	20	30	40	50	60	70	80	90
	热 电 动 势（mV）									
−200	−5.603	−5.753	−5.888	−6.007	−6.105	−6.180	−6.232	−6.258	—	—
−100	−3.379	−3.657	−3.923	−4.177	−4.419	−4.648	−4.865	−5.070	−5.261	−5.439
−0	0.000	−0.383	−0.757	−1.121	−1.475	−1.819	−2.153	−2.476	−2.788	−3.089
0	0.000	0.391	0.790	1.196	1.612	2.036	2.468	2.909	3.358	3.814
100	4.279	4.750	5.228	5.714	6.206	6.704	7.209	7.720	8.237	8.759
200	9.288	9.822	10.362	10.907	11.458	12.013	12.574	13.139	13.709	14.283
300	14.862	15.445	16.032	16.624	17.219	17.819	18.422	19.030	19.641	20.255
400	20.872	—	—	—	—	—	—	—	—	—

附表 4 **镍铬-康铜热电偶分度表**

分度号：E（冷端温度为0℃）

温度（℃）	0	10	20	30	40	50	60	70	80	90
	热 电 动 势（mV）									
−200	−8.825	−9.063	−9.274	−9.455	−9.604	−9.718	−9.797	−9.835	—	—
−100	−5.237	−5.681	−6.107	−6.516	−6.907	−7.279	−7.632	−7.963	−8.273	−8.561
−0	−0.000	−0.582	−1.152	−1.709	−2.255	−2.787	−3.306	−3.811	−4.302	−4.777
0	0.000	0.591	1.192	1.801	2.420	3.048	3.685	4.330	4.985	5.648
100	6.319	6.998	7.685	8.379	9.081	9.789	10.503	11.224	11.951	12.684
200	13.421	14.164	14.912	15.664	16.420	17.181	17.945	18.713	19.484	20.259
300	21.036	21.817	22.600	23.386	24.174	24.964	25.757	26.552	27.348	28.146
400	28.946	29.747	30.550	31.354	32.159	32.965	33.772	34.579	35.387	36.196
500	37.005	37.815	38.624	39.434	40.243	41.053	41.862	42.671	43.479	44.286
600	45.093	45.900	46.705	47.509	48.313	49.116	49.917	50.718	51.517	52.315
700	53.112	53.908	54.703	55.497	56.289	57.080	57.870	58.659	59.446	60.232
800	61.017	61.801	62.583	63.364	64.144	64.922	65.698	66.473	67.246	68.017
900	68.787	69.554	70.319	71.082	71.844	72.603	73.360	74.115	74.869	75.621
1000	76.373	—	—	—	—	—	—	—	—	—

附表 5　　**铂热电阻（Pt100）分度表**

R_0=100.00Ω　　分度号：Pt100

$A=3.96847\times10^{-3}\ 1/℃$；$B=-5.847\times10^{-7}\ 1/℃^2$；$C=-4.22\times10^{-12}\ 1/℃^4$

温度（℃）	0	10	20	30	40	50	60	70	80	90
	热电阻值（Ω）									
−200	17.28	—	—	—	—	—	—	—	—	—
−100	59.65	55.52	51.38	47.21	43.02	38.80	34.56	30.29	25.98	21.65
−0	100.00	96.03	92.04	88.04	84.03	80.00	75.96	71.91	67.84	63.75
0	100.00	103.96	107.91	111.85	115.78	119.70	123.60	127.49	131.37	135.24
100	139.10	142.95	146.78	150.60	154.41	158.21	162.00	165.78	169.54	173.29
200	177.03	180.76	184.48	188.18	191.88	195.56	199.23	202.89	206.53	210.17
300	213.79	217.40	221.00	224.59	228.17	231.73	235.29	238.83	242.36	245.88
400	249.38	252.88	256.36	259.83	263.29	266.74	270.18	273.60	277.01	280.41
500	283.80	287.18	290.55	293.91	297.25	300.58	303.90	307.21	310.50	313.79
600	317.06	320.32	323.57	236.80	330.03	333.25	—	—	—	—

附表 6　　**铜热电阻（Cu100）分度表**

R_0=100.00Ω　　分度号：Cu100

温度（℃）	0	1	2	3	4	5	6	7	8	9
	热电阻值（Ω）									
−50	78.49	—	—	—	—	—	—	—	—	—
−40	82.80	82.36	81.94	81.50	81.08	80.64	80.20	79.78	79.34	78.92
−30	87.10	86.68	86.24	85.82	85.38	84.96	84.54	84.10	83.66	83.22
−20	91.40	90.98	90.54	90.12	89.68	89.26	88.82	88.40	87.96	87.54
−10	95.70	95.28	94.34	94.42	93.98	93.56	93.12	92.70	92.26	91.84
−0	100.00	99.56	99.14	98.70	98.28	97.64	97.42	97.00	96.56	98.14
0	100.00	100.42	100.86	101.28	101.72	102.14	102.56	103.00	103.42	103.86
10	104.28	104.72	105.14	105.56	106.00	106.42	106.86	107.28	107.72	108.14
20	108.56	109.00	109.42	109.84	110.28	110.70	111.14	111.56	112.00	112.42
30	112.84	113.28	113.70	114.14	114.56	114.98	115.42	115.84	116.28	116.70
40	117.12	117.56	117.98	118.40	118.84	119.26	119.70	120.12	120.54	120.98
50	121.40	121.84	122.26	122.68	123.12	123.54	123.98	124.40	124.82	125.26
60	125.68	126.10	126.54	126.96	127.40	127.82	128.24	128.68	129.10	129.52
70	129.96	130.38	130.82	131.24	131.66	132.10	132.52	132.96	133.38	133.80
80	134.24	134.66	135.08	135.52	135.94	136.38	136.80	137.24	137.66	138.08
90	138.52	138.94	139.30	139.80	140.22	140.66	141.08	141.52	141.94	142.36
100	142.80	143.22	143.66	144.08	144.50	144.94	145.36	145.80	146.22	146.66
110	147.08	147.50	147.94	148.36	148.80	149.22	149.66	150.08	150.52	150.94
120	151.36	151.80	152.22	152.66	153.08	153.52	153.94	154.38	154.80	155.24
130	155.66	156.10	156.52	156.96	157.38	157.92	158.24	158.68	159.10	159.54
140	159.96	160.40	160.82	161.26	161.68	162.19	162.54	162.98	163.40	163.84
150	164.27	—	—	—	—	—	—	—	—	—

附表 7　　**SI 基本单位**

量的名称	单位名称	单位符号
长度	米	m
质量	千克（公斤）	kg
时间	秒	s
电流	安［培］	A
热力学温度	开［尔文］	K
物质的量	摩［尔］	mol
发光强度	坎［德拉］	cd

附表 8　　**SI 辅助单位**

量的名称	单位名称	单位符号	用 SI 基本单位表示
平面角	弧度	rad	1rad=1m/m
立体角	球面度	sr	$1sr=1m^2/m^2$

附表 9　　**有专有名称的 SI 导出单位**

量的名称	SI 导出单位		
	名称	符号	用 SI 基本单位和 SI 导出单位表示
频率	赫［兹］	Hz	$1Hz=1s^{-1}$
力	牛［顿］	N	$1N=1kg \cdot m/s^2$
压力，压强，应力	帕［斯卡］	Pa	$1Pa=1N/m^2$
能［量］，功，热量	焦［耳］	J	$1J=1N \cdot m$
功率，辐［射能］通量	瓦［特］	W	1W=1J/s
电荷［量］	库［仑］	C	$1C=1A \cdot s$
电压，电动势，电位（电势）	伏［特］	V	1V=1W/A
电容	法［拉］	F	1F=1C/V
电阻	欧［姆］	Ω	1Ω=1V/A
电导	西［门子］	S	$1S=1\Omega^{-1}$
磁通［量］	韦［伯］	Wb	$1Wb=1V \cdot s$
磁通［量］密度，磁感应强度	特［斯拉］	T	$1T=1Wb/m^2$
电感	亨［利］	H	1H=1Wb/A
摄氏温度	摄氏度	℃	1℃=1K
光通量	流［明］	lm	$1lm=1cd \cdot sr$
［光］照度	勒［克斯］	lx	$1lx=1lm/m^2$
放射性活度	贝可［勒尔］	Bq	$1Bq=1s^{-2}$
吸收剂量	戈［瑞］	Gy	1Gy=1J/kg
剂量当量	希［沃特］	Sv	1Sv=1J/kg

附表 10　**SI 单位制中的 7 个基本量的量纲**

量	量纲	量	量纲	量	量纲
长度	L	电流	I	发光强度	J
质量	M	热力学温度	Θ		
时间	T	物质的量	N		

附表 11　**误　差　函　数**

Z	0	0.1	0.2	0.3	0.4	0.5	0.6	0.7	0.8	0.9
0	0.000 00	0.079 66	0.158 52	0.235 82	0.310 84	0.382 93	0.451 49	0.516 07	0.576 29	0.631 88
1	0.682 69	0.728 67	0.769 86	0.806 40	0.838 49	0.866 39	0.890 40	0.910 87	0.928 14	0.942 57
2	0.954 50	0.964 27	0.972 19	0.978 55	0.983 60	0.987 58	0.990 68	0.993 07	0.994 89	0.996 27
3	0.997 30	0.998 065	0.998 626	0.999 033	0.999 326	0.999 535	0.999 682	0.999 784	0.999 855	0.999 904

附表 12　**格拉布斯准则临界值 $T(n, \alpha)$**

n \ α	0.05	0.01	n \ α	0.05	0.01
3	1.153	1.155	17	2.475	2.785
4	1.463	1.492	18	2.504	2.821
5	1.672	1.749	19	2.532	2.854
6	1.822	1.944	20	2.557	2.884
7	1.938	2.097	21	2.580	2.912
8	2.032	2.221	22	2.603	2.939
9	2.110	2.323	23	2.624	2.963
10	2.176	2.410	24	2.644	2.987
11	2.234	2.485	25	2.663	3.009
12	2.285	2.550	30	2.745	3.103
13	2.331	2.607	35	2.811	3.178
14	2.371	2.659	40	2.866	3.240
15	2.409	2.705	45	2.914	3.292
16	2.443	2.747	50	2.956	3.336

参 考 文 献

[1] 朱小良. 热工测量及仪表. 3版. 北京：中国电力出版社，2012.
[2] 袁去惑，孙吉星. 热工测量及仪表. 北京：水利电力出版社，1988.
[3] 山西省电力工业局. 热工仪表及自动装置：初级工. 北京：中国电力出版社，1996.
[4] 山西省电力工业局. 热工仪表及自动装置：中级工. 北京：中国电力出版社，1997.
[5] 山西省电力工业局. 热工仪表及自动装置：高级工. 北京：中国电力出版社，1997.
[6] 孙奎明，时海刚. 热工自动化. 北京：中国电力出版社，2005.
[7] 辽宁省电力工业局. 热工仪表及自动装置. 北京：中国电力出版社，1996.
[8] 叶江祺. 热工测量和控制仪表的安装. 2版. 北京：中国电力出版社，2005.
[9] 张毅，张宝芬. 自动检测技术及仪表控制系统. 3版. 北京：化学工业出版社，2012.
[10] 李铁苍. 热工仪表与自动装置. 北京：中国电力出版社，2001.
[11] 潘汪杰. 热工测量及仪表. 3版. 北京：中国电力出版社，2015.